"十三五"国家重点出版物出版规划项目
名校名家基础学科系列

当代大学物理（工科）

下　册

主编　吴　平　邱红梅　徐　美
参编　钱　萍　路彦珍　郝亚江　张师平
　　　　刘丽华　秦吉红　宿　也
主审　罗　胜　贾贵儒

U0255882

机 械 工 业 出 版 社

本书是在全国高等学校大力推进新工科建设的大背景下，基于教育部高等学校物理基础课程教学指导分委员会制定的《理工科类大学物理课程教学基本要求》（2010年版）编写而成的，内容包括热学、振动与波动、光学和近代物理等。本书的主要特点是：加强了一些培养工科学生所普遍需要的物理学内容及其与高新技术和日常生活的联系，并引入了研究性教学理念；引导学生运用物理学的思维方式进行思考和探索；内容、例题和课后作业的取材注重与当今科学技术和日常生活相结合，以激发学生的学习兴趣；内容的展现努力与当今学生的认知规律和思维习惯相适应，注重内容与叙述的生动性、趣味性，让物理学内容鲜活起来；力求语言通俗易懂，便于阅读，助力学生自主学习。各章最后还设有自主探索研究项目，让学生可以利用身边的物品，如手机、笔记本计算机等，搭建研究条件，自主探索、研究有趣的物理现象。

　　本书为高等学校工科各专业大学物理基础课程的教材，也可供理科非物理学类专业学生和社会读者参考。

图书在版编目（CIP）数据

当代大学物理：工科. 下册/吴平，邱红梅，徐美主编. —北京：机械工业出版社，2020.11（2025.1重印）

（名校名家基础学科系列）

"十三五"国家重点出版物出版规划项目

ISBN 978-7-111-67107-7

Ⅰ.①当…　Ⅱ.①吴…②邱…③徐…　Ⅲ.①物理学-高等学校-教材　Ⅳ.①O4

中国版本图书馆 CIP 数据核字（2020）第 257687 号

机械工业出版社（北京市百万庄大街 22 号　邮政编码 100037）

策划编辑：李永联　责任编辑：李永联

责任校对：王明欣　封面设计：张　静

责任印制：单爱军

北京虎彩文化传播有限公司印刷

2025 年 1 月第 1 版第 4 次印刷

184mm×260mm・19.75 印张・479 千字

标准书号：ISBN 978-7-111-67107-7

定价：52.00 元

电话服务　　　　　　　　　网络服务

客服电话：010-88361066　　机 工 官 网：www.cmpbook.com

　　　　　010-88379833　　机 工 官 博：weibo.com/cmp1952

　　　　　010-68326294　　金 书 网：www.golden-book.com

封底无防伪标均为盗版　机工教育服务网：www.cmpedu.com

前　言

物理学是自然科学的核心，是许多新技术发展的源泉。以物理学为基础的现代技术已经极大地改变了我们的日常生活和社会面貌。作为驱动新技术和新经济的发展引擎，未来的物理学还将孕育更多的新突破。

物理学是现代人理解世界的智识基础，不懂物理学，就无法对许多事情做出正确的判断，因而物理学作为一种人文的大科学还引领了公民素质的提高。

以物理学基础为主要内容的大学物理课程，是本科生教育的重要通识性基础课程之一。这门课程所教授的基本概念、基本理论和基本方法是构成学生科学素养和能力的重要组成部分，具有其他课程不可替代的重要作用。

本套书是在全国高等学校大力推进新工科建设的大背景下出版的。书的内容基于教育部高等学校物理基础课程教学指导分委员会制定的《理工科类大学物理课程教学基本要求》（2010 年版），并根据工科学生的培养需求和未来职业应用需求进行了适当取舍与整合，在保证大学物理课程内容体系基本完整的同时，加强了一些培养工科学生所普遍需要的物理学内容及其与高新技术和日常生活的联系。

大学物理课程的重要性毋庸置疑，但常常会有学生有畏难情绪，觉得这门课抽象、难懂、难用，而合适的教材可以在一定程度上消减这些困难。编写本书的基本想法：在保证内容体系基本完整以及保证对学生的基本训练的前提下，强调物理概念和思路，帮助学生建立起对物理学的整体观念，注重物理概念、理论与身边的趣事、自然现象和高新技术之间的联系，拉近物理学理论与学生之间的距离，使教材内容生动、有趣，激发学生对物理学的兴趣；在了解物理理论整体脉络的同时，注意让学生了解理论建立过程中所体现出的深刻的物理思想和创新思维方法，逐步培养学生的科学思维能力；注重应用估算方法培养学生抓住问题本质的能力，锻炼学生在"现实场景"中应用物理概念和物理方法的能力，使学生明白物理学不仅与新闻中的最新科技进展有关，也与我们的日常生活息息相关，让学生在学习过程中体会到物理学的理论能够学懂，也能够应用。本套书就是在这样的理念下完成的。

在阐述概念、定理和讲解物理现象的基础上，本套书在每章各小节都设置了"小节概念回顾"，以督促学生思考，抓住重要物理概念，厘清物理理论的整体脉络。书中的例题多从实际问题提取而来，展示出对一个具体问题如何进行分析、简化，进而抽象化到可以用适当的物理理论进行探讨的具体过程，这个过程恰恰是学生在未来具体应用物理学原理解决问题和创新的必经之路；例题中还增加了分析和评价环节，帮助学生对所得到的结果有更深入的理解。每章设置的多个配有图片的应用实例，理论联系实际，能够开阔学生的眼界，让他们了解到相关自然现象和高新技术背后的基本物理原理，同时也能体会如何运用物理基本规律和理论进行创造、创新。"课后作业"中的内容多有实际问题背景，让学生体验对一个具体问题进行分析、简化、抽象，再用适当的物理理论来解决和探讨的全过程，切实锻炼学生运用物理基本理论解决实际问题的能力，也让他们体会到物理学的"有用"和"能用"，"课后作业"一词也是希望学生将其中的各"作业"视作一个个要运用物理学理论探索解决实际问题的工作，而不仅仅是练习。各章最后还设有自主探索研究项目，让学生可以利用身边的物品，如手机、笔记本计算机等，搭建研究条件，自主探索、研究有趣的物理现象。此外，书中标"*"的为选学内容。

在本套书的编写过程中，编者参考了大量大学物理教学工作者编著的教材、著作和最新研究成果，有些已在参考文献中列出，有些未能一一列出，在此向他们一并表示衷心的感谢。

本套书分上、下两册，由吴平、邱红梅和徐美担任主编。本书是下册。参加本套书编写的人员如下：吴平（前言、第8章、第9章、第10章、自主探索研究项目），刘丽华（绪论），路彦珍、郝亚江（第1章、第2章），张师平（第3章、第14章、自主探索研究项目），邱红梅（第4章、第5章、第6章、第7章），徐美（第11章、第12章、第13章、第14章），钱萍、宿也（第15章、第16章、第17章、第18章、第19章），秦吉红（附录）。本套书的框架、内容方案确定、统稿和定稿均由吴平完成。罗胜教授和贾贵儒教授对本套书进行了细致的审阅，并提出了宝贵建议。

由于编者水平有限，书中难免存在错误和不妥之处，恳请读者批评指正。

编　者

2019 年 7 月于北京科技大学

目　录

前言

热　学

Ⅴ

振 动 与 波 动

光 学

近 代 物 理

热　　学

第8章 热学概论

什么是热学？热学是研究热现象的科学。

与温度有关的现象统称为热现象。那么，哪些现象与温度有关呢？寒冬滴水成冰，炼钢炉前钢液灼热烤人，热气球在田野上空漂浮，夜空中闪烁的繁星，可乐罐开盖瞬间喷出的泡沫，玻色-爱因斯坦凝聚，运载火箭喷射火焰升空等，无一不与温度有关。可以说，小到基本粒子，大到宇宙星体，从近在身边到远到天边的各种事物的运动、发展和变迁都与温度有关，热现象是我们的世界和生活中最基本的现象之一。前面零零散散提到的几个例子已经让我们感受到了热学涉及范围之广、这门学科之重要以及我们学习热学之必要了。

8.1 热学的研究对象与研究方法

8.1.1 热学的研究对象

热学研究的对象是由数目巨大的微观粒子组成的系统。"巨大的数目"到底有多大？宏观物体所包含的物质的量可以用摩尔来量度，我们可以从 1mol 物质所包含的分子数来稍稍感受一下现实世界中一个宏观物体所包含的分子的数目，从而获得对"巨大的数目"的感性认识。1mol 物质由 6×10^{23} 个分子组成，我们对 6×10^{23} 这个数字的感觉仍然不够直接，南京大学秦允豪教授举的一个假想例子可以帮到我们：宇宙现今年龄约为 140 亿年，即 10^{10} 年数量级，1a(年) $= 365 \times 24 \times 60 \times 60s \sim 10^{7}s$，那么，$10^{10}a \sim 10^{17}s$。假如有一个"超人"在宇宙大爆炸那一刻诞生，他与宇宙同龄，若他 1s 数 10 个分子，则他从宇宙诞生时刻起数到现今，也才数了 $10 \times 10^{17} = 10^{18}$ 个分子，差不多相当于 $10^{-5}mol$ 的分子。由此，我们可以对宏观物体所包含的微观粒子数目之大有所体会。

那么，组成热力学系统的数目巨大的微观粒子都处在什么状态？是静止不动、小范围晃动还是到处跑呢？在后面讨论物质的微观模型时，我们将会知道，组成物质的微观粒子处在一种永不停息的无规则运动当中，这种运动称为热运动。热运动是由大量的微观粒子构成的宏观物体的一种基本运动形式。热学是研究热现象的科学，具体说来就是研究物质的热运动以及与热相联系的各种规律。

接下来，我们来设想一下如何研究一个 1mol 物质构成的系统的热运动。假定我们可以把分子简化成弹性刚性小球，那么要确定这个 1mol 物质的系统的状态，就需要确定系统中每一个分子的位置和速度。粗略说来，分子的位置有 x、y、z 三个独立坐标，速度有 v_x、v_y、v_z 三个独立坐标，确定一个分子的状态就需要 6 个独立方程，而确定 1mol 的分子的

状态就需要 $6 \times 6 \times 10^{23}$ 个方程，这里还没有考虑初始条件等因素。如果我们要用牛顿定律通过计算来确定系统中每一个分子的运动状态，也就是确定其位置和速度，计算量之大是难以想象的。

现实世界的宏观系统往往比 1mol 物质系统大许多，1mol 物质的系统在把分子极大地简化成弹性刚性球时都难以用牛顿定律来处理，更遑论现实世界的实际系统了。在处理这样的问题时，我们必须找到有效的研究方法。

小节概念回顾：热学的研究对象有什么特点？

8.1.2　热学的研究方法

热现象涉及的研究对象小到基本粒子，大到宇宙星体，什么样的研究方法可以适应如此大跨度范围问题的研究呢？从热学研究的发展中我们可以看到，热学的研究中蕴含了丰富的科学研究思想和研究方法。例如，"系统"的概念，把物体的某一部分或者空间某一确定的区域从事物中分割出来加以研究；理想化的方法，从自然的复杂关系中人为地割断一些联系，从而抽象出一些理想化的系统，使问题简化；演绎的方法，在几个有限的基本假设上，通过演绎构建起理论，等等。这些方法迄今仍是我们探索未知世界，研究未知问题的利器。因此，在学习热学的基本物理规律和知识的同时，也要认真学习和体会热学研究的思想和方法，为未来的工作做研究方法和研究思路的积累。

首先，对于热学系统，我们仍然可以像前面学习牛顿力学一样，直接研究热学系统的宏观可测物理量，从对热现象的大量的直接观察和实验测量中总结出热学系统所遵从的基本定律。这种方法称为热力学方法。这种方法所得到的热力学基本定律是从大量直接观察和实验测量中总结出来的，是自然界中的普适规律，对于任何宏观的物质系统，不管它是天文的、化学的、生物的……，也不管它涉及的是力学现象、电学现象……只要与热运动有关，都应遵循热力学规律。迄今为止，人们已经应用热力学基本定律研究和解决了大量实际问题和工程实践问题，未来还会有更多应用和解决更多的未知问题。

爱因斯坦对热力学理论有着极高的评价："对于一个理论而言，它的前提越简单，所关联的不同事物越多，应用的范围越广泛，它给人的印象就越深刻。因此，经典热力学给我留下了深刻的印象。它是唯一具有普遍性的物理理论。我相信，在其基本概念适用范围内，它永远不会被推翻。"

另一方面，如前所述，热学研究的对象是由巨大数目的微观粒子所组成的系统。对于这样的系统，从单个粒子来看，由于受到其他粒子的复杂作用，粒子的运动形式变化万端，具有很大的偶然性，但从系统的总体行为来看，经验告诉我们，在一定条件下系统的行为是存在确定的规律性的。这说明巨大数目的粒子作为一个整体，存在着统计相关性。这种统计相关性迫使热学系统这个集体要遵从一定的统计规律，统计所得的平均值与一定条件下系统的宏观性质之间存在着联系。这提示我们可以采用统计学的方法研究热力学系统，这种方法我们称为统计物理学方法。

热学研究对象的"巨大的数目"的特点，决定了它有宏观描述方法（热力学方法）和微观描述方法（统计物理学方法）。这两种方法从不同的角度研究热学问题，自成独立体系，但相互间又有联系，相辅相成，使热学研究不断发展。在我们的课程中，将主要讨论热力学基础和统计物理学初步知识（以分子动理论为主）。

表 8.1-1 给出了热学的 6 个重要常量。为便于后面的学习，请同学们牢记。

表 8.1-1 热学的 6 个重要常量

常量名称	符号	数值	单位
真空中的光速	c	2.99792458×10^8	m/s
阿伏伽德罗常量	N_A	$6.02214076 \times 10^{23}$	mol^{-1}
理想气体在标准状况[①]下的摩尔体积	V_m	$22.413996(39) \times 10^{-3}$	m^3/mol
摩尔气体常数	R	$8.314472(15)$	J/(mol·K)
玻耳兹曼常数,R/N_A	k	1.380649×10^{-23}	J/K
洛施密特常量(标准状况[①]下 $1m^3$ 理想气体中的分子数)	n_0	2.6876×10^{25}	m^{-3}

① 标准状况：273.15K（或 0℃），101.325kPa。

小节概念回顾：热学的研究方法可分为哪两种？为什么会有这样不同的研究方法？

8.2 平衡态与状态参量

8.2.1 热力学系统

我们知道，现实生活中的任何一个物体都不是孤零零的，都是与许多物体以及周围环境关联在一起的。客观、准确地研究问题，需要按实际情况来考虑。但这样一来，问题可能会非常复杂，有时甚至复杂到无从下手。面对这样的困难，热学采用了一个非常典型的科学研究方法，即根据研究的需要，把物体的某一部分或者空间某一确定的区域从事物中分割出来加以研究，分割出来的部分或区域就叫作"系统"。

热力学系统就是作为研究对象，在给定范围内由大量微观粒子组成的体系，简称系统。与之相对，系统之外的一切事物称为外界（或环境）。系统与外界之间有相互作用，这种相互作用可理解为做功、热量传递和粒子数交换。

热力学系统可以有不同的分类。根据系统与外界的关系，热力学系统可分为开放系（同时有能量和物质的交换）、封闭系（有能量交换，没有物质交换）、孤立系（没有能量交换，也没有物质交换）。还可以根据系统的组成成分分为单元系、多元系，以及按系统组成的均匀性分为均匀系、非均匀系等。

小节概念回顾：什么是热力学系统？提出热力学系统的概念可以帮助我们解决什么问题？

8.2.2 平衡态与非平衡态

我们来看一个具体例子。图 8.2-1 所示为一个中间有隔板的密闭盒子，盒子与周围环境没有热交换。隔板左边装有氧气，右边为真空。可以想象到，在左半边盒子里，氧气分子分布均匀，气体体积确定，温度、压强也确定，对于这样的气体，我们用分子数密度、体积、压强等几个物理量就能够描述清楚气体的情况了。如果我们把隔板打开，在打开隔板的瞬间，左半边盒子里的氧气分子要往右边跑，这时的情况显然要

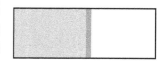

图 8.2-1 盒子中的气体

比隔板打开前复杂，我们不再能够像之前那样，用几个物理量就能描述清楚气体的状况了。我们称打开隔板前的状态为平衡态，后一个状态为非平衡态。平衡态在热学研究中是极其重要的，严谨的平衡态的定义是：在没有外界影响的条件下，系统的各个部分的宏观性质在长时间里不发生任何变化的状态。这里我们要强调一下，在平衡态的定义中一定要加上"没有外界的影响"的限制。对于非平衡态，在没有外界影响的情况下，系统各部分的宏观性质可以自发地发生变化。

当系统处于平衡态时，应不存在热流与粒子流。因此热力学平衡态应满足三个条件：①热学平衡条件：系统内部的温度处处相等；②力学平衡条件：系统内部各部分之间、系统与外界之间达到力学平衡；③化学平衡条件：在无外场作用下，系统各部分的化学组成处处相同。

当我们研究一个新问题时，有效的途径常常是从易到难、从简单到复杂，那么热学研究中最简单的情况是什么呢？还以盒子中的气体为例，最简单的情况莫过于盒子内气体压强与温度处处相同且不随时间改变了，这时，系统的状态就可以用一个确定的温度值、一个确定的压强值和一个确定的体积来描述了。如果外界对这个容器中的气体没有影响，那么这种情况就是一个平衡态问题。

显然，在自然界中平衡是相对的、特殊的、局部的与暂时的，不平衡才是绝对的、普遍的、全局的和经常的。非平衡现象千姿百态、丰富多彩，但也复杂得多，无法精确地予以描述或解析。平衡态的情况要比非平衡态的情况容易着手研究，平衡态是最简单的、最基本的。热力学主要研究物质在平衡态下的性质。

由于热力学的研究主要是针对平衡态的，它不能解答系统如何从非平衡态进入平衡态的过程，那它的研究结果的可用范围是不是就特别窄了呢？其实不是这样的。我们把处于平衡态的热力学系统受到外界瞬时微小扰动后，在取消扰动系统回复到原来的平衡态所经历的时间称为弛豫时间。要指出的是，如果弛豫时间远小于外界变化的时间尺度，我们就可以做平衡态近似。这样看来，我们针对平衡态体系研究得到的结果，也有相当广泛的应用场合。举例来说，汽车发动机气缸里的气体可否当作一个平衡态系统进行研究？图 8.2-2a 所示是汽车发动机中的气缸，我们可以将其示意地画为图 8.2-2b。气缸中的活塞运动很快，其运动速率在 $10\sim20\text{m/s}$ 范围，而后边的研究将会告诉我们，气体分子的平均运动速率大约在 500m/s 左右。由此可以预见，由活塞运动造成的气体体积的改变，以及进而引起的气体系统状态的变化，在气体分子高速率的运动下，会很快达到新的平衡态。因此，我们还是可以

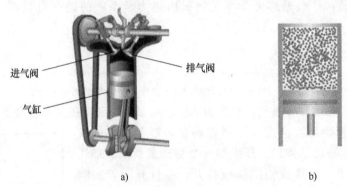

进气阀　　排气阀

气缸

a)　　　　　　　　b)

图 8.2-2　汽车发动机气缸及其示意图

把气缸中的气体视作平衡态系统来处理的。

小节概念回顾：什么是平衡态？平衡态应该满足什么条件？

8.2.3 状态参量 温度与热量

1. 状态参量

如何描述一个热力学系统的状态呢？例如，图 8.2-1 中所示为盒子里的气体的状态。我们可以用压强、体积、温度这样一些宏观物理量来描述。这些宏观物理量与系统内部的状态有关，我们称它们为热力学参量，或热力学坐标。

只有在系统处于平衡态的条件下，状态参量才有确定的数值和意义。处于平衡态的系统可以用不含时间的宏观坐标（即热力学参量）来描述，这就是平衡态的性质。只有处于平衡态的系统，才可能在以热力学参量为坐标轴的状态图（p-V 图、p-T 图）上以一个确定的点来表示它的状态。处于非平衡态的系统无法用处处均匀的温度 T、压强 p 及化学组成来描述整个系统。

描述热力学系统状态的物理量称为系统的状态参量。状态参量包括几何状态参量、力学状态参量、化学状态参量、电磁状态参量和热力学状态参量等。

几何状态参量有长度（单位为 m）、面积（单位为 m^2）、体积（单位为 m^3）等广延量和单位物质所占的体积等强度量。力学状态参量有质量（单位为 kg）、力（单位为 N，kg·m/s^2）等广延量和密度（单位为 kg/m^3）、压强（单位为 N/m^2）等强度量。化学状态参量有分子数（N）、物质的量（单位为 mol）等广延量和单位体积内的分子个数（单位为 mol/m^3）等强度量。电磁状态参量有电场强度、电极化强度、磁感应强度和磁化强度等。

热力学状态参量是我们在以前的学习中没有遇到的，是新概念。热力学状态参量包括热量和温度，其中热量为广延量，是系统分子总动能的一个量度；温度是强度量，是单个分子动能的一个量度。

热量和温度是热学中最核心的概念。接下来，我们要对温度和热量做较为深入的探讨。

2. 热力学第零定律

标记物体冷热程度的物理量称为温度。温度的概念源于我们对冷热的感觉。通常感觉热的物体的温度比感觉冷的物体的温度要高，但是根据人的感觉来定义一个物理量是不严格的。事实上凭感觉有时还会出错，例如，人们会觉得 0℃的铁块比−5℃的木块更"冷"。下面我们通过温度的测量来定义温度。

我们先来给出两个概念：绝热材料和导热材料。绝热材料是指能阻滞热传递的材料，又称热绝缘材料，如玻璃纤维、石棉、泡沫塑料等。如果两个系统被绝热材料隔开，它们之间的相互影响就会很慢，例如将夏日野餐用的食物放在泡沫塑料盒子里，可以延缓里面的冷食物变热。理想绝热材料完全不允许两个系统之间有相互作用，但这是一个理想化的概念，因为真实的绝热材料都是不理想的，所以泡沫塑料盒子里的食物最终会变热。导热材料是指容许进行热传递的材料，例如金属。如果我们将冷食物放在铝饭盒里，那么冷食物将比较快地变热。

我们来做这样一个实验：用理想绝热箱（即与外界无热交换）把 A、B、C 三个系统包围起来，使它们除了彼此之间以外，与其他物体没有相互作用，如图 8.2-3 所示。实验发现，如果系统 A 和系统 B 各自与系统 C 处于热平衡（见图 8.2-3a），那么系统 A 和系统 B

彼此也处于热平衡（见图 8.2-3b）。这个实验规律被称为热力学第零定律。这个定律指出，两个处于热平衡的系统具有一个共同的特征，即它们的温度相同。热力学第零定律不仅科学地定义了温度，还使我们能够用温度计进行温度测量，因为处于热平衡的物体具有相同的温度，所以实验里的系统 C 就可以是温度计。

热力学第零定律如此重要，我们有必要来给出它的完整表述：在不受外界影响的情况下，只要系统 A 和系统 B 同时与系统 C 处于热平衡，即使 A 系统和 B 系统没有热接触，它们仍然处于热平衡，这个规律也被称为热平衡定律。

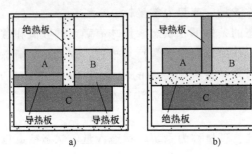

图 8.2-3　热力学第零定律

3. 温度与热量

没有量化，就没有科学。明确了温度的概念，接下来我们来讨论温度的数值表示。温度的数值表示称为温标。任何物质的任何属性，只要它随冷热程度发生单调、较显著的改变，就可以用这种属性来计量温度。例如，在保持压强不变的情况下，气体或液体的体积会随温度而变化；在保持体积不变的情况下，气体或液体的压强会随温度而变化；金属丝的电阻会随温度而变化；光的亮度会随温度而变化，等等。这些变化都可以被用来测量温度，所以可以有各种各样的温度计，也可以有各种各样的温标。我们把这类利用某种物质的某种属性建立的温标称为经验温标。图 8.2-4 中给出了一些常见的温度计。

图 8.2-4a 所示为玻璃管液体温度计，其原理是温度变化引起液体体积变化。

图 8.2-4b 所示为压力式温度计，其原理是温度变化引起封闭系统（温包）内工作介质（气体、液体或蒸汽）的压力变化。

图 8.2-4c 所示为电阻温度计，其原理是金属导体的电阻随温度的变化可以写为 $R=R_0(1+at)$，其中 R 是 t（℃）时的电阻，R_0 为 0℃ 时的电阻，a 是电阻的温度系数。电阻温度计就是利用金属导体的这一性质制成的。常用的金属是铂和铜。铂电阻温度计适用于测量 $-200\sim500$℃ 的温度，铜电阻温度计适用于测量 $-50\sim150$℃ 的温度。在测温范围，铂和铜的物理、化学性质比较稳定，电阻随温度变化的线性关系较好。

图 8.2-4d 所示为双金属温度计，其原理是把两种线膨胀系数不同的金属组合在一起，如图中的螺旋状双金属片，一端固定，另一端连接在一根细轴上成为自由端，在自由端的细轴上装上指针。当温度变化时，两种金属因热膨胀不同，会带动指针偏转，从而指示出不同的温度值。

图 8.2-4e 所示为半导体热敏电阻温度计、热电偶温度计、红外测温仪。

大量的实践表明，一个经验温标应包含三个要素：①合适的测温物质和测温属性，要求选定的测温物质的测温属性与温度有显著的单值函数关系，函数关系一般是直线，例如水银

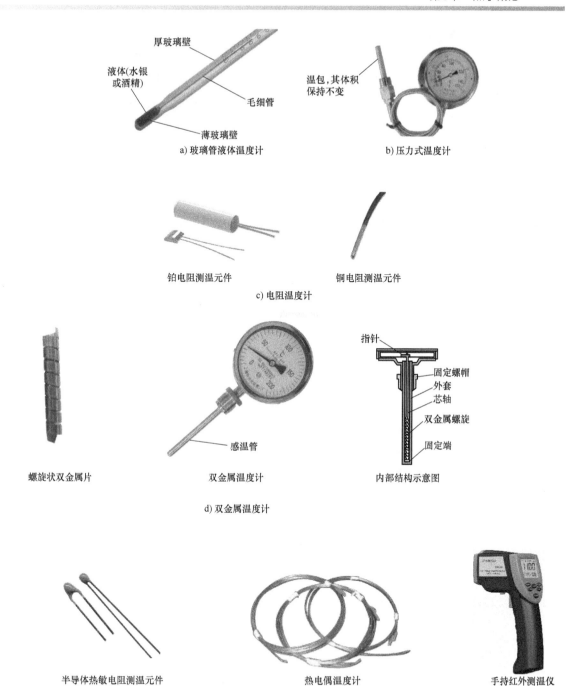

a) 玻璃管液体温度计

b) 压力式温度计

c) 电阻温度计

d) 双金属温度计

e) 半导体热敏电阻温度计、热电偶温度计、红外测温仪

图 8.2-4 一些常见的温度计

（汞）的体积随温度的变化；②合理的分度方法；③稳定的固定点，应规定固定点的状态及温度值。

摄氏温标和华氏温标是两种常用的经验温标。华氏温标是世界上第一个经验温标。1714年，德国科学家华伦海特以水银作为测温物质，利用水银体积随温度变化的属性，制成玻璃水银温度计。按照华氏温标，水的正常冰点为 32℉，水的正常沸点为 212℉，中间分为 180

等份，每一等份代表1℉。

1742 年，瑞典天文学家摄尔修斯以水的沸点为 0 度、冰点为 100 度建立起一个温标。这个温标温度越高，数值越低，使用起来不方便。后来，摄尔修斯的同事施勒默尔将摄尔修斯的标准颠倒过来，成为百分度温标，这个温标才是我们所说的摄氏温标。摄氏温标将一个大气压下冰水混合物的温度定为 0℃，水的沸点定为 100℃，中间均分成 100 等份，每一等份为 1℃。

摄氏温标 t 与华氏温标 t_F 间的换算关系为

$$t = \frac{5}{9}(t_F - 32) \tag{8.2-1}$$

选择不同测温物质或不同测温属性所确定的经验温标并不严格一致。图 8.2-5 为用不同温度计测量 0～100℃ 之间温度的结果，可以看出，不同温度计所给出的示值有所差异。这样一来，就难免造成温度值的混乱，因此需要一个统一的标准。最理想的是，我们能够定义一个不依赖于任何具体材料性质的温标，但要建立一个真正与材料无关的温标，首先需要发展热力学基本理论，我们将在第 10 章中进行讨论。在这里，先讨论一个接近理想的温度计——理想气体温度计。

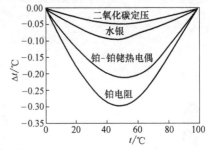

图 8.2-5　几个温度计示值的比较

我们先来考察如何利用气体制作温度计。气体的压强和体积都可以随温度而改变，压强和体积这两个属性都可以用作测温属性，因此，气体温度计可以分为定体气体温度计和定压气体温度计两种。常用的是定体气体温度计。

将一定量的气体放在体积恒定的容器中制成定体温度计，如图 8.2-4b 所示。对于定体气体温度计，测温物质为气体，测温属性为气体压强，根据理想气体物态方程，此时温度关系为 $T(p) = ap$，其中 a 为常量。要完成 T 的定义，需要确定常量 a 的值。我们只需指定一个具体状态的温度，就可以确定常量 a 的值。出于精确、可重现的考虑，我们选择的状态是水的三相点，这样的点被称为定义固定点。在这个状态下，固态水（冰）、液态水和水蒸气共存，并具有特定的温度值和压强值。规定水的三相点温度 $T_{tr} = 273.16\text{K}$，其中 K 是温度的单位，称为开尔文。若 p_{tr} 是气体温度计气体在温度 T_{tr} 时的压强，则有 $273.16 = ap_{tr}$，从而可得到 $a = \dfrac{273.16}{p_{tr}}$。由此，定体气体温标为

$$T(p) = 273.16\frac{p}{p_{tr}} \tag{8.2-2}$$

对于定压气体温标，$T(V) = aV$，其中 a 为常量。假设当 $T = T_{tr} = 273.16\text{K}$ 时，气体温度计气体的体积 $V = V_{tr}$，则由 $273.16 = aV_{tr}$，可得到 $a = \dfrac{273.16}{V_{tr}}$。由此，定压气体温标为

$$T(V) = 273.16\frac{V}{V_{tr}} \tag{8.2-3}$$

注意，在气体液化点以下和 1000℃ 以上时，气体温标不再适用。

现在，我们来用不同气体制作的气体温度计测量水的汽点温度，测量结果示于图 8.2-6 中。从图 8.2-6 中可以看出，不同的气体温度计的示值是有差异的，但如果将图 8.2-6 中各

直线外延至零压强，无论用何种气体制作的温度计，都趋于同一个值，即交于373.15K。原本我们以为不同气体的零压强温度会有所不同，但这里却表明是相同的（至少在非常低的气体密度时），也就是说在这种状态，温度计的示数与具体测温物质无关。注意，我们不能实际观察这种零压强状态。气体在非常低的温度会液化或凝固，压强与温度成正比的关系也不再成立。

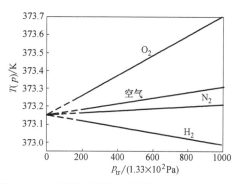

图 8.2-6 不同气体温度计测量的水的汽点温度

这一情况提示我们，可以以这个外延零压强温度为基础来定义温标。p_{tr} 趋于零的气体就是无限稀薄的气体，用这样的气体制作的温度计所给出的温度示数不依赖于具体的气体成分，这就是我们想要寻找的不依赖于具体物质的温度计。我们把这种无限稀薄的气体称为理想气体，把这种温度计称为理想气体温度计。这里我们只是简单地说理想气体是无限稀薄的气体，实际上理想气体是一个理想化模型，在低的压强和不低的温度下，这个模型可以很好地与实际情况符合。在后边学习了分子动理论后，我们将会对理想气体有更深刻的理解。

回到我们的温标定义。无论何种气体，无论是定体气体温标还是定压气体温标，在气体压强趋于零时，温度示值都趋于一个共同的极限值，这个极限值温标就是理想气体温标，即

$$T = \lim_{p_{tr} \to 0} T(p) = 273.16 \lim_{p_{tr} \to 0} \frac{p}{p_{tr}}$$

$$T = \lim_{p \to 0} T(V) = 273.16 \lim_{p \to 0} \frac{V}{V_{tr}} \tag{8.2-4}$$

我们所处世界的温度的变化范围远比理想气体温度计的测温范围宽，因此我们还需继续寻找我们心目中理想的温标。从温标三要素可知，选择不同测温物质或不同测温属性所确定的温标不会严格一致。事实上也找不到一种经验温标，能把测温范围覆盖到任意宽的温度范围。因此，应该引入一种不依赖于测温物质、测温属性的温标。因为这样的温标与测温物质及测温属性无关，所以已经不是经验温标了，我们称其为绝对温标或热力学温标。英国物理学家开尔文在热力学第二定律的基础上建立了这种温标，这是一个理论温标。国际上规定热力学温标为基本温标，一切温度测量最终都以热力学温标为准。虽然热力学温标是一种理想化的温标，但它在理想气体温标可以使用的范围与理想气体温标一致，所以在理想气体温标适用的范围内，热力学温标可以通过理想气体温标来实现。

为了能更好地统一国际间的温度测量，国际上制定了国际温标。国际温标是根据现代技术水平，最大限度地接近热力学温标的一种国际协定性温标。目前使用的是1990年国际温标ITS-90。

ITS-90把热力学温度的符号规定为 T，单位为开尔文，定义为水的三相点热力学温度的1/273.16，其单位符号规定为K。ITS-90还对摄氏温标和热力学温标进行了统一，规定

摄氏温标由热力学温标导出，$t/℃ = T/K - 273.15$。

ITS-90 给出了 17 个定义固定点及其温度值，水的三相点是 17 个定义固定点之一，其温度值为 273.16K。ITS-90 规定国际开尔文温度与国际摄氏温度的符号分别为 T_{90} 与 t_{90}，它们之间的关系与 T 和 t 的关系一样，即

$$t_{90} = T_{90} - 273.15 \tag{8.2-5}$$

ITS-90 国际温标的下限延伸至 0.65K，上限至单色辐射测温法实际可测量的最高温度。

图 8.2-7 给出了热力学温标、摄氏温标和华氏温标的对比。

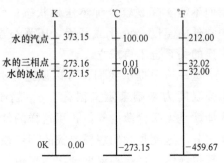

图 8.2-7　热力学温标、摄氏温标和
华氏温标的对比

历史上曾经有相当一段时期，温度与热量的概念是混淆不清的，一直到 18 世纪 60 年代，英国科学家布莱克在研究热现象时发现，冰融化为水需要大量吸热，而温度却没有改变，这才清楚地把温度和热量两个概念区别开来。那么，什么是热量呢？当两个温度不同的物体相接触时，我们常说热量从高温物体流向低温物体。准确地说，由于温度差而发生的能量传递称为热流或热传递，以这种方式传递的能量称为热量，所以我们不能说某个物体包含了多少热量，例如，我们不能说一杯热茶里有多少热量。

小节概念回顾：什么是热力学第零定律？经验温标有哪几个要素？什么是理想气体温标？摄氏温标和热力学温标的转换关系为何？

8.2.4　物态方程

1. 理想气体物态方程

当一个热力学系统达到平衡态时，系统具有确定的宏观状态参量，我们可以用各种装置来测出相应的宏观参量，进而考察这些宏观参量之间的关系。

以气体为例，平衡态时气体的状态可以用体积、压强、温度和质量来描述，我们可以假想一个如图 8.2-8 所示的装置，气缸的活塞可以改变气室体积，温度可通过加热来改变，可以把任意所需量的任何气体充入气缸。这样，我们就可以改变上述因素，测量不同条件下气体的压强、体积、温度和气体的量，进而考察它们之间的关系。

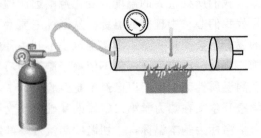

图 8.2-8　假想的研究气体状态参量间
关系的实验装置

历史上，人们对于一定量气体获得了如下著名的实验规律。

1）玻意耳定律（1662 年）：若保持气体温度不变，则气体压强与体积之间有确定的函数关系。这是人类历史上第一个被发现的"定律"，即

$$p = p(V; T)$$

2）查理定律（1787 年）：若保持气体体积不变，则气体温度与压强之间有确定的函数

关系，即

$$T = T(p；V)$$

3）盖·吕萨克定律（1802 年）：若保持气体压强不变，则气体温度与体积之间有确定的函数关系，即

$$T = T(V；p)$$

将以上实验规律综合起来，我们可以得到这样的结论，对于一个没有外力场作用的一定量的单元均匀系统，气体的状态参量只有两个独立参量，状态参量之间有一定的函数关系。我们称这个函数关系为状态方程（简称物态方程），气体的状态方程可以写成

$$f(T，p，V) = 0 \tag{8.2-6}$$

经验证明，此论断同样适用于单元液体与固体。由此我们说，处于平衡态的热力学系统，其状态参量之间有确定的关系。有些时候这种关系比较简单，可以用一个方程式表示出来，我们称其为该热力学系统的状态方程。当这种关系太复杂时，可以用图形或数据表格来表示。即使如此，这些变量之间的关系仍然存在，我们也称之为物态方程，即使我们不知道实际的方程式。每一种物质都有其特有的物态方程。

对于平衡态的气体系统，通过总结上面的实验规律我们已经知道存在有状态方程，接下来就是要获得具体的状态方程形式。

现在来考虑一种简单的情况：在气体压强不太高、温度不太低时，气体服从玻意耳定律。由玻意耳定律出发，利用理想气体温标的定义和阿伏伽德罗定律，可以导出一定量的理想气体的物态方程为

$$pV = \nu RT \tag{8.2-7}$$

式中，R 为摩尔气体常数；ν 为气体物质的量。

实验表明，只要气体满足理想气体条件，无论气体是什么化学成分，理想气体物态方程都适用，如图 8.2-9 所示。

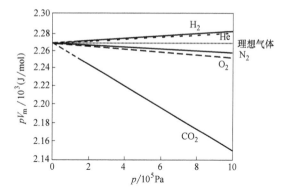

图 8.2-9　当压强趋于零时，1mol 不同气体的压强与体积的乘积均趋于 1mol 理想气体压强与体积的乘积

对于混合理想气体系统，混合气体总的压强 p 与混合气体的体积 V、温度 T 间应有如下关系：

$$pV = (\nu_1 + \nu_2 + \cdots + \nu_n)RT \tag{8.2-8}$$

称式（8.2-8）为混合理想气体物态方程。其中 ν_1，ν_2，$\cdots$，ν_n 分别为各组元气体的物质的量。由该式可得

$$p = \nu_1 \frac{RT}{V} + \nu_2 \frac{RT}{V} + \cdots + \nu_n \frac{RT}{V} = p_1 + p_2 + \cdots + p_n \tag{8.2-9}$$

式中，p_1，p_2，$\cdots$，p_n 分别是在容器中把其他气体都排出后，仅留下第 $i(i = 1, 2, \cdots, n)$ 种气体时的压强，称为第 i 种气体的分压。式（8.2-9）称为混合理想气体的分压定律，是英国科学家道尔顿（Dalton）于 1802 年在实验中发现的。它与理想气体方程一样，只有在压强趋于零时才准确地成立。

虽然理想气体是指无限稀薄的气体，但实验表明，在适度的压强（例如几个大气压）和

温度远高于气体液化温度时，这个方程也符合良好（相对误差在百分之几以内）。因此，在日常生活中，大多数情况下我们都可以采用理想气体方程作为气体的物态方程。

应用 8.2-1 呼吸和理想气体物态方程

我们的呼吸也要依靠理想气体物态方程 $pV=\nu RT$。吸气时收缩圆顶形的横隔膜肌肉将增大胸腔体积 V（胸腔将肺包围于其中），降低胸腔压强 p。压强降低导致肺部扩张并充满空气（温度 T 保持恒定）。呼气时，横隔膜放松，让肺部收缩，排出空气，如应用 8.2-1 图所示。

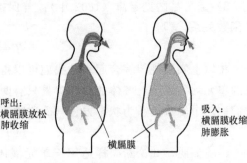

呼出：
横隔膜放松
肺收缩

吸入：
横隔膜收缩
肺膨胀

横隔膜

应用 8.2-1 图

例 8.2-1 一柴油发动机的气缸容积为 $0.827\times10^{-3}\,\mathrm{m}^3$。压缩前气缸的空气温度为 320 K，压强为 $8.4\times10^4\,\mathrm{Pa}$。当活塞急速推进时可将空气压缩到原体积的 $1/17$，压强增大到 $4.2\times10^6\,\mathrm{Pa}$，求此时空气的温度。

解： 由理想气体物态方程式（8.2-7），有

$$\frac{p_1 V_1}{T_1}=\frac{p_2 V_2}{T_2}$$

可推出

$$T_2=\frac{p_2 V_2}{p_1 V_1}T_1$$

代入所给各参量的值，得

$$T_2=\frac{4.2\times10^6\,\mathrm{Pa}}{8.4\times10^4\,\mathrm{Pa}}\times\frac{1}{17}\times320\mathrm{K}=941\mathrm{K}$$

评价： 汽油的燃点是 700.15K（427℃），柴油的燃点是 493.15K（220℃）。在本题条件下，T_2 已经高于柴油的燃点，这意味着若在此时将柴油喷入气缸，柴油将立即燃烧，这正是柴油机点火的原理。柴油发动机采用压缩空气的办法提高空气温度，使空气温度超过柴油的自燃燃点，然后喷入柴油，柴油喷雾和空气混合的同时自行点火燃烧。因此，柴油发动机不需要点火系统。

例 8.2-2 估算地球周围大气层的空气分子数。

解： 地球表面71%是海洋，陆地平均高度为875m，相对于整个大气层来说并不高，因而可以近似认为整个大气层都是从海平面向上延伸的。大气的质量可用标准大气压 p_0 与地球表面积 S 的乘积来估算。地球半径约为 $6.4\times10^6\,\mathrm{m}$，空气的摩尔质量为 $29\times10^{-3}\,\mathrm{kg/mol}$，于是，地球大气质量

$$m_e=Sp_0/g$$

地球大气分子数 $=\dfrac{m_e}{M_m}\times N_A$

$$=\frac{Sp_0 N_A}{M_m g}$$

$$=\frac{4\pi\times(6.4\times10^6\,\mathrm{m})^2\times1.0\times10^5\,\mathrm{Pa}\times6.0\times10^{23}\,\text{个}}{29\times10^{-3}\,\mathrm{kg/mol}\times9.8\mathrm{N/kg}}$$

$$\approx1.1\times10^{44}\,\text{个}$$

评价：这个例子给出了一个近似估算地球大气里空气分子数的方法。

2. 非理想气体物态方程

实际上，气体分子是由电子和带正电的原子核组成，它们之间存在着相互作用力。为同学们将来工作使用方便考虑，我们在这里对真实气体物态方程做一简单介绍。

（1）**范德瓦耳斯方程**　1873 年，荷兰物理学家范德瓦耳斯（Van der Waals）针对理想气体忽略分子固有体积和除碰撞外的分子间相互做用力这两条基本假定做出修正，得到了能描述真实气体行为的范德瓦耳斯方程。

对于 1mol 气体，范德瓦耳斯方程为

$$\left(p + \frac{a}{V_m^2}\right)(V_m - b) = RT \tag{8.2-10}$$

式中，a、b 称为范德瓦耳斯常量；V_m 为摩尔体积。对于一定种类的气体，范德瓦耳斯常量有确定的值；对不同种类的气体，范德瓦耳斯常量不同。a 和 b 可由实验来确定。b 一般约为 1mol 气体分子固有体积的 4 倍；a 由气体分子间的引力引起，取决于气体的性质。表8.2-1 给出了一些气体的范德瓦耳斯常量。

对于质量为 m、摩尔质量为 M_m 的气体，若气体体积为 V，则在相同温度和压强下，体积 V 与摩尔体积 V_m 之间的关系为

$$V = \frac{m}{M_m}V_m，则 \ V_m = \frac{V}{m/M_m}$$

把上式代入 1mol 气体的范德瓦耳斯方程，可以得到

$$\left[p + \left(\frac{m}{M_m}\right)^2 \cdot \frac{a}{V^2}\right]\left[V - \left(\frac{m}{M_m}\right)b\right] = \frac{m}{M_m}RT \tag{8.2-11}$$

这就是质量为 m 的气体的范德瓦耳斯方程的一般形式。范德瓦耳斯方程是最为简单、使用最方便的一个真实气体的物态方程。

表 8.2-1　一些气体的范德瓦耳斯常量

气体	$a/(10^{-6}\,atm \cdot m^6/\,mol^2)$	$b/(10^{-6}\,m^3/mol)$	气体	$a/(10^{-6}\,atm \cdot m^6/\,mol^2)$	$b/(10^{-6}\,m^3/mol)$
氢（H_2）	0.244	27	氩（Ar）	1.34	32
氦（He）	0.034	24	水蒸气（H_2O）	5.46	30
氮（N_2）	1.39	39	二氧化碳（CO_2）	3.59	43
氧（O_2）	1.36	32			

注：1atm＝101325Pa。

（2）**雷德利克-邝方程**　在现有的包含两个常量的气体物态方程中，精确度最高的是1949 年提出的雷德利克-邝方程。

1mol 气体的雷德利克-邝方程形式为

$$p + \frac{a}{T^{0.5}V_m(V_m + b)} = \frac{RT}{V_m - b} \tag{8.2-12}$$

式中，p、V_m、T 分别为气体的压强、摩尔体积、热力学温度；a 和 b 是依赖于气体性质的雷德利克-邝常量，R 是摩尔气体常数。

我们可以把严格遵守雷德利克-邝方程的气体称为雷德利克-邝气体。对于由无极分子

构成的气体，将使用雷德利克-邝方程得到的理论计算结果与实验数据相比较时，其误差往往都相当小，因此，这个方程在化学工程与热力工程中都有实际的应用。此外，还有研究表明，用雷德利克-邝方程描述实际气体通过节流手段获取低温时的行为也具有较高的准确性。

下面我们通过一些实验数据，对雷德利克-邝方程、范德瓦耳斯方程和理想气体物态方程进行比较。对高密度的氮气（N_2）、一氧化碳（CO）、氢气（H_2）测得的三组实验数据列于表 8.2-2 中。

表 8.2-2　高密度氮气（N_2）、一氧化碳（CO）、氢气（H_2）的实验测量值

气　体	氮　气	一氧化碳	氢　气
温度 T/K	273.15	215.0	273.15
体积 $V_m/(cm^3/mol)$	70.30	227.1	38.55
压强 p/MPa	40.53	7.091	101.3

根据这三种气体的 T 和 V_m 实验值，分别用理想气体物态方程、范德瓦耳斯方程、雷德利克-邝方程求出其压强（依次以 p_I、p_V、p_{RK} 表示），将这些理论计算压强值与实验测量压强值进行比较，计算出各自的相对偏差，分别用 Δ_I、Δ_V、Δ_{RK} 表示，列于表 8.2-3 中。

表 8.2-3　氮气、一氧化碳和氢气气体压强实验测量值与三种气体物态方程理论值的比较

气体	p_I/MPa	p_V/MPa	p_{RK}/MPa	$\Delta_I(\%)$	$\Delta_V(\%)$	$\Delta_{RK}(\%)$
氮气	32.31	43.95	38.34	−20.3	8.44	−5.40
一氧化碳	7.871	6.671	6.918	11.0	−5.92	−2.4
氢气	58.91	122.6	107.6	−41.8	21.0	6.22

由上面的比较可以看到，在几个大气压下，理想气体物态方程的计算结果与实验值相差在百分之几以内，所以我们说，虽然理想气体是指无限稀薄的气体，但在几个大气压和温度远高于气体液化温度时我们都可以使用理想气体物态方程。对处于更高密度下的气体，用雷德利克-邝方程或者范德瓦耳斯方程计算出的结果明显要比用理想气体物态方程计算出的结果准确得多，而且雷德利克-邝方程比范德瓦耳斯方程又更胜一筹，因为前者对吸引项的修正还考虑到了温度的影响。即使对于压强达到成百上千个标准大气压的常温下的高密度气体，用雷德利克-邝方程求得的压强的相对偏差的绝对值也才只有百分之几。

（3）昂内斯方程　荷兰物理学家卡默林·昂内斯在研究永久性气体（指氢、氦等沸点很低的气体）的液化时，于 1901 年提出了描述真实气体的另一个物态方程——昂内斯方程。昂内斯方程有两种形式。以摩尔体积展开的昂内斯方程为

$$pV_m = A + \frac{B}{V_m} + \frac{C}{V_m^2} + \frac{D}{V_m^3} + \cdots \tag{8.2-13}$$

以压强展开的昂内斯方程为

$$pV_m = A' + B'p + C'p^2 + D'p^3 + \cdots \tag{8.2-14}$$

在式（8.2-13）和式（8.2-14）中，系数 A、B、C、D、…或 A'、B'、C'、D'、…都是温度的函数，分别称为第一、第二、第三、第四、…位力系数。第一位力系数 $A = A' = RT$，

其他位力系数通常由实验确定。实际应用时取前 2 项或前 3 项就够用了。表 8.2-4 是氮气的第二、第三、第四位力系数实验值，观察一下各位力系数的数量级，我们可以理解为什么实际应用时取前 2 或 3 项就够用了。

表 8.2-4　氮气的位力系数实验值

温度 T/K	$B'/(10^{-3} atm^{-1})$	$C'/(10^{-6} atm^{-2})$	$D'/(10^{-9} atm^{-3})$
100	-17.951	-348.7	-216.630
200	-2.125	-0.0801	$+57.27$
300	-0.183	$+2.08$	$+2.98$
400	$+0.279$	$+1.14$	-0.97
500	$+0.408$	$+0.623$	-0.89

注：$1atm=101325Pa$。

理想气体方程是一级近似下的昂内斯方程，只取第一项，第一位力系数 $A=RT$。范德瓦耳斯方程是二级近似下的昂内斯方程。

3. p-V 图

物态方程给出的是平衡态下系统的 p、V 和 T 的函数关系，我们也可以用更直观的图形化方式来表示这种函数关系，比如用以 p、V 和 T 为坐标的三维空间里的曲面来表示，这种表示方式有助于我们了解系统的整体行为。但通常二维图用得更多一些，我们以 p、T 或 p、V 为坐标画二维图。最有用的是 p-V 图，如图 8.2-10 所示，图中的每一条曲线都表现了系统在一个特定温度下的行为，我们称其为**等温线**。

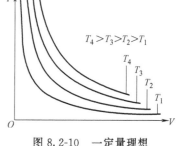

图 8.2-10　一定量理想气体的 p-V 图

例如理想气体，我们已经知道其物态方程是式（8.2-7）。那么，对于一定量的理想气体，当温度 T 恒定（即沿着等温线）时，压强 p 反比于体积 V，所以等温线是双曲线，图 8.2-10 实际上就是一定量理想气体的 p-V 图。

小节概念回顾：写出理想气体物态方程，并寻找身边可以用理想气体物态方程说明的物理现象。

*8.3　物质的热性质

*8.3.1　物质的相与相变

1. 物质的相与相图

在自然界中，许多物质都是以固、液、气三种聚集态存在着的。这些不同的聚集态在一定的条件下可以平衡共存，也可以互相转化。我们用"相"来描述物质的状态，如固相、液相和气相（也可称为固态、液态和气态）。例如化合物 H_2O 固相时为冰，液相时为水，气相时为水蒸气。物质从一种状态转变为另一种状态称为相变。本节我们将对物质的相、相平衡和相变做简略介绍。

观察我们身边的物质，例如由我们日常生活中最为熟悉的化合物 H_2O 可以知道，物质的每一个相只在一定的温度和压强范围内是稳定的。这样，我们可以在以 p 和 T 为坐标轴的图中把物质的相以及相转变表示出来，这样的图称为相图。单元系是由一种纯物质组成的系统，图 8.3-1 给出了一个单元系相图的例子，显示了各相存在的温度区域和压强区域，以及在哪里发生相变。

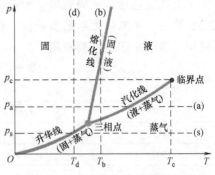

图 8.3-1 一个典型的单元系 p-T 相图

在图 8.3-1 中，除了实线上的点，图中的每一个点都只存在一个单相，而在实线上，两个相共存，称为相平衡。熔化线把固相区域和液相区域分开，并表示出固-液相平衡的可能条件。汽化线把液相区域和蒸汽相区域分开，升华线把固相区域和蒸汽相区域分开。这三条线相交的点，固相、液相和蒸汽相三个相共存，我们称其为三相点。汽化线的顶部端点称为临界点，相应的 p 值和 T 值分别称为临界压强 p_c 和临界温度 T_c。

如果我们在恒定压强 p_a 下加热物质，物质将历经图 8.3-1 中水平线（a）所示的一系列状态。这个压强下的熔化温度和沸点温度分别是这条线与熔化线和汽化线交点的温度。当压强为 p_s 时，等压加热把物质直接从固相转变为蒸汽相，这个过程称为升华。物质在（s）线与升华线交点的温度与压强下发生升华。在任何低于三相点压强下，不可能出现液相。例如，二氧化碳三相点压强为 5.1atm，在正常大气压下，固态二氧化碳（"干冰"）发生升华，而不会转变为液相，舞台上用干冰制造烟雾效果就是基于这个原因。（b）线从下往上表示在恒定温度 T_b 下压缩物质，物质在（b）线分别与汽化线和熔化线相交处从气相变为液相再变为固相。（d）线从下往上表示在较低温度 T_d 下恒温压缩物质，物质在（d）线与升华线相交处从气相变为固相。

气体在高于临界压强下恒压冷却时不会分离成两相，其性质逐渐、连续地从我们通常认为的与气体相伴随的性质（低密度，压缩性大）变化到液体性质（高密度，压缩性小），却没有相变发生。考虑汽化线上逐渐升高的点的液相转变就能够理解这一点。当接近临界点时，液相和蒸气相之间物理性质（如密度和压缩）的差异变得越来越小，恰好在临界点处这些差异都变为零，在这一点上液相和蒸气相之间的区别消失。在趋近临界点时汽化所需要的热量也变得越来越小，并在临界点处也变为零。

应用 8.3-1 为什么水有固、液、气态？

地球上的大气压强比水的三相点压强高。由图 8.3-1 可以知道，在高于三相点的压强下恒压冷却，物质会呈现气、液、固各态，因而在不同温度下，水可以以蒸汽（在大气中）、液态（杯中的水）或固态（杯中的冰块）存在，如应用 8.3-1 图所示。

应用 8.3-1 图

2. 相变潜热与克拉珀龙方程

对于任一给定压强，相变在确定的温度下发生，并通常伴随有吸热或放热现象以及体积和密度的变化。我们熟悉的一个相变例子是冰的融化。在标准大气压下加热 0℃ 的冰，冰的温度并不升高，而是部分冰融化成液态水。如果我们慢慢增加热量，维持这个系统非常接近热平衡，温度就会一直保持在 0℃，直到所有的冰融化。因此，对这个系统加热并不是升高温度，而是将它的相从固相转变成液相。我们把相变发生时单位质量的物质吸收或放出的热量称为相变潜热，并用字母 l 表示。当所有的冰都融化成水时，再继续加热，水的温度才会上升。表 8.3-1 列出了一些物质在标准大气压下的熔化热（或熔化潜热）、熔点温度和汽化热（或汽化潜热）、沸点温度。

若物质的质量为 m，则发生相变时，物质吸收或放出的热量 Q 为

$$Q = ml \tag{8.3-1}$$

表 8.3-1　一些物质在标准大气压下的标准熔点、熔化热、标准沸点和汽化热

物质	标准熔点/K	标准熔点/℃	熔化热/(J/kg)	标准沸点/K	标准沸点/℃	汽化热/(J/kg)
氦	*①	*	*	4.216	−268.93	20.9×10^3
氢	13.84	−259.31	58.6×10^3	20.26	−252.89	452×10^3
氮	63.18	−209.97	25.5×10^3	77.34	−195.8	201×10^3
氧	54.36	−218.79	13.8×10^3	90.18	−183.0	213×10^3
乙醇	159	−114	104.2×10^3	351	78	854×10^3
汞	234	−39	11.8×10^3	630	357	272×10^3
水	273.15	0.00	334×10^3	373.15	100.00	2256×10^3
硫	392	119	38.1×10^3	717.75	444.60	326×10^3
铅	600.5	327.3	24.5×10^3	2023	1750	871×10^3
锑	903.65	630.50	165×10^3	1713	1440	561×10^3
银	1233.95	960.80	88.3×10^3	2466	2193	2336×10^3
金	1336.15	1063.00	64.5×10^3	2933	2660	1578×10^3
铜	1356	1083	134×10^3	1460	1187	5069×10^3

① 高于 25 个大气压的压强才能使氦凝固。在 1 个大气压下，氦一直到绝对零度都保持液态。

从图 8.3-1 中表示两相共存的实线可以看出，发生相转变的温度与物质的压强有关。实践经验也告诉了我们这一事实，例如，青藏高原由于海拔高而气压较低，水的沸点也低，用普通锅蒸的饭不熟。那么，在相平衡曲线上温度随压强如何改变呢？这一关系可由克拉珀龙公式给出：

$$\frac{dp}{dT} = \frac{l}{T(v_2 - v_1)} \tag{8.3-2}$$

式中，l 为从相 1 转变为相 2 时的相变潜热；v_1 为相 1 的比体积；v_2 为相 2 的比体积。克拉珀龙方程将相平衡曲线的斜率 $\frac{dp}{dT}$、相变潜热 l、相变温度 T 和相变时比体积的变化 $v_2 - v_1$ 联系起来了，即单元两相系统两相平衡时的压强随温度的变化率与相变潜热成正比，与温度和比体积变化的乘积成反比。

例 8.3-1　试求在水的沸点 100℃ 附近，沸点温度随压强的变化率。已知在 100℃、101.325kPa 下水的摩尔汽化热为 40690J/mol，液态水的摩尔体积为 $0.019 \times 10^{-3} \, m^3/mol$，水蒸气的摩尔体积为 $30.199 \times 10^{-3} \, m^3/mol$。

解：由式（8.3-2）克拉珀龙方程得

$$\frac{dT}{dp} = \frac{T(v_2 - v_1)}{l}$$

$$= \frac{373.15\text{K} \times (30.199 - 0.019) \times 10^{-3}\,\text{m}^3/\text{mol}}{40690\text{J/mol}}$$

$$\approx 0.28\text{K/kPa}$$

也就是说，压强每改变 1kPa，水的沸点约改变 0.28K（℃）。注意：在计算中，液态水的摩尔体积相比于水蒸气的摩尔体积可以忽略不计，对于其他气液相变问题，也可以做这样的近似。

评价： 我们可以用这个计算结果估算一下拉萨水的沸点。苏州大学张健敏测出拉萨的大气压强约为 70kPa。1 个标准大气压为 101.325kPa，所以拉萨的大气压强比 1 个标准大气压低约 30kPa，用本题的结果可以估算出水的沸点比一个标准大气压时的 100℃低了 8.4℃，这个估算结果与张健敏测出的 90.2℃基本一致。在青藏高原蒸饭时可以使用高压锅，你可以估算一下，高压锅的压力需要多大可以使水的沸点达到 100℃？

应用 8.3-2　为什么滑冰鞋上要装冰刀？

如应用 8.3-2 图所示，滑冰鞋装上尖利的冰刀，可以使滑冰鞋与冰面间的摩擦力变得很小。摩擦力很小的原因是冰刀与冰面之间有一层水膜，起到了润滑作用。那么水膜是从哪里来的呢？目前的观点是水膜的形成机制有三种：冰刀下面压强增大熔点温度降低（克拉珀龙方程），使冰融化；摩擦加热；冰表面存在液状膜。

应用 8.3-2 图

小节概念回顾： 怎样从相图了解物质的相及相转变？什么是相变潜热？克拉珀龙方程可以告诉我们什么？

*8.3.2　物质的热行为

即使不涉及相变过程，温度对物质的特性也有重要影响。本小节我们将简略介绍热膨胀、热应力、热容等概念以及相应的物质热行为。

1. 热膨胀

当温度升高时，大多数物质会膨胀。例如，玻璃管液体温度计利用了水银或酒精热胀冷缩的特性，被踩扁的乒乓球拿热水烫烫就鼓起来了，铁轨对接、桥梁对接处要留有伸缩缝，往拧不下来的金属瓶盖上浇热水可以松动金属瓶盖等，这些都是热膨胀的例子。我们用线膨胀系数和体膨胀系数来描述热膨胀。

（1）线膨胀　设某种材料制成的棒在某初始温度 T_0 时具有长度 L_0。当温度变化 ΔT 时，棒长度变化 ΔL。实验表明，如果 ΔT 不是太大（例如几十度），ΔL 正比于 ΔT。引入比例常量 α，这一关系可以表示为

$$\Delta L = \alpha L_0 \Delta T \tag{8.3-3}$$

式中，常量 α 称作线膨胀系数，单位是 K^{-1} 或 $℃^{-1}$。不同材料的线膨胀系数不同，表 8.3-2 给出了一些物质在室温附近的线膨胀系数。

表 8.3-2　一些物质在室温附近的线膨胀系数

材　料	α/K^{-1} 或 $℃^{-1}$	材　料	α/K^{-1} 或 $℃^{-1}$
铝	2.4×10^{-5}	玻璃	$0.4 \sim 0.9 \times 10^{-5}$
黄铜	2.0×10^{-5}	熔融石英	0.04×10^{-5}
铜	1.7×10^{-5}	钢	1.2×10^{-5}

知道了材料的 α 值，我们就可以预测不同温度下物体的长度。如果物体在温度 T_0 时具有长度 L_0，则在温度 $T=T_0+\Delta T$ 时的长度 L 为

$$L=L_0+\Delta L=L_0+\alpha L_0\Delta T=L_0(1+\alpha\Delta T) \tag{8.3-4}$$

对于各向同性物质（即各个方向的物理性质均相同），每一个维度都遵从式（8.3-3）或式（8.3-4），因而 L 可以是棒长度、正方形薄片边长或孔直径。

例 8.3-2 一位同学要在 $33.0℃$ 环境温度下测量一段距离，他用的钢卷尺在 $20.0℃$ 校准时长度恰为 $50.0000m$。（1）在 $33.0℃$ 时，钢卷尺的长度是多少？（2）在 $33.0℃$ 时，他测量的这一距离的读数为 $36.6210m$，这个距离实际上是多少？

解：

（1）这是一个线膨胀问题。在 $T_0=20.0℃$ 时，钢卷尺初始长度 $L_0=50.0000m$。由表 8.3-2 查出钢的 α 值为 $1.2\times10^{-5}℃^{-1}$，代入式（8.3-3），有

$$\Delta L=\alpha L_0\Delta T=1.2\times10^{-5}℃^{-1}\times50.0000m\times(33.0-20.0)℃=780\times10^{-5}m$$

$$L=L_0+\Delta L=50.0000m+0.0078m=50.0078m$$

所以，钢卷尺长度在 $33.0℃$ 时长度为 $50.0078m$。

（2）根据上一步结果，在 $33.0℃$ 温度下，略微膨胀的实际距离为 $50.0078m$ 钢卷尺给出的读数是 $50.0000m$。所以，测量的实际距离为

$$\frac{50.0078m}{50.0000m}\times36.6210m=36.6267m$$

评价： 这个计算结果表明，在温度变化不太大时，金属的膨胀非常小。对于约 37m 的距离，由于钢卷尺的膨胀带来的测量不准确程度仅约 6mm。但对于准确测量来说，6mm 的差别有可能就是一个大问题。

（2）**体膨胀** 当温度升高时，气体、液体和固体体积通常会增加。实验表明，在温度变化 ΔT 不是太大（如几十度左右）时，体积增量 ΔV 近似正比于温度变化 ΔT 和初始体积 V_0，即

$$\Delta V=\beta V_0\Delta T \tag{8.3-5}$$

式中，常量 β 表征了材料的体膨胀特性，叫作体膨胀系数，单位是 K^{-1} 或 $℃^{-1}$。一些物质在室温附近的 β 值列于表 8.3-3 中。液体的 β 值通常比固体大很多。

表 8.3-3 一些物质在室温附近的体膨胀系数

固体	β/K^{-1} 或 $℃^{-1}$	液体	β/K^{-1} 或 $℃^{-1}$
铝	7.2×10^{-5}	乙醇	75×10^{-5}
黄铜	6.0×10^{-5}	二硫化碳	115×10^{-5}
铜	5.1×10^{-5}	甘油	49×10^{-5}
玻璃	$1.2\sim2.7\times10^{-5}$	水银	18×10^{-5}
熔融石英	0.12×10^{-5}		
钢	3.6×10^{-5}		

对于各向同性物质，在一级近似下，体膨胀系数与线膨胀系数的关系如下：

$$\beta=3\alpha \tag{8.3-6}$$

例 8.3-3 在 $20℃$ 时将一个 $20cm^3$ 的玻璃试管注满乙醇。当系统温度上升到 $60℃$ 时，有多少乙醇溢出？玻璃线膨胀系数是 $0.40\times10^{-5}℃^{-1}$。

解：这个问题涉及玻璃和乙醇的体膨胀。溢出量取决于由式（8.3-5）给出的这两种材料体积变化 ΔV 的差值。如果乙醇的体膨胀系数 β（见表8.3-3）比玻璃的体膨胀系数大，那么乙醇就会溢出。玻璃的体膨胀系数可通过给定的 α 值用式（8.3-6）计算得到。

由表8.3-3，$\beta_{乙醇} = 75 \times 10^{-5}\text{℃}^{-1}$。由式（8.3-6），$\beta_{玻璃} = 3\alpha_{玻璃} = 3 \times 0.40 \times 10^{-5}\text{℃}^{-1} = 1.2 \times 10^{-5}\text{℃}^{-1}$。$\beta_{乙醇}$ 确实比 $\beta_{玻璃}$ 大，则乙醇溢出体积为

$$\Delta V_{乙醇} - \Delta V_{玻璃} = \beta_{乙醇} V_0 \Delta T - \beta_{玻璃} V_0 \Delta T$$
$$= V_0 \Delta T (\beta_{乙醇} - \beta_{玻璃})$$
$$= 20\text{cm}^3 \times (60-20)\text{℃} \times (75 \times 10^{-5} - 1.2 \times 10^{-5})\text{℃}^{-1}$$
$$= 0.59\text{cm}^3$$

评价：这其实就是玻璃管液体温度计的基本工作原理。密封玻璃管内的乙醇柱随温度增加而上升，因为乙醇膨胀比玻璃膨胀大。从表8.3-2和表8.3-3还可以看到，玻璃的膨胀系数 α 和 β 比大多数金属小，这也是为什么我们可以用热水松开玻璃瓶上金属盖的原因，金属膨胀比玻璃膨胀大。

应用8.3-3　湖水是怎样结冰的？

水的热膨胀大体上随温度升高而近似线性地膨胀，但在更细微的尺度上仍不是严格线性的，如应用8.3-3图a所示。应用8.3-3图b给出了0℃到10℃温度范围内1g水的体积。在0℃至4℃温度范围，水的体积随温度的升高反而减小，水的体膨胀系数为负值。在4℃以上，加热时水的体积膨胀。因此，水的密度在4℃时最大。

应用8.3-3图

大多数材料凝固时体积收缩，但水不同，结冰时水的体积膨胀，因此冰盒小方格中的冰会拱起来。

水的这种反常行为对生活在湖泊中的植物和动物有重要作用。湖水是从湖面向下变冷的。在4℃以上温度时，湖面的冷水因为密度较大而向下流动。但是，当表面温度降低到4℃以下时，湖面附近的水的密度比下面较暖的水的密度小。因此，水向下的流动停止，并保持湖面附近的水比湖底部的水更冷。当湖面结冰时，由于冰的密度比水小，冰飘浮在湖面上，如左边照片中那样，而湖底的水保持在4℃，一直到整个湖都结冰，所以湖水的结冰是自上而下的。如果水同大多数物质一样，在冷却和凝固时体积持续收缩，湖水的结冰就会从湖底自下而上进行，其后果甚至是把整个湖冻成冰，这样，鱼儿就无法度过严冬，所有不能承受冷冻的植物和动物都会被毁灭。幸运的是水有这样的特殊性质，否则生命的进化可能是截然不同的结果。

2. 热应力

如果我们把棒的两端固定住不让它膨胀或收缩，当温度发生改变时，棒中就会出现热应力（应力是单位面积上的力）。热应力使棒发生应变（应变是长度变化率）。如果热应力很大，就会使棒发生不可逆应变，甚至是断裂，所以工程师在进行结构设计时必须考虑热应力。我们可以留意一下大桥的桥面，常常可以看到桥面各部分之间留有缝隙，用柔性材料填充或用啮合齿连接起来，以容许混凝土膨胀和收缩。管道设有膨胀节或 U 形管，防止管道随温度变化而弯曲或伸长。

下面我们来计算两端固定的棒中的热应力。我们的方法是先计算出棒两端自由时棒的膨胀量（或收缩量），然后计算出将棒压缩（或拉伸）到原来长度时所需的应力，即热应力。假设初始长度为 L_0、横截面面积为 A 的棒在温度降低（$\Delta T < 0$）时保持长度不变，这样棒中将引起拉应力。如果棒可以自由收缩，则由式（8.3-3），长度变化率为

$$\left(\frac{\Delta L}{L_0}\right)_{热膨胀} = \alpha \Delta T$$

ΔL 和 ΔT 都是负的。对棒施加拉力 F，以产生数值相等、方向相反的长度变化率（$\Delta L / L_0$）$_{拉伸}$，根据胡克定律，有

$$\left(\frac{\Delta L}{L_0}\right)_{拉伸} = \frac{F}{AE}$$

式中，E 为材料的弹性模量。若棒长度不变，就应该有

$$\left(\frac{\Delta L}{L_0}\right)_{热膨胀} + \left(\frac{\Delta L}{L_0}\right)_{拉伸} = \alpha \Delta T + \frac{F}{AE} = 0$$

从而可以解出保持棒长度不变所需要的拉应力 F/A：

$$\frac{F}{A} = -E\alpha \Delta T \tag{8.3-7}$$

当温度降低时，ΔT 为负，所以 F 和 F/A 都是正的，这意味着要保持棒长不变，需要拉力和拉应力。如果 ΔT 为正，则 F/A 是负的，要保持棒长不变，就需要压力和压应力。

如果物体内部有温度差，就会导致不均匀膨胀或收缩，并引起热应力。往玻璃碗里倒开水会使玻璃碗破裂，其原因就是当碗的冷热部分之间的热应力超过玻璃的断裂应力时，玻璃会产生裂纹。当把冰块投入到热水中时，同样的原因使冰块破裂。

例 8.3-4 两个钢壁用一个横截面面积为 $20\mathrm{cm}^2$、长为 $10\mathrm{cm}$ 的圆柱形铝柱隔开。在 $20.0\,℃$ 时铝柱刚好可以在两个钢壁间滑动。试计算 $28.0\,℃$ 时铝柱中的应力以及铝柱作用在每个钢壁上的力。假设钢壁是理想刚体，且两壁之间的距离保持不变。铝的弹性模量为 $E = 7.0 \times 10^{10}\,\mathrm{Pa}$。

解：由式（8.3-7），铝柱中的热应力 F/A 为

$$\frac{F}{A} = -E\alpha \Delta T$$

$$= -7.0 \times 10^{10}\,\mathrm{Pa} \times 2.4 \times 10^{-5}\,℃^{-1} \times (28.0 - 20.0)\,℃$$

$$= -1.3 \times 10^{7}\,\mathrm{Pa}$$

则 F 为

$$F = A \times \frac{F}{A}$$

$$=20\times10^{-4}\,\mathrm{m}^2\times(-1.3\times10^7)\,\mathrm{Pa}$$
$$=-2.6\times10^4\,\mathrm{N}$$

评价：铝柱中的应力和它作用在每个钢壁上的作用力都是非常大的，工程上必须考虑这样的热应力。

3. 热容

用符号 Q 表示热量。与无穷小温度变化 $\mathrm{d}T$ 对应的热量用 $\mathrm{d}Q$ 表示。实验发现，使质量为 m 的某材料温度从 T_1 增加到 T_2 所需要的热量 Q 近似正比于温度变化 $\Delta T=T_2-T_1$，也正比于材料的质量 m。把这些关系综合起来，就有

$$Q=mc\Delta T \tag{8.3-8}$$

式中，c 称为比热容，其物理意义是单位质量的物质温度升高 1℃ 或 1K 所需要的热量。对于无穷小温度变化 $\mathrm{d}T$ 和相应的热量 $\mathrm{d}Q$，

$$\mathrm{d}Q=mc\mathrm{d}T \tag{8.3-9}$$

因而

$$c=\frac{1}{m}\frac{\mathrm{d}Q}{\mathrm{d}T} \tag{8.3-10}$$

不同材料的比热容不同。水的比热容随温度的变化如图 8.3-2 所示，约是 4190J/(kg·K)。从 0℃ 到 100℃，c 值的变化小于 1%。

Q（或 $\mathrm{d}Q$）和 ΔT（或 $\mathrm{d}T$）可正可负。当 Q（或 $\mathrm{d}Q$）为正值时，热量进入物体，物体温度升高；为负值时，热量离开物体，物体温度下降。

例 8.3-5 一个玻璃杯装有 0.25kg 橙汁（主要是水），初始温度为 27℃。需要加多少初始温度为 −20℃ 的冰，才能使橙汁温度降为 0℃，并且所有的冰都融化？忽略玻璃杯的热容量。水的比热容为 4190J/(kg·℃)，冰的比热容为 2100J/(kg·℃)，冰的熔化热为 3.34×10^5J/kg。

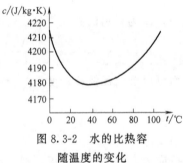

图 8.3-2 水的比热容
随温度的变化

解：橙汁与冰之间发生了热交换，橙汁温度从 27℃ 变化到 0℃；冰从 −20℃ 升温到 0℃ 并发生从固态到液态的相变。用下标 O 代表橙汁，I 代表冰，W 代表水。设冰的质量为 m_I，橙汁的质量 $m_\mathrm{O}=0.25$kg。

由式（8.3-8），橙汁温度从 27℃ 冷却到 0℃（$\Delta T_\mathrm{O}=-27$℃）获得的（负）热量为 $Q_\mathrm{O}=m_\mathrm{O}c_\mathrm{W}\Delta T_\mathrm{O}$；冰从 −20℃ 升温到 0℃（$\Delta T_\mathrm{I}=20$℃）获得的热量为 $Q_\mathrm{I}=m_\mathrm{I}c_\mathrm{I}\Delta T_\mathrm{I}$；由式（8.3-1），0℃ 的冰融化所需（正）热量为 $Q_\mathrm{IW}=m_\mathrm{I}l$。由 $Q_\mathrm{O}+Q_\mathrm{I}+Q_\mathrm{IW}=0$，有

$$m_\mathrm{O}c_\mathrm{W}\Delta T_\mathrm{O}+m_\mathrm{I}c_\mathrm{I}\Delta T_\mathrm{I}+m_\mathrm{I}l=0$$

因而，

$$m_\mathrm{I}=\frac{-m_\mathrm{O}c_\mathrm{W}\Delta T_\mathrm{O}}{c_\mathrm{I}\Delta T_\mathrm{I}+l}$$
$$=\frac{-0.25\mathrm{kg}\times4190\mathrm{J/(kg\cdot℃)}\times(-27)℃}{2100\mathrm{J/(kg\cdot℃)}\times20℃+3.34\times10^5(\mathrm{J/kg})}$$
$$=0.075\mathrm{kg}=75\mathrm{g}$$

评价：我们的日常体验是用几个小冰块就可以把一杯饮料凉下来，因而这个问题的计算结果感觉是合理的。

小节概念回顾：如何计算发生相变时物质吸收或放出的热量？如何计算物体的线膨胀和体膨胀？如何计算热应力？如何利用比热容计算物体温度发生变化时物体吸收或放出的热量？

课 后 作 业

平衡态与状态参量

8-1 当定体气体温度计的温包浸在水的三相点管内时，温包中气体的压强是 6.0kPa。（1）当用该温度计测量温度为 27℃时，温包中气体的压强是多少？（2）若气体的压强是 9.3kPa，那么待测温度是多少？

8-2 酒精的凝固点是 −117℃，沸点是 78℃，而水银的凝固点是 −38.8℃，沸点是 356.7℃，因而在寒冷地区，常常使用酒精温度计而不使用水银温度计。一支没有刻度的自制酒精温度计放在米尺旁边，当温度计放在冰水混合物中时酒精柱上表面在温包上方 70.5mm 处；当温度计放在沸腾酒精中时酒精柱上表面在温包上方 140.0mm 处。当酒精柱上表面在温包上方 32.0mm 处时，待测温度是多少？在温包上方 100.0mm 处时，待测温度又为多少？

8-3 基于 PN 结的温度传感器在现代生活和工农业中有着广泛的应用。给一个 PN 结（二极管）施加一个恒定的电流 I_F，其两端的正向压降可以认为近似与其所在环境温度成正比，PN 结正向压降作为电流和温度的函数，其表达式可以近似表述为

$$V_F = V_g(0) - \left(\frac{k}{q}\ln\frac{C}{I_F}\right)T$$

其中，$V_g(0)$ 为 0K 时 PN 结材料的导带底和价带顶的电势差，其与 PN 结材料的禁带宽度 $E_g(0)$ 的关系为 $E_g(0) = qV_g(0)$。当 $E_g(0) = 1.21\text{eV}$ 的硅材料 PN 结在 $I_F = 50.0\mu\text{A}$ 下测量一个 50.0℃物体温度时，其正向压降 $V_F = 0.490\text{V}$。问当正向压降为 $V_F = 0.400\text{V}$ 时，物体的温度为多少？

8-4 热电偶是工业上最常用的温度传感器之一。某一热电偶的冷端放在冰水混合物中，测量端与待测温度物体达到热平衡时，其热电动势由 $\mathscr{E} = at + \beta t^2$ 给出，其中 $a = 0.25\text{mV/℃}$，$\beta = -4.5\times10^{-4}\text{mV/℃}^2$。试计算 t 分别为 −100℃、0℃、100℃、200℃、300℃、400℃和 500℃时热电动势的值，绘出 $\mathscr{E}$-t 曲线，并指出热电动势信号的量级。

8-5 在一个直径为 30cm 的球形容器中储有 1.0atm、300K 的气体。当把气体加热到 400K 时，容器内壁受到的压力有多大？

8-6 在汽车发动机中，空气和汽化了的汽油的混合物在点燃前被压缩到气缸中。典型的汽车发动机压缩比为 9.00∶1；也就是说，气缸中的气体被压缩到初始体积的 1/9.00。压缩过程中进气阀和排气阀均关闭（见图 8.2-2a），因而气体的量不变。若初始温度为 25℃，初始压强为 1.00atm，而最终压强为 21.7atm，那么压缩气体的最终温度为多少？

8-7 2014 年，三沙市医院新建了高压氧舱，使在西沙群岛潜水时如患潜水病必须回海南岛本岛救治成为历史。若深海潜水员上升到水面过快，则血液中的氮气泡会膨胀，事实证明这是非常致命的，这种现象被称为潜水病。如果一名潜水员在永兴岛（三沙市政府所在岛）附近潜水，从 25m 深度快速上升，他血液中的一个 1.0mm³ 的 N_2 气泡在他到达水面时将具有多大体积？这个差异是否大到成为一个问题？（假设压强差只是由于水压的改变，不考虑温度的变化，因为我们是温血动物，这个假定是合理的）

8-8 现有一个装有高纯氮气、容积为 30l 的气体压力钢瓶，在实验室环境下（实验室恒温 20.0℃）钢瓶内的压强为 15.0MPa。由于实验需要，将钢瓶中的氮气经过减压阀以及气体质量流量控制器稳定后，以 1 个大气压、100ml/min 的流量流出。试问，若将钢瓶中的氮气视为理想气体，那么整个实验可以持续工

作多长时间？若视为范德瓦尔斯气体呢？（提示：当钢瓶中的压强降为1个大气压时气体将不再流出，此时视为实验的结束时间。）

物质的热性质

8-9　某种溜冰鞋的冰刀与冰相接触的地方，长度为7.62cm，宽度为2.45×10^{-3}cm。若某运动员体重为60kg，已知冰的摩尔熔化热为6.01kJ/mol，冰的正常熔点为273.16K，冰和水的密度分别为920kg/m³和1000kg/m³。试求：（1）运动员施加于冰面的总压力；（2）在该压力下冰的熔化温度；（3）探讨冰刀的作用。

8-10　与凝聚相（液相或固相）达到平衡的蒸气称为饱和蒸气。两相平衡时压强与温度间存在一定的关系，饱和蒸气的压强是温度的函数。描述饱和蒸气压与温度的关系的方程称为蒸气压方程。试由克拉珀龙方程推导蒸气压方程$\dfrac{\mathrm{d}p}{\mathrm{d}T} = \dfrac{p l_{\mathrm{m}}}{RT^2}$，其中$l_{\mathrm{m}}$为摩尔潜热。

8-11　一位同学体重70kg，感冒发烧到39.6℃。人的正常体温约37.0℃，假设人体主要由水组成，试估算体温上升到39.6℃时需要多少热量？水的比热容为4190J/(kg·K)。

8-12　质量为2.5kg的大铜壶（包括壶盖）温度为150℃。把（1）1.00kg、（2）0.10kg、（3）0.01kg的25℃冷水倒入壶中，迅速盖上盖子防止蒸汽逸出。假设没有热散失到周围环境中，求壶及壶中水的最终温度，并确定水的相（液态、气态或是液气混合物）。水的比热为4190J/(kg·K)，铜的比热容为390J/(kg·K)。

8-13　中国高铁为了避免钢轨缝隙的撞击问题设计了独特的无缝钢轨，将25m长的钢轨焊接起来，连成几百米长甚至上千米长的长轨节，然后铺在路基上。无缝钢轨的热胀冷缩是一个必须解决的难题。解决的方法主要有两种：一是长轨节自身承受全部温度应力，即将长轨固定在枕木上，使其不因温度而膨胀；二是放散应力，使长轨节随温度升降自由伸缩。京沪高铁的长轨节长达500m，试估算温度变化30℃时，（1）若允许长轨节随温度升降自由伸缩，长轨节长度的变化；（2）若不给长轨节留膨胀空间，长轨节需承受的应力。钢轨的膨胀系数为$1.18 \times 10^{-5}℃^{-1}$，弹性模量为$2.1 \times 10^{11}$Pa。

自主探索研究项目——自制温度计

项目简述：在我们的日常生活、生产实践、科学研究中，常常需要测量温度，这就需要有适当的测温技术和装置来满足测量要求。

研究内容：根据本章介绍的有关温度计的理论，自制温度计，并对其进行测量和标定。

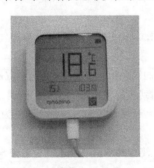

第9章　分子动理论

9.1　物质的微观模型

9.1.1　物质微观模型的三个要点

在上一章中我们提到，热学研究的对象是由大量微观粒子组成的系统。这样讲的依据是什么？微观下物质到底是什么样的？人们曾经对这个问题好奇了很久，对可见光透不进去的物质微观世界猜测了成百上千年。近现代以来，人们有了许多先进的观测技术及装置，如电子显微镜、扫描隧道显微镜、原子力显微镜等，使人们能够对物质的微观结构直接进行观察，从而对物质的微观结构有了许多了解，如图 9.1-1 所示。

a)硅晶体表面原子排列的扫描隧道显微镜图像 　 b)扫描电镜下的石墨烯碳原子组成的六边形结构

图 9.1-1　物质的微观结构

其实，物质微观模型的主要观点在还没有现代先进观察技术手段的年代就已经发展起来了。伽森狄（Pierre Gassendi，1592—1655）提出了物质是由分子构成的假设，假设分子是硬粒子，能向各个方向运动，并且进一步解释了物质的固、液、气三种聚集态。胡克（Robert Hooke，1635—1703）提出了同样的主张，他认识到气体的压力是由于气体分子与器壁相碰撞的结果。伯努利（Daniel Bernoulli，1700—1782）发展了这个学说，并且从气体分子与器壁碰撞的概念导出玻意耳定律。罗蒙诺索夫（1711—1765）明确提出热是分子运动的表现，在讨论气体的一些性质时，提出了气体分子运动是无规则的这个重要思想。下面我们来看看物质微观模型的三个要点。

1. 宏观物体是由大量分子（或原子）组成的

我们身边的宏观物体有不同的形态，常见的有气体、液体和固体。那么，这些宏观物体是由什么组成的？原子分子学说指出，物质是由分子、原子组成的。分子是组成物质和保持物质化学性质的最小单元，如 H_2O、CO_2、N_2 等。原子是组成单质和化合物的基本单元，它由原子核和电子组成。

宏观物体是由大量分子组成的观点实质上是指宏观物体是不连续的。有许多事实可以证实这个观点。我们来逐一地考察气体、液体和固体的一些例子。①气体很容易被压缩，这说明气体分子之间有很大的空隙；②水的形状很容易改变，在压强变化不大的情况下体积基本不变。但是，如果把压强改变得大一些，例如提高到 40000atm，可以发现水的体积减为原来的 1/3，这说明水虽然不像气体那么容易被压缩，但在较高的压强下也能被压缩，也就是说水分子之间也有空隙，只是空隙比气体的情况小许多；③固体看起来完全是连续的，但是，有人曾经以 20000atm 压强压缩钢筒中的油，看到油透过筒壁渗出来，说明固体中也有空隙。把这些现象都综合起来，说明气体、液体、固体都是不连续的，它们都是由微粒构成的，微粒之间有间隙。

那么组成宏观物体的微粒的数量有多少呢？根据阿伏伽德罗定律，1mol 物质中的分子数为 $N_A = 6.02 \times 10^{23} mol^{-1}$，由此我们可以算出 $1cm^3$ 的水中含有 $6.02 \times 10^{23}/18 = 3.3 \times 10^{22}$ 个分子，如果体积再小一些呢？可以算出即使小到微米尺度，$1\mu m^3$ 的水中仍有 3.3×10^{10} 个分子，接近目前世界总人口的 5 倍。因此，组成宏观物体的分子数的确是大得非比寻常，用"大量"来描述完全不为过。

2. 分子（或原子）处在不停的无规则热运动中

确定了宏观物体是由大量分子组成的，接下来就要考虑各个分子的行为。我们来看几个例子。

（1）扩散　先来看液体的情况。我们小时候都玩过这样的游戏，向一杯清水中滴入一滴墨水，墨水很快洇开，在清水中扩散，最后我们得到一杯黑水。墨水为什么会在清水中扩散，除非墨水分子有不为零的速度，且各个方向的速度都有，即每个分子都在做杂乱无章的运动，经过一段时间后墨水分子才会散布在水中各处。我们把分子的这种运动称为无规则热运动。

再来看气体的情况，如图 9.1-2 所示。一个容器中间用隔板隔开，容器左半部放有 1mol 氧气，右半部放有 1mol 氮气。抽除隔板后，经验告诉我们，氧气会向氮气扩散，氮气也会向氧气扩散，氧气、氮气会发生混合，最终会达到氧气和氮气均匀混合的状态。那么，氧气、氮气为什么会发生扩散和混合呢？原因也是气体分子在不停顿地做无规则运动。

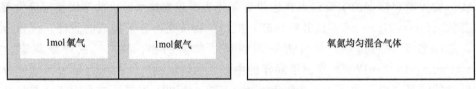

图 9.1-2　气体中的扩散

那么固体中的情况又如何？渗碳是提高钢件表面硬度的一种热处理方法。通常将低碳钢制件放在含有碳的渗碳剂中加热到高温并且保温一定时间，然后我们会发现钢制件表面的硬度提高了，为什么？把钢制件切开，发现有碳原子跑到钢制件表面和表面附近区域中了，这些碳原子填充了钢制件表面区域原子之间的间隙，使得钢制件的表面变硬了。渗碳剂中的碳原子为什么会跑到钢制件表面及表面附近区域中？其实这就是固体中的原子做无规则热运动的证据。在较高温度下，钢制件表面的碳原子具有了足够的热运动能量，就能够推开铁离子挤入邻近的间隙中。这种填隙原子可以一步一步地跳到钢制件内部的间隙中，如图 9.1-3 中箭头所示，这就是固体中的扩散现象。但由于扩散原子需要推开其他离子（或原子），所以固体中的扩散现象要在较高温度时才比较明显。

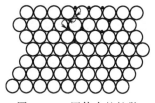

图 9.1-3　固体中的扩散

总结以上观察或事实我们可以说，扩散是原子或分子的无规则热运动所致。

（2）布朗运动　1827 年英国植物学家布朗在用一般的显微镜观察悬浮于水中由花粉迸裂出来的微粒时，发现微粒在水中不停地运动。进一步实验证实，不仅花粉颗粒，其他悬浮在流体中的微粒也表现出这种无规则运动，如悬浮在空气中的尘埃，后人把这种微粒的运动称为布朗运动。图 9.1-4 是每隔 0.83s 记录悬浮于水中的 $2\mu m$ 碳粉微粒的位置，然后将这些位置点依次连接得到的图。可以看到，碳粉微粒的位置、运动的方向和相同时间间隔里运动的距离都没有什么规律。

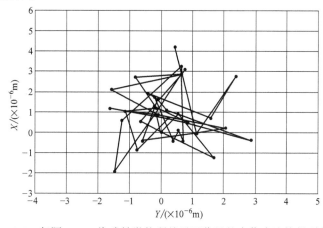

图 9.1-4　每隔 0.83s 将碳粉微粒所处平面位置的点依次连接得到的图

从发现布朗运动到人们正确地解释这种运动，中间相隔了 50 年。1877 年，德耳索首先指出布朗运动是由于颗粒受到液体分子碰撞的不平衡力作用而引起的。按照分子无规则运动的假设，液体（或气体）内无规则运动的分子不断地从四面八方冲击悬浮颗粒。在通常情况下，冲击力平均值处处相等相互平衡，因而观察不到布朗运动。但是当悬浮颗粒足够小时，从各个方向冲击颗粒平均力不能相互平衡，颗粒就会向冲击作用较弱的方向运动，如图 9.1-5 所示。由于各方向冲击力平均值的大小是无规则的，因而颗粒运动的方向及运动的距离也无规则。这就是说，布朗运动是液体分子处于不停顿无规则运动的宏观表现。

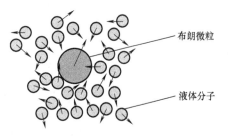

布朗微粒

液体分子

图 9.1-5　受周围液体分子碰撞的布朗微粒

由以上讨论我们知道，构成物质的微粒处在不停顿的无规则运动中。由此我们给出**热运动**的定义：宏观物体内部诸微观粒子的一种永不停息的无规则运动。它是由大量微观粒子构成的宏观物体的基本运动形式。每一个微观粒子的运动具有偶然性，但在总体上却存在确定的规律性。因此，热运动是区别于其他运动形式的一种基本运动形式。

1905年，爱因斯坦发表了从理论上分析布朗运动的文章，用统计的方法证明了布朗微粒在一段时间内位置随时间的变化量与其他物理参量间的关系，建立了爱因斯坦关系。1908年佩兰用实验验证了爱因斯坦的理论，从而使分子动理论的物理图像为人们广泛接受。布朗运动也就成为分子运动论和统计力学发展的基础。

关于布朗运动的研究，至今仍然有许多新的发展和应用，例如在现代金融领域中的应用，在分形理论中的应用，在生物分子传输、纳米流体中的应用等。

3. 分子之间有相互作用力

（1）吸引力和排斥力　我们都知道，固体和液体很难压缩，这表明存在某种因素阻止或抵抗固体和液体被压缩。考虑到物质是由分子、原子组成，这说明组成固体或液体的分子之间存在着排斥力。另一方面，气体冷却下来时可以形成液体，在这个过程中系统的体积变小，分子之间的距离变小，这说明分子之间存在着吸引力，使分子之间的距离变小。这些现象告诉我们，组成物质的分子或原子之间存在着相互吸引力。那么，分子之间的相互作用力有什么特点呢？

有一些现象说明分子之间存在着吸引力。例如液体汽化时需要吸收一定的热量，也就是分子需要获得足够大的动能，才能挣脱分子之间的吸引力的作用而远离；锯断的铅柱加压可以粘合；玻璃熔化后可以结合；胶水或者浆糊可以粘合纸张或物体。这些现象不仅说明分子之间存在吸引力，还说明只有当分子的质心相当接近时，分子间的吸引力才比较显著。

当分子质心相互接近到某一距离内，分子间的相互吸引力才较为显著，我们把这一距离称为分子吸引力作用半径。很多物质的分子吸引力作用半径约为分子直径的2～4倍，超过这一距离时，分子间的相互吸引力就很小了，可以忽略。

另外一些例子说明分子之间存在着排斥力。比如固体和液体很难压缩，气体分子经过碰撞而相互远离。那么排斥力的作用范围是什么？从我们现实生活两个物体碰撞后相互离开的经验来看，只有两分子相互"接触""挤压"时才会呈现出排斥力。因此，我们可以简单地认为，排斥力就是两个分子刚好"接触"时两个分子质心之间的距离。如果是同种分子，这个距离就是分子的直径。

因为吸引力出现在两个分子相互分离时，所以排斥力作用半径比吸引力作用半径小。此外，我们发现当压缩固体或液体时，压缩程度越大，越难压缩，说明排斥力随分子质心间距的减小而急剧增大。

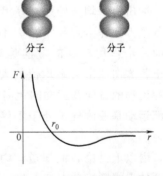

图 9.1-6　分子间的作用力随
分子间距 r 变化的示意图

把上面得到的分子间作用力的特点综合起来，就可以给出分子间相互作用力随分子质心间距离变化的图像。定性上，两个分子相距较远时，它们之间没有作用力，比较接近时，它们之间存在着吸引力，相距很近时，它们之间存在排斥力。图9.1-6是根据这样的定性行为画出的分子间作用力随分子间距离变化的示意图。两个分子质心之间的距离较大时，分子之间的相互作用力为吸引力，且随着分子质心间距离的减小吸引力增大；两个分子刚刚相互接触时分子之间的作用力为零；分子质心间距离比两个分子刚刚相互接触的情况小时，分子之间的相互作用力为排斥力，且随着分子质心间距离的减小排斥力急剧增大。两个分子在平衡位置附近的吸引和排斥，与一个劲度系数不对称的弹簧在平衡位置附近被压缩和拉伸相似。

分子由电子和带正电的原子核组成，它们之间的作用力是库仑力。因此，分子力是保守力，从而可以定义分子作用力势能。由保守力所做负功等于势能 E_p 的增量，有

$$dE_p(r) = -F(r)dr \tag{9.1-1}$$

$$F = -\frac{dE_p}{dr} \tag{9.1-2}$$

令分子间距离 r 在趋于无穷远时分子作用力势能为零，

$$E_p(r) = -\int_\infty^r F(r)dr = \int_r^\infty F(r)dr \tag{9.1-3}$$

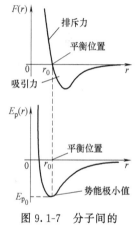

我们可以作出 $E_p(r)$-r 曲线，如图 9.1-7 所示。在平衡位置 $r=r_0$ 处，分子力 $F(r)=0$，说明在 $r=r_0$ 处的势能有极值，实际上是极小值；在 $r>r_0$ 处，分子力是吸引力，$F(r)<0$，势能曲线斜率是正的；在 $r<r_0$ 处，分子力是排斥力，$F(r)>0$，势能曲线斜率是负的。用势能来表示相互作用要比直接用力来表示相互作用方便，所以分子互作用势能曲线常被用到。

分子力很难用简单的数学公式来描述。采用不同的近似模型，可以得到不同的物态方程。勒纳-琼斯模型是现在经常使用的一种分子力模型。假设分子间的相互作用力具有球对称性，采用如下半经验公式表示分子力，有

$$F(r) = \frac{\alpha}{r^s} - \frac{\beta}{r^t} \quad (s>t) \tag{9.1-4}$$

图 9.1-7　分子间的
作用力和势能

式中，r 是两个分子质心间的距离；α、β、s、t 均大于 0，s：9~15，常用值 13，t：4~7，常用值 7。式中第一项代表斥力，第二项代表引力。

更常用的是势函数：

$$E_p(r) = \frac{\alpha'}{r^{s-1}} - \frac{\beta'}{r^{t-1}} \tag{9.1-5}$$

例如在第一性原理计算中，常常采用如下的势函数：

$$E_p(r) = \frac{A}{r^{12}} - \frac{B}{r^6} \tag{9.1-6}$$

式中，A 为排斥常数；B 为吸引常数，所对应的物态方程为昂内斯方程。

费曼用非常通俗易懂的语言评价原子假说是物理学最重要的结果："假如由于某种大灾难，所有的科学知识都丢失了，只有一句话可以传给下一代，那么怎样才能用最少的词汇表达最多的信息呢？我相信这句话是原子假说：所有的物体都是由原子构成的——这些原子是一些小小的粒子，它们一直不停地运动着，当彼此略微离开时相互吸引，当彼此过于拥挤时相互排斥。"

（2）分子力与分子热运动是一对矛盾　分子之间的相互作用力使得分子远离时要力图靠拢，太近时要相互推开，吸引力、排斥力有使分子聚在一起的趋势，但分子热运动却力图破坏这种趋向，使分子尽量相互散开。在这一对矛盾中，温度、压强、体积等环境因素起了重要作用。我们来考虑容器中的气体。气体分子由于受到容器的约束而使热运动范围限制在容器当中。在压缩气体时，随着气体密度增加，分子平均间距越来越小，分子间相互吸引力增大而不能忽略，且越来越大；再将温度降低，分子热运动渐趋缓慢，在分子力与热运动这对矛盾中，分子力渐趋主导地位，到一定时候，分子吸引力使分子间相互"接触"而束缚在一起，此时分子不能像气体时那样自由运动，只能在平衡位置附近振动，但还能发生成团分子的流动，这就是液体；若继续降低温度，分子间相互作用力进一步使诸分子按某种规则有序排列，并做振动，这就是固体。由于分子力与分子热运动之间的矛盾，物质出现了气、液、固三种聚集态。

小节概念回顾：物质微观模型的主要观点是什么？简述勒纳-琼斯分子力模型。

9.1.2　理想气体的微观模型

1. 理想气体微观模型的三个基本假设

如前讨论，我们大致知道了分子力的特征，但每种物质的分子力其具体行为很难用简单的数学公式来描述。如果不知道分子力的具体函数形式，如何从微观的角度开始研究呢？在实际研究中，我们通常是在实验的基础上对问题进行简化，一直简化到我们能够在现有条件下能开始进行研究。随着研究的逐步深入和研究手段与方法的不断进步，之后我们又可以将过去过多的简化逐步修正，以获得对问题更完善的研究。在从微观角度研究热力学系统时，我们首先选择对气体系统进行研究，因为气体的各个分子相互之间是分离的，且间距较大，从前面微观物质模型的讨论中知道，分子之间的相互作用力为较小的吸引力。我们可以设想一种理想化的极端情况，气体分子之间相距很远，以至于分子之间的相互作用力可以忽略，这样我们就可以先避开不知道分子之间的相互作用力的具体函数形式的困难。针对这样的情况，我们把物质微观模型进一步简化，建立理想气体微观模型，从而开始对气体系统进行研究。

实验证实，对理想气体可以做如下三条基本假定：①分子线度比分子间距小得多，可忽略不计，即理想气体分子可视为质点。②除碰撞瞬间外，分子间相互作用力忽略不计。分子两次碰撞之间做自由匀速直线运动。③对于碰撞，处于平衡态的理想气体，其分子之间以及分子与器壁之间的碰撞是完全弹性碰撞。以上就是理想气体的微观模型。

2. 对理想气体微观模型基本假定的探讨

我们来对理想气体微观模型的基本假定通过粗略估算加以说明。

洛施密特常量是标准状况下 $1m^3$ 理想气体中的分子数，我们以 n_0 表示。标准状况下 $1mol$ 气体的体积为 22.4 升，则

$$n_0 = \frac{6.02 \times 10^{23}}{22.4 \times 10^{-3}} m^{-3} = 2.69 \times 10^{25} m^{-3} \tag{9.1-7}$$

由 n_0 可以估算标准状况下气体分子之间的平均距离。假设每个分子平均分配到的自由活动空间体积为 $1/n_0$，则标准状况下气体分子间平均距离为

$$\bar{L}=\sqrt[3]{\left(\frac{1}{n_0}\right)}=\sqrt[3]{\frac{1}{2.69\times10^{25}}}\,\text{m}=3.34\times10^{-9}\,\text{m} \qquad (9.1\text{-}8)$$

我们如何知道分子的半径呢？这里我们以液氮分子为例来估算一下，已知温度为 77K、压强为 1atm 的液氮的密度 $\rho=0.808\text{g/cm}^3=808\text{kg/m}^3$，氮的摩尔质量 $M_\text{m}=28\times10^{-3}\text{kg/mol}$。设液氮分子质量为 m，则 $M_\text{m}=N_A m$，$\rho=nm$，n 为液氮分子数密度。$1/n$ 是每个液氮分子平均分摊到的空间体积。假设液氮是由球形氮分子紧密堆积而成，且不考虑分子间空隙，则

$$\frac{1}{n}=\frac{4}{3}\pi r^3 \qquad (9.1\text{-}9)$$

式中，r 是氮分子的半径。于是得

$$r=\sqrt[3]{\frac{3}{4\pi n}}=\sqrt[3]{\frac{3M_\text{m}}{4\pi\rho N_A}}=2.4\times10^{-10}\,\text{m} \qquad (9.1\text{-}10)$$

比较气态时分子之间平均距离和分子直径，从数量级角度来看，标准状况下理想气体的两邻近分子间平均距离约是分子直径的 10 倍左右。因此，理想气体微观模型的第一条假定是合理的。另外，因为固体及液体中分子都是相互接触靠在一起的，所以可估计到固体或液体变为气体时体积都将扩大 10^3 数量级。

我们能不能做第二条假定呢？实际上，分子间吸引力作用半径约是分子直径的 2～4 倍。前面已经估计出标准状况下理想气体的两邻近分子间平均距离约是分子直径的 10 倍左右。就算以 2 倍分子直径估算分子间吸引力的作用，10 倍直径扣除两头各有 2 倍直径的吸引力作用半径，只有在 6 倍直径距离内（也就是只有在 60％ 的范围内）分子是不受分子力作用的。那么分子两次碰撞之间做自由匀速直线运动的假定是不是有问题？其实上面的"两邻近分子间平均距离"是在平衡态情况下平均来说每个分子都静止不动的假定下做出的估计。但实际上分子都在不停的杂乱无章运动中。我们应该在分子运动的情况下来分析这个问题，也就是说应该在平均两次碰撞之间分子走过的路程内考察分子的受力情况。如图 9.1-8 所示，路上的行人很多，行人之间距离也很近，但是行人两次碰撞之间行走的距离可以远大于行人之间的距离。我们可以想到，分子处在运动之中的情况可能也有相似的情况。

下面我们就来估算一下平均两次碰撞之间分子走过的路程。为获得这个数值，我们需要知道分子的平均碰撞频率，然后通过分子平均速率，得到平均两次碰撞之间分子走过的路程。

（1）分子平均碰撞频率　分子平均碰撞频率为单位时间内一个分子和其他分子碰撞的平均次数。假设每个分子都是有效直径为 d 的弹性小球。如图 9.1-9 所示，我们先考虑其他分子都静止，只有某一分子 A 以平均速率 $\bar{u}$ 相对于其他分子运动的情况。

我们以分子 A 为中心，以 d 为半径，以 $\bar{u}$ 为中心轴线画出"圆柱体"。由图 9.1-9 可以看出，分子 B 的质心恰在"圆柱体"内，所以会被分子 A 碰撞；分子 C 的质心在"圆柱体"内，也会被分子 A 碰撞；而分子 D 的质心不在"圆柱体"内，所以不会被分子 A 碰撞。因此，只有其质心落在图中"圆柱体"内的分子才会与分子 A 发生碰撞。单位时间内分子 A 与质心在半径为 d、长度为 $\bar{u}$ 的"圆柱体"（其体积为 $\pi d^2\bar{u}$）内的所有分子碰撞，这个碰撞数就是分子的平均碰撞频率，我们用 $\bar{Z}$ 来表示，即

$$\bar{Z}=n\pi d^2\bar{u}=n\sigma\bar{u} \qquad (9.1\text{-}11)$$

式中，n 是气体分子数密度；$\bar{u}$ 是分子 A 相对于其他分子运动的平均速率，称为相对运动平

均速率；$\sigma = \pi d^2$，称为碰撞截面。

图 9.1-8　路上拥挤的行人并没有
非常频繁地相互碰撞

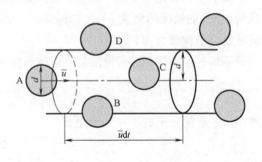

图 9.1-9　分子碰撞示意图

对于同种分子

$$\overline{u} = \sqrt{2}\,\overline{v} \tag{9.1-12}$$

式中，$\overline{v}$ 是分子平均速率，在后面我们学习了分子速率分布函数之后，将会知道 $\overline{v} = \sqrt{\dfrac{8kT}{\pi m}}$。这样我们就得到了所有分子都在运动时的平均碰撞频率：

$$\overline{Z} = \sqrt{2}\,\overline{n}\overline{v}\sigma \tag{9.1-13}$$

例 9.1-1　估计标准状况下空气分子平均碰撞频率。已知标准状况下空气分子平均速率为 446m/s，洛施密特常量为 $2.7 \times 10^{25}\,\mathrm{m}^{-3}$。设空气分子有效直径为 $3.5 \times 10^{-10}\,\mathrm{m}$。

解：由式（9.1-13），

$$\overline{Z} = \sqrt{2}\,\overline{n}\overline{v}\sigma$$

$$= \sqrt{2}\,\overline{n}\overline{v}\pi d^2 = 6.5 \times 10^9\,\mathrm{s}^{-1}$$

评价：计算结果表明，在标准状况下，分子在 1s 内平均碰撞约 65 亿次。我们来把这个数字形象化一下，世界人口约 75 亿，这个碰撞频率相当于 1 个人要在 1s 内跟世界上约 87% 的人都握一次手，由此可以体会一下空气分子间的碰撞有多么频繁。

（2）气体分子的平均自由程　理想气体分子在两次碰撞之间可近似认为不受其他分子作用，因而是自由的。分子连续两次碰撞之间所走过的路程称为自由程，以 λ 表示。任一分子任一个自由程长短都有偶然性，但自由程平均值由气体的状态所唯一地确定。

分子平均自由程就是每两次连续碰撞之间，一个分子自由运动的平均路程。一个以平均速率运动的分子，它在 t（秒）内平均走过的路程和平均经历的碰撞次数分别为 $\overline{v}t$ 和 $\overline{Z}t$。

平均两次碰撞之间走过的距离即为平均自由程，

$$\overline{\lambda} = \frac{\overline{v}t}{\overline{Z}t} = \frac{\overline{v}}{\overline{Z}} \tag{9.1-14}$$

将式（9.1-13）代入，得到平均自由程为

$$\overline{\lambda} = \frac{1}{\sqrt{2}\,n\sigma} \tag{9.1-15}$$

可见平均自由程与 n 和分子直径平方成反比，而与平均速率无关。

应用 9.1-1 为什么荧光灯管必须保持足够的真空度？

荧光灯管的发光原理如应用 9.1-1 图所示：被加热的灯丝发射电子，只要这些电子在灯管中有足够长的平均自由程，就可有足够长的加速路程，从而获得足够大的动能，去撞击荧光灯管中的水银分子而发射出紫外光。紫外光照射到荧光灯管壁的荧光粉上，发出的光的总效果是白光。

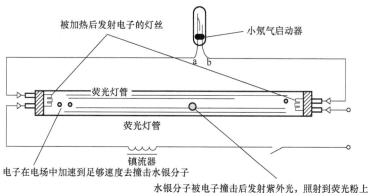

应用 9.1-1 图

例 9.1-2 标准状况下空气分子的平均速率为 446m/s，试求标准状况下空气分子的平均自由程。

解： 由例 9.1-1，平均碰撞频率为 $\overline{Z}=6.5\times10^9\,\mathrm{s}^{-1}$

因此

$$\overline{\lambda}=\frac{\overline{v}}{\overline{Z}}=6.9\times10^{-8}\,\mathrm{m}$$

评价： 空气分子有效直径 $d=3.5\times10^{-10}\,\mathrm{m}$，故可推出在标准状况下 $\overline{\lambda}\approx200d$。

根据例 9.1-2 的计算结果我们知道，空气分子平均自由程约是其有效直径的 200 倍。也就是说，分子在连续两次碰撞之间平均走了 $200d$ 的路程，扣除两头的分子的吸引力作用半径 $2\times4d$，还有 $(200-2\times4)d=192d$ 的运动路程不受到其他分子的作用。由此可估计到分子在两次碰撞之间大约有 $(200-2\times2)/200=98\%$ 的路程不受其他分子作用，因而忽略碰撞以外的一切分子间作用力，假定理想气体分子在两次碰撞之间做匀速直线运动是合理的。

对于理想气体模型的第三个假定的合理性我们将在 9.2.4 节讨论温度的微观解释时加以说明。

3. 分子混沌性

平衡态的一般气体（不一定是理想气体）还满足另外一条基本假定：具有分子混沌性。

分子混沌性是指：①在没有外场时，处于平衡态的气体分子应均匀分布于容器中。②在平衡态下任何系统的任何分子都没有运动速度的择优方向。③除了相互碰撞外，分子间的速度和位置都相互独立。

处于平衡态的气体均各向同性，因此平衡态的气体都具有分子混沌性。对于理想气体，分子混沌性可在理想气体微观模型基础上利用统计物理证明。

热学的微观理论对理想气体性质的所有讨论都是建立在理想气体 3 条基本假定和平衡态气体的分子混沌性的基础上的。

小节概念回顾：理想气体微观模型有哪些要点？什么是分子混沌性？如何计算气体分子的平均碰撞频率和平均自由程？

9.2 理想气体的压强

气体压强是如何产生的？大家回想一下雨天撑伞的体验。雨滴稀疏时，我们能感到雨滴一滴一滴地打到雨伞上，感受到雨伞受到的力是稀疏的脉冲力；如果雨下得很大，雨滴密集地打在雨伞上，我们就能够感觉到雨伞承受到持续不断的冲击力。联想到大量分子对器壁的频繁碰撞，很容易猜测压强是由大量气体分子对器壁持续不断地碰撞产生的。实际上，1678年胡克（Robert Hooke，1635—1703）就认识到气体的压力是由于气体分子与器壁相碰撞的结果，如图 9.2-1 所示。例如，空气分子与固体表面（如你的皮肤）碰撞产生的（微观）力引起了（宏观）大气压强。为了产生标准大气压 $1.01 \times 10^5 \text{Pa}$，每天有 10^{32} 个平均速率超过 1700km/h 的分子碰撞你的皮肤。

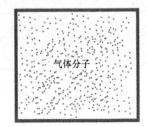

气体分子

图 9.2-1 气体压强起源示意图

知道了气体压强的起源，我们来看看能不能从微观的角度计算出气体的压强。压强是单位时间单位面积所受到的正压力，如果我们能够计算出单位时间撞击壁面的分子数和一个分子撞击壁面时对壁面施加的作用力，我们就能够估算出气体压强。

9.2.1 单位时间内碰撞在单位面积器壁上的平均分子数

由于很大数目分子的无规热运动，气体分子与气体分子之间、气体分子与容器器壁之间发生频繁碰撞。处于平衡态下的很大数目分子所组成的系统应遵循一定的统计规律。处于平衡态下的理想气体在单位时间内碰撞在单位面积上的平均分子数（也称为气体分子碰撞频率或气体分子碰壁数），在气体状态一定时应该是确定的，我们以 Γ 来表示。

下面我们用一种最简单的方法求气体分子碰壁数 Γ。选取图 9.2-2 所示的坐标系。我们做如下简化假设：①处于平衡态下的理想气体分子沿 $+x$，$-x$，$+y$，$-y$，$+z$，$-z$ 六个方向做等概率运动。若气体分子数密度为 n，任何一个单位体积中向 $+x$，$-x$，$+y$，$-y$，$+z$，$-z$ 六个方向运动的平均分子数均为 $n/6$。②假设每一分子均以平均速率运动。显然，在 Δt 时间内，所有向 $-x$ 方向运动的分子均移动了距离 $\bar{v} \Delta t$。

在 Δt 时间内碰撞在 ΔA 面积器壁上的平均分子数 ΔN 等于图中柱体内向下运动的分子数：

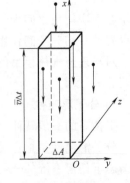

图 9.2-2 计算气体
分子碰壁数 Γ

$$\Delta N = \Delta A \bar{v} \Delta t \times \frac{n}{6} \tag{9.2-1}$$

则单位时间内碰在单位面积器壁上的平均分子数为

$$\Gamma = \frac{\Delta N}{\Delta A \Delta t} = \frac{n\overline{v}}{6} \qquad (9.2\text{-}2)$$

用更严密的方法导出的结果为

$$\Gamma = \frac{1}{4}n\overline{v} \qquad (9.2\text{-}3)$$

比较式（9.2-2）和式（9.2-3）可以发现，虽然我们的推导十分粗糙，但并未产生数量级的偏差。同学们可以从这个推导中体会到运用恰当的简化解决复杂问题的威力。另外注意，上述两式适用于平衡态理想气体。

例 9.2-1　设某气体分子在标准状况下的平均速率为 500m/s，试分别计算 1s 内碰在 1cm^2 面积及 10^{-19}m^2 面积（约为 1 个分子截面面积）器壁上的平均分子数。

解：标准状况下气体分子的数密度为

$$n_0 = 2.7 \times 10^{25}/\text{m}^3$$

故

$$\Delta N_1 = \Gamma \Delta A \Delta t = \frac{n_0 \overline{v}}{6} \Delta A \Delta t = \frac{1}{6} \times 2.7 \times 10^{25} \times 500 \times 10^{-4} \times 1 = 4.5 \times 10^{23}$$

$$\Delta N_2 = \frac{1}{6} \times 2.7 \times 10^{25} \times 500 \times 10^{-19} \times 1 = 4.5 \times 10^8$$

评价：气体分子碰撞器壁非常频繁，即使在一个分子截面面积大小的范围（10^{-19}m^2），器壁在 1s 内还要被平均碰撞 4.5×10^8 次。

小节概念回顾：单位时间内碰撞在单位面积上的平均分子数（也称为气体分子碰撞频率或气体分子碰壁数）与哪些因素有关？如何计算？

9.2.2　理想气体的压强公式

单个分子碰撞器壁的作用力是不连续的、偶然的、不均匀的。当大量分子碰撞器壁时，从总的效果来看，则产生了一个持续的平均作用力。气体压强是单位时间内大量分子频繁碰撞器壁所给予单位面积器壁的平均总冲量。这种碰撞十分频繁，几乎可认为是无间歇的，从而所施予的力也是恒定不变的。

我们仍然用一种最简单的方法来推导理想气体压强公式。

如图 9.2-2 所示，沿用前面的假定，在 Δt 时间内垂直碰撞在 y-z 平面里 ΔA 面积器壁上的分子数 ΔN 就等于以 ΔA 为底、以 $\overline{v}\Delta t$ 为高的柱体内所有向 ΔA 运动的分子的总数，而每单位体积中各有 $n/6$ 个分子以平均速率向 $\pm x$，$\pm y$，$\pm z$ 六个方向运动，因而有

$$\Delta N = (n/6) \times \overline{v}\Delta t \Delta A$$

因为每个分子与器壁的碰撞是完全弹性的，分子与器壁碰撞后速度由 $-\overline{v}$ 变为 $\overline{v}$，速度改变为 $2\overline{v}$，因而每次碰撞分子的动量改变了 $2m\overline{v}$，即器壁向分子施予的冲量为 $2m\overline{v}$。根据牛顿第三定律，我们也可以说，与器壁碰撞的每个分子向器壁施予了 $-2m\overline{v}$ 的冲量，这样，Δt 时间内 ΔA 面积器壁所受到的平均冲量为

$$\frac{1}{6}n\overline{v}\Delta A \Delta t \cdot 2m\overline{v}$$

单位时间的冲量为力，单位面积上的力为压强，故压强 p 为

$$p = \frac{\frac{1}{6}n\bar{v}\Delta A \Delta t \cdot 2m\bar{v}}{\Delta t \Delta A}$$

$$= \frac{1}{6}n\bar{v} \cdot 2m\bar{v}$$

$$= \frac{1}{3}nm\bar{v}^2 \approx \frac{1}{3}nm\overline{v^2}$$

此式就称为理想气体压强公式。在推导中，我们用到了平均速率近似等于方均根速率的近似，即 $\bar{v} \approx \sqrt{\overline{v^2}} = v_{rms}$，下标 rms 为 root mean square 的缩写，表示方均根。在学习了麦克斯韦分子速率分布函数后，我们将会看到对于理想气体，$v_{rms} = 1.085\bar{v}$，所以上面的近似是合理的。采用这个近似后我们可以看到，压强与分子的平均动能 $\frac{1}{2}m\overline{v^2}$ 联系起来了。

有意思的是，利用较严密的方法所得到的气体压强公式仍然是

$$p = \frac{1}{3}nm\overline{v^2} \tag{9.2-4}$$

这里，我们通过两个极大的简化用最简单的方法得到了平衡态理想气体分子碰壁数和压强公式，并且所得结果与更严密的推导结果相差不大。这让同学们切实体会了一次对于复杂问题，尤其是刚刚接触知之甚少的新问题，进行合理的恰当简化，从而推动工作前进获得主要规律的方法的威力，我们要学习这种思想和方法，以在未来的工作中能够自觉应用。

对于理想气体，我们还有 $pV = \nu RT$。两边同除以 V

$$p = \frac{\nu RT}{V} = \frac{\nu N_A kT}{V} = nkT \tag{9.2-5}$$

式（9.2-5）也是一个理想气体压强公式，它将气体压强与分子数密度和温度联系起来了。

小节概念回顾：列出已经学习的理想气体压强公式，说明哪些因素影响气体压强，以及是如何影响的。

9.2.3 气体分子的平均平动动能

虽然物质微观模型确定了微观粒子在不停顿地做无规则热运动，但我们对这个运动的情况了解甚少，例如做无规则热运动的分子的速率有多大？能量有多少？等等。在上面的推导中，已经将气体压强与分子的平均运动速率、平均动能、分子数密度等联系起来了，现在我们就可以对分子热运动的情况做进一步的探讨了。

每个气体分子的平均平动动能为 $\bar{\varepsilon} = \frac{1}{2}m\overline{v^2}$，代入式（9.2-4）就可得到

$$p = \frac{1}{3}nm\overline{v^2} = \frac{2}{3}n\bar{\varepsilon} \tag{9.2-6}$$

其实，早在 1857 年，克劳修斯（Clausius）就得到这一重要关系式了。式（9.2-4）、式（9.2-5）和（9.2-6）都称为理想气体压强公式，分别表示了宏观量（气体压强）与微观量（气体分子方均根速率、分子数密度和平均平动动能）之间的关系。

这几个公式是无法直接用实验证明的。p 是宏观可测的压强，而 $\overline{v^2}$、n 和 $\overline{\epsilon}$ 都是无法测量的微观量的统计平均值，但这几个公式恰好说明了宏观量的微观本质——宏观量是相应的微观量的统计平均值！不仅对压强是这样，我们以后会看到其他的热力学宏观量也是这样。正因为如此，我们在定义压强时必须强调是统计平均值，所以压强公式不是一个力学规律而是统计规律。对这样的理论的正确性，我们可以通过其预测的结果是否与实验一致来加以检验。实际上，由这几个基本公式我们可以满意地解释和推证许多实验定律。

如果我们知道压强和分子数密度，就可以对分子的平均热运动动能与分子的运动速率做一估算。

例 9.2-2 估算标准状况下氢分子和空气分子平均平动动能和方均根速率。

解：标准状况下气体分子数密度为洛施米特常量，由式（9.2-6）导出

$$\overline{\epsilon} = \frac{3p}{2n_0} = \frac{3 \times 101 \times 10^3 \, \text{Pa}}{2 \times 2.69 \times 10^{25} \, \text{m}^{-3}} = 5.63 \times 10^{-21} \, \text{J}$$

由 $\overline{\epsilon} = \frac{1}{2} m \overline{v^2}$，有

$$v_{\text{rms}} = \sqrt{\overline{v^2}} = \sqrt{\frac{2\overline{\epsilon}}{m}}$$

氢分子的方均根速率为

$$v_{\text{rms}} = \sqrt{\frac{2 \times 5.63 \times 10^{-21} \, \text{J}}{2 \times 10^{-3} \, \text{kg}/(6.02 \times 10^{23} \, \text{m}^{-3})}} = 1.84 \times 10^3 \, \text{m/s}$$

空气分子的方均根速率为

$$v'_{\text{rms}} = \sqrt{\frac{2 \times 5.63 \times 10^{-21} \, \text{J}}{29 \times 10^{-3} \, \text{kg}/(6.02 \times 10^{23} \, \text{m}^{-3})}} = 483 \, \text{m/s}$$

评价：我们在前面讨论问题时常常假设空气分子的平均速率约为 500m/s，现在我们终于找到根据了（在后面的学习中，我们将会知道气体分子方均根速率近似等于平均速率）。此外，空气中的声速为 334m/s，因而从平均意义来说，空气分子在做超音速运动。

应用 9.2-1 图

应用 9.2-1 为什么空气中主要是氧、氮分子？

应用 9.2-1 图是中国科学院云南天文台抚仙湖太阳观测站的一座射电望远镜，碧空如洗，云卷云舒，可空气中为什么主要是氧气和氮气呢？平均说来，你周围空气中的氮分子（$M_{\text{m}} = 28\text{g/mol}$）移动得比氧分子（$M_{\text{m}} = 32\text{g/mol}$）快，氢分子（$M_{\text{m}} = 2\text{g/mol}$）最快。这就是为什么尽管氢是宇宙中最常见的元素，但在地球大气层中几乎没有氢（大气层中氢只是痕量（0.00005% 体积分数））的原因。如果大气中有一些 H_2，由于 H_2 分子的平均速率为 $1.84 \times 10^3 \, \text{m/s}$，会有较多 H_2 分子的速率比地球逃逸速率 $1.12 \times 10^4 \, \text{m/s}$ 大，逃逸到太空中。较重并移动较慢的气体分子则不易逃逸，这就是我们周围空气中主要是氧、氮等气体的原因。

用同样的方法可以估算其他气体分子的方均根速率。表 9.2-1 给出了 0℃时几种气体分子的方均根速率。

表 9.2-1　0℃时几种气体分子的方均根速率

气体	摩尔质量 $M_m/(10^{-3}\text{kg/mol})$	方均根速率 $\sqrt{\overline{v^2}}/(\text{m/s})$	气体	摩尔质量 $M_m/(10^{-3}\text{kg/mol})$	方均根速率 $\sqrt{\overline{v^2}}/(\text{m/s})$
氢	2	1838	氧	32	461
水蒸气	18	615	二氧化碳	44	393
氮	28	493			

小节概念回顾：如何将气体分子平均平动动能与气体宏观参量联系起来？

9.2.4　温度的微观解释

将 $p=nkT$ 与 $p=\dfrac{2}{3}n\bar\varepsilon$ 比较，可得理想气体分子热运动平均平动动能，为

$$\bar\varepsilon=\frac{1}{2}\overline{mv^2}=\frac{3}{2}kT \tag{9.2-7}$$

这表明分子热运动平均平动动能与理想气体系统的热力学温度成正比。热力学温度越高，分子热运动越剧烈。热力学温度是分子热运动剧烈程度的度量，这就是温度的微观解释。

要说明的是，$\bar\varepsilon$ 是分子杂乱无章热运动的平均平动动能，它不包括整体的定向运动动能。从上述关系还可以看出，粒子的平均热运动动能与粒子质量无关，而仅与温度有关。

例 9.2-3　在近代物理中常用电子伏特（eV）作为能量单位，试问在多高温度下分子的平均平动动能为 1eV？1K 温度的单个分子热运动平均平动能量相当于多少电子伏特？

解：　$1\text{eV}=1.602\times10^{-19}\text{J}$，

由 $\dfrac{3}{2}kT=1.602\times10^{-19}\text{J}$ 可得

$T=7.74\times10^3\text{K}$

1eV 为 $7.74\times10^3\text{K}$ 时分子的热运动平均平动动能。

1K 温度的单个分子热运动平均平动能量为 $1.29\times10^{-4}\text{eV}$。

估算室温下单个分子热运动平均平动能量：

$$300\times1.29\times10^{-4}\text{eV}\approx0.039\text{eV}\approx1/25\text{eV}$$

评价：把一个原子激发到激发态需要几个电子伏特的能量，把一个原子电离需要十几个电子伏特的能量，而发生核聚变（或裂变）需要兆级电子伏特（MeV）的能量。在常温常压下，气体分子的平均平动动能约为 1/25eV，因而气体分子碰撞时，即使把所有能量都交出去，也不可能引起非弹性碰撞，更不可能发生核聚变或裂变。因此，我们的日常生活是安全的，无须担忧分子碰撞引发核聚变（裂变）。前面讨论理想气体微观模型时假设常温常压下气体分子的碰撞都是弹性碰撞也是合理的。

小节概念回顾：温度的微观本质是什么？

9.3 气体分子热运动速度、速率和能量的统计分布

经过上面的讨论，我们已经对气体分子的热运动有了了解，并估算出了分子平均运动速率的数量级。但是我们并不很满意，因为分子的运动是无规则热运动，分子的速度是各不相同的，我们的简化分析没能考虑到这一点。接下来我们要对分子的无规则热运动做进一步研究。

气体分子热运动的特点是：①大量分子无规则运动及它们之间频繁地相互碰撞；②分子以各种大小不同的速率随机地向各个方向运动；③在频繁的碰撞过程中，分子间不断交换动量和能量，使每一分子的速度不断变化。而处于平衡态的气体，虽然每个分子在每一瞬时的速度大小、方向都在随机地变化着，但是宏观性质是确定的（如 T、p 等），说明大量分子之间存在一种统计相关性。

这种统计相关性表现为气体分子的速度分布函数平均说来是不会改变的。就大量分子整体而言，在一定条件下，分子的速度分布遵守一定的统计规律，我们称其为气体速度分布律。

气体分子按速度分布的统计规律最早由麦克斯韦（James Clerk Maxwell，1831—1879）于 1859 年在概率论的基础上导出，然后再从速度分布得到速率分布。1877 年玻耳兹曼又从经典统计力学的角度导出，1920 年斯特恩从实验上证实了麦克斯韦分子按速率分布的统计规律。

*9.3.1 气体分子热运动速度分布函数 麦克斯韦速度分布函数

1. 速度空间与代表点

以直角坐标为例，一个气体分子的运动状态可以用它的空间坐标 x、y、z 和速度矢量的三个分量 v_x，v_y，v_z 来描述。就像一个分子的位置可以用空间的一个点（x，y，z）来表示一样，这个分子的速度可以用以 v_x，v_y，v_z 为坐标轴的空间的一个点（v_x，v_y，v_z）来表示，如图 9.3-1a 中的 Q 点，这样的点我们称为分子的代表点，以 v_x，v_y，v_z 为坐标轴的空间叫作速度空间。这样，一个系统的大量分子在空间的分布就可以用 xyz 空间中代表这些分子位置的点来表示，而这些分子的速度的分布就可以用速度空间中这些代表点来表示，如图 9.3-1b 所示。

2. 速度分布函数

如图 9.3-2 所示，现在来考虑速度空间位于（v_x，v_y，v_z）附近的一个小体积元 $dv_x dv_y dv_z$ 中的分子代表点数。假设系统的总分子数为 N，在该小体积元 $dv_x dv_y dv_z$ 中有 $dN(v_x, v_y, v_z)$ 个分子代表点，则分子速度出现在 $dv_x dv_y dv_z$ 小体积元中的概率 P 就是 $dN(v_x, v_y, v_z)$ 与 N 的比值，即

$$P = \frac{dN(v_x, v_y, v_z)}{N} \tag{9.3-1}$$

我们还可以进一步给出分子速度出现在速度空间某点（v_x，v_y，v_z）附近单位体积中的概率：

$$\frac{P}{dv_x dv_y dv_z} = \frac{dN(v_x, v_y, v_z)}{N dv_x dv_y dv_z} \tag{9.3-2}$$

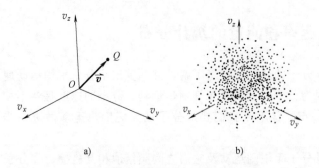

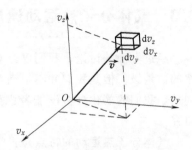

图 9.3-1 速度空间的代表点 a) 和代表点分布 b)

图 9.3-2 速度空间中的小体积元 $\mathrm{d}v_x\,\mathrm{d}v_y\,\mathrm{d}v_z$

这个比值称为在坐标 (v_x, v_y, v_z) 处的速度分布概率密度，用 $f(v_x, v_y, v_z)$ 表示：

$$f(v_x,v_y,v_z)=\frac{\mathrm{d}N(v_x,v_y,v_z)}{N\,\mathrm{d}v_x\,\mathrm{d}v_y\,\mathrm{d}v_z} \tag{9.3-3}$$

而分子处于速度空间任一微小范围 $\mathrm{d}v_x\,\mathrm{d}v_y\,\mathrm{d}v_z$ 内的概率是 $f(v_x, v_y, v_z)$ 与 $\mathrm{d}v_x\,\mathrm{d}v_y\,\mathrm{d}v_z$ 的乘积，所以 $f(v_x, v_y, v_z)$ 就是我们要寻找的速度分布函数，它给出了分子代表点的相对密集程度。

接下来的问题就是 $f(v_x, v_y, v_z)$ 的具体函数形式是怎样的？要回答这个问题，就要求出 $\mathrm{d}N(v_x、v_y、v_z)$ 来。

我们先求出分子速度在速度空间 v_x 到 $v_x+\mathrm{d}v_x$ 之间的概率。在速度空间中划出一个垂直于 v_x 轴、厚度为 $\mathrm{d}v_x$ 的无限大平板，如图 9.3-3 所示。无论分子速度的 y、z 分量如何，只要分子速度 x 分量在 v_x 到 $v_x+\mathrm{d}v_x$ 范围内，则所有这些分子的代表点就都落在这个很薄的无限大平板中。

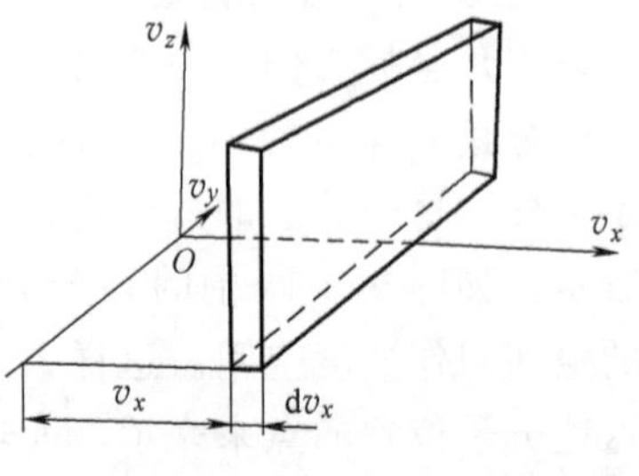

设此平板中分子代表点数为 $\mathrm{d}N(v_x)$，则 $\mathrm{d}N(v_x)/N$ 表示分子速度的 x 分量在 v_x 到 $v_x+\mathrm{d}v_x$ 范围内而 v_y、v_z 为任意值的概率。显然这一概率与板的厚度 $\mathrm{d}v_x$ 成比例。所以，

$$\frac{\mathrm{d}N(v_x)}{N}=f(v_x)\mathrm{d}v_x \tag{9.3-4}$$

图 9.3-3 速度空间中垂直于 v_x 轴、厚度为 $\mathrm{d}v_x$ 的无限大平板

式 (9.3-4) 称为分子在 x 方向的速度分量概率。

类似地，可以求出垂直于 v_y 轴及 v_z 轴的无限大薄板中的分子代表点数 $\mathrm{d}N(v_y)$ 及 $\mathrm{d}N(v_z)$：

$$\frac{\mathrm{d}N(v_y)}{N}=f(v_y)\mathrm{d}v_y \tag{9.3-5}$$

$$\frac{\mathrm{d}N(v_z)}{N}=f(v_z)\mathrm{d}v_z \tag{9.3-6}$$

式 (9.3-5) 和式 (9.3-6) 分别表示分子在 y 及 z 方向的速度分量概率。

分子的速度落在 (v_x, v_y, v_z) 附近 $\mathrm{d}v_x\,\mathrm{d}v_y\,\mathrm{d}v_z$ 小体积元中就相当于分子的 x 速度分

量落在 v_x 到 $v_x+\mathrm{d}v_x$ 区间，y 速度分量落在 v_y 到 $v_y+\mathrm{d}v_y$ 区间，z 速度分量落在 v_z 到 $v_z+\mathrm{d}v_z$ 区间这三个事件同时发生，而分子的三个速度分量取何值的事件是互相独立的，根据概率论的知识，这个事件的概率就等于三个事件概率的乘积，即

$$\frac{\mathrm{d}N(v_x,v_y,v_z)}{N}=f(v_x)\mathrm{d}v_x \cdot f(v_y)\mathrm{d}v_y \cdot f(v_z)\mathrm{d}v_z \tag{9.3-7}$$

由式（9.3-3）我们又有 $\mathrm{d}N(v_x,v_y,v_z)/N=f(v_x,v_y,v_z)\mathrm{d}v_x\mathrm{d}v_y\mathrm{d}v_z$，显然，速度分布概率密度 $f(v_x,v_y,v_z)$ 是分子分别按速度的 x、y、z 方向分量分布的概率密度 $f(v_x)$、$f(v_y)$、$f(v_z)$ 的乘积。

根据平衡态气体的分子混沌性假设，分子速度没有择优取向，故 $f(v_x)$、$f(v_y)$、$f(v_z)$ 应具有相同形式。

3. 麦克斯韦速度分布函数

利用平衡态理想气体分子在 x、y、z 三个方向做独立运动的假设，麦克斯韦用概率统计的方法导出了理想气体分子的速度分布。对每一个速度分量，麦克斯韦速度分量分布可以表示为

$$f(v_i)\mathrm{d}v_i=\left(\frac{m}{2\pi kT}\right)^{1/2} \cdot \exp\left(-\frac{mv_i^2}{2kT}\right) \cdot \mathrm{d}v_i$$

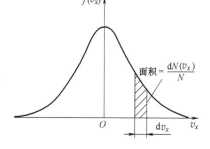

图 9.3-4　x 方向速度分量的概率密度函数曲线

$$\tag{9.3-8}$$

式中，i 可分别代表 x、y、z。

以 x 方向速度分量为例，x 方向速度分量的概率密度函数曲线如图 9.3-4 所示，它对于纵轴对称，而图中斜线窄条的面积就是

$$f(v_x)\mathrm{d}v_x=\frac{\mathrm{d}N(v_x)}{N}=\left(\frac{m}{2\pi kT}\right)^{1/2} \cdot \exp\left[-\frac{mv_x^2}{2kT}\right] \cdot \mathrm{d}v_x \tag{9.3-9}$$

气体分子按速度的分布可以表示为

$$\begin{aligned} f(v_x,v_y,v_z)\mathrm{d}v_x\mathrm{d}v_y\mathrm{d}v_z &= f(v_x)\mathrm{d}v_x \cdot f(v_y)\mathrm{d}v_y \cdot f(v_z)\mathrm{d}v_z \\ &= \left(\frac{m}{2\pi kT}\right)^{3/2} \cdot \exp\left[-\frac{m(v_x^2+v_y^2+v_z^2)}{2kT}\right] \cdot \mathrm{d}v_x\mathrm{d}v_y\mathrm{d}v_z \end{aligned} \tag{9.3-10}$$

其中

$$f(v_x,v_y,v_z)=\left(\frac{m}{2\pi kT}\right)^{3/2} \cdot \exp\left[-\frac{m(v_x^2+v_y^2+v_z^2)}{2kT}\right] \tag{9.3-11}$$

就是麦克斯韦速度分布函数。需要说明的是，由于麦克斯韦在导出麦克斯韦速度分布律的过程中没有考虑气体分子间的相互作用，这一速度分布律一般仅适用于平衡态理想气体。

小节概念回顾：速度分布函数的物理含义是什么？写出麦克斯韦速度分布函数。

9.3.2　麦克斯韦速率分布函数

1. 速率分布函数及麦克斯韦速率分布函数

处于一定温度下的一定量气体，设其分子总数为 N，用 $\mathrm{d}N$ 表示速率分布在 $v\sim v+\mathrm{d}v$ 区间内的分子数，则 $\mathrm{d}N/N$ 就是分布在此速率区间内分子数占总分子数的比率。现在，考

虑分布在速率 v 附近单位速率区间内分子数占总分子数的百分比，这个比率只是速率 v 的函数，我们用 $f(v)$ 来表示，即

$$f(v) = \frac{dN}{N dv} \tag{9.3-12}$$

式中，$f(v)$ 就称为速率分布函数，其物理意义为，速率在 v 附近单位速率区间里分子数占总分子数的概率，即概率密度。

对于处于平衡态的理想气体，可以通过麦克斯韦速度分布函数导出速率分布函数的具体形式。其具体函数表达式如下：

$$f(v) = 4\pi \left(\frac{m}{2\pi kT}\right)^{3/2} \cdot \exp\left[-\frac{mv^2}{2kT}\right] \cdot v^2 \tag{9.3-13}$$

式中，k 为玻耳兹曼常数。

在平衡状态下，气体分子密度 n 及气体温度有确定的值，故其速率分布也是确定的。此外，麦克斯韦速率分布律对处于平衡态下的混合气体的各组分也分别适用。在通常情况下实际气体分子的速率分布和麦克斯韦速率分布也能够很好地符合。

2. 麦克斯韦速率分布函数的特征

下面我们来对麦克斯韦速率分布函数做进一步的考察。麦克斯韦速率分布函数曲线如图 9.3-5 所示。从曲线的形状可以看出，总体来说，气体中速率很小、速率很大的分子数都很少，存在一个分布函数极大值。在 $f(v)$ 中，v^2 是增函数，$\exp(-mv^2/2kT)$ 是负指数函数，即是一个减函数，一个增函数与一个减函数相乘得到的函数可以在某一 v 值处取极值。图中 $f(v)$ 出现极大值时所对应的速率我们称为最概然速率，用 v_p 来标记。显然，最概然速率 v_p 反映了一个麦克斯韦速率分布函数的整体特征。

分布函数曲线下 dv 区间内的面积为 $f(v)dv$。对比式（9.3-12），这正是速率分布在 $v \sim v+dv$ 中的分子数与总分子数的比率：

$$f(v)dv = \frac{dN}{N}$$

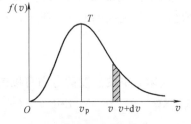

图 9.3-5 某温度 T 下的麦克斯韦速率分布函数曲线

对于有限的速率区间 $v_1 \sim v_2$，曲线下的面积就是速率分布在 $v_1 \sim v_2$ 之间的分子数与总分子数的比率：

$$\int_{v_1}^{v_2} f(v)dv = \frac{\Delta N}{N} \tag{9.3-14}$$

曲线下面的总面积等于分布在整个速率范围内所有各个速率间隔中的分子数与总分子数的比率的总和，显然这个值应该等于 1：

$$\int_0^{\infty} f(v)dv = 1 \tag{9.3-15}$$

这个关系式也称为归一化条件。

利用式（9.3-14）我们可以计算出气体中分子速率不大于最概然速率 v_p 的分子数与总分子数的比率约为 43%，这让我们直观地认识到麦克斯韦速率分布函数相对于最概然速率 v_p 是不对称的。

3. 分子质量 m 和温度 T 对麦克斯韦速率分布函数的影响

在麦克斯韦速率分布函数中还包含了分子质量 m 和温度 T 两个参量，我们可以代入不

同分子的质量和温度进行计算，来考察这两个参量对麦克斯韦速率分布函数曲线的影响。图 9.3-6 是氢分子和氧分子在 298K 时的麦克斯韦速率分布函数曲线，可以看到在温度 T 一定时，分子质量越大，最概然速率 v_p 越小，即速率分布曲线向左移动，同时由于曲线下的总面积不变，分布曲线变高；图 9.3-7 是氧分子在 73K、273K、373K、573K 和 1273K 时的麦克斯韦速率分布函数曲线，可以看到，分子质量 m 一定时，T 越大，最概然速率 v_p 越大，分布曲线向右移动，同时由于曲线下的面积不变，分布曲线变低。分子质量 m 和温度 T 对麦克斯韦速率分布函数曲线的影响其实也很好理解。由式（9.2-7），分子的平均平动动能只与温度有关，与分子质量无关。当温度一定时，分子热运动的剧烈程度相应地确定，即分子运动的平均平动动能一定，如果分子质量变大，分子运动的最概然速率 v_p 当然要变小，因而麦克斯韦速率分布曲线要向左移；而当分子质量一定时，温度升高，分子运动的平均平动动能增大，分子的最概然速率 v_p 也要增大，麦克斯韦速率分布曲线要向右移。

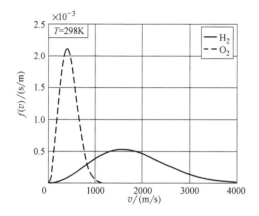

图 9.3-6　298K 时氢分子和氧分子的麦克斯韦
速率分布曲线

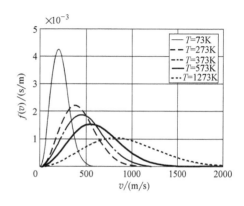

图 9.3-7　不同温度下氧分子的麦克斯韦
速率分布曲线

应用 9.3-1　为什么有些化学反应需要加热才能进行？

化学反应速率常常强烈地依赖于温度，（见应用 9.3-1 图）其原因就在速率分布函数中。当参加反应的两个分子碰撞时，只有当分子足够接近，使它们的电子电荷分布能够强烈相互作用时，反应才能够发生。这就需要分子有一个最小能量（称为活化能），即分子应具有一定的最小速率。图 9.3-7 表明，麦克斯韦速率分布曲线高速尾部中的分子数是随温度的升高而迅速增加的。因而，我们可以预期，依赖于活化能的化学反应的速率，会随温度升高而快速加大。

应用 9.3-1 图

4. 理想气体分子的平均速率、方均根速率和最概然速率

前面我们曾经用理想气体压强公式估算了气体分子热运动的情况。现在有了分子按速率分布的麦克斯韦速率分布函数，我们就可以从统计的角度来研究气体分子的热运动了。下面将用求统计平均值的方法计算理想气体分子的平均速率、方均根速率和最概然速率。为方便计算，表 9.3-1 中列出了一些要用到的积分公式。

表 9.3-1 积分表 $f(n) = \int_0^\infty x^n e^{-\lambda x^2} dx$

n	$f(n)$	n	$f(n)$
0	$\dfrac{1}{2}\sqrt{\dfrac{\pi}{\lambda}}$	1	$\dfrac{1}{2\lambda}$
2	$\dfrac{1}{4}\sqrt{\dfrac{\pi}{\lambda^3}}$	3	$\dfrac{1}{2\lambda^2}$
4	$\dfrac{3}{8}\sqrt{\dfrac{\pi}{\lambda^5}}$	5	$\dfrac{1}{\lambda^3}$
6	$\dfrac{15}{16}\sqrt{\dfrac{\pi}{\lambda^7}}$	7	$\dfrac{3}{\lambda^4}$

注：若 n 为偶数，则 $\int_{-\infty}^{+\infty} x^n e^{-\lambda x^2} dx = 2f(n)$；若 n 为奇数，则 $\int_{-\infty}^{+\infty} x^n e^{-\lambda x^2} dx = 0$。

（1）平均速率

$$\bar{v} = \int_0^\infty v f(v) dv = \int_0^\infty 4\pi \left(\frac{m}{2\pi kT}\right)^{3/2} \cdot v^3 \exp\left(-\frac{mv^2}{2kT}\right) dv$$

利用表 9.3-1 中的公式可得

$$\bar{v} = \sqrt{\frac{8kT}{\pi m}} \left(\approx \sqrt{\frac{2.5kT}{m}}\right) = \sqrt{\frac{8RT}{\pi M_m}} = 1.60\sqrt{\frac{RT}{M_m}} \tag{9.3-16}$$

（2）方均根速率

$$\overline{v^2} = \int_0^\infty v^2 f(v) dv = \frac{3kT}{m}$$

$$v_{rms} = \sqrt{\overline{v^2}} = \sqrt{\frac{3kT}{m}} = \sqrt{\frac{3RT}{M_m}} = 1.73\sqrt{\frac{RT}{M_m}} \tag{9.3-17}$$

（3）最概然速率 v_p　因为速率分布函数是一个连续函数，可利用极值条件 $\dfrac{df(v)}{dv}\bigg|_{v=v_p} = 0$ 求极值，得到

$$v_p = \sqrt{\frac{2kT}{m}} = \sqrt{\frac{2RT}{M_m}} = 1.41\sqrt{\frac{RT}{M_m}} \tag{9.3-18}$$

由式（9.3-18）、式（9.3-16）和式（9.3-17）可以得到

$$v_p : \bar{v} : \sqrt{\overline{v^2}} = 1 : 1.128 : 1.224$$

可见三个速率之间相差不超过 23%，并以方均根速率为最大。我们在 9.2.2 节导出理想气体压强公式时曾经用到 $\bar{v} \approx \sqrt{\overline{v^2}} = v_{rms}$ 的近似，现在看来的确是合理的。

例 9.3-1　计算 27℃时氧气分子的平均速率、方均根速率和最概然速率。

解： $M_m = 32 \times 10^{-3}$ kg/mol，$T = (273+27)$ K = 300K，代入式（9.3-16）～式（9.3-18），有

$$\bar{v} = 1.60\sqrt{\frac{RT}{M_m}} = 1.60\sqrt{\frac{8.31 \times 300}{0.032}}\ m/s = 447 m/s$$

$$\sqrt{\overline{v^2}} = 1.73\sqrt{\frac{RT}{M_m}} = 1.73\sqrt{\frac{8.31 \times 300}{0.032}}\ m/s = 483 m/s$$

$$v_p = 1.41\sqrt{\frac{RT}{M_m}} = 1.41\sqrt{\frac{8.31 \times 300}{0.032}}\ m/s = 394 m/s$$

评价：从计算结果可以看到，在相同温度下，确实有 $\sqrt{\overline{v^2}} > \overline{v} > v_p$。此外，对照图 9.3-7 也能够对氧气分子的速率情况及其分布有具体的数值上的了解。

小节概念回顾：速率分布函数的物理含义是什么？写出麦克斯韦速率分布函数，并指出该函数的特征。如何计算平均速率、方均根速率和最概然速率？常温下氢分子、氧分子的平均速率的数量级是多少？

*9.3.3　麦克斯韦-玻耳兹曼分布律　重力场中微粒按高度的分布

1. 麦克斯韦-玻耳兹曼分布律

我们来观察一下麦克斯韦速度分布函数：

$$\frac{\mathrm{d}N(v_x,v_y,v_z)}{N} = \left(\frac{m}{2\pi kT}\right)^{\frac{3}{2}} \mathrm{e}^{-\frac{m(v_x^2+v_y^2+v_z^2)}{2kT}} \mathrm{d}v_x \mathrm{d}v_y \mathrm{d}v_z \tag{9.3-19}$$

从式（9.3-19）中可以看到，麦克斯韦速度分布函数的指数中仅包含了分子平动动能：

$$\frac{m}{2}(v_x^2+v_y^2+v_z^2) = \frac{1}{2}mv^2 = \varepsilon_k$$

显然，麦克斯韦速度分布函数没有考虑热力学系统处于外力场中的情况，但现实中的问题，特别是我们周围环境中的问题，哪一个系统能够置身于地球重力影响之外呢？因此，我们的问题就是，对于更一般的情形，如在外力场中，气体分子的分布将会如何？

玻耳兹曼把麦克斯韦速度分布函数进行了推广，认为分子按速度的分布不受力场的影响，但按空间的分布却是依赖于分子所在力场的，分布是不均匀的。用 $\varepsilon_k+\varepsilon_p$ 代替 ε_k，用 x、y、z、v_x、v_y、v_z 为轴构成六维空间，用体积元 $\mathrm{d}x\mathrm{d}y\mathrm{d}z\mathrm{d}v_x\mathrm{d}v_y\mathrm{d}v_z$ 代替速度空间的体积元 $\mathrm{d}v_x\mathrm{d}v_y\mathrm{d}v_z$，当系统在力场中处于平衡态时，坐标介于区间 $x\sim x+\mathrm{d}x$、$y\sim y+\mathrm{d}y$、$z\sim z+\mathrm{d}z$ 内，同时速度介于 $v_x\sim v_x+\mathrm{d}v_x$，$v_y\sim v_y+\mathrm{d}v_y$，$v_z\sim v_z+\mathrm{d}v_z$ 内的分子数为

$$\mathrm{d}N(x,y,z,v_x,v_y,v_z) = n_0\left(\frac{m}{2\pi kT}\right)^{\frac{3}{2}} \mathrm{e}^{-\frac{\varepsilon_k+\varepsilon_p}{kT}} \mathrm{d}x\mathrm{d}y\mathrm{d}z\mathrm{d}v_x\mathrm{d}v_y\mathrm{d}v_z \tag{9.3-20}$$

这就是麦克斯韦-玻耳兹曼分子按能量分布律，其中 n_0 为在 $\varepsilon_p=0$ 处，单位体积内具有的各种速度分子的总数。

对所有可能的速度积分，可以得到

$$\mathrm{d}N(x,y,z) = n_0\mathrm{e}^{-\frac{\varepsilon_p}{kT}}\mathrm{d}x\mathrm{d}y\mathrm{d}z \iiint\limits_{-\infty}^{\infty} \left(\frac{m}{2\pi kT}\right)^{\frac{3}{2}} \mathrm{e}^{-\frac{\varepsilon_k}{kT}} \mathrm{d}v_x\mathrm{d}v_y\mathrm{d}v_z \tag{9.3-21}$$

$$= n_0\mathrm{e}^{-\frac{\varepsilon_p}{kT}}\mathrm{d}x\mathrm{d}y\mathrm{d}z$$

在坐标间隔 $x\sim x+\mathrm{d}x$，$y\sim y+\mathrm{d}y$，$z\sim z+\mathrm{d}z$ 内的分子数密度为

$$n = \frac{\mathrm{d}N(x,y,z)}{\mathrm{d}x\mathrm{d}y\mathrm{d}z} = n_0\mathrm{e}^{-\frac{\varepsilon_p}{kT}} \tag{9.3-22}$$

这就是分子按势能的分布律。

2. 重力场中微粒按高度的分布

下面我们来考虑在重力场中的情况。在重力场中，质量为 m 的分子的势能可以写为 $\varepsilon_p=mgh$，将其代入分子按势能的分布律式（9.3-22），有

$$n = n_0 e^{-mgh/kT} = n_0 e^{-M_m gh/RT} \qquad (9.3\text{-}23)$$

由式中可以看到，在重力场中，分子的分布是不均匀的。一方面，无规则热运动使气体分子均匀分布于它们所能够到达的空间；另一方面，重力要使气体分子聚集到地面。当这两种作用平衡时，气体分子在空间的分布为非均匀分布，即气体分子数密度随高度的增加按指数规律减小。从式（9.3-23）可以看出，分子质量和温度都对这一分布有影响。分子质量越大，受重力的作用越大，分子数密度减小得越迅速；对于温度较高的气体，分子的无规则运动剧烈，则分子数密度随高度减得小比较缓慢，如图9.3-8所示。

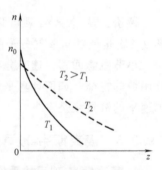

图9.3-8　重力场中分子数密度随高度的变化

将式（9.3-23）代入 $p = nkT$，可推出

$$p = n_0 kT e^{-mgh/kT} = p_0 e^{-mgh/kT} = p_0 e^{-M_m gh/RT} \qquad (9.3\text{-}24)$$

由此，我们得到了气压随高度的变化。

应用9.3-2　登山为什么会缺氧？

如应用9.3-2图所示，爬高山时常常会上气不接下气。我们以珠穆朗玛峰为例做个估算。珠穆朗玛峰的高度约为8844m，由式（9.3-24）可以算出来，山顶气压只有0.3个大气压左右，忽略温度的变化，相当于山顶吸入3口气，才顶得上在山脚吸入1口气。

改写式（9.3-24），可以得到

$$h = \frac{RT}{M_m g} \ln \frac{p_0}{p} \qquad (9.3\text{-}25)$$

应用9.3-2图

可以看到，测出大气压强的变化，就可以了解所在位置的高度，我们可以利用这一原理制成高度计。这种高度计实际上就是气压计，在登山、飞机等场合都有应用。

应用9.3-3　进入西藏拉萨，食品袋全部膨胀了，为什么啊？

青藏铁路　2013年5月，天涯论坛上 pengqian2013 发了一个帖子：团队一起进西藏啦，海拔3000多米，火车还在走、海拔还在增长，放在火车内的食品袋全部膨胀起来了，如应用9.3-3图所示，你知道为什么吗？

西藏平均海拔高3000m，由麦克斯韦-玻耳兹曼分布可推出，其气压在65.25kPa左右，不足海平面气压的2/3。从内地带过来的密封袋装食品是在内地平原较高气压下封装的，进入高原后，由于外部气压低于食品袋内部气压，导致食品袋膨胀，有些食品袋甚至会因承受不住压力而炸开。

应用9.3-3图

如果以 m 代表微粒的质量，则式（9.3-23）给出的就是微粒在重力场中按高度的分布。法国物理学家佩兰曾用显微镜聚焦于不同高度测出腾黄颗粒沿高度的分布，然后利用 n 的表达式求出玻耳兹曼常数 k，再由 $k = R/N_A$ 得到了阿伏伽德罗常数 N_A。佩兰由于这项工作于1922年获得了诺贝尔物理学奖。在生活中，我们也会用到这样的知识，例如，高度越

高，微粒数密度越小，住在高层，空气中颗粒物少，空气干净！

　　小节概念回顾：写出麦克斯韦-玻耳兹曼分布律和重力场中微粒按高度的分布。

9.3.4　能量按自由度均分定理

　　在 9.2.4 节中，我们已经得到处于平衡态的理想气体每个分子的平均平动动能为 $\bar{\epsilon} = 3kT/2$。本节将在此基础上，通过与实验测量值的比较，给出能量按自由度均分定理，并指出这一定理的局限性。

　　1. 自由度与自由度数

　　前面讨论理想气体时，我们把气体分子简化为没有体积的几何点，但实际上气体分子的构成是不同的，例如单原子分子、双原子分子乃至多原子分子。怎样才能体现出分子结构的不同呢？这里，我们从描述分子空间位置的角度出发进行考察。

　　首先给出自由度的定义。描述一个物体在空间的位置所需的独立坐标被称为该物体的自由度。确定一个物体在空间的位置所需的独立坐标的个数被称为自由度数。例如，确定一个质点的空间位置需要 x、y、z 三个独立坐标，质点的自由度数就是 3。一个刚体做定点转动，它的自由度数是 3，其中 2 个自由度确定转轴的方位，1 个自由度确定转角。

　　现在我们来考察分子的自由度和自由度数。

　　一个刚性多原子分子在空间既可以平动又可以转动，因此确定它的空间位置就需要 x、y、z 3 个平动自由度、确定转轴方位的两个自由度和确定绕转轴转角的 1 个自由度，它的自由度数是 6。

　　一个刚性双原子分子就像一个哑铃。与刚性多原子分子类似，原则上它可以有 3 个平动自由度和 3 个转动自由度。但是，对于刚性双原子分子来说，每个原子的质量都集中在半径为 10^{-15} m 的原子核上，而分子的线度为 10^{-10} m，原子核与分子半径的比值粗略为 10^{-15} m$/10^{-10}$ m $= 10^{-5}$。由于转动惯量与转动半径的平方成正比，所以质量集中分布在原子核范围与质量分布在分子线度范围两种情况的转动惯量之比约为 10^{-10}，转动角速度相同时的转动能量之比也是 10^{-10}。由此可以看到，双原子分子绕中心轴转动的动能对分子的动能贡献很小，因此，双原子分子绕中心轴转动的自由度不必考虑。这样，一个刚性双原子分子的自由度数就是 3 个平动自由度加 2 个转动自由度。

　　非刚性双原子分子就像图 9.3-9 所示那样，除了上面讨论的 5 个自由度外，还有 1 个沿两个原子质心连线振动的振动自由度，所以其总自由度数为 6。

　　总结上面的分析可以知道，单原子分子只有 3 个平动自由度，没有转动自由度；双原子分子的自由度数最多为 6；用类似的方法，可以知道 N 个原子组成的多原子分子，自由度数最多为 $3N$。在这 $3N$ 个自由度中，有 3 个（整体）平动自由度，3 个（整体）转动自由度和 $3N-6$ 个振动自由度。举例来说，单原子分子，如氦、氖、氩，在质点近似下有 3 个自由度。双原子分子，如氢、氧、氮、CO，HCl，有 6 个自由度，其中 3 个平动自由度，2 个转动自由度，1 个振动自由度；三原子分子，如 H_2O，有 9 个自由度，其中 3 个平动自由度，3 个转动自由度，3 个振动自由度；四原子分子，如 NH_3，有 12 个自由

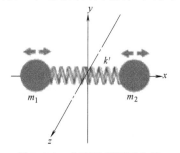

图 9.3-9　非刚性双原子分子
的振动自由度

度，其中 3 个平动自由度，3 个转动自由度，6 个振动自由度。

2. 能量按自由度均分定理

我们先来考虑单原子理想气体。单原子理想气体分子只有热运动平动动能，没有势能。由于平衡态气体的分子混沌性，理想气体分子热运动无择优取向，所以

$$\frac{1}{2}m\overline{v_x^2} = \frac{1}{2}m\overline{v_y^2} = \frac{1}{2}m\overline{v_z^2} = \frac{1}{3} \cdot \frac{1}{2}m\overline{v^2}$$

而 9.2.4 节中已经指出，每一分子的热运动平均平动动能 $\overline{\varepsilon} = 3kT/2$，即 $\frac{1}{2}m\overline{v^2} = \frac{3}{2}kT$，说明对于理想气体分子，$x$、$y$、$z$ 三个方向的平均平动动能均为 $kT/2$。换句话说，单原子分子理想气体的平均平动动能均分于 3 个平动自由度中，因而每一个自由度均分到 $kT/2$ 的平均平动动能。若能将这一规律推广到转动和振动自由度中，就可以认为每一个转动或振动自由度也均分了 $kT/2$ 的平均动能。这样的推广是否可行，需要实验验证。在后面的学习中我们将会了解到，对于单原子理想气体分子，若每一个自由度均分 $kT/2$ 的平均动能，则每一个自由度对摩尔定容热容 $C_{V,m}$ 的贡献是 $R/2$。我们可以利用这一点来用实验检验这个推广是否正确。表 9.3-2 中是 0℃ 时几种气体的 $C_{V,m}/R$ 实验值，我们可以对比一下表中的一些数据。若 H_2、N_2、O_2、CO、NO 气体属于刚性双原子分子气体，则有 5 个自由度，没有振动自由度，其分子平均动能为 $\overline{\varepsilon} = 5 \times \frac{kT}{2}$，理论预测其 $C_{V,m} = \frac{5R}{2}$。与表 9.3-2 中的实验值对比，实验值约为 $\frac{5R}{2}$，表明理论预测与实验值相符。若 H_2O、CH_4 气体属刚性多原子分子气体，它们应该有 3 个平动自由度，3 个转动自由度，没有振动自由度，其分子平均动能为 $\overline{\varepsilon} = 6 \times \frac{kT}{2}$，因而理论预测其 $C_{V,m} = 3R$，而表 9.3-2 中的实验数据也确实约为 $3R$，理论预测与实验值相符。这些理论值与实验值的对比证实了上述推广的正确性。

表 9.3-2 0℃ 时几种气体的 $C_{V,m}/R$ 实验值

单原子气体	He	Ne	Ar	Kr	Xe	单原子 N
约 3/2	1.49	1.55	1.50	1.47	1.51	1.49
双原子气体	H_2	O_2	N_2	CO	NO	Cl_2
约 5/2	2.53	2.55	2.49	2.49	2.57	3.02
多原子气体	CO_2	H_2O	CH_4	C_2H_4	C_3H_6	NH_3
约 6/2	3.24	3.01	3.16	4.01	6.17	3.42

现在我们给出能量按自由度均分定理（简称能量均分定理）的表述：在温度为 T 的平衡态气体中，分子热运动平均动能平均分配到每一个分子的每一个自由度上，每一个分子的每一个自由度的平均动能都是 $kT/2$。

要指出的是，能量均分定理是指每个分子的每一个自由度均分 $kT/2$ 平均动能，这里并没有涉及势能问题。因此，对于振动自由度，除了要考虑振动动能外，还应计及由于原子间相对位置的变化产生的振动势能。由于分子中的原子所进行的振动都是振幅非常小的微小振动，所以我们可以将其视为简谐振动。在学习力学理论时我们曾经研究过简谐振动的能量问题，已经知道在一个周期内简谐振动的平均动能和平均势能相等。现在，我们把这个结论应

用到这里，因而对于振动自由度，除了每个振动自由度均分 $kT/2$ 的动能外，还应有 $kT/2$ 的振动势能。

若某种分子有 t 个平动自由度，r 个转动自由度，s 个振动自由度，则每一个分子的平均能量为

$$\bar{\varepsilon} = (t+r+2s) \cdot \frac{1}{2}kT = \frac{1}{2}ikT \tag{9.3-26}$$

式中，$i=t+r+2s$。

能量均分定理只适用于平衡态系统，它本质上是关于热运动的统计规律，是对大量分子统计平均所得的结果。能量均分定理不仅适用于理想气体，一般也可用于液体和固体。对于气体，能量按自由度均分是依靠分子间的大量的无规碰撞来实现的，而对于液体和固体，能量均分则是通过分子间很强的相互作用来实现的。

3. 理想气体的内能与热容

我们用符号 U 来表示一个热力学系统的内能。当只考虑热现象时，一个系统的内能就是系统内所有分子的无规则运动动能和分子间势能的总和。首先考虑单原子理想气体。对于 1mol 单原子理想气体，其摩尔内能为

$$U_m = N_A \times (3/2)kT = (3/2)RT$$

热容是指物体升高或降低单位温度所吸收或放出的热量。若以 ΔQ 表示物体在升高 ΔT 温度的某过程中吸收的热量，则物体在该过程中的热容 C 定义为

$$C = \lim_{\Delta T \to 0} \frac{\Delta Q}{\Delta T} = \frac{dQ}{dT} \tag{9.3-27}$$

在等体过程中气体不做功，所吸收的热量等于内能的增加，即 $dQ=dU$，故单原子理想气体的摩尔定容热容 $C_{V,m}$ 为

$$C_{V,m} = \frac{dQ}{dT} = \frac{dU_m}{dT} = \frac{3}{2}kN_A = \frac{3}{2}R$$

可见，每一个自由度对 $C_{V,m}$ 的贡献是 $R/2$。

可以用类似的方法讨论双原子分子理想气体和多原子分子理想气体的内能和热容。一般来说，理想气体的摩尔内能 U_m 为

$$U_m = N_A \times (i/2)kT = (i/2)RT \tag{9.3-28}$$

ν 摩尔气体的内能 U 为

$$U = \nu \times N_A \times (i/2)kT = \nu(i/2)RT \tag{9.3-29}$$

摩尔定容热容为

$$C_{V,m} = \frac{dQ}{dT} = \frac{dU_m}{dT} = \frac{i}{2}kN_A = \frac{i}{2}R \tag{9.3-30}$$

由表 9.3-2 可见，单原子气体摩尔定容热容约为 $3R/2$，双原子气体摩尔定容热容约为 $5R/2$，多原子气体摩尔定容热容约为 $6R/2$，理论和实验基本相符。同时，这个理论结果也预测理想气体的摩尔定容热容与温度无关。

例 9.3-2 三个容器内分别储有 3mol 氦气、3mol 氢气和 3mol 氨气。将它们均视为刚性分子的理想气体。若它们的温度都升高 10K，那么三种气体的内能分别增加多少？

解： 根据式（9.3-29），

$$\Delta U = \nu(i/2)R\Delta T$$

氦气（He）：$i=3$，$\Delta U = \nu \dfrac{3}{2}R\Delta T = 3\text{mol} \times \dfrac{3}{2} \times 8.31(\text{J/mol} \cdot \text{K}) \times 10\text{K} = 375\text{J}$

氢气（H_2）：$i=5$，$\Delta U = \nu \dfrac{5}{2}R\Delta T = 3\text{mol} \times \dfrac{5}{2} \times 8.31(\text{J/mol} \cdot \text{K}) \times 10\text{K} = 623\text{J}$

氨气（NH_3）：$i=6$，$\Delta U = \nu \dfrac{6}{2}R\Delta T = 3\text{mol} \times \dfrac{6}{2} \times 8.31(\text{J/mol} \cdot \text{K}) \times 10\text{K} = 748\text{J}$

评价：虽然我们将三种气体都视作理想气体，并同为 3mol，但由于分子构型不同，升高相同的温度，气体内能的改变不同。

例 9.3-3　一绝热容器被中间的隔板分成相等的两半，一半装有氦气，温度为 250K；另一半装有氧气，温度为 310K。二者压强相等。求去掉隔板两种气体混合后的温度。

解：混合前，对于 He 气：$p_1V_1 = \nu_1RT_1$，对于 O_2 气：$p_2V_2 = \nu_2RT_2$。由于 $p_1 = p_2$，$V_1 = V_2$，可以推出 $\nu_1T_1 = \nu_2T_2$。这样，混合前的总内能为

$$U_0 = U_1 + U_2 = \frac{3}{2}\nu_1RT_1 + \frac{5}{2}\nu_2RT_2 = \frac{8}{2}\nu_1RT_1$$

混合后，设气体的温度变为 T，总内能为

$$U = \frac{3}{2}\nu_1RT + \frac{5}{2}\nu_2RT = \left(\frac{3}{2} + \frac{5T_1}{2T_2}\right)\nu_1RT$$

由于混合前后总内能相等，即 $U_0 = U$，有

$$\frac{8}{2}\nu_1RT_1 = \left(\frac{3}{2} + \frac{5T_1}{2T_2}\right)\nu_1RT$$

解出 T，最终得到

$$T = \frac{8T_1}{3 + 5T_1/T_2} = 284K$$

评价：计算得到的混合后气体的温度介于混合前两种气体温度之间，计算结果是合理的。

4. 经典理论的缺陷

从前面的讨论我们知道，理论分析预测理想气体的摩尔定容热容与温度无关，但实验观测却表明，气体的摩尔定容热容与温度有关。图 9.3-10 所示为氢气的摩尔定容热容实验测量结果，可以看到，随着温度升高，摩尔定容热容增大。要解决这个理论预测值与实验测量值之间的矛盾，参照能量均分理论，可以设想气体分子的自由度是随着温度的升高逐渐激发的，这样低温时参与能量均分的自由度少，热容低，高温时能够激发的自由度多，热容就大。例如，对于氢气，如图 9.3-11 所示，低温时（50K 以下）分子只有平动运动，50K 以上时开始有转动，高温时（600K 以上）才有振动，这样就能够解释热容随温度的变化了。但是，在经典物理中能量是连续变化的，不会出现这种激发情况，这种激发只有在能量变化不连续时，也就是量子化的情况下才可能出现。因此，必须发展新的理论，即量子理论。这里的关键就是转动动能与振动动能不是连续变化的，是分立能级，即能量是量子化的。因此我们说，热学的发展也推动了量子理论的建立。

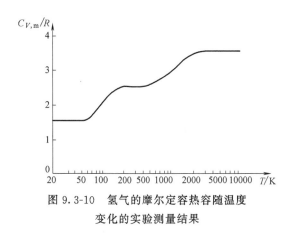

图 9.3-10 氢气的摩尔定容热容随温度
变化的实验测量结果

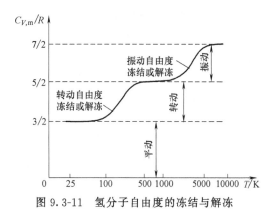

图 9.3-11 氢分子自由度的冻结与解冻

自由度不能被激发，我们称为冻结。不同自由度冻结的温度范围各不相同。H_2 的 $C_{V,m}$ 随温度变化的"阶梯"行为意味着微观粒子的转动能量和振动能量是分立的，只有当分子的平均热运动动能达到一定的数值时，才能使分子内部自由度的能量从一个"台阶"跳跃到另一个"台阶"。由量子理论，双原子分子转动能级的级差约 $10k$（注：10 为温度 10K，k 为玻耳兹曼常数），分子振动能级的级差约 $10^3 k$。常温下分子平动动能约 $10^2 k$，因而常温下，分子的碰撞可以使转动能级改变，使转动能够参与能量均分，但不能改变振动能级。我们来与 H_2 的摩尔定容热容实验结果对比一下：低温时（50K 以下）只有平动自由度，50K 以上时开始有转动自由度加入，高温时（600K 以上）才有振动自由度加入，与量子理论一致。对于多原子分子，由于分子质量 m 变大，简谐振动频率 ν 变小，因而振动能级差 $h\nu$ 也变小，所以常温下已有部分振动自由度起作用了。

例 9.3-4 运用能量均分定理估计固体的摩尔热容。

解： 若简化地把晶体中每一个化学键都看成是一支弹簧，则整个晶体就相当于由弹簧连接而成的粒子群，其中任一粒子发生位移都要牵动整个晶体中的其他粒子发生位移。但是晶体中的粒子都是在平衡位置附近振动，所以晶体的热运动是整个粒子群的振动。用能量均分定理计算气体的摩尔内能时，在所有自由度都做贡献的情况下，N_A 个原子所组成的多原子分子气体的摩尔内能为

$$U_m = [3 + 3 + (3N_A - 6) \times 2] \cdot kT/2$$

如果把固体类比为由 N 个"原子"所组成的"大分子"，这时能量均分定理就可用来讨论固体的热容。考虑 1mol 固体，对于固体中的无规则热运动，平动、转动都无须考虑，只需要考虑原子的振动，则固体的摩尔内能为

$$U_m = (3N_A - 6) \times 2 \times kT/2 \approx 3RT$$

固体的热膨胀系数很小，说明由于温度变化所引起的体积膨胀很小，从而对外做功也很小，也就是在等压过程中吸的热与等体过程中吸的热差异很小。粗略考虑时，可以不区分定压热容还是定容热容，而只以 C_m 表示晶体的摩尔热容：

$$C_m = \frac{\partial U_m}{\partial T} = \frac{dU_m}{dT} = 3R \tag{9.3-31}$$

评价： 式（9.3-31）也称为杜隆-珀蒂定律。实验发现，铝、金、银、铜等金属在室温

下的摩尔热容都与该定律符合很好，但对其他元素，特别是金刚石，相差较为悬殊，如图 9.3-12 所示。前面曾讨论过气体热容随温度变化的反常现象，一些气体的振动自由度只有在温度比较高时才对热容有贡献。在低温下不做贡献。实验证实晶体的热容也有类似反常现象。从图 9.3-12 中可以看到，高温下每一种固体的 C_m 都趋于 $3R$，与杜隆-珀蒂定律一致。但在低温下，C_m 比 $3R$ 小很多，说明低温下固体热容不满足杜隆-珀蒂定律，这也是由自由度"冻结"引起的。

小节概念回顾：什么是自由度和自由度数？什么是能量均分定理？如何计算理想气体的内能与热容？什么是杜隆-珀蒂定律？

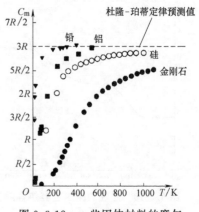

图 9.3-12　一些固体材料的摩尔热容实验值

9.4　气体内的输运过程

在第 8 章中我们曾经指出过，在自然界中，平衡是相对的、特殊的、局部的与暂时的，不平衡才是绝对的、普遍的、全局的和经常的。在许多实际问题中，气体处于非平衡状态，系统内各部分的温度或压强不相等，或各气体层之间有相对运动等，这时，气体内就会有能量、质量或动量从一部分向另一部分定向迁移，这就是非平衡态下气体中的输运现象。与平衡态相比，非平衡态现象要复杂得多，很难精确地给予描述或解析。在本节中，我们将尝试对偏离平衡态不远的非平衡态问题进行探讨。这里的基本思想就是，由于是近平衡态的非平衡态问题，我们可以利用已经掌握的平衡态的理论来开展研究。

我们将首先介绍黏滞、热传递和扩散现象的一般性情况以及所服从的宏观规律，不局限于气体，然后着重讨论气体中的黏滞现象、传导传热现象和扩散现象的微观解释。

9.4.1　输运过程的宏观规律

1. 黏滞现象

当流体各层间有相对运动时，各层流体的流动速度不同，流体层间存在黏滞力相互作用，其服从的物理规律是牛顿黏性定律。如图 9.4-1 所示，设某一流体层流速为 u，与其相邻流体层的流速为 $u+\Delta u$，流体层间沿 z 轴的距离为 Δz，流体层间接触面积为 ΔA，则牛顿黏性定律可表示为

$$F = -\eta \frac{\Delta u}{\Delta z} \Delta A \qquad (9.4\text{-}1)$$

式中，F 为流体层间的黏滞力；η 为黏度。常见气体的黏度为 $10^{-5} \mathrm{N \cdot s/m^2}$ 量级，液体的黏度为 $10^{-3} \mathrm{N \cdot s/m^2}$ 量级。

对于无穷小变化，牛顿黏性定律可以写为

$$F = -\eta \frac{\mathrm{d}u}{\mathrm{d}z} \mathrm{d}A \qquad (9.4\text{-}2)$$

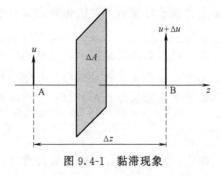

图 9.4-1　黏滞现象

2. 热传递现象

我们在讲热力学第零定律时曾经讨论过绝热和导热的概念。热量的传递是自然界中一种常见的转移过程。现在，我们来略微详细地考察一下热量传递的方式。

热量传递主要有三种方式：传导、对流和辐射。

（1）传导　热传导发生在温度不均匀的一个物体内，或相互接触的两个温度不同的物体之间。把铁棒的一端放到热水里，另一端握在手中。手握的这一端虽然没有直接和热水接触，却也变得越来越热，这是由于热量通过铁棒传导到冷的一端。热传导的微观机制对于气体、液体、导电固体和非导电固体是有所不同的。在气体中，传导传热是气体分子不规则热运动时相互碰撞的结果。我们已经知道，气体的温度越高，其分子的运动动能越大。能量水平较高的分子与能量水平较低的分子相互碰撞的结果就是热量由高温处传到了低温处。对于不导电的固体，从原子层面来讲，较热区域中的原子平均说来比其周围较冷区域中的原子动能大。这些原子推挤自己周围的原子，并把自己的部分能量传给周围原子。周围原子又推挤它们周围的原子，依次推挤下去。原子本身并没有从一个区域移动到另一区域，但它们的能量却从一个区域传到了另一个区域，热传导就这样发生了。对于导电固体，如大部分金属，还有另一种更有效的热传导机制。在金属中，一些电子可以离开它所属的原子而在整个晶格里漂移，这些"自由"电子能够迅速地把能量从金属较热区域带到较冷区域，因而金属通常是热的良导体。我们感觉10℃的铁棒比10℃的木片冷，是因为热量很容易从我们的手流入到铁棒。此外，"自由"电子的存在也导致大部分金属是电的良导体。对于液体而言，有一种观点认为其传导传热微观机理类似于非导电的固体，但总的说来，其微观机理还不是很清楚。

热传导现象服从的宏观规律是傅里叶定律：单位时间里通过某一给定面积的热量（我们称之为热流量，记为 H）与垂直于该面方向的温度变化率和该面面积成正比，且热量传递的方向与温度升高的方向相反，如图 9.4-2 所示。傅里叶定律的数学表达式为

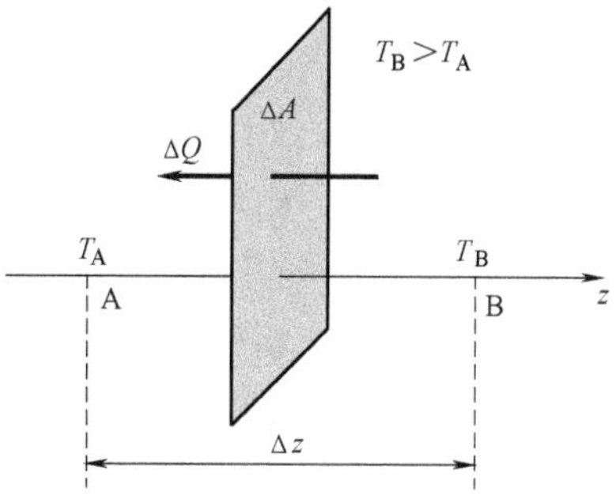

图 9.4-2　热传导现象

$$H = \frac{\Delta Q}{\Delta t} = -\kappa \frac{\Delta T}{\Delta z} \Delta A \qquad (9.4\text{-}3)$$

式中，κ 称为热导率。常见气体热导率为 $10^{-2}\mathrm{W/(m \cdot K)}$ 量级；液体热导率为 $10^{-1}\mathrm{W/(m \cdot K)}$ 量级；固体热导率为 $10^{0} \sim 10^{1}\mathrm{W/(m \cdot K)}$ 量级；金属热导率为 $10^{2}\mathrm{W/(m \cdot K)}$ 量级。

对于无穷小变化，傅里叶定律可以写为

$$H = \frac{\mathrm{d}Q}{\mathrm{d}t} = -\kappa \frac{\mathrm{d}T}{\mathrm{d}z} \mathrm{d}A \qquad (9.4\text{-}4)$$

表 9.4-1 列出了一些常见材料的热导率。不流动的"静止"空气的热导率是非常小的，仅有 $0.024\mathrm{W/(m \cdot K)}$。羽绒服、毛衣之所以能保暖，是因为它们捕获了羽绒或纤维间的静止空气。从表中可以看出，许多隔热材料，如泡沫塑料、玻璃纤维和软木，热导率也很低，在 $0.027 \sim 0.04\mathrm{W/(m \cdot K)}$ 之间。事实上，这些隔热材料的大部分也是静止空气。

表 9.4-1　一些常见材料的热导率

材料	$\kappa/[\mathrm{W/(m \cdot K)}]$	材料	$\kappa/[\mathrm{W/(m \cdot K)}]$	材料	$\kappa/[\mathrm{W/(m \cdot K)}]$
金属		**固体(典型值)**		**气体**	
铝	205.0	隔热砖	0.15	空气	0.024
黄铜	109.0	红砖	0.6	氩	0.016
铜	385.0	混凝土	0.8	氦	0.14
铅	34.7	软木	0.04	氢	0.14
水银	8.3	毡	0.04	氧	0.023
银	406.0	玻璃纤维	0.04		
钢	50.2	玻璃	0.8		
		冰	1.6		
		石棉	0.04		
		泡沫塑料	0.027		
		木材	0.12~0.04		
		纸板	0.14		

我们用热阻的概念表示热传导路径上的阻力，记为 R，就如我们用电阻表示电荷转移路径上的阻力一样。定义厚度为 L 的平板的热阻 R 为

$$R = \frac{L}{\kappa} \tag{9.4-5}$$

其 SI 单位是 $\mathrm{m^2 \cdot K/W}$。工程师们也用热阻表征建筑物的隔热保温性能，例如建筑物外墙应达到 $1.37\,\mathrm{m^2 \cdot K/W}$ 的热阻值标准。由热阻定义式可以看出，板的厚度增加 1 倍，R 也增加 1 倍。如果保温材料是多层复合材料，如砖墙、玻璃纤维、大理石外壁板等，R 值就是各层材料 R 值之和。

应用 9.4-1　北极狐与鲸

在冬季，北极狐（见应用 9.4-1a 图）的皮毛甚至比北极熊的皮毛还保暖。动物皮毛由于捕获了低热导率 κ 的空气而成为一种很好的热绝缘体（皮毛的热导率 $\kappa=0.04\,\mathrm{W/(m \cdot K)}$，比空气的热导率 $\kappa=0.024\,\mathrm{W/(m \cdot K)}$ 要高，因为皮毛还包含了固体毛发）。鲸鱼（见应用 9.4-1b 图）不同于其他鱼类，是温血动物，无论在什么样的环境中，鲸鱼的体温均保持在 36℃ 左右。鲸鱼是靠其超厚的皮下脂肪（称为鲸脂）保温的，曾记录到鲸鱼脂肪厚达 50cm，鲸脂的热导率是皮毛的 6 倍 $[\kappa=0.24\,\mathrm{W/(m \cdot K)}]$。所以，要达到 2cm 厚皮毛同样的保温效果，需要 12cm 厚的鲸脂。

a)

b)

应用 9.4-1 图

例9.4-1 简易保冷箱

外出游玩，用聚苯乙烯泡沫塑料做了一个简易保冷箱。保冷箱总壁面积（包括盖）为 0.80m^2，壁厚 2.0cm。在保冷箱里面放了冰、水和几罐可乐，这些东西的初始温度都是 $0℃$。如果保冷箱外面的温度是 $33℃$，那么流入保冷箱的热流量是多少？3小时内有多少冰融化？

解： 由表9.4-1查出 $\kappa=0.027\text{W}/(\text{m}\cdot\text{K})$。由式（9.4-3），流入保冷箱的热流量 H 为

$$H=-\kappa\frac{\Delta T}{\Delta z}\Delta A=-\left(0.027\frac{\text{W}}{\text{m}\cdot℃}\right)\frac{(0℃-33℃)}{0.02\text{m}}\times0.80\text{m}^2$$

$$=35.6\text{W}=35.6\text{J}/\text{s}$$

流入的总热量 $Q=Ht$，$t=3\text{h}=10800\text{s}$。由表8.3-1可知，冰的熔化热 $l=3.34\times10^5\text{J/kg}$，由式（8.3-1），溶化的冰的质量 m 为

$$m=\frac{Q}{l}=\frac{35.6\text{J}/\text{s}\times10800\text{s}}{3.34\times10^5\text{J/kg}}$$

$$=1.15\text{kg}$$

评价： 聚苯乙烯泡沫塑料的低热导率导致热流量较小，食物可以保冷较长一段时间。如果箱子是用纸板做的，情况又怎样？

（2）对流 对流传热是指流体各部分之间发生相对位移时引起的热量传递过程。对流仅能在流体中发生。家里的暖气和人体血液的流动都是对流的例子。按照引起流动的原因，可以把对流分为自然对流和强制对流。如果流体是由鼓风机或泵进行循环的，这种过程称为强制对流；如果流动是由于热膨胀产生的密度差导致的，如热空气上升，这种过程称为自然对流或自由对流。大气中的自然对流对每天的天气状况起决定性作用，海洋中的对流是一个重要的全球性热传递机制。在小一点的尺度上，天空中翱翔的鹰和滑翔机就利用了地球表面上升的热气流。人体内最重要的热传递机制（在各种环境中保持了几乎恒定的体温）是强制血液对流，心脏是这一强制对流的泵。

对流传热是一个非常复杂的过程，不能用简单的公式来描述，但已经获得了一些重要的实验规律：①对流导致的热流量正比于表面积的大小。暖气片和CPU散热器叶片表面积大就是这个原因；②对流热流量近似正比于表面和流体的温度差。③流体黏性会减慢静止于表面附近的自然对流，竖直表面上的空气薄膜的热阻通常与 1.3cm 厚的胶合板大致相同。强制对流可以减小这种膜的厚度，从而提高传热速率，这也是相同温度下我们在冷风中比在静止空气中更快地感觉到冷的原因。

（3）辐射 辐射是通过电磁波（如可见光、红外线和紫外线等）进行的热传递。这种热传递方式不需要物体之间有物质存在。每个人都能感受到太阳的辐射热和火焰的灼热。从这些非常热的物体到达我们身体的大部分热量并不是以传导传热方式或对流传热方式经由空气到达我们的，而是通过辐射方式传递的。即使在真空中，这种热量的传递也会发生。所有物体，即使在常温下，都在以电磁辐射的形式发射能量。在 $20℃$ 左右温度时，几乎所有辐射能量都是由红外线（其波长比可见光长得多）携带，常常有商家推销自己销售的保暖衣是红外保暖衣，其实他们不过是说出了这种温度范围的辐射是红外线的事实而已。随着温度的升高，物体辐射的电磁波波长向短波方向移动，到 $800℃$ 时，物体辐射的电磁波中已经有一些可见光，从而使物体呈现出"红-热"外观，但即使是在这个温度下，大部分能量还是由红

外线携带的。到3000℃时，即白炽灯灯丝的温度，辐射中已包含了足够多的可见光，使物体呈现出"白-热"外观。辐射传热符合斯特藩-玻耳兹曼定律，即所传递的热流量正比于物体表面积和热力学温度T的4次方，这个定律又称为辐射四次方定律。在热力学温度T下，从面积为A的表面辐射的热流量H为

$$H = A\varepsilon\sigma T^4 \tag{9.4-6}$$

式中，σ为斯特藩-玻耳兹曼常数，其值为$5.67\times10^{-8}\,W/(m^2\cdot K^4)$；$\varepsilon$为物体的黑度，也称发射率，其值小于1，并与物体的种类和表面状态有关。例如，常温下，白色大理石的黑度为0.95，而镀锌铁皮的黑度只有0.23。常温下无光泽的黄铜黑度为0.22，而磨光后的黄铜黑度只有0.05。实验测量表明，大部分非金属材料的黑度值都很高，一般在$0.85\sim0.95$之间，且与表面状况关系不大。

当热力学温度为T的物体辐射时，它所在的热力学温度为T_s的周围环境也在发出辐射，物体也会吸收部分这些辐射。如果物体与周围环境达到热平衡，就有$T = T_s$，并且辐射的热流量和吸收的热流量必须相等。如果这一点成立，那么吸收的热流量也必须具有$H = A\varepsilon\sigma T_s^4$的形式。这样，在$T_s$环境中温度为$T$的物体的净辐射热流量$H_净$为

$$H_净 = A\varepsilon\sigma T^4 - A\varepsilon\sigma T_s^4 = A\varepsilon\sigma(T^4 - T_s^4) \tag{9.4-7}$$

图9.4-3 红外伪彩图

式中，正的H值表示有净热流量流出物体。式（9.4-7）表明，辐射传热与传导传热和对流传热一样，热流量也取决于两个物体之间的温度差。

图9.4-3显示了室内和人体不同部位发出的辐射水平。图右侧的色注给出了辐射的强度。最强的发射（以白色表示）来自最温暖的部位，冷饮瓶发射的辐射较小，图中左上角空调出风口发射的辐射非常小。

例9.4-2 人体辐射

人体表面积约为$1.20\,m^2$，表面温度30℃=303K，人体辐射的总热流量是多少？如果周围环境温度为20℃，那么人体的净辐射热流量是多少？设人体发射率为1。

解：由式（9.4-6），人体辐射的总热流量是

$$\begin{aligned} H &= A\varepsilon\sigma T^4 \\ &= 1.20\,m^2\times1\times5.67\times10^{-8}\,W/(m^2\cdot K^4)\times(303K)^4 \\ &= 574\,W \end{aligned}$$

人体发出的净辐射热流量为

$$\begin{aligned} H_净 &= A\varepsilon\sigma(T^4 - T_s^4) \\ &= 1.20\,m^2\times1\times5.67\times10^{-8}\,W/(m^2\cdot K^4)\times[(303K)^4 - (293K)^4] \\ &= 72\,W \end{aligned}$$

评价：计算结果表明，人体要辐射出500多瓦的能量。但由于周围环境也要发出辐射，

人体吸收部分周围环境辐射，损失的能量并没有那么多。在 20℃ 的典型日常环境温度下，人体因为辐射净损失的能量为 70 多瓦。

良辐射吸收体也是良辐射发射体。发射率为 1 的理想发射体，也是理想的吸收体，可以吸收到达发射体的所有辐射。这种理想物体被称为理想黑体，简称黑体。另一方面，不吸收任何辐射的理想反射体，也是完全无效的发射体。

应用 9.4-2 保温杯

如应用 9.4-2 图所示，一个小小的保温杯就涉及了热传递的三种机制。保温杯是靠尽可能地减少热量的损失来实现保温的。要减少热量损失就要从热传递的对流、传导和辐射三个途径来考虑。保温杯一般采用双层壁结构，壁之间的空气用泵抽出，这样就几乎消除了传导和对流传热。此外，有的保温杯在内壁上镀有银涂层或者是抛光，这一方面可以把杯内的大部分辐射反射回杯中，另一方面也使壁本身成为不良发射体。

应用 9.4-2 图

应用 9.4-3 温室效应

地球不断吸收来自太阳的辐射。在热平衡时，地球吸收太阳辐射的速率必等于它向太空发出辐射的速率。太阳（表面温度 5800K）发射的大多数辐射在光谱的可见光区，地球大气层对这些辐射是透明的；而地球平均表面温度只有 287K （14℃），因而地球向太空发射的辐射大多是红外辐射，但大气层对红外辐射不是完全透明的。大气中含有 CO_2，CO_2 分子能够吸收一些来自地球表面的红外辐射，然后再把所吸收的能量辐射出去。但这些再辐射的能量有些又直接向下回到地球表面，而不是脱离地球表面进入太空。为了保持热平衡，就必须提高地球表面温度 T，从而提高辐射能量率（正比于 T^4）来补偿这部分能量，这种现象被称为温室效应，它使地球表面温度达到 33℃ 左右，比大气中如果没有 CO_2 的地球表面平衡温度要高。如果大气中没有 CO_2，地球表面平均温度将低于水的冰点，我们所熟悉的生活也就成为不可能了。尽管大气中的 CO_2 有有利影响的一面，但太多了也会产生非常负面的后果。自工业时代开始，煤和石油等化石燃料的燃烧使大气中 CO_2 浓度升高到前所未有的水平。带来的后果是，自 20 世纪 50 年代以来，全球平均地表温度已经上升了 0.6℃，地球经历了有记录以来最热的年代。温度的上升会对世界各地的气候产生极大影响，极地冰会融化（见应用 9.4-3 图），从而使世界海平面升高，对沿海居住的数亿人的家园和生活造成威胁。

应用 9.4-3 图

3. 扩散现象

扩散是自然界中的常见现象，固体、液体和气体中都有这种现象发生。扩散又可分为自扩散和互扩散两种。以气体为例，容器中不同气体间的互相渗透称为互扩散，同种气体因分子数密度不同、温度不同或各层间存在相对运动所发生的扩散现象称为自扩散。扩散现象遵从的宏观规律是斐克定律：在单位时间内通过垂直于扩散方向的截面的扩散物质的量与该截面处的浓度梯度和截面面积成正比。如图 9.4-4 所示，斐克定律的数学表达式为

$$\frac{\Delta N}{\Delta t} = -D\,\frac{\Delta n}{\Delta z}\Delta A \quad 或 \quad \frac{\Delta m}{\Delta t} = -D\,\frac{\Delta \rho}{\Delta z}\Delta A$$

$$(9.4\text{-}8)$$

式中，D 为扩散系数；N 为分子数；n 为分子数密度；m 为质量；ρ 为密度。对于气体，扩散系数为 $10^{-5}\,\mathrm{m^2/s}$ 量级；对于液体，扩散系数为 $10^{-3}\,\mathrm{m^2/s}$ 量级。

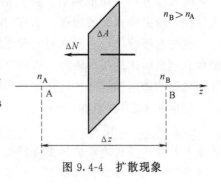

图 9.4-4　扩散现象

对于无穷小变化，斐克定律可以写为

$$\frac{\mathrm{d}N}{\mathrm{d}t} = -D\,\frac{\mathrm{d}n}{\mathrm{d}z}\mathrm{d}A \quad 或 \quad \frac{\mathrm{d}m}{\mathrm{d}t} = -D\,\frac{\mathrm{d}\rho}{\mathrm{d}z}\mathrm{d}A$$

$$(9.4\text{-}9)$$

例 9.4-3　如图 9.4-5 所示，体积都为 V 的两个容器用长 L、截面面积 A 很小（$LA \ll V$）的水平管连通。开始时左边容器中充有分压为 p_0 的一氧化碳和分压为 $p - p_0$ 的氮气所组成的混合气体，右边容器中装有压强为 p 的纯氮气。设一氧化碳向氮中扩散及氮向一氧化碳中扩散的扩散系数都为 D，求左边容器中一氧化碳分压随时间变化的函数关系。

解：由理想气体压强公式 $p = nkT$ 可知，求一氧化碳分压随时间变化的函数关系也就是要求一氧化碳的分子数密度随时间变化的函数关系。我们来考虑在 t 到 $t + \mathrm{d}t$ 时间内发

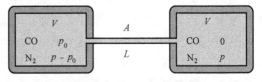

图 9.4-5　例 9.4-3 示意图

生的扩散。设 $n_1(t)$ 和 $n_2(t)$ 分别为左、右两个容器中一氧化碳的分子数密度，则水平管中一氧化碳的分子数密度梯度为 $(n_1 - n_2)/L$。

根据斐克定律，左边流向右边容器的一氧化碳粒子流率为

$$\frac{\mathrm{d}N_1}{\mathrm{d}t} = -D\,\frac{n_1 - n_2}{L}A$$

上式里有 t、N、n 三个变量，但独立变量只有两个。注意到 $n = N/V$，对上式两边同除以容器体积 V，有

$$\frac{\mathrm{d}n_1}{\mathrm{d}t} = -D\,\frac{n_1 - n_2}{VL}A$$

又因一氧化碳总粒子数守恒，$n_1 + n_2 = n_0$，因而 $n_2 = n_0 - n_1$，$n_1 - n_2 = 2n_1 - n_0$。将它们代入 $\dfrac{\mathrm{d}n_1}{\mathrm{d}t} = -D\,\dfrac{n_1 - n_2}{VL}A$，得到

$$\frac{\mathrm{d}n_1}{2n_1 - n_0} = -\frac{DA}{LV}\mathrm{d}t$$

对上式两边同时积分，并考虑到 $t = 0$ 时，$n_1(0) = n_0$，有

$$\ln\left[\frac{2n_1(t) - n_0}{n_0}\right] = -\frac{2DAt}{LV}$$

$$n_1(t) = \frac{1}{2}n_0\left[1 + \exp\left(-\frac{2DAt}{LV}\right)\right]$$

由于一氧化碳分压 $p_1 = n_1 kT$，$p_0 = n_0 kT$，可以得到

$$p_1 = \frac{1}{2}p_0\left[1 + \exp\left(-\frac{2DAt}{LV}\right)\right]$$

评价： 计算结果是一个看起来比较复杂的函数，其中包含一个指数衰减项。这个结果对不对呢？我们来做一个检验。我们知道，对于这样一个问题，经过足够长的时间后，两边容器中的一氧化碳含量必然是一样的，也就是说两边容器中的一氧化碳分子数密度或分压是一样的，且应为左边容器初始分压的 $1/2$。在计算得到的 p_1 函数中，令 $t \to \infty$，得到 $p_1 \to \dfrac{p_0}{2}$，与我们的预想一致。

小节概念回顾： 黏滞、热传递和扩散现象的一般性情况及服从的宏观规律是什么？

9.4.2　输运过程的微观解释

下面我们将把目光聚焦在气体系统上，讨论气体系统输运过程的微观解释。决定气体输运过程的两个主要因素是分子热运动和分子间的相互碰撞，我们将由此着手。

1. 黏滞现象的微观解释

气体的黏性源于相邻气体层在交换分子的同时，交换了不同的定向运动动量。因为分子热运动动量的平均值为零，所以我们只需考虑各层气体分子的定向运动动量。

参见图 9.4-6a，假设气体流速 u 沿 x 方向，考虑一个与 x 方向平行且与 z 轴垂直的中性平面 ΔA，设其 z 轴坐标为 z_0。假定每个分子均以平均速率 $\overline{v}$ 运动，单位体积中各有 $n/6$ 个分子以平均速率向 $\pm x$，$\pm y$，$\pm z$ 六个方向运动。这样，在 Δt 时间内从上方穿过 z_0 平面上 ΔA 面元向下运动的平均分子数为 $(1/6)n\overline{v}\Delta A\Delta t$，而在 Δt 时间内从下方穿过 z_0 平面上 ΔA 面元向上运动的平均分子数也为 $(1/6)n\overline{v}\Delta A\Delta t$。

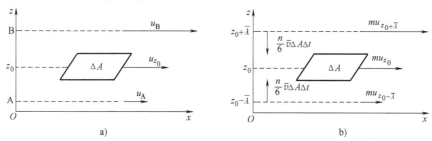

图 9.4-6　黏滞现象的微观解释

再进一步假设所有从上面（或从下面）穿过 z_0 平面的分子平均说来都分别来自 $(z_0 + \overline{\lambda})$ 处或者 $(z_0 - \overline{\lambda})$ 处，见图 9.4-6b，就有

$$\left[\begin{array}{c}\Delta t \text{ 时间内越过 } z = z_0 \text{ 平面的} \\ \Delta A \text{ 面元向上输送的总动量}\end{array}\right] = \frac{1}{6}n\overline{v}mu_{z_0-\overline{\lambda}}\Delta A\Delta t$$

$$\left[\begin{array}{c}\Delta t \text{ 时间内越过 } z = z_0 \text{ 平面的} \\ \Delta A \text{ 面元向下输送的总动量}\end{array}\right] = \frac{1}{6}n\overline{v}mu_{z_0+\overline{\lambda}}\Delta A\Delta t$$

将上面两式相减，即得到从下方通过 z_0 平面 ΔA 面元向上方净输运的总动量

$$\text{净输运的总动量} = \frac{1}{6}n\overline{v}(mu_{z_0-\overline{\lambda}} - mu_{z_0+\overline{\lambda}})\Delta A\Delta t$$

除以 Δt 即得 z_0 平面 ΔA 面元上的切应力，这就是黏性力：

$$F = \frac{1}{6} n \bar{v} m (u_{z_0 - \bar{\lambda}} - u_{z_0 + \bar{\lambda}}) \Delta A \tag{9.4-10}$$

考虑到在近平衡的非平衡条件下，气体定向运动的速度梯度 $\Delta u / \Delta z$ 较小，另外气体的压强也并非很低，平均自由程不是很大，这说明在 z 方向间距为平均自由程的范围内，定向速率的变化 Δu 与 u 相比小很多，可以对 u 做泰勒级数展开并取一级近似，这样就有

$$u_{z_0 + \bar{\lambda}} \approx u_{z_0} + \left(\frac{\mathrm{d}u}{\mathrm{d}z}\right)_{z_0} \bar{\lambda} \tag{9.4-11}$$

$$u_{z_0 - \bar{\lambda}} \approx u_{z_0} - \left(\frac{\mathrm{d}u}{\mathrm{d}z}\right)_{z_0} \bar{\lambda} \tag{9.4-12}$$

将式（9.4-11）和式（9.4-12）代入式（9.4-10），得到

$$F = \frac{1}{6} n \bar{v} m \left[-2\left(\frac{\mathrm{d}u}{\mathrm{d}z}\right)_{z_0} \bar{\lambda}\right] \Delta A \tag{9.4-13}$$

与牛顿黏性定律［式（9.4-1）或式（9.4-2）］相比较，得到黏度为

$$\eta = n m \bar{v} \bar{\lambda} / 3 \tag{9.4-14}$$

利用气体的密度 $\rho = mn$ 的关系，式（9.4-14）也可以表示为

$$\eta = \rho \bar{v} \bar{\lambda} / 3 \tag{9.4-15}$$

从式（9.4-14）和式（9.4-15）的表面形式来看，黏度与 n、m（或气体密度）、分子平均速率和平均自由程都有关系。但是，对于理想气体来说，分子平均速率和平均自由程都与 m、T 有关。因此究竟哪些因素对黏度有影响，还需进行进一步的分析。将式（9.1-15）$\left(\bar{\lambda} = \dfrac{1}{\sqrt{2}\,\sigma n}\right)$ 代入黏度公式，有

$$\eta = \frac{m \bar{v}}{3\sqrt{2}\,\sigma} \tag{9.4-16}$$

这说明 η 实际上与 n 无关。若认为气体分子是刚球，则有效碰撞截面 $\sigma = \pi d^2$ 为常量，利用理想气体分子平均速率公式［式（9.3-16）］可得

$$\eta = \frac{2}{3\sigma} \sqrt{\frac{km}{\pi}} T^{1/2} \tag{9.4-17}$$

这说明，对于给定的刚性分子理想气体，η 只与 $T^{1/2}$ 成正比，与分子数密度或质量密度无关。

从式（9.4-16）出发，如果我们知道黏度，就可以测定气体分子碰撞截面及气体分子有效直径的数量级。实际上，在三个输运系数中，实验上最容易精确测量的就是气体黏度。因此，我们可以利用黏度测量来确定气体分子的有效直径。

由于我们在导出黏度公式时所采用的近似，例如我们只考虑了气体分子之间的碰撞，没有考虑气体分子与器壁之间的碰撞，黏度公式的适用条件为 $d \ll \bar{\lambda} \ll L$。此外，还要说明的是，采用不同近似程度的各种推导方法的实质是相同的，所得结果数量级是一致的。

2. 热传导现象的微观解释

气体热传导现象的微观本质是分子热运动能量的定向迁移，而这种迁移是通过气体分子无规热运动来实现的。因此，当从微观研究这个问题时，就要搞清楚分子热运动引起的分子交换情况和相应的能量交换情况。

考虑图 9.4-2 所示的理想气体一维热传导情况。我们仍然做如下的简化假设：所有分子

都以平均速率 $\bar{v}$ 运动，单位体积中各有 $n/6$ 个分子以平均速率向 $\pm x$、$\pm y$、$\pm z$ 六个方向运动。设面元 ΔA 两侧的温度分别为 T_A 和 T_B，$T_A \neq T_B$。由前面所学的理论我们知道，气体分子数密度 n 反比于热力学温度 T，气体分子的平均速率 $\bar{v}$ 正比于 $T^{1/2}$，因而 $n\bar{v}$ 反比于 $T^{1/2}$。对于图中所示的情况，假设温差不太大，$n_A \bar{v}_A \approx n_B \bar{v}_B \approx n\bar{v}$。这样，在 Δt 时间内从左方穿过 z_0 平面上 ΔA 面元向右运动的平均分子数为 $(1/6) \, n\bar{v}\Delta A \Delta t$，而在 Δt 时间内从右方穿过 z_0 平面上 ΔA 面元向左运动的平均分子数也为 $(1/6) \, n\bar{v}\Delta A \Delta t$，则 Δt 时间内通过 ΔA 面元交换的分子对数 ΔN 为

$$\Delta N = \frac{1}{6} n\bar{v}\Delta A \Delta t \tag{9.4-18}$$

接下来，我们来求出每交换一对分子输运的能量。为此，我们再做如下的两个简化假设：①分子受到一次碰撞就被完全同化，因而具有当地动量，我们称这种情况为一次同化；②分子平均在距 ΔA 面元 $\bar{\lambda}$ 处受到碰撞，这样，A 部分子的平均热运动能量就是 $\frac{i}{2}kT_A$，$T_A = T_{z_0 - \bar{\lambda}}$，B 部分子的平均热运动能量为 $\frac{i}{2}kT_B$，$T_B = T_{z_0 + \bar{\lambda}}$，其中 i 为气体分子实际被激发的自由度。每交换一对分子，沿 z 轴正向输运的能量就是 $\Delta q = \frac{i}{2}kT_A - \frac{i}{2}kT_B$。

Δt 时间内通过 ΔA 面元沿 z 轴正向输运的总能量就是沿 z 轴正向传递的热量：

$$\begin{aligned} \Delta Q &= \Delta q \Delta N \\ &= \frac{1}{6} n\bar{v}\Delta A \Delta t \frac{i}{2}k(T_A - T_B) \end{aligned} \tag{9.4-19}$$

根据前面类似的考虑，$T_A - T_B = -2\bar{\lambda}\left(\dfrac{\mathrm{d}T}{\mathrm{d}z}\right)_{z_0}$，则

$$\Delta Q = -\frac{1}{3} n\bar{v} \, \bar{\lambda} \, \frac{i}{2}k \left(\frac{\mathrm{d}T}{\mathrm{d}z}\right)_{z_0} \Delta A \Delta t \tag{9.4-20}$$

与傅里叶定律［式（9.4-3）式（9.4-4）］相比较，有

$$\kappa = \frac{1}{3} n\bar{v} \, \bar{\lambda} \, \frac{i}{2}k \tag{9.4-21}$$

式（9.4-21）中的 i 是气体分子实际被激发的自由度数，可以通过气体热容来表示它。对于理想气体，摩尔定容热容 $C_{V,\mathrm{m}} = \dfrac{\mathrm{d}U_\mathrm{m}}{\mathrm{d}T} = \dfrac{i}{2}N_A k$，从而可以得到定容比热容 $c_V = \dfrac{C_{V,\mathrm{m}}}{M_\mathrm{m}} = \dfrac{\frac{i}{2}N_A k}{M_\mathrm{m}}$，则

$$\frac{i}{2}k = \frac{M_\mathrm{m}}{N_A} c_V \tag{9.4-22}$$

将式（9.4-22）代入热导率公式，得到

$$\kappa = \frac{1}{3} \rho \bar{v} \, \bar{\lambda} c_V \tag{9.4-23}$$

接下来，我们对气体热导率做一点讨论。将 $\bar{\lambda} = \dfrac{1}{\sqrt{2}\sigma n}$，$\bar{v} = \sqrt{8kT/\pi m}$ 代入热导率公式，

可以得到

$$\kappa = \frac{2}{3}\sqrt{\frac{km}{\pi}} \cdot \frac{C_{V,\mathrm{m}}}{M_{\mathrm{m}}} \cdot \frac{T^{1/2}}{\sigma} \tag{9.4-24}$$

由此可知，对于刚性气体分子，气体的热导率与分子数密度 n 无关，仅与 $T^{1/2}$ 有关。注意，因气体的温度是不均匀的，式中的温度 T 用平均温度。此外，由于我们在推导过程中所做的假设，此气体热导率公式适用于温度梯度较小并满足 $d \ll \overline{\lambda} \ll L$ 条件的理想气体。

3. 扩散现象的微观解释

我们考虑气体系统的一维扩散问题。如图 9.4-4 所示，如果 ΔA 面两侧气体密度不同，就会发生气体分子由高密度区域向低密度区域的迁移。

假设 $n_A < n_B$，则沿 z 轴正向输运的净分子数为

$$\Delta N = \frac{1}{6} n_A \overline{v} \Delta A \Delta t - \frac{1}{6} n_B \overline{v} \Delta A \Delta t \tag{9.4-25}$$

由此产生的沿 z 轴正向输运的净质量为

$$\Delta m = m \Delta N$$

$$= \frac{1}{6} \overline{v} \Delta A \Delta t (m n_A - m n_B) \tag{9.4-26}$$

$$= \frac{1}{6} \overline{v} \Delta A \Delta t (\rho_A - \rho_B)$$

用前面类似的方法，$\rho_A - \rho_B = -2\overline{\lambda} \left(\dfrac{\mathrm{d}\rho}{\mathrm{d}z} \right)_{z_0}$，代入上式可得到

$$\Delta m = -\frac{1}{3} \overline{v} \, \overline{\lambda} \left(\frac{\mathrm{d}\rho}{\mathrm{d}z} \right)_{z_0} \Delta A \Delta t \tag{9.4-27}$$

与斐克定律［式（9.4-8）或式（9.4-9）］相比较，有

$$D = \frac{1}{3} \overline{v} \, \overline{\lambda} \tag{9.4-28}$$

利用平均自由程公式可将上式化为

$$D = \frac{2}{3} \sqrt{\frac{k^3}{\pi m}} \cdot \frac{T^{3/2}}{\sigma p} \tag{9.4-29}$$

这说明，刚性分子气体的扩散系数和黏度不同，它在压强 p 一定时与 $T^{3/2}$ 成正比，在温度 T 一定时，又与压强 p 成反比。由式（9.4-29）还可看到，在一定的压强与温度下，扩散系数 D 与分子质量 m 的平方根成反比。

4. 理论结果与实验结果的比较

前面我们采用简化方法导出了气体的三种输运参数 η、κ 和 D，使我们能够从微观层面来理解输运现象。这种推导方法虽然简单，但至今在科学研究中仍时时采用。下面，我们来探讨一下由这种简化方法得到的理论结果与实验结果的符合情况。

式（9.4-17）、式（9.4-24）、式（9.4-29）给出了 η、κ 和 D 与气体状态参量之间的关系。我们先来看三个输运参数与压强 p 的关系。前面的理论预测 η 与 p 无关，κ 与 p 无关，而 D 反比于 p，实验也得到了这样的结果，说明理论与实验相符。接下来考察三个输运参

数与温度 T 的关系。理论结果预测 $\eta \propto T^{1/2}$，$\kappa \propto T^{1/2}$，而 $D \propto T^{3/2}$，但实验结果给出的是 $\eta \propto T^{0.7}$，$\kappa \propto T^{0.7}$，$D \propto T^{1.75} \sim T^2$，所有幂次均大于理论预测。

从 η、κ 和 D 的理论公式，可以导出三个输运参数之间的非常简洁的关系：

$$\frac{\kappa}{\eta c_V} = 1, \frac{D\rho}{\eta} = 1 \tag{9.4-30}$$

但实验结果给出的三者之间的关系为 $\dfrac{\kappa}{\eta c_V} = 1.3 \sim 2.5$，$\dfrac{D\rho}{\eta} = 1.3 \sim 1.5$。从这个对比可以一目了然地看出理论结果和实验结果之间的差异。从我们导出这些公式时所做的简化处理来看，存在差异是在我们预料之中的。尽管理论结果与实验结果有差异，但是 η、κ 和 D 的理论值与实验值在数量级上是相同的。

小节概念回顾：简述气体黏滞、热传导和扩散现象的微观解释，并给出三个输运参数的表达式，说明哪些因素对其有何影响。

课 后 作 业

物质的微观模型

理想气体压强

9-1　正常客机飞行的高度一般在海拔 8000～13000m 之间。试估算海拔 11000m 高度的温度和分子数密度。在海拔 11000m 高空，大气压强为 22.8kPa，空气密度为 0.364kg/m³，空气的摩尔质量取 29×10^{-3} kg/mol。

9-2　现代真空泵很容易在实验室中实现 10^{-13} atm 量级的压强。考虑一定体积的空气，把空气作为理想气体来处理。(a) 在 9.00×10^{-14} atm 压强和 300.0K 的通常温度下，1.00cm³ 中有多少分子？(b) 同样温度但气压为 1.00atm 时，有多少个分子？

9-3　礁湖星云是距地球 3900l.y.（光年）的氢气云状物，该云状物直径约 45l.y.，并由于其 7500K 的高温而发光，该云状物非常稀薄，每立方厘米只有 80 个分子，(a) 求出礁湖星云的气体压强（星云气氛中），并将该数值与本章课后作业第 2 题中提及的实验压强进行比较。(b) 科幻电影中时常出现飞船穿过礁湖星云的气体云时被雷电击打的画面，这种情况真实吗？为什么？

9-4　在生产白炽灯时，先将灯泡抽真空到 0.01Pa 以下，再充以氮气。灯泡的线度为 10^{-2} m，试求在 0.01Pa 下 25℃时，单位体积内的空气分子数、平均自由程和平均碰撞频率。

9-5　探空气球主要用于把无线电探空仪携带到高空，以便进行温度、压强、湿度和风向风速等气象要素的探测。探空气球有球形、梨形等不同形状。球重 300～1500g（较小的气球升至一定高度会自爆），充入适量的氢气或氦气，可升达离地 30～40km。设某一探空气球为球形，内充 2g 氦气，温度为-55℃，在空中以 60km/h 飞行。求：(1) 一个氦分子的热运动平均动能；(2) 球内氦气的内能；(3) 球内氦气的轨道动能。

9-6　磁控溅射是物理气相沉积的一种，它主要是通过在靶阴极表面引入磁场，利用磁场对带电粒子的约束来提高溅射率。在用磁控溅射法制备薄膜时，通常要先用机械泵配合分子泵将真空室抽到 10^{-4} Pa 量级或更高的真空。试求当真空室抽到 2.0×10^{-4} Pa 真空度时，空气分子的平均自由程和平均碰撞频率（取空气的平均相对分子质量为 29，有效直径 $d = 3.5 \times 10^{-10}$ m）。

9-7　电子束蒸发法是真空蒸发镀膜的一种，是在真空条件下利用电子束直接加热蒸发材料，使蒸发材料气化并向基板输运，在基底上凝结形成薄膜的方法。在用电子束蒸发法制备薄膜的实验中，真空室内的气压为 2.0×10^{-4} Pa，电子枪对靶材的距离为 30cm。问：(1) 对于真空室内的气压，电子的平均自由程为多大？(2) 电子枪发射出来的电子有多大比例可以到达靶材？

9-8　在一个室温为 30℃、环境大气压为 1.0×10^5 Pa 的实验室内，在一个容积为 500ml 的可密封烧瓶内装入 200ml 的水并密封。待其平衡后（30℃下水的饱和蒸气压为 4133Pa），试问：（1）烧瓶内气态部分的气体压强为多少？（2）气态部分水分子的分子数密度为多少？

9-9 太阳大气成分为 75% 的氢和 25% 的氦（其实太阳成分中还含有氧、碳、氖等其他元素，在本题中忽略这些元素的影响），假设太阳表面附近大气密度为 $1.4 \times 10^3 \, kg/m^3$，温度为 5770K，问太阳表面附近气体压强是多少？

9-10 关于行星大气层的密度。（a）计算火星表面大气层密度（火星表面为 CO_2 气氛，气压为 650Pa，典型温度为 253K）和金星表面大气层密度（金星表面为 CO_2 气氛，平均温度为 730K，平均压强 92atm）。（b）将这些大气层密度与地球大气层密度 $1.20kg/m^3$ 进行比较。

9-11 潜水员观察一个空气气泡从湖底部（此处绝对压强为 3.50atm）上升到湖表面（此处气压为 1.00atm）。湖底部的温度为 4.0℃，湖表面温度为 23.0℃。（a）当气泡到达湖表面时，气泡体积与其在湖底部时的体积的比值为多少？（b）潜水员屏住呼吸从湖底部上升到湖表面是否安全？为什么？

9-12 气短。当一个人在 1.00atm 和 20.0℃ 环境中静止不动时，每次呼吸吸入 0.50L 空气。吸入的空气中有 21.0% 的氧气。（a）每次呼吸吸入多少氧分子？（b）假设此人在海拔 3000m 高地休息，温度仍然是 20.0℃，每次吸入的空气体积和氧含量仍如上所述，现在这个人每次呼吸吸入多少氧分子？（c）鉴于身体每秒需要的氧分子数与在海平面处相同，以维持身体功能，试解释为什么有些人说在高海拔时"气短"。

9-13 有几个相同的气球，实验表明，当气球体积超过 0.900l 时会爆裂。现在要往气球里充入气体使气球体积达到 0.900l。气球内气体的压强等于空气压强（1.00atm）。（a）如果气球内空气温度恒为 22.0℃，并可视为理想气体，那么在气球被吹爆前可以吹入的空气质量为多少？（b）如果充入的气体是氦而不是空气，那么在气球被撑爆前可以充入的氦气质量为多少？

9-14 一个空圆柱形罐长 1.50m，直径 90.0cm，要充入 22.0℃ 纯氧气以存放在空间站上。为了保存尽可能多的气体，氧的绝对压强将为 21.0atm。氧的摩尔质量是 32.0g/mol。（a）这个罐可以存储多少摩尔氧气？（b）对于提这个罐的人来说，由于充入的氧气，他要提的质量增加了多少千克？

9-15 某汽车发动机是 8 缸发动机。在压缩冲程开始时，其中一个气缸中有体积为 499cm³、压强为大气压、温度为 27.0℃ 的空气。在压缩冲程结束时，空气被压缩到 46.2cm³，表压增加到 2.72×10^6 Pa。计算最终温度。

气体分子热运动速度、速率和能量的统计分布

9-16 利用麦克斯韦速率分布律，计算 0℃ 时氮分子的平均速率、方均根速率和最概然速率。

9-17 铀的气体扩散。（a）我们称为气体扩散的过程，经常用于分离铀的同位素——元素的不同质量的原子，如 ^{235}U 和 ^{238}U。唯一的常温铀气态化合物是六氟化铀，即 UF_6。请思考如何能够通过扩散分离 $^{235}UF_6$ 和 $^{238}UF_6$ 分子。（b）$^{235}UF_6$ 和 $^{238}UF_6$ 分子的摩尔质量分别为 0.349kg/mol 和 0.352g/mol。如果六氟化铀可以看作是理想气体，且温度是均匀的，那么 $^{235}UF_6$ 方均根速率与 $^{238}UF_6$ 方均根速率的比值是多少？

9-18 火星气候。火星大气主要是 CO_2（摩尔质量为 44.0g/mol），气压为 650Pa。我们假定气压保持不变。在许多地方，温度从夏季 0.0℃ 变化到冬季 −100℃。在一火星年中，（a）CO_2 分子方均根速率范围是多大？（b）大气密度（以 mol/m^3 为单位）的变化范围是多少？

9-19 设气体分子总数为 N，试计算速率在 0 到 $0.5v_p$，v_p，$1.5v_p$，$2v_p$，$2.5v_p$，$3v_p$ 之间的分子数占总分子数的百分数，并对计算结果进行评价。

9-20 计算并绘制 He、Ne、Ar、Xe 在 273K 时的麦克斯韦速率分布曲线，并对计算结果进行评述。

9-21 气体分子速率分布曲线如题 9-21 图所示，其中 a 为待定系数。试求（1）平均速率 $\bar{v}$；（2）$v > v_0$ 分子的平均速率。

9-22 体验一下怎样通过实验获得摩尔气体常数和阿伏伽德罗常数的值。实验观察得到，悬浮在 27℃ 液体中的质量为 6.2×10^{-14} g 碳粒，方均根速率为 1.4cm/s。试由摩尔气体常数 R 值及此实验结果求阿伏

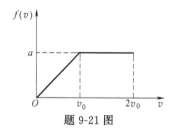

题 9-21 图

伽德罗常数的值。

9-23 当高度变化比较大时，不能认为大气温度随高度是不变的。一般情况下，随着高度的变化，气温 T 的变化遵循以下关系：

$$T = -0.006H + T_0$$

其中，H 为距离地面的高度；T_0 为地面的温度。假设地面温度为 $T_0 = 5.0℃$，地面气压为 $p_0 = 750\text{mmHg}$，测得某山顶的气压 $p = 590\text{mmHg}$，求此山的高度。已知空气的平均分子相对质量为 28.97。

9-24 法国物理学家佩兰曾用显微镜聚焦于不同位置测出藤黄颗粒沿高度的分布，求出玻耳兹曼常数 k，进而得到阿伏伽德罗常数，并由于这项工作于 1922 年获得了诺贝尔物理学奖。我们来稍稍体验一下佩兰的这项工作。佩兰对悬浮在水中的藤黄粒子数按高度分布的实验应用了关系式

$$\frac{RT}{N_A} \ln \frac{n_0}{n} = \frac{4}{3} \pi a^3 (\Delta - \delta) gh$$

式中，n 和 n_0 分别表示上下高度差为 h 的两处的粒子数密度；Δ 为藤黄的密度；δ 为水的密度；a 为藤黄粒子的半径。（1）试根据麦克斯韦-玻耳兹曼分布推证此公式；（2）佩兰在一次实验中测的数据是 $a = 0.212 \times 10^{-6} \text{m}$，$\Delta - \delta = 0.2067 \text{g/cm}^3$，$t = 20℃$，显微镜物镜每升高 $30 \times 10^{-6} \text{m}$ 时数出的同一液层内的藤黄粒子数分别是 7160、3360、1620、860。试拟合这一组实验数据，考察粒子数密度是否按指数递减，并通过拟合获得阿伏伽德罗常数的值。

9-25 根据能量均分定理，计算下列气体在室温下的摩尔定容热容 $C_{V,m}$。这些气体分别为：氩气（Ar）、一氧化氮（NO）、二氧化氮（NO₂）、甲烷（CH₄）、乙烯（C₂H₄）、乙烷（C₂H₆）、丙烷（C₃H₈），查阅文献资料，对你的计算结果进行讨论。

9-26 航天飞船重返大气层。用铝制造的航天飞船以 7900m/s 速率环绕地球。（a）求其动能与将其温度从 0℃ 提高到 600℃ 所需能量的比值（铝熔点为 660℃，假设比热容不变，为 910J/kg×K）。（b）依据计算结果，讨论人造航天器返回地球大气层问题。

气体内的输运过程

9-27 教室里的空气。（a）一个认真听讲物理课的学生，典型的热输出为 100W。在一节 45min 的物理课上，120 个学生向教室释放了多少热能？（b）假设（a）部分所有热能都传递给教室里的 600m³ 空气，空气比热容为 1020J/(kg·K)，密度 1.20kg/m³。如果空调系统关闭，且没有热量散失，45min 一节课上，教室内空气温度会升高多少？（c）如果在课堂上进行考试，每名学生的热输出将上升到 280W。在这种情况下，40min 后温度上升多少？

9-28 制作简易保冷箱。当野外活动时，要用聚苯乙烯泡沫塑料制作一个简易保冷箱以保持食物新鲜，计划用初始质量 25.0kg 的冰块保持箱内冷却。箱子尺寸为 0.500m×0.900m×0.500m。由冰融化的水收集在箱底部。设冰块温度为 0.00℃，外界气温为 21.0℃。假设空箱的盖从不打开，保持箱内温度 5.00℃ 整一个星期，直到所有的冰融化，聚苯乙烯泡沫塑料厚度必须为多少？

9-29 哺乳动物的保温。生活在寒冷气候下的动物常依靠两层物质保温：一层是捕获在毛皮里的空气，一层是身体脂肪［热导率为 0.20W/(m·K)］。我们可以把一头冬眠的熊模型化成一个直径 1.5m、脂肪层厚 4.0cm 的球体。在熊冬眠的研究中人们发现，冬眠期间，毛皮外表面温度为 2.7℃，而脂肪层内表面温度为 31.0℃。问：（a）脂肪-毛皮交界处的温度是多少？（b）若熊失去热量的速率为 50.0W，需要多厚的

空气层（包含在毛皮内）？

9-30 门上玻璃窗对房屋保暖的影响。房屋的门是一扇 2.00m×0.95m×5.0cm 的实木门，其热导率为 $\kappa=0.120$W/(m·K)。门内、外表面的空气膜热阻与门附加了一层 1.8cm 厚木板的复合热阻相同。门内空气温度为 22.0℃，门外部空气温度为 −8.0℃。（a）通过门的热流量为多少？（b）如果门上有一个边长为 0.500m 的玻璃窗，热流量将增加多少？其中玻璃板厚 0.450cm，玻璃的热导率为 0.80W/(m·K)。玻璃板两侧空气膜总热阻与增加了 12.0cm 厚玻璃的热阻相同。

9-31 双层玻璃窗是房屋保暖的一种常见措施。（1）试比较单层玻璃窗和双层玻璃窗的热损失，计算通过同样 0.15m² 面积的单层玻璃窗和双层玻璃窗热损失之比。玻璃板厚 4.2mm，双层玻璃窗两块玻璃之间的空气隙为 7.0mm 厚。玻璃的热导率为 0.80W/(m·K)。每一种玻璃窗室内表面与室外表面空气膜的总热阻为 0.15m²·K/W。（2）室内装修设计师为"蛟龙号"的一位设计师的北面房间设计了三层玻璃窗，试讨论三层玻璃窗的热损失情况。

9-32 到达地球大气层之上的太阳辐射能为 1.50kW/m²。地球到太阳的距离是 1.50×10¹¹ m，太阳半径是 6.96×10⁸ m。（a）太阳表面单位面积的能量辐射率是多少？（b）如果把太阳视作理想黑体辐射，其表面温度是多少？

9-33 热天健步走。1992 年世界卫生组织明确认定"最好的运动是步行"，2010 年中国卫生部把每月 11 日定为"步行日"，如今健步走已经成为人们喜爱的健身活动。试评估一下热天做健步走这种活动热量的得与失。平均说来，一个体重 68kg、体表面积 1.85m² 的人以 7km/h 速率持续健步走时产生能量的速率为 465W，假设其中 80% 转化为热量。健步走的人辐射热量，同时也从周围热空气中吸收热量。在这样一个活动量水平上，假设皮肤温度可升高到约 31℃，而不是通常的 30℃（我们将忽略热传导，热传导会将更多热量传入人体）。身体摆脱这种额外热量的唯一途径是蒸发水（出汗）。试估算（a）健步走每秒产生多少热量？（b）当空气温度为 40.0℃时，健步走的人仅通过辐射每秒获得的净热量为多少？（注意，健步走的人辐射出去热量，环境又辐射回来）（c）健步走的人身体需要每秒钟去除的总额外热量是多少？（d）健步走的人由于健步走每分钟必须蒸发多少水？（体温下水的汽化热是 2.42×10⁶ J/kg）（e）健步走 40min，需喝多少瓶 500ml 瓶装水？11 水的质量为 1.0kg。

自主探索研究项目——碳粉在水中的布朗运动

项目简述：悬浮在流体中的微粒表现出无规则运动，人们把这种微粒运动称为布朗运动，这是一种随机物理现象。

研究内容：利用显微镜，观察激光打印机的碳粉在水中的布朗运动，研究其运动规律。

第10章 热力学基础

在第 9 章中，我们学习了热学的微观描述——分子动理论，现在我们要转向热学的宏观描述——热力学理论。热力学主要研究能量转换问题，涉及热量、机械功和能量以及能量转换与物质性质之间的联系等。热力学是物理、化学和生命科学不可或缺的一部分，在汽车发动机、冰箱、生化过程、星体结构等方面都有应用。在第 10 章中我们主要讨论热力学基础理论，鉴于理想气体在实际问题中的广泛应用，我们要特别讨论热力学理论在理想气体中的应用。

10.1 热力学第一定律

在第 8 章中我们曾提到过，一个热力学系统与外界之间的相互作用可以有做功、传热和粒子数交换等方式。其中，做功和传热都是能量传递的方式。

一个热力学系统，例如气缸中的气体，气体膨胀推动活塞，而活塞又通过连杆机构带动动力装置，这时我们就说热力学系统对外界做了功，并以符号 W 来标记，而外界对系统做的功则用符号 W' 表示，$W = -W'$。通常规定，系统对外做功时，$W > 0$；外界对系统做功时，$W < 0$。热力学系统所做的功既可以是机械功，也可以是电磁功或其他形式的功。功是一个与具体过程有关的量，热力学系统经历的过程不同，功也不同，功是力学相互作用过程中系统和外界之间转移的能量的量度。

热量是传热过程中传递的能量的量度，我们用符号 Q 来标记。通常规定，系统吸热时，$Q > 0$；系统放热时，$Q < 0$。热量也是一个过程量，不同的热力学过程，系统所吸收或放出的热量不同。

10.1.1 热力学第一定律的内涵

到 19 世纪上半叶，人们已经发现了很多种能量转化形式。自 1840 年到 1879 年，焦耳做了多种多样的实验，以精确测定功与热相互转化的数值关系——热功当量。1850 年，焦耳发表了他的实验结果，热功当量相当于 4.157J/cal。

历史上第一个发表论文阐述能量守恒原理的是德国医生迈耶。迈耶在 1842 年提出了机械能与热能间转换的原理，1845 年提出了 25 种运动形式的相互转化。焦耳是通过大量严格的定量实验去精确测定热功当量从而证明能量守恒概念的，而迈耶则是从哲学思辨方面阐述能量守恒概念的。后来德国生理学家、物理学家亥姆霍兹发展了迈耶和焦耳的工作，讨论了当时的力学的、热学的、电学的、化学的各种科学成就，严谨地认证了如下规律：在各种运动中的能量是守恒的，并第一次以数学方式提出了能量守恒与转换定律。

能量守恒与转换定律的内容是：自然界一切物体都具有能量，能量有各种不同的形式，它能从一种形式转化为另一种形式，从一个物体传递给另一个物体，在转化和传递中能量的数量不变。

将能量守恒与转换定律应用于热效应就是热力学第一定律。直到 1850 年，科学界才公认热力学第一定律是自然界的一条普适定律。迈耶、焦耳、亥姆霍兹是一致公认的热力学第一定律的三位独立发现者。热力学第一定律也被表述为第一类永动机是不能制作出来的，也就是不消耗能量而能对外做功的机械是不能制作出来的。

下面我们来讨论热力学第一定律的数学表达式。

1. 功与内能的关系

一个热力学系统的内能从微观结构上看，应是分子的无规热运动动能、分子间相互作用势能、分子（或原子）内电子的能量以及原子核内部的能量之和。在分子动理论的层面，系统内能通常只考虑分子的无规热运动动能和分子间相互作用势能的总和。但以这种方式计算任何实际系统的内能都是极其复杂的，甚至不具可操作性。下面我们换个角度，从宏观的角度来定义系统内能，仍用符号 U 来标记内能。

为了给出内能的定量化数值，我们先考虑一种简单情况——绝热过程。焦耳做了各种绝热过程的实验，其结果是，一切绝热过程中使水升高相同的温度所需要做的功（我们用 $W'_{绝热}$ 来表示）都是相等的。这说明，系统在从同一初态变为同一末态的绝热过程中，外界对系统做的功是一个恒量，这个恒量就可以用来定义内能的改变，即

$$U_2 - U_1 = W'_{绝热} \tag{10.1-1}$$

这个关系式被称为内能定理。因为 $W'_{绝热}$ 仅与初态、末态有关，而与中间经历的是怎样的绝热过程无关，故内能是一个态函数。

从式（10.1-1）可以看到，内能定理只能给出内能的变化量，不能给出内能的绝对数值。

2. 热量与内能的关系

如果外界与系统之间不做功，例如系统体积保持不变的过程（我们称为定体过程），仅传递热量，那么系统所获得的热量只能用于改变系统的内能，因而有

$$U_2 - U_1 = Q_V \tag{10.1-2}$$

式中，下角标 V 表示定体过程。因此，在外界不对系统做功的条件下，系统内能的改变也可以用外界传递给系统的热量来量度。

3. 热力学第一定律的数学表达式

如果外界与系统之间既有做功，也有热量传递，则有

$$U_2 - U_1 = Q + W' \tag{10.1-3}$$

这就是热力学第一定律的数学表达式。也可以将式（10.1-3）写成

$$Q = U_2 - U_1 + W \tag{10.1-4}$$

即系统所吸收的热量用于系统内能的增加和对外做功。功和热量都与系统所经历的过程有关，所以它们不是态函数，但两者之和却成了仅与初、末状态有关而与过程无关的内能变化量了。

对于无限小的过程，式（10.1-3）可以改写为

$$dU = dQ + dW' \quad 或 \quad dQ = dU + dW \qquad (10.1\text{-}5)$$

注意热量与功都是过程量，不是态函数，因而不满足全微分条件。在式 (10.1-5) 中，对于热量和功，我们只是借用微分号 d 来表示沿某一过程的无穷小量。

应用 10.1-1 为什么运动有助于减肥？

我们的身体就是一个热力学系统。锻炼时（见应用 10.1-1 图）身体做功，$W > 0$，$W' < 0$。运动过程中身体变热，这个热量通过出汗和其他途径从身体中除去，因此 $Q < 0$。由于 Q 为负，W' 为负，由热力学第一定律，$U_2 - U_1 = Q + W' < 0$，身体的内能减少。这就是运动有助于减肥的科学道理，因为运动消耗了一些以脂肪的形式储存在身体里的内能。

应用 10.1-1 图

小节概念回顾：简述功与内能的关系、功与热量的关系，写出热力学第一定律的数学表达式。

10.1.2 准静态过程热力学第一定律的数学表达式

1. 准静态过程与可逆过程

处在平衡态的热力学系统，一旦外界条件发生变化，系统的平衡态必然会被破坏，之后系统在外界的新条件下达到新的平衡态，这个过程我们称为热力学过程。那么，系统是怎样从初始平衡态到达之后的新的平衡态的呢？实际情况往往是系统尚未到达新的平衡态，外界已经发生了下一步的变化，因而系统经历了一系列的中间非平衡态，最终到达末平衡态。这样一来，我们就不能确切地描述在始、末两个平衡态之间，系统到底经历了一个怎样的变化过程。如图 10.1-1 所示，在 $p\text{-}V$ 状态图上，我们只能用一条随意画的虚线把始、末两态连接起来，这就给我们进一步的量化分析和研究热力学过程造成了困难。

一种理想化的状态变化过程是，外界变化每步只做微小变化，只有当系统达到平衡态后，外界才做下一步微小变化，依次进行下去，直到系统最后到达末态。这样，在状态图上，我们就可以把一系列的中间状态画在图中，从而细致地刻画出系统是如何从初态一步一步地转变到末态。如图 10.1-2 所示，我们可以用从 $i \sim f$ 的一系列点所连成的实线表示出热力学过程。

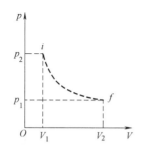

图 10.1-1 实际热力学过程

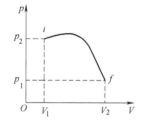

图 10.1-2 准静态热力学过程

我们把这种理想化过程称为准静态过程。准静态过程是一个进行得无限缓慢，以致系统连续不断地经历着一系列平衡态的过程。这样的过程在状态图上可以用一条曲线来表示。显然，对于这样的过程我们可以很方便地进行进一步的量化分析与研究。

实际过程是非准静态过程，但只要过程进行的时间远大于系统的弛豫时间（处于平衡态的系统受到外界的瞬时微小扰动，若取消扰动，系统将回复到原来的平衡态。系统所经历的这一段时间就称为弛豫时间），我们就可以将其看作是准静态过程。例如，实际气缸的压缩过程就可以看作是准静态过程。实际上，除了一些进行得极快的过程，如爆炸过程，大多数情况下都可以把实际过程看作是准静态过程。

所谓可逆过程，就是时间之矢可以倒转的过程，即具有时间对称性的过程。例如放在真空中的单摆的摆动等。实际上与热无关的力学或电磁过程都是可逆的，但一个过程一旦与热有关，则这个过程就是不可逆的，例如摩擦过程。那么，在什么条件下一个热力学过程是可逆的呢？如果一个热力学过程是一个没有耗散的准静态过程，那么它就是一个可逆过程。

2. 准静态过程功的计算

我们以气缸中的气体为例来计算准静态过程的功。如图 10.1-3 所示，气缸中有无摩擦可移动的活塞，横截面积为 A，气缸中封有气体。气体压强为 p，施加在活塞上的总力为 $F = pA$。当活塞向外移动微小距离 $\mathrm{d}x$ 时，这个力所做的功 $\mathrm{d}W$ 是

$$\mathrm{d}W = F\mathrm{d}x = pA\mathrm{d}x \tag{10.1-6}$$

由于气体体积增加了 $A\mathrm{d}x$，即

$$\mathrm{d}V = A\mathrm{d}x \tag{10.1-7}$$

所以气体对外界所做元功的表达式可写为

$$\mathrm{d}W = p\mathrm{d}V \tag{10.1-8}$$

由图 10.1-4 可以看出，$\mathrm{d}W$ 就是 $p\text{-}V$ 图中曲线下 V 到 $V+\mathrm{d}V$ 区间的面积。若要计算气体体积从 V_1 变化到 V_2 气体对外界所做的功，对元功进行积分，有

$$W = \int_{V_1}^{V_2} p\,\mathrm{d}V \tag{10.1-9}$$

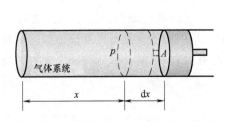

图 10.1-3　准静态过程功的计算

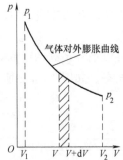

图 10.1-4　由 $p\text{-}V$ 图中的曲线计算
准静态过程的功

W 就是曲线下从 V_1 到 V_2 区间里的面积。一般说来，p 不仅是 V 的函数，也是温度的函数。在热力学中碰到的常是多元函数的问题，其中最简单的是两个自变量的情况，例如 $T = T(p, V)$。每种准静态变化过程都对应于 $p\text{-}V$ 图中的某一曲线，这时 p 与 V 才有一一对应的关系。

3. 热量的计算

我们在 8.3 节简单介绍过热容的概念。热容是热力学系统温度每升高一度所吸收的热量，我们用符号 C 来表示。热容 C 与热力学系统所经历的过程有关，是一个过程量，因而我们常在 C 的右下角附加一个下角标 x 来表示具体的过程。对于一个微小过程，假设气体

系统吸收的热量为 ΔQ_x，则

$$C_x = \lim_{\Delta T \to 0} \frac{\Delta Q_x}{\Delta T} = \left(\frac{\mathrm{d}Q}{\mathrm{d}T}\right)_x \tag{10.1-10}$$

在实际应用中，常常用到比热容的概念。比热容是热力学系统单位质量温度每升高 1 度所吸收的热量：

$$c_x = \frac{C_x}{m} = \lim_{\Delta T \to 0} \frac{\Delta Q_x}{m\Delta T} = \frac{1}{m}\left(\frac{\mathrm{d}Q}{\mathrm{d}T}\right)_x \tag{10.1-11}$$

式中，m 是系统物质的质量。

我们也常用摩尔热容（1mol 物质的热容），用 $C_{x,\mathrm{m}}$ 来表示：

$$C_{x,\mathrm{m}} = \frac{1}{\nu} \lim_{\Delta T \to 0} \frac{\Delta Q_x}{\Delta T} = \frac{1}{\nu}\left(\frac{\mathrm{d}Q}{\mathrm{d}T}\right)_x \tag{10.1-12}$$

式中，ν 是系统物质的量。

保持体积不变的过程（定体过程）和保持压强不变的过程（定压过程）是两个常见的热力学过程。对于一个微小定体过程，假设气体吸收的热量为 ΔQ_V。由于气体体积不变，气体对外做功 ΔW 为零，按照热力学第一定律，气体所吸收的热量全部用于改变系统的内能。根据我们前面给出的热容定义，定容热容 C_V 为

$$C_V = \lim_{\Delta T \to 0} \frac{\Delta Q_V}{\Delta T} = \left(\frac{\partial U}{\partial T}\right)_V \tag{10.1-13}$$

对于一个微小定压过程，假设气体吸收的热量为 ΔQ_p，系统对外做功为 $p\Delta V$。由热力学第一定律，系统所吸收的热量一部分用于对外做功，一部分用于改变系统的内能，即

$$\Delta Q_p = \Delta U + p\Delta V$$

由于定压过程压强 p 不变，上式又可以写为

$$\Delta Q_p = \Delta(U + pV)$$

$U + pV$ 显然也是一个态函数，我们定义其为焓，用 H 来标记：

$$H = U + pV \tag{10.1-14}$$

式（10.1-14）表明，定压过程吸收的热量等于焓的增量。由此，定压热容 C_p 为

$$C_p = \lim_{\Delta T \to 0} \frac{\Delta Q_p}{\Delta T} = \lim_{\Delta T \to 0} \frac{\Delta H}{\Delta T} = \lim_{\Delta T \to 0} \left(\frac{\Delta U + p\Delta V}{\Delta T}\right) = \left[\left(\frac{\partial U}{\partial T}\right)_p + p\left(\frac{\partial V}{\partial T}\right)_p\right] \tag{10.1-15}$$

焓在工程实践中有许多应用，因为许多热力学过程是等压过程。利用焓的概念可以很方便地计算出这些过程的热量。实际上，为了方便计算，许多物质的焓曲线或表已经制作出来，可直接查找。

有了热容的概念，热量就可以很方便地计算出来了。对于某 x 有限过程，系统吸收的热量 Q_x 为

$$Q_x = \nu \int_{T_1}^{T_2} C_{x,\mathrm{m}} \mathrm{d}T \tag{10.1-16}$$

式中，ν 为系统物质的量。若 $C_{x,\mathrm{m}}$ 与温度无关，上式还可以进一步写成

$$Q_x = \nu C_{x,\mathrm{m}}(T_2 - T_1) \tag{10.1-17}$$

4. 准静态过程热力学第一定律的数学表达式

对于无耗散的准静态过程，$\mathrm{d}W = p\mathrm{d}V$，热力学第一定律，即式（10.1-5），可以表示为

$$dQ = dU + p\,dV \tag{10.1-18}$$

这个表达式最初是克劳修斯于 1850 年就理想气体写出的热力学第一定律的数学表达式。对于一个有限过程，

$$Q = (U_2 - U_1) + \int_{V_1}^{V_2} p\,dV \tag{10.1-19}$$

小节概念回顾：什么是准静态过程？什么是可逆过程？如何计算准静态过程的功和所吸收的热量？

10.2 热力学第一定律在理想气体中的应用

本节将讨论理想气体的内能以及热力学第一定律对理想气体系统在不同热力学过程中的应用。这一节所给出的结果和结论是许多理论研究和工程实践应用的重要基础。

10.2.1 理想气体的内能与焓

一般说来，气体的内能是 p、V、T 中任意两个参量的函数。那么，函数的具体形式是什么呢？焦耳试验就是热学发展史上一个尝试研究内能与热力学参量之间关系的重要试验。

1. 焦耳试验

图 10.2-1 是焦耳试验示意图。在用绝热壁制成的箱子中充入水。在水中插入一根温度计，以测量水的温度。两个等体积容器 A、B 浸入在水中，并通过装有阀门 C 的管路连接起来。实验开始前，容器 A 充有一定量的气体，右边容器 B 中为真空。然后打开阀门，则容器 A 中的气体膨胀，进入右边容器 B，最终达到平衡。实验观察发现，膨胀前后温度计的示数没有改变。

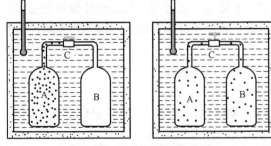

图 10.2-1 焦耳试验示意图

现在我们来分析这个过程。假设气体内能 U 是温度 T 和体积 V 的函数。由于打开阀门气体膨胀这一过程进行得非常快，这个过程可以看作是绝热过程。同时，气体是向真空膨胀，也不做功。我们可以把这一过程称为气体绝热自由膨胀过程，有

$$Q = 0, W = 0$$

根据热力学第一定律式（10.1-3），可以得到

$$U_2 = U_1$$

另一方面，实验告诉我们 $T_1 = T_2$，这样，上式实际上是 $U(T_1, V) = U(T_1, 2V)$，这说明气体内能 U 不随体积的变化而变化。因此气体的内能只是温度的函数，即

$$U = U(T) \tag{10.2-1}$$

这一结论被称为焦耳定律。

焦耳试验是在 1845 年完成的。由于温度计的精度不够高，且水的热容比气体热容大很多，因而若水的温度仅有微小变化，可能会由于温度计精度不够而不能测出。后来，人们通过改进实验或其他实验方法（焦耳-汤姆孙实验），证实只有理想气体才有上述结论。

* 2. 焦-汤试验

鉴于焦耳试验的不足，焦耳又采用了其他实验方法研究气体的内能。1852 年，焦耳和汤姆孙用多孔塞实验研究了气体的内能。图 10.2-2 是焦-汤实验装置示意图。在一个绝热良好的管子中装有一个多孔塞 H。实验时，压缩机将气体持续不断地送到管中。由于多孔塞的阻碍作用，气体不容易很快通过多孔塞，从而使得多孔塞左边的压强比右边高。控制好实验条件，可以使气体在这样一个装置中的流动达到稳态，即装置中各点的热力学参量不随时间改变。此时，可以通过放置在装置中的温度计和压强计测出多孔塞两侧的温度和压强。实验结果表明，多孔塞两侧气体的温度常常是不同的，且温度差的大小和气体种类及多孔塞两边的压强的数值有关。绝热条件下高压气体经过多孔塞、小孔、通径很小的阀门、毛细管等流到低压一边的稳定流动过程称为节流过程。下面我们来应用热力学第一定律分析这个过程。

我们将图 10.2-2 中的过程抽象成图 10.2-3 中的过程。两端开口的绝热气缸中心有多孔塞，多孔塞两侧维持不同压强 $p_1 > p_2$。图 10.2-3a 是节流前多孔塞左边的活塞尚未运动时气体的热力学状态（初态）。图 10.2-3b 是活塞将气体全部压到多孔塞右边时气体的状态（末态）。

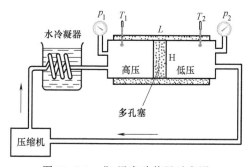

图 10.2-2 焦-汤实验装置示意图

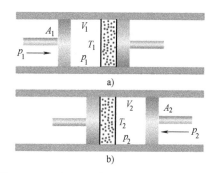

图 10.2-3 焦-汤试验的热力学第一定律分析

以活塞左边气体为研究对象，当气体全部穿过多孔塞以后，它的状态参量从 V_1 变为 V_2，p_1 变为 p_2，T_1 变为 T_2。设气体都在左边时气体的内能为 U_1，气体都在右边时内能为 U_2。

在气体穿过多孔塞的过程中，气体对左边活塞做功为

$$W_1 = -p_1 A_1 l_1 = -p_1 V_1$$

气体在活塞右侧推动右边活塞做功为

$$W_2 = p_2 A_2 l_2 = p_2 V_2$$

气体对外界所做的净功为

$$W = W_1 + W_2 = -p_1 V_1 + p_2 V_2$$

注意到绝热过程 $Q = 0$，则由热力学第一定律，有

$$U_2 - U_1 = p_1 V_1 - p_2 V_2$$

上式可改写为

$$U_1 + p_1 V_1 = U_2 + p_2 V_2 \tag{10.2-2}$$

这表明，绝热节流过程熵不改变，即 $H_1 = H_2$。

对于理想气体，由于 $H=U+pV$ 只是 T 的函数，式（10.2-2）说明节流过程前后气体温度不改变。但是实验表明一般气体节流前后温度会改变。大部分气体在常温下节流后温度会降低，即制冷，我们称为正节流效应。低温工程常常利用节流制冷效应来降低温度，目前工业上是使气体通过节流阀或毛细管来实现节流膨胀的。但对于氢气、氦气，在常温下节流后温度反而升高，即致温，我们称为负节流效应，它们只有在足够低的温度下才呈现正节流效应。图 10.2-4 给出了氢气节流过程的 $t\text{-}p$ 图。

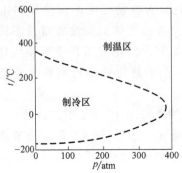

图 10.2-4　氢气节流过程的 $t\text{-}p$ 图

3. 理想气体的内能与焓的计算

由于理想气体的内能仅是温度 T 的函数，定容热容的定义式（10.1-13）就可以写为

$$C_V = \frac{\mathrm{d}U}{\mathrm{d}T} \tag{10.2-3}$$

摩尔定容热容可以写为

$$C_{V,\mathrm{m}} = \frac{\mathrm{d}U_\mathrm{m}}{\mathrm{d}T} \tag{10.2-4}$$

式中，U_m 为 1mol 气体的内能。若气体系统物质的量为 ν，则有

$$C_V = \nu C_{V,\mathrm{m}} \tag{10.2-5}$$

由式（10.2-3）和式（10.2-5），对于任意理想气体系统，

$$\mathrm{d}U = C_V \mathrm{d}T = \nu C_{V,\mathrm{m}} \mathrm{d}T \tag{10.2-6}$$

对于一个有限过程，

$$U_2 - U_1 = \int_{T_1}^{T_2} \nu C_{V,\mathrm{m}} \mathrm{d}T \tag{10.2-7}$$

理想气体的焓也仅是温度的函数，定压热容的定义式（10.1-16）可写为

$$C_p = \frac{\mathrm{d}H}{\mathrm{d}T} \tag{10.2-8}$$

摩尔定压热容可写为

$$C_{p,\mathrm{m}} = \frac{\mathrm{d}H_\mathrm{m}}{\mathrm{d}T} \tag{10.2-9}$$

式中，H_m 为 1mol 气体的焓。若气体系统物质的量为 ν，则有

$$C_p = \nu C_{p,\mathrm{m}} \tag{10.2-10}$$

所以，对于任意理想气体系统，就有

$$dH = C_p \, dT = \nu C_{p,\mathrm{m}} \, dT \tag{10.2-11}$$

对于一个有限过程，

$$H_2 - H_1 = \int_{T_1}^{T_2} \nu C_{p,\mathrm{m}} \, dT \tag{10.2-12}$$

此外，1mol 理想气体的状态方程为 $pV_{\mathrm{m}} = RT$。当压强不变时，对此状态方程两边微分，得到 $p \, dV_{\mathrm{m}} = R \, dT$，这样，

$$p \left(\frac{\partial V_{\mathrm{m}}}{\partial T} \right)_p = R \tag{10.2-13}$$

将这一结果代入式（10.1-16），有

$$\begin{aligned} C_{p,\mathrm{m}} &= \left(\frac{\partial U_{\mathrm{m}}}{\partial T} \right)_p + p \left(\frac{\partial V_{\mathrm{m}}}{\partial T} \right)_p \\ &= \frac{dU_{\mathrm{m}}}{dT} + R \\ &= C_{V,\mathrm{m}} + R \end{aligned} \tag{10.2-14}$$

式（10.2-14）被称为迈耶公式，它表示摩尔定压热容比摩尔定容热容大一个摩尔气体常数。虽然一般说来理想气体的摩尔定压热容和摩尔定容热容都是温度的函数，但它们之差却是常数。对于空气，$C_{p,\mathrm{m}}$ 比 $C_{V,\mathrm{m}}$ 大近 40%。

比值 $C_{p,\mathrm{m}}/C_{V,\mathrm{m}}$ 被定义为比热容比，用符号 γ 来表示，这个物理量在后边讨论理想气体绝热过程时要用到。

表 10.2-1 给出了一般气体与理想气体内能、焓和定容热容与定压热容的对比。

表 10.2-1　一般气体与理想气体内能、焓和定容热容与定压热容的对比

一般气体	$U = U(T, V)$	$H = U + pV = H(T, p)$
	$\Delta Q_V = \Delta U$	$\Delta Q_p = \Delta H$
	$C_{V,\mathrm{m}} = \left(\dfrac{\partial U_{\mathrm{m}}}{\partial T} \right)_V$	$C_{p,\mathrm{m}} = \left(\dfrac{\partial H_{\mathrm{m}}}{\partial T} \right)_p$
理想气体	$U = U(T)$ $C_{V,\mathrm{m}} = \dfrac{dU_{\mathrm{m}}}{dT}$	$H = H(T)$ $C_{p,\mathrm{m}} = \dfrac{dH_{\mathrm{m}}}{dT} \quad C_{p,\mathrm{m}} - C_{V,\mathrm{m}} = R$
	$dU = \nu C_{V,\mathrm{m}} \, dT$	$dH = \nu C_{p,\mathrm{m}} \, dT$
	$U_2 - U_1 = \int_{T_1}^{T_2} \nu C_{V,\mathrm{m}} \, dT$	$H_2 - H_1 = \int_{T_1}^{T_2} \nu C_{p,\mathrm{m}} \, dT$

小节概念回顾：如何计算理想气体的内能与焓？迈耶公式是什么？

10.2.2　理想气体在典型准静态过程中的功、热量与内能

本小节将研究理想气体在一些典型准静态过程的功、热量和内能，为以后的应用做基础理论准备。

1. 等体过程

等体过程中系统体积始终保持不变，因而系统对外界所做的功为零：

$$W = 0 \tag{10.2-15}$$

设系统初、末态温度分别为 T_1、T_2，则由式（10.1-17），

$$Q_V = \int_{T_1}^{T_2} \nu C_{V,m} dT \qquad (10.2\text{-}16)$$

若 $C_{V,m}$ 为常量，式（10.2-16）还可进一步写成

$$Q_V = \nu C_{V,m}(T_2 - T_1) \qquad (10.2\text{-}17)$$

由热力学第一定律，系统内能的改变等于系统所吸收的热量，有

$$U_2 - U_1 = Q_V \qquad (10.2\text{-}18)$$

2. 等压过程

系统压强始终保持不变的过程称为等压过程。设系统初、末态体积分别为 V_1、V_2，由式（10.1-10），等压过程中系统对外所做的功为

$$W = \int_{V_1}^{V_2} p \, dV = p \int_{V_1}^{V_2} dV = p(V_2 - V_1) \qquad (10.2\text{-}19)$$

设系统初、末态温度分别为 T_1、T_2，则由式（10.1-17），系统在等压中吸收的热量为

$$Q_p = \nu \int_{T_1}^{T_2} C_{p,m} dT \qquad (10.2\text{-}20)$$

若 $C_{p,m}$ 为常量，式（10.2-20）还可进一步写成

$$Q_p = \nu C_{p,m}(T_2 - T_1) \qquad (10.2\text{-}21)$$

系统内能的改变可由式（10.2-7）计算。当 $C_{V,m}$ 为常量时，系统内能的改变还可进一步写成

$$U_2 - U_1 = \int_{T_1}^{T_2} \nu C_{V,m} dT = \nu C_{V,m} \int_{T_1}^{T_2} dT = \nu C_{V,m}(T_2 - T_1) \qquad (10.2\text{-}22)$$

3. 等温过程

系统温度始终保持不变的过程称为等温过程。由于理想气体的内能只是温度的函数，所以等温过程系统内能不变：

$$U_2 = U_1 \qquad (10.2\text{-}23)$$

设系统初、末态体积分别为 V_1、V_2，由式（10.1-10），利用理想气体物态方程 $pV = \nu RT$，等温过程中系统对外所做的功为

$$W = \int_{V_1}^{V_2} p \, dV = \int_{V_1}^{V_2} \frac{\nu RT}{V} dV = \nu RT \ln V \Big|_{V_1}^{V_2} = \nu RT \ln \frac{V_2}{V_1} \qquad (10.2\text{-}24)$$

等温过程中系统吸收的热量可以通过热力学第一定律得到。由于等温过程中系统内能不变，所以当系统膨胀对外做功时，系统从外界吸收的热量全部用于对外界做功，因此有

$$Q_T = W = \nu RT \ln \frac{V_2}{V_1} \qquad (10.2\text{-}25)$$

当系统等温压缩时，式（10.2-25）也成立。在这种情况下，$V_2 < V_1$，系统对外做负功，$W < 0$，系统向外界放出热量，$Q_T < 0$。

4. 绝热过程

绝对的绝热过程是不可能存在的，但我们可以把某些过程近似地看作是绝热过程。例如，被良好的隔热材料所包围的系统中进行的过程，或进行得特别快的过程。

在绝热过程中，因 $Q_{绝热} = 0$，根据热力学第一定律，$U_2 - U_1 = -W_{绝热}$，即系统内能的增量等于系统对外做功的负值。

应用 10.2-1 为什么会出现薄雾?

当你打开一瓶碳酸饮料时，绝热冷却过程就发生了。仔细看应用 10.2-1 图中拉环附近，可以看到一团淡淡的薄雾。瓶盖打开的瞬间，瓶内紧邻饮料表面上方的加压气体迅速膨胀，并对外部空气做功（$W>0$）。气体来不及与周围环境交换热量，因此膨胀近似是绝热的（$Q=0$）。根据热力学第一定律，膨胀气体内能降低（$U_2-U_1=-W<0$），从而温度降低。当气体温度下降较大时，气体中的水蒸气凝结，就形成了一团薄雾。

应用 10.2-1 图

绝热过程系统内能的增量直接与系统在绝热过程所做的功相关联，而准静态过程系统所做的功又可以由式（10.1-9）或式（10.1-10）得到。这使我们想到，可以进一步考察理想气体在绝热过程中状态参量间应遵循的函数关系。下面我们将先探讨绝热过程中理想气体状态参量之间的函数关系，之后再考察绝热过程中理想气体所做的功。

（1）绝热过程方程　由热力学第一定律，对于理想气体准静态绝热过程，有

$$\nu C_{V,\mathrm{m}}\mathrm{d}T+p\mathrm{d}V=0$$

利用 $p=\nu RT/V$，以及在上式两边同除以 νRT，可以得到

$$\left(\frac{C_{V,\mathrm{m}}}{R}\right)\frac{\mathrm{d}T}{T}+\frac{\mathrm{d}V}{V}=0$$

利用迈耶公式，上式又可以写为

$$\left(\frac{C_{V,\mathrm{m}}}{C_{p,\mathrm{m}}-C_{V,\mathrm{m}}}\right)\frac{\mathrm{d}T}{T}+\frac{\mathrm{d}V}{V}=0$$

上式两边分子分母同除以 $C_{V,\mathrm{m}}$，并令 $C_{p,\mathrm{m}}/C_{V,\mathrm{m}}=\gamma$，可以得到

$$\frac{\mathrm{d}T}{T}+(\gamma-1)\frac{\mathrm{d}V}{V}=0$$

若在整个过程中温度变化范围不大，则 γ 随温度的变化很小，可视为常量，对上式两边同时积分可以得如下关系：

$$T_1V_1^{\gamma-1}=T_2V_2^{\gamma-1}=\cdots=常量$$

即

$$TV^{\gamma-1}=C_1 \tag{10.2-26}$$

式（10.2-26）就是绝热过程中系统温度与体积之间的函数关系，我们称之为绝热过程方程。利用 $pV=\nu RT$，式（10.2-26）可以改写为

$$pV^{\gamma}=C_2 \tag{10.2-27}$$

式（10.2-27）是理想气体在准静态绝热过程中压强与体积之间的函数关系，称为泊松公式。将式（10.2-26）和式（10.2-27）结合起来，还可以得到

$$\frac{p^{\gamma-1}}{T^{\gamma}}=C_3 \tag{10.2-28}$$

式（10.2-26）、式（10.2-27）和式（10.2-28）三式都是理想气体绝热过程方程。显然，三式中 C 常量的值和量纲是不同的，故我们分别用 C_1、C_2 和 C_3 来表示。

例 10.2-1 比较理想气体 p-V 图中某点等温线与绝热线的斜率。

解： 理想气体 p-V 图中某点等温线的斜率可以由对 $pV_m = C$ 两边同时进行微分得到

$$V_m dp = -p dV_m$$

两边同除以 dV_m，由于是在等温条件下进行微商，故将微分符号改为偏微符号，并在偏微商符号右下角标以下标"T"，表示温度不变。等温线的斜率为

$$\left(\frac{\partial p}{\partial V_m}\right)_T = -\frac{p}{V_m}$$

理想气体 p-V 图中某点绝热线的斜率可以利用绝热过程方程 $pV^\gamma = C$ 两边同时进行微分得到：

$$\frac{dp}{p} + \gamma \frac{dV_m}{V_m} = 0$$

两边同除以 dV_m，由于是在绝热条件下进行微商，将微分符号改为偏微符号，并在偏微商符号右下角标以下标"S"，表示这是绝热过程。绝热线的斜率为

$$\left(\frac{\partial p}{\partial V_m}\right)_S = \frac{\gamma p}{V_m}$$

比较两个斜率可知，在 p-V 图中这两条曲线的斜率都是负的，且绝热线斜率是等温线斜率的 γ 倍。由于 $\gamma > 1$，绝热线比等温线陡。如图 10.2-5 所示。

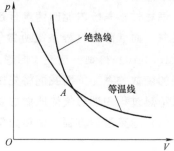

图 10.2-5 理想气体等温线与绝热线斜率的比较

评价： 等温线与绝热线斜率的比较使我们得以把握这两个热力学过程在 p-V 图中的走向。在后边学习循环过程时常常要用到。

（2）绝热过程的功 理想气体在绝热过程所做的功既可以由准静态过程功的计算公式（10.1-10）算出，也可以利用热力学第一定律算出。我们先利用准静态过程功的计算公式来计算。

$$\begin{aligned}
W_{绝热} &= \int_{V_1}^{V_2} p\, dV = \int_{V_1}^{V_2} p_1 \left(\frac{V_1}{V}\right)^\gamma dV \\
&= p_1 V_1^\gamma \int_{V_1}^{V_2} \frac{1}{V^\gamma} dV \\
&= p_1 V_1^\gamma \left(\frac{V_2^{1-\gamma}}{1-\gamma} - \frac{V_1^{1-\gamma}}{1-\gamma}\right) \\
&= \frac{p_1 V_1}{1-\gamma}\left[\left(\frac{V_1}{V_2}\right)^{\gamma-1} - 1\right]
\end{aligned} \tag{10.2-29}$$

若通过热力学第一定律求理想气体在绝热过程所做的功，则有，

$$W_{绝热} = -(U_2 - U_1) = -\nu C_{V,m}(T_2 - T_1)$$

注意到 $C_{V,m} = \dfrac{R}{\gamma-1}$ 以及 $pV = \nu RT$，上式又可以写为

$$W_{绝热} = \frac{\nu R}{1-\gamma} \cdot (T_2 - T_1) = \frac{p_2 V_2 - p_1 V_1}{1-\gamma} \tag{10.2-30}$$

*5. 多方过程

（1）多方过程方程 实际过程中气体系统所进行的过程往往既非绝热，也非等温。对于

这样的过程,其过程方程是什么?我们先来比较一下理想气体在等压、等体、等温及绝热四个过程的过程方程,看看它们有什么特点。

等压过程: $$p = C_1$$

等体过程: $$V = C_2$$

等温过程: $$pV = C_3$$

绝热过程: $$pV^\gamma = C_4$$

观察这些过程方程可以发现,它们可以用一个统一的形式来表示:

$$pV^n = C \qquad (10.2\text{-}31)$$

这个方程就称为理想气体的多方过程方程,其中 n 为常量,称为多方指数。显然,绝热过程 $n = \gamma$,等温过程 $n = 1$,等压过程 $n = 0$。对于等体过程,我们可以这样处理,对多方过程方程两边同开 n 次方,有

$$p^{1/n} V = 常量$$

当 $n \to \infty$ 时,上式就变为 $V = C_2$ 的形式,所以等体过程相当于 $n \to \infty$ 时的多方过程。

现在,我们将等压、等温、绝热、等体曲线同时画在 p-V 图上,并标出它们所对应的多方指数,如图 10.2-6 所示。为便于比较,这些曲线都起始于同一点。从图中可看到,n 是从 $0 \to 1 \to \gamma \to \infty$ 逐渐递增的。实际上 n 可以取任意实数,例如气缸中的压缩过程是在 $n = 1$ 曲线到 $n = \gamma$ 曲线之间的区域,即 $1 < n < \gamma$。

若要证明一个实际过程是多方过程,就必须证明其满足式(10.2-31)。对式(10.2-31)两边取自然对数,有

$$\ln p + n \ln V = 常量 \qquad (10.2\text{-}32)$$

这样,在实验上判断一个过程是否为多方过程,就可以以 $\ln V$ 为横轴,$\ln p$ 为纵轴,画出如图 10.2-7 的图,若为一直线,就可以判定该过程为多方过程,直线斜率绝对值即为 n。

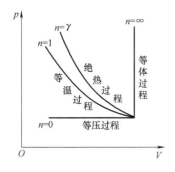

图 10.2-6 多方过程的 p-V 图

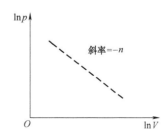

图 10.2-7 从实验上判断多方过程

与绝热过程相似,多方过程方程也可以采用另外两种形式:

$$TV^{n-1} = C_1 \qquad (10.2\text{-}33)$$

$$\frac{p^{n-1}}{T^n} = C_2 \qquad (10.2\text{-}34)$$

(2)多方过程的摩尔热容 设多方过程的摩尔热容为 $C_{n,\mathrm{m}}$,则由热容定义式(10.1-13)有

$$\mathrm{d}Q = \nu C_{n,\mathrm{m}} \mathrm{d}T$$

将上式代入热力学第一定律数学表达式(10.1-19),并注意到对于理想气体有 $\mathrm{d}U =$

$\nu C_{V,m}dT$，得到

$$\nu C_{n,m}dT = \nu C_{V,m}dT + p\,dV$$

上式两边同除以 νdT，并考虑到 $V/\nu = V_m$，得到

$$C_{n,m} = C_{V,m} + p\left(\frac{dV_m}{dT}\right)_n = C_{V,m} + p\left(\frac{\partial V_m}{\partial T}\right)_n \tag{10.2-35}$$

下面我们来求偏导数 $\left(\frac{\partial V_m}{\partial T}\right)_n$。对式（10.2-33）两边求导，得到

$$V_m^{n-1}dT + (n-1)TV_m^{n-2}dV_m = 0$$

在上式两边同除以 dT，并注意到这是在多方指数不变的情况下进行的偏微商，有

$$\left(\frac{\partial V_m}{\partial T}\right)_n = \frac{1}{n-1}\cdot\frac{V_m}{T} \tag{10.2-36}$$

将 $p = RT/V_m$ 及式（10.2-36）一起代入式（10.2-35），就可得到多方过程摩尔热容的表达式：

$$C_{n,m} = C_{V,m} - \frac{R}{n-1} = C_{V,m}\cdot\frac{\gamma-n}{1-n} \tag{10.2-37}$$

由上式可以看到，因 n 可取任意实数，故 $C_{n,m}$ 可正、可负。若以 n 为自变量，$C_{n,m}$ 为因变量，可画出 $C_{n,m}$-n 曲线，如图 10.2-8 所示。从图中可以看到，$n=0$，$C_{n,m}=C_{p,m}$；$n=1$，$C_{n,m}\to\infty$；$n=\gamma$，$C_{n,m}=0$，我们前面学习到的几个过程的摩尔热容是多方过程摩尔热容的特例。

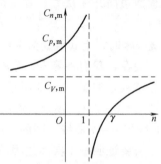

图 10.2-8 多方过程的摩尔热容

至此，我们讨论了理想气体几个主要热力学过程的内能、功、热量和热容等，这些讨论的主要结果汇集于表 10.2-2 中，供同学们在学习中和未来实际工作中查阅、使用。

表 10.2-2 理想气体各热力学过程的主要公式（适用于 γ、n 为常量的准静态过程）

过程	过程方程	初、末态参量间的关系	系统对外所做的功	系统从外界吸收的热量	摩尔热容
等体	$V=$常量	$V_1=V_2$，$\dfrac{T_2}{T_1}=\dfrac{p_2}{p_1}$	0	$\nu C_{V,m}(T_2-T_1)$	$C_{V,m}=\dfrac{R}{\gamma-1}$
等压	$p=$常量	$p_1=p_2$，$\dfrac{T_2}{T_1}=\dfrac{V_2}{V_1}$	$p(V_2-V_1)$或 $\nu R(T_2-T_1)$	$\nu C_{p,m}(T_2-T_1)$	$C_{p,m}=\dfrac{\gamma R}{\gamma-1}$
等温	$T=$常量	$T_1=T_2$，$\dfrac{p_2}{p_1}=\dfrac{V_1}{V_2}$	$\nu RT_1\ln\dfrac{V_2}{V_1}$或 $pV_1\ln\dfrac{V_2}{V_1}$	$\nu RT_1\ln\dfrac{V_2}{V_1}$或 $pV_1\ln\dfrac{V_2}{V_1}$	∞
绝热	$pV^{\gamma}=$常量	$\dfrac{p_1}{p_2}=\left(\dfrac{V_2}{V_1}\right)^{\gamma}$ $\dfrac{T_1}{T_2}=\left(\dfrac{V_2}{V_1}\right)^{\gamma-1}$ $\dfrac{T_1}{T_2}=\left(\dfrac{p_1}{p_2}\right)^{\frac{\gamma-1}{\gamma}}$	$\dfrac{p_1V_1}{1-\gamma}\left[\left(\dfrac{V_1}{V_2}\right)^{\gamma-1}-1\right]$或 $\dfrac{1}{1-\gamma}(p_2V_2-p_1V_1)$ 或$-\nu C_{V,m}(T_2-T_1)$ $=\dfrac{\nu R}{1-\gamma}(T_2-T_1)$	0	0

（续）

过程	过程方程	初、末态参量间的关系	系统对外所做的功	系统从外界吸收的热量	摩尔热容
多方	$pV^n=$ 常量	$\dfrac{p_1}{p_2}=\left(\dfrac{V_2}{V_1}\right)^n$ $\dfrac{T_1}{T_2}=\left(\dfrac{V_2}{V_1}\right)^{n-1}$ $\dfrac{T_1}{T_2}=\left(\dfrac{p_1}{p_2}\right)^{\frac{n-1}{n}}$	$\dfrac{p_1V_1}{1-n}\left[\left(\dfrac{V_1}{V_2}\right)^{n-1}-1\right]$ 或 $\dfrac{1}{1-n}(p_2V_2-p_1V_1)$ 或 $\dfrac{\nu R}{1-n}(T_2-T_1)$	$\left(C_{V,\mathrm{m}}-\dfrac{R}{n-1}\right)(T_2-T_1)$ $(n\neq1)$	$C_{V,\mathrm{m}}-\dfrac{R}{n-1}=$ $C_{V,\mathrm{m}}\cdot\dfrac{\gamma-n}{1-n}$

例 10.2-2 已知 1mol 氧气经历图 10.2-9 所示的延长线过原点 O 的直线过程，已知 A 点、B 点的温度，求在该过程中吸收的热量。

解：这个问题我们给出两种解法。

方法 1：由热力学第一定律，系统从 A 态到 B 态吸收的热量等于系统对外所做的功与内能变化之和。我们先计算系统所做的功。从 A 到 B 的过程中系统对外做的功等于梯形 V_1ABV_2 的面积：

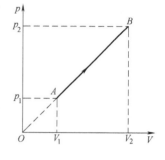

图 10.2-9 例 10.2-2 p-V 图

$$W=\frac{1}{2}(p_1+p_2)(V_2-V_1)$$

将氧气视为理想气体。理想气体的内能只与温度有关，知道 A、B 两点的温度，就可以得到系统内能的变化。由理想气体物态方程，A、B 两点的温度分别为

$$T_1=\frac{p_1V_1}{R},\ T_2=\frac{p_2V_2}{R}$$

由此，从 A 态到 B 态，系统内能的变化为 $C_{V,\mathrm{m}}(T_2-T_1)$。

从 A 态到 B 态系统吸收的热量为

$$Q=C_{V,\mathrm{m}}(T_2-T_1)+\frac{1}{2}(p_1+p_2)(V_2-V_1)$$

$$=C_{V,\mathrm{m}}(T_2-T_1)+\frac{1}{2}(p_2V_2-p_1V_1+p_1V_2-p_2V_1)$$

由图 10.2-9 中相似三角形知

$$\frac{p_1}{p_2}=\frac{V_1}{V_2},\ 即\ p_1V_2-p_2V_1=0$$

因而，

$$Q=C_{V,\mathrm{m}}(T_2-T_1)+\frac{1}{2}(p_2V_2-p_1V_1)$$

$$=C_{V,\mathrm{m}}(T_2-T_1)+\frac{R}{2}(T_2-T_1)$$

将氧气 $C_{V,\mathrm{m}}=5R/2$ 代入上式，得到

$$Q=\left(C_{V,\mathrm{m}}+\frac{R}{2}\right)(T_2-T_1)=3(T_2-T_1)R$$

方法 2：从本题 p-V 图中可以看出，$pV^{-1}=$ 常量，说明这是一个 $n=-1$ 的多方过程。由式（10.2-37），

$$C_{n,\mathrm{m}}=C_{V,\mathrm{m}}\cdot\frac{\gamma-n}{1-n}$$

$$Q=C_{n,\mathrm{m}}(T_2-T_1)=\frac{1}{2}C_{V,\mathrm{m}}(T_2-T_1)(\gamma+1)=3(T_2-T_1)R$$

评价：第一种解法是应用热力学第一定律进行求解，这种解法是对各种热力学问题普遍适用的方法。第二种方法是考察问题涉及的热力学过程是否是我们已经分析过的几种热力学过程中的一种，若是，则可以采用表 10.2-2 给出的公式直接进行计算，计算快捷。

小节概念回顾：理想气体在准静态等体、等压、等温和绝热过程的功、热量和内能如何计算？写出理想气体绝热过程方程。

10.2.3 循环过程与卡诺循环

许多动力机械的核心组成都是热机。热机是由工质从高温热源吸热使之转化为有用功的机械装置。最早的热机就是蒸汽机。图 10.2-10 所示为简单的活塞式蒸汽机的流程图。在蒸汽机中，工质水先由水泵压入锅炉，在锅炉中吸热汽化，并在过热器中成为干蒸汽并进一步提高温度，然后进入气缸膨胀做功，之后放出热量冷却冷凝成水，然后再次被水泵泵入锅炉，如此周而复始地进行下去。一个热机至少要包含循环工质、不少于两个的不同温度的热源（工质从高温热源吸热，向低温热源放热）以及对外做功的机械装置。

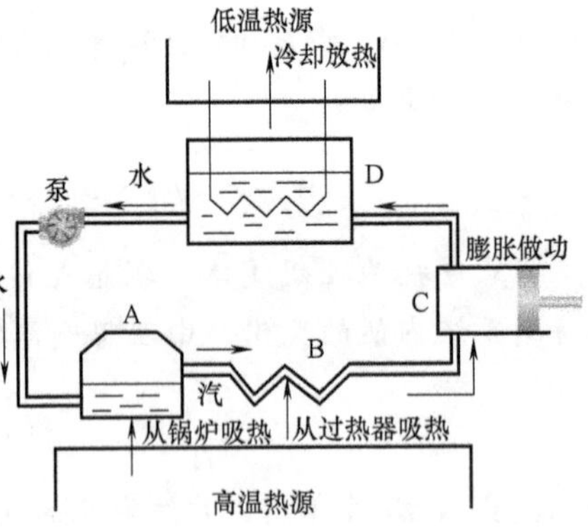

1. 热机循环及热机效率

所谓循环过程是指工质从初态出发经历一系列的中间状态最后回到原来状态的过程。对于上面提到的蒸汽机，在每一次循环中，工质都把从高温热源吸收的热量中的一部分用于气缸对外做功，其余的能量以热量方式向低温热源释放。工质从高温热源吸收的热量不能全部转化为对外做的有用功，必须要向外界放出一部分热量，这是由循环过程的特点决定的。

图 10.2-11 表示理想气体的一个任意准静态热机循环。系统沿顺时针方向从 A 到 B 到 C 到 D 再到 A 完成一个循环。从 A 到 B 到 C 系统膨胀，对外界做正功，功的大小为 ABC 曲线下的面积；从 C 到 D 再到 A，系统体积缩小，外界对系统做功，即系统对外界做负功，功的大小是 CDA 曲线下的面积。这两个过程的功之和就是这个循环过程系统对外界所做的净功，它正是 p-V 图中循环曲线所围的面积。显然，对于 p-V 图中的顺时针循环，系统对外界所做净功大于零，这就是热机。

当 p-V 图中的循环为逆时针时，外界将对系统做净功，这种循环叫作制冷循环，对应的机械装置称为制冷机或热泵。

既然不可能把从高温热源吸收的热量全部转化为有用功，人

图 10.2-10　活塞式蒸汽机流程图
A—锅炉　B—过热器　C—气缸　D—低温热源

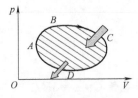

图 10.2-11　理想气体的
准静态热机循环

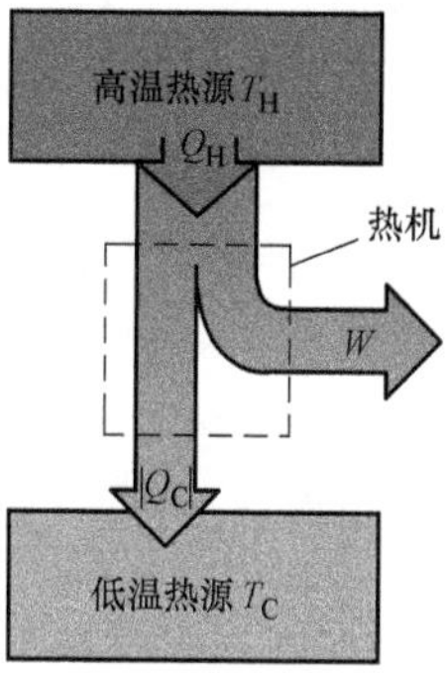

们就会关注燃烧燃料产生的热量有多少转化为功，这是一个总热效率的问题，其中包含的影响因素是多方面的。更进一步，我们仅关心热机从高温热源吸收的热量中有多少转化为功，这个问题就是热机效率问题。

下面我们讨论热机效率问题。图 10.2-12 是一个热机的能流示意图，图中用虚线方框表示热机，箭头的宽窄与箭头所表示的热量成正比。图 10.2-12 表示热机在一个循环中，从高温热源吸收了热量 Q_H，一部分用于做功 W，剩余热量 Q_C 在低温热源放出。

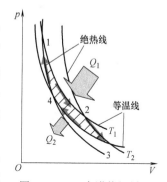

图 10.2-12　热机能流示意图

对于热机，我们更关注所吸收的热量有多少转化为有用功，因此我们可以定义热机效率 $\eta_{热}$ 为

$$\eta_{热} = W/Q_H \tag{10.2-38}$$

对于循环，由于 $\Delta U = 0$，则由热力学第一定律可得

$$|Q_H| - |Q_C| = |W| \tag{10.2-39}$$

则

$$\eta_{热} = \frac{|Q_H| - |Q_C|}{|Q_H|} = 1 - \frac{|Q_C|}{|Q_H|} \tag{10.2-40}$$

若系统不止与两个热源相接触，则

$$Q_H = \sum_{i=1}^{m} Q_{Hi}, \quad Q_C = \sum_{i=1}^{n} Q_{Ci} \tag{10.2-41}$$

2. 卡诺循环及其效率

法国工程师卡诺对蒸汽机做热力学研究时，对其进行了十分彻底的简化、抽象。整个循环由两个可逆等温过程及两个可逆绝热过程组成，如图 10.2-13 所示，这样的热机称为卡诺热机。工质从 T_1 热源吸收热量 Q_1，向 T_2 热源放出热量 Q_2，对外输出功 W。卡诺热机工质不一定是理想气体，可以是其他任何物质。

现在研究以理想气体为工质的卡诺热机循环的效率。参见图 10.2-13，1-2 为等温膨胀过程，由式（10.2-25），在这个过程中系统所吸收的热量为

图 10.2-13　卡诺热机循环

$$Q_1 = \nu R T_1 \ln \frac{V_2}{V_1} \tag{10.2-42}$$

3-4 为等温压缩过程，在这个过程中放出的热量为

$$Q_2 = \nu R T_2 \ln \frac{V_4}{V_3} \tag{10.2-43}$$

2-3 为绝热膨胀过程。设气体的比热容比为 γ，由绝热过程方程式（10.2-26）有

$$T_1 V_2^{\gamma-1} = T_2 V_3^{\gamma-1} \tag{10.2-44}$$

上式可改写为

$$\frac{V_2}{V_3} = \left(\frac{T_2}{T_1}\right)^{1/(\gamma-1)} \tag{10.2-45}$$

同理有

$$\frac{V_1}{V_4} = \left(\frac{T_2}{T_1}\right)^{1/(\gamma-1)} \tag{10.2-46}$$

式（10.2-45）与式（10.2-46）两式结合，可以推出

$$\frac{V_2}{V_1} = \frac{V_3}{V_4} \tag{10.2-47}$$

这样就有：

$$\frac{|Q_1|}{|Q_2|} = \frac{T_1}{T_2} \tag{10.2-48}$$

将式（10.2-48）代入热机效率定义式（10.2-40）就可得到以理想气体为工质的可逆卡诺热机的效率：

$$\eta_{卡热} = \frac{T_1 - T_2}{T_1} = 1 - \frac{T_2}{T_1} \tag{10.2-49}$$

由式（10.2-49）可见，可逆卡诺热机效率公式非常简单，它与工质是何种气体无关，也与 V_1/V_2 或 V_3/V_4 无关，仅与高温热源温度与低温热源温度有关。

式（10.2-49）给出的可逆卡诺热机效率公式虽然非常简单，但却给出了热机效率不可逾越的限度（参阅卡诺定律），并指明了提高热机效率的可能途径：一是尽可能地提高高温热源的温度，二是尽可能地降低低温热源的温度。但实际操作起来，低温热源的温度常常是室温或江、河、地下水水温，通常难以改变，所以提高热机效率的主要途径是提高高温热源的温度。我们在前面介绍蒸汽机流程（见图 10.2-10）时曾提到在蒸汽机中加有过热器，这就是一种提高高温热源温度的措施。过热器使湿蒸汽变为干蒸汽，不仅利于蒸汽在绝热膨胀降温后不会有水冷凝出来，还能有效提高蒸汽压强，以提高蒸汽温度。目前 30 万千瓦汽轮机的蒸汽压强在 20MPa 以上，蒸汽温度可达 400℃以上，这种蒸汽称为亚临界状态的蒸汽，其排气温度约 200℃，热机效率达 35%～40%。特大型 60 万千瓦汽轮机的高温蒸汽处于超临界状态，其效率更高。现在还有超大型的 100 万千瓦汽轮机。为了提高热机效率，高温热源的温度要尽可能地高，将燃料燃烧过程移到气缸内部也是提高高温热源温度的一个有效途径，汽车发动机等就是如此。

*3. 几个典型热机循环

（1）奥托循环　将燃料燃烧过程移到气缸内部的热机称为内燃机。由于内燃机把燃烧移到气缸内部，可显著升高高温热源温度，因而效率高于蒸汽机。内燃机主要有奥托循环与狄塞尔循环两种形式。

图 10.2-14 所示为四冲程内燃机的一个循环。在进气冲程中，气缸中的活塞首先在连杆带动下向下移动，将汽油蒸气-空气混合气体抽入气缸中。曲轴到最低点后开始压缩冲程，曲轴的继续转动带动连杆和活塞向上移动并压缩气体。当活塞到达气缸顶部时撞击火花塞，火花塞发出火花使气缸中的汽油蒸气-空气混合气体迅速点燃并燃烧。随后做功冲程开始，气体由于吸收了大量热量而迅速膨胀，推动活塞以及连杆向下运动，这个冲程是内燃机四个冲程中唯一对外做功的冲程。然后，曲轴过最低点后继续转动，带动活塞向上移动并压缩气体，当活塞到达气缸顶部时，排气阀打开，废气被排出，这个冲程就是排气冲程。废气被排出后不再进入发动机，但由于等量的汽油蒸气和空气的进入，这样的过程也可以视为循环。

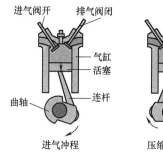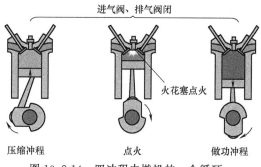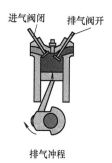

图 10.2-14　四冲程内燃机的一个循环

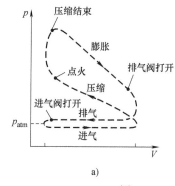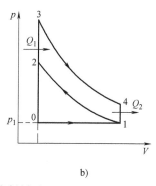

a)　　　　　　　　　　　　　b)

图 10.2-15　奥托循环

图 10.2-15a 给出了这个循环的 p-V 图。对于这样一个循环，我们可以将其理想化地抽象为由两个等体过程和两个绝热过程组成，如图 10.2-15b 所示，其中吸热和废气放热过程视为等体过程，压缩冲程和做功冲程视为绝热过程。这个循环也称为奥托循环或定体加热循环，是德国工程师奥托于 1876 年仿效卡诺循环设计的使用气体燃料的火花塞点火式四冲程内燃机循环。所使用的工质主要是天然气及汽油蒸气，所以这种内燃机也称为汽油机。

下面我们来分析这个循环的热机效率。2-3 过程为等体吸热过程，设所吸收的热量为 Q_1；4-1 过程为等体放热过程，设所放出的热量为 Q_2。由于是等体过程，涉及的热量可以用定容热容和温度差计算出来。设气体摩尔定容热容为 $C_{V,\mathrm{m}}$，则

$$Q_1 = \nu C_{V,\mathrm{m}}(T_3 - T_2)$$
$$Q_2 = \nu C_{V,\mathrm{m}}(T_1 - T_4)$$

热机效率为

$$\eta_{\text{热}} = 1 - \frac{|Q_2|}{|Q_1|} = 1 - \frac{T_4 - T_1}{T_3 - T_2} \tag{10.2-50}$$

因为 1-2 过程和 3-4 过程是绝热过程，由绝热过程方程式（10.2-26）可以得到

$$\frac{T_1}{T_2} = \left(\frac{V_2}{V_1}\right)^{\gamma-1}, \frac{T_3}{T_4} = \left(\frac{V_1}{V_2}\right)^{\gamma-1}$$

从而可以推出

$$\frac{T_1}{T_2} = \frac{T_4}{T_3} = \frac{T_4 - T_1}{T_3 - T_2}$$

因而

$$\eta_{热}=1-\frac{T_4-T_1}{T_3-T_2}=1-\frac{T_1}{T_2}=1-\left(\frac{V_2}{V_1}\right)^{\gamma-1} \tag{10.2-51}$$

引入绝热压缩比：

$$\varepsilon=\frac{V_1}{V_2} \tag{10.2-52}$$

这样

$$\eta_{热}=1-\frac{1}{\varepsilon^{\gamma-1}} \tag{10.2-53}$$

由式（10.2-53）可见，ε 越大，效率越高。但 ε 过大在绝热压缩过程结束时汽油蒸气-空气混合气体的温度可能过高，导致在火花塞点火前自爆（称为预点火或爆震）而不均匀燃烧，引起的爆震声还可能损坏发动机，对机件保养不利。汽油机的 ε 一般在 6～12 之间。假设 $\varepsilon=7$，可以算得奥托循环的效率 $\eta_{热}=55\%$。实际的汽油机效率低于此值，一般最高仅 35% 左右。

（2）狄塞尔循环　在例 8.2-1 中我们曾经看到，对空气进行压缩有可能使空气的温度超过柴油的自燃温度。如果是这样，设计内燃机时就可以无须点火系统。历史上，德国工程师狄塞尔（Diesel）在 1892 年提出了压缩点火式内燃机的原始设计。所谓压缩点火式就是使燃料气体在气缸中压缩到温度超过其自燃温度，然后通过油嘴向气缸内喷柴油，柴油挥发为燃料气体，在气缸中一边燃烧，一边推动活塞对外做功。1897 年最早制成了以煤油为燃料的内燃机，后来改用柴油为燃料，这就是我们通常所称的柴油机。图 10.2-16a 是一车用柴油机进行实际循环的 p-V 图，从 $r\sim a$ 为进气过程，从 $a\sim c$ 为压缩过程，从 $c\sim z'\sim z$ 为燃烧过程，从 $z\sim b$ 为膨胀过程，从 $b\sim r$ 为排气过程。为从理论上进行分析，可以把这个循环简化为图 10.2-16b 所示的循环，由一个等压吸热过程、两个绝热过程和一个等体放热过程构成。这个循环称为狄塞尔循环，也称为定压加热循环。

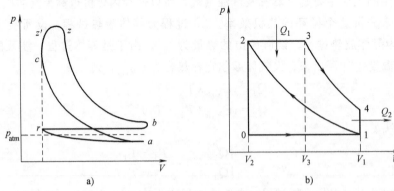

图 10.2-16　狄塞尔循环

下面我们来分析这个循环的热机效率。2-3 过程为等压吸热过程，设所吸收的热量为 Q_1；4-1 过程为等体放热过程，设所放出热量为 Q_2。设气体摩尔定压热容为 $C_{p,m}$，摩尔定容热容为 $C_{V,m}$，则

$$Q_1=\nu C_{p,m}(T_3-T_2)$$

$$Q_2 = \nu C_{V,m}(T_1 - T_4)$$

$$\left|\frac{Q_1}{Q_2}\right| = \left|\frac{C_{p,m}(T_3 - T_2)}{C_{V,m}(T_1 - T_4)}\right|$$

所以

$$\eta_{热} = 1 - \frac{|Q_2|}{|Q_1|} = 1 - \frac{C_{V,m}(T_4 - T_1)}{C_{p,m}(T_3 - T_2)} = 1 - \frac{T_4 - T_1}{\gamma(T_3 - T_2)} \qquad (10.2\text{-}54)$$

由于 2-3 过程为等压过程，有

$$\frac{T_3}{T_2} = \frac{V_3}{V_2} = \rho \qquad (10.2\text{-}55)$$

这里 $\rho = \dfrac{V_3}{V_2}$ 称为定压膨胀比。对于绝热过程 1-2 和 3-4，有

$$\frac{T_1}{T_2} = \left(\frac{V_2}{V_1}\right)^{\gamma-1}, \quad \frac{T_3}{T_4} = \left(\frac{V_4}{V_3}\right)^{\gamma-1} = \left(\frac{V_1}{V_3}\right)^{\gamma-1}$$

利用绝热压缩比 ε 和定压膨胀比 ρ 的定义将 T_1、T_2 和 T_4 都用 T_3 表示，并注意到 $\dfrac{V_1}{V_3} = \dfrac{\varepsilon}{\rho}$，最后可得

$$\eta_{热} = 1 - \frac{\rho^\gamma - 1}{\gamma(\rho - 1)\varepsilon^{\gamma-1}} \qquad (10.2\text{-}56)$$

在这个循环中，大部分压缩冲程期间气缸内没有燃料，不会发生预点火现象，所以狄塞尔循环没有 $\varepsilon < 12$ 的限制，由此提高了效率，其效率可大于奥托循环。一般 ε 在 $12 \sim 22$ 之间。柴油机比汽油机笨重，但能发出较大功率，常用作大型货车、工程机械、机车和船舶的动力装置。

（3）斯特林热机循环　斯特林循环由苏格兰牧师斯特林于 1816 年发明。该循环采用两个等温过程和两个等体过程，如图 10.2-17 所示。斯特林热机循环胜过卡诺循环的主要优点是用两个等体过程代替了两个绝热过程，大大增加了 p-V 图中循环所包围的面积。一个循环所包围的面积就是该循环的净输出功，因而对于同样的功，这个循环不需要像卡诺循环那样大的压强和扫气容积。为了提高循环效率，斯特林巧妙地设置了一个内置回热器，使两个等体过程的吸、放热发生在工质系统内，从而不对外界有任何影响。在一个循环中，只有在两个等温过程工质才与外界交换热量。根据理想气体等温过程热量计算公式（10.2-25），系统在高温热源吸收的热量为

$$Q_1 = RT_1 \ln \frac{V_3}{V_2}$$

系统在低温热源放出的热量为

$$|Q_2| = RT_2 \ln \frac{V_4}{V_1}$$

并且 $V_1 = V_2$，$V_3 = V_4$，因而斯特林热机的循环效率为

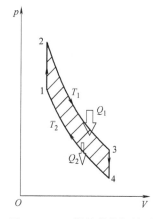

图 10.2-17　斯特林热机循环

$$\eta_{\text{热}} = \frac{Q_1 - |Q_2|}{Q_1} = \frac{R(T_1 - T_2)\ln\frac{V_3}{V_2}}{RT_1\ln\frac{V_3}{V_2}} = \frac{T_1 - T_2}{T_1} = 1 - \frac{T_2}{T_1} \qquad (10.2\text{-}57)$$

理想斯特林热机的效率与卡诺循环效率相同，比汽油发动机或柴油发动机等内燃机更高。实际的斯特林热机效率与理想斯特林热机效率有偏差。例如，工质不是理想气体，回热器的吸、放热不完全对等，回热器中的热阻、壁效应等的能量损耗，活塞与气缸壁的摩擦、工质的泄露等都会导致热机效率的偏差。

此外，斯特林发动机中使用的是封闭气体和外部热源，没有排放高压气体的排气阀，因此发动机的噪声很低。凡尔纳的科幻小说《海底两万里》中，那艘著名的潜艇诺第留斯号的动力就是斯特林发动机，其热源的热量由钠与水反应产生的热来提供。目前已经设计制造的斯特林热机有多种结构，可利用各种能源，已在航天、陆上、水上和水下等各个领域应用。

4. 制冷循环与制冷系数

前面讨论了 p-V 图中顺时针循环（热机）的热力学过程，现在我们来讨论逆时针循环的热力学过程。如图 10.2-18 所示，系统经过一个逆时针循环后，从较低温度处取走一些热量到较高温度处放出，这正是制冷机的原理，因而我们也把这样的循环叫作制冷循环。图 10.2-19 是以冰箱为例的制冷循环能流图。在一个循环中，外界对冰箱做功 W'，从而从冰箱内取走热量 Q_C，外界对冰箱所做的功 W' 最终也转变成热量，最后与 Q_C 一起一并放出到冰箱外的空气中。

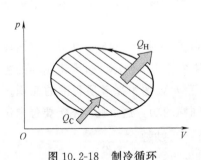

图 10.2-18　制冷循环

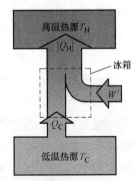

图 10.2-19　制冷循环（以冰箱为例）能流图

在制冷循环中，人们关心的是从低温热源取走的总热量 $|Q_C|$ 与付出的代价，即外界必须对制冷机做的功 W' 之间的对比，因而用 $|Q_C|$ 与 W' 的比值来评价一个制冷循环的性能是一个合适的选择。我们称这个比值为制冷系数，用符号 $\eta_{\text{冷}}$ 来标记：

$$\eta_{\text{冷}} = \frac{|Q_C|}{W'} \qquad (10.2\text{-}58)$$

根据热力学第一定律，$W' = |Q_H| - |Q_C|$，制冷系数也可以表示为

$$\eta_{\text{冷}} = \frac{|Q_C|}{W'} = \frac{|Q_C|}{|Q_H| - |Q_C|} \qquad (10.2\text{-}59)$$

从式（10.2-58）可以看出，$\eta_{\text{冷}}$ 的数值可以大于 1，这也是我们称 $\eta_{\text{冷}}$ 为制冷系数而不称其为

制冷效率的原因。

下面我们来考虑可逆卡诺制冷机的制冷系数。图 10.2-20 所示 2-1-4-3-2 的逆时针循环是可逆卡诺制冷机循环。系统在温度 T_1 等温压缩放出热量 Q_1，在温度 T_2 ($T_2 < T_1$) 等温膨胀吸收热量 Q_2，此外还有一个绝热压缩过程和一个绝热膨胀过程。可以推出，卡诺循环的制冷系数为

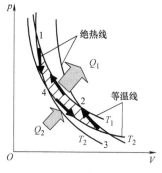

图 10.2-20 卡诺制冷循环

$$\eta_{卡冷} = \frac{T_2}{T_1 - T_2} \qquad (10.2\text{-}60)$$

可以看到，制冷温度 T_2 越低，制冷系数越小。

制冷循环在我们现实生活中有许多应用，如家里的电冰箱、空调等。图 10.2-21 是普通冰箱工作原理图 a 和结构图 b。流体"回路"里有制冷剂流体（称为工质）。回路左侧（包括制冷机内的冷却盘管）处于低温和低压下；右侧（包括冰箱外的冷凝器盘管）处于高温和高压下。一般情况下，两侧含有处于相平衡的液体和蒸气。压缩机取入流体，对流体进行绝热压缩，然后在高压下将其传送到冷凝器盘管。这时流体温度高于冷凝器周围的空气，因而制冷剂释放热量 $|Q_H|$，并部分地凝结成液体。然后该流体绝热膨胀进入蒸发器，膨胀阀控制其进入蒸发器的速率。流体膨胀时温度显著降低，能够使蒸发器盘管里的流体比其周围环境温度更低。流体从它的周围环境吸收热量 $|Q_C|$，使环境温度降低并部分地蒸发。然后流体进入压缩机开始下一个循环。压缩机通常由电动机驱动，需要能量输入，每个循环期间对工质做功 $|W'|$。

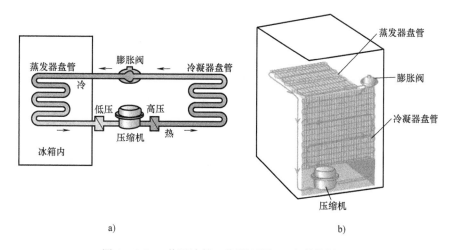

图 10.2-21 普通冰箱工作原理图 a) 和结构图 b)

空调机采用了与冰箱完全相同的原理。在这种情况下，冰箱的机箱变成一个房间或整个建筑。蒸发器盘管在里面，冷凝器在外面，风扇使空气通过蒸发器和冷凝器循环。大型空调系统的冷凝器盘管常用水来冷却。对于空调来说，最有实际意义的量值是除去的热量（从欲冷却区域出来的热流量 H）与压缩机输入功率 $P = W'/t$ 的比值。如果在时间 t 内除去的热量为 $|Q_C|$，则 $H = |Q_C|/t$，我们可以把制冷系数表达成

$$\eta_{冷} = \frac{|Q_{\mathrm{C}}|}{|W'|} = \frac{Ht}{Pt} = \frac{H}{P} \qquad (10.2\text{-}61)$$

典型房间空调热流量 H 约为 $1500 \sim 3000\mathrm{W}$，需要约 $600 \sim 1200\mathrm{W}$ 电输入功率。典型制冷系数约为 3，实际值则依赖于室内外温度。

另一种情况是热泵，热泵通过冷却建筑物外部的空气来给建筑物供热，就像把热量从低温热源泵抽到了高温热源。它的功能就像是把冰箱的内部放到外面的冰箱。蒸发器盘管在外面，从冷空气中获取热量；冷凝器盘管在里面，把热量放给内部暖的空气。通过适当的设计，每个循环给内部输送的热量 $|Q_{\mathrm{H}}|$ 可以比获得该热量所需要的功大得多。

小节概念回顾：什么是卡诺循环？其热机效率和制冷系数分别是什么？什么是奥托循环？什么是狄塞尔循环？什么是斯特林循环？

10.3 热力学第二定律与卡诺定律

10.3.1 热力学第二定律

人们发现，与热有关的实际过程的进行是有方向性的，例如热量可以自发地从高温物体传向低温物体，却不能自发地从低温物体传向高温物体；一滴墨汁可以自发地扩散到一盆水中，却不能从一盆水中自发地凝聚出一滴墨汁。自然界中这样的事情数不胜数，其背后的本质到底是什么呢？这就是热力学第二定律要解决的问题。

1. 热力学第二定律的两种表述

热力学第二定律描述了自然界能量转换的方向和限度，其表述方式是可以多种多样的。蒸汽机大量推广应用后，为了提高蒸汽机的效率，人们做了许多研究。大量事实说明，一切热机不可能从单一热源吸热并将其全部转化为功而不产生其他影响。人们发现，功能够自发地、无条件地全部转化为热，但热转化为功是有条件的，其转化效率是有所限制的。1851年，开尔文把这一普遍规律总结为不可能从单一热源吸收热量，使之完全变为有用功而不产生其他影响，这就是热力学第二定律的开尔文表述。这里"单一热源"是指温度处处相同恒定不变的热源，"其他影响"指除了"由单一热源吸收热量全部转化为功"以外的任何其他变化。

对于热量传递的方向性问题，1850 年克劳修斯将这一规律总结为不可能把热量从低温物体传到高温物体而不产生其他影响，这一表述就是热力学第二定律的克劳修斯表述。

开尔文表述和克劳修斯表述从表面上来看讲的是不同的事情，但我们都称为热力学第二定律。这些不同的表述之间到底是什么关系？其共同的本质又是什么？下面我们来一个一个地讨论这些问题。

2. 热力学第二定律两种表述的等效性

开尔文表述和克劳修斯表述描述的是两类不同的现象，只有这两个表述是等价的，我们才可以认为它们表述的是同一个事情，是同一个定律。下面我们来用反证法证明开尔文表述和克劳修斯表述的等价性。

用反证法来证明两种表述是等价的意味着只要违反其中的任一表述，必然会违反另一表述，由此来说明两者是等价的。具体说来，就是要从正、反两个方面的否定去证明等价性，也就是说若开尔文表述不真，则克劳修斯表述也不真；反之，若克劳修斯表述不真，则开尔文表述也不真。

我们首先假设开尔文表述不成立。若开尔文表述不成立，就意味着我们可以从单一热源吸收热量并使之全部转化为有用功。为此，我们可以设计如图 10.3-1 所示的一个联合系统，热机在高温热源吸收的热量 Q' 全部转化为功 W，然后我们用热机产生的功 W 去驱动制冷机，从而使制冷机从低温热源吸收热量 Q_2，并在高温热源放出热量 $Q_1 = W + Q_2$。从联合系统的总效果来看，除了把低温热源的热量 Q_2 在高温热源放出以外，系统及外界都没有发生其他变化。也就是说，热量从低温热源传到高温热源而没有产生其他影响，这违反了克劳修斯表述，即克劳修斯表述不成立。

接下来我们假设克劳修斯表述不成立。若克劳修斯表述不成立，热量就可以从低温热源传到高温热源而不产生其他影响。据此，我们可以设计如图 10.3-2 所示的循环：热机从高温热源吸收热量 Q_1，一部分热量转化为有用功 W，另一部分热量 Q_2 在低温热源放出。然后低温热源的 Q_2 热量可以传到高温热源而不产生其他影响，最终从整个联合系统的净效果来看，低温热源没有发生变化，但从高温热源出来的净热量 $Q_1 - Q_2$ 全部转化成了功，即从单一热源吸收的热量全部转化成了有用功，这违反了开尔文表述，开尔文表述不成立。

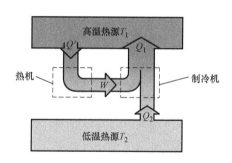

图 10.3-1　由开尔文表述不成立证明
克劳修斯表述不成立

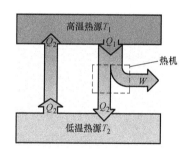

图 10.3-2　由克劳修斯表述不成立证明
开尔文表述不成立

通过上述讨论，我们证明了开尔文表述和克劳修斯表述的等价性。

3. 热力学第二定律的实质

虽然我们证明了开尔文表述和克劳修斯表述的等价性，但仍然没有揭示出这些表述的实质。我们在前面介绍了可逆过程的概念，实际上一个过程可逆与否就是指的一个过程的进行有无方向性的问题。在自然界中，有些过程是不受外界影响而自动发生的，这样的过程我们称为自发过程。开尔文表述其实是揭示了自然界普遍存在的功转化为热过程的不可逆性，也就是说功自发地转化为热的过程只能单向进行而不可逆转。克劳修斯表述则揭示了热量传递过程的不可逆性，即热量可以自动地从高温物体传向低温物体，但不能从低温物体传到高温物体而不产生其他影响。自然界中其他只能单向进行而不可逆转的过程也具有这样共同的特点。因此，热力学第二定律的实质是一切与热相联系的自然现象中自发地实现的过程都是不可逆的。

4. 热力学第二定律的统计诠释

尽管我们认识到热力学第二定律的实质是一切与热相联系的自然现象中自发地实现的过程都是不可逆的，但我们仍然不能够回答自发过程为什么不可逆的问题。下面我们从统计的观点来探讨自发过程不可逆性的微观意义，并由此进一步认识热力学第二定律的本质。

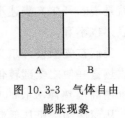

图 10.3-3　气体自由
膨胀现象

气体自由膨胀过程是一个典型的不可逆过程，我们以此为例来进行讨论。如图 10.3-3 所示，用隔板将一个容器分为体积相等的 A、B 两部分。开始时，气体分子都在 A 部，B 部为真空。然后，我们抽出隔板。我们的问题是抽出隔板后气体分子将如何分布？

为了找到这个问题的思路，我们来看两个生活场景。

（1）标有不同数字小球的排列组合　分别标有数字 1、2、3、4 的四个小球，要放到两个碗里，一共有多少种不同的放法？图 10.3-4 的中间区域（2～5 列）给出了所有可能的放法，我们把每一种不同的放法称为一个微观状态。我们进一步对这些微观状态进行分类，给出每个碗里有几个小球的统计，我们把这种仅区分小球个数而不管小球上数字的状态称为宏观状态，列于图 10.3-4 中第 1 列。在图中的第 6 列，给出了每一个宏观状态对应的微观状态数。可以看到，对于标有 4 个不同数字小球构成的体系，我们可以数出来微观态数为 2^4 ＝16 个，宏观态数为 5 个。当两个碗里的小球数目相等（即，小球平均分布）时，宏观状态对应的微观状态数目最多。

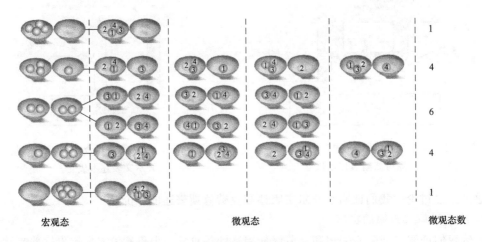

宏观态　　　　　　　　　　　　　微观态　　　　　　　　　　　微观态数

图 10.3-4　标有不同数字小球的排列组合

（2）沙漠旅行者　如图 10.3-5 所示，一个人从绿洲出发，漫无目标地随便走，他极有可能走进沙漠。因为绿洲的面积很小，沙漠的面积很大，所以人走进沙漠的概率比走到绿洲的概率大得多。

通过上面两个例子我们可以联想到，若一个由许多分子组成的系统的状态是可变的，那么系统极有可能将进入到具有最大排列组合种类的宏观状态。

现在我们回到气体自由膨胀问题。为了便于想清楚这个问题，假设容器中只有 4 个分子，每个分子标以不同的数字。开始时，4 个分子都在 A 部。隔板被抽出后，气体分子向 B 部扩散并在整个容器内做无规则运动。类比于图 10.3-4 中 4 个不同数字小球的情况，对于 4 个标有不同数字的分子构成的体系，我们可以数出其微观状态数为 2^4 ＝16 个，宏观状态数为 5 个。如果每一个微观状态出现的可能性都一样，我们就可以说每一种微观状态出现的概

图 10.3-5 沙漠旅行者

率是 $1/2^4$。这样，一个宏观状态出现的概率就与该宏观状态对应的微观状态数成正比，即各宏观状态的出现不是等概率的。从图 10.3-4 中可以看到，A、B 两部分各有 2 个分子的宏观状态所对应的微观状态的数目最多，为 6 个，因而其发生的可能性最大。另一方面，对于这个例子，根据我们的实际经验，可以预见到当系统达到新的平衡态时，应该是 A、B 两部分各有两个分子的宏观状态，因而这个宏观状态也的确与出现概率最大的宏观状态对应。而 4 个分子全部退回到 A 部的微观状态只有 1 个，观察到它的可能性只有 $1/2^4 = 1/16$。

根据 4 个分子系统的规律，我们可以推知，如果系统有 N 个分子，则系统的总微观状态数为 2^N，总宏观状态数为 $(N+1)$，每一种微观态出现的概率是 $(1/2^N)$。为了进一步体会微观状态与宏观状态的区别与联系，表 10.3-1 列出了根据这个规律计算出来的 20 个分子的情况。可以看出，包含微观状态数最多的宏观状态是最可能出现的状态，而所有分子都出现在 A 部的概率就更小了。

一般来说，若有 N 个分子，则共 2^N 种可能的微观分布方式，而 N 个分子全部退回到 A 部的概率就是 $1/2^N$。对于一个实际气体系统而言，其分子数目 N 在 10^{23} 个/mol 量级，因而这些分子全部退回到 A 部的概率为 $1/2^{10^{23}}$。这个数值极小，从任何实际操作的意义上说，不可能发生此类事件。

现在我们再来看看一个过程的可逆或不可逆。对于单个分子或少量分子来说，它们扩散回 A 部的过程原则上是可逆的。但对大量分子组成的宏观系统来说，所有分子扩散回 A 部的概率太微乎其微了，以至于它们向 B 部自由膨胀的宏观过程实际上是不可逆的。这就是宏观过程的不可逆性在微观上的统计解释。

表 10.3-1 20 个分子的位置分布

宏 观 状 态		一种宏观状态对应的微观状态数	宏 观 状 态		一种宏观状态对应的微观状态数
A	B		A	B	
20	0	1	9	11	167960
18	2	190	5	15	15504
15	5	15504	2	18	190
11	9	167960	0	20	1
10	10	184756			

统计物理的一个基本假设是等概率原理：对于孤立系统，各种微观态出现的可能性（或概率）是相等的。由此可知，各宏观态不是等概率的。哪种宏观态包含的微观态数多，这种宏观态出现的可能性就大。

我们来给出热力学概率的定义：与同一宏观态相应的微观态数称为热力学概率。对于 10^{23} 个分子组成的宏观系统来说，均匀分布这种宏观态的热力学概率与各种可能的宏观态的热力学概率的总和相比，该比值几乎或实际上为 100%。所以，实际观测到的总是均匀分布这种宏观态，即系统最后所达到的平衡态。平衡态是相应于一定宏观条件下微观态数最大的状态。自然过程总是向着使系统热力学概率增大的方向进行，因此热力学第二定律的统计表述为：孤立系统内部所发生的过程总是从包含微观态数少的宏观态向包含微观态数多的宏观态过渡，从热力学概率小的状态向热力学概率大的状态过渡。

注意：微观状态数最大的平衡态是最混乱、最无序的状态。所以我们也可以说，一切自然过程总是沿着无序性增大的方向进行。

小节概念回顾：热力学第二定律的开尔文表述和克劳修斯表述分别是什么？其反映的问题的本质是什么？热力学第二定律的统计诠释是什么？

10.3.2 卡诺定律与热力学温标

根据热力学第二定律，没有哪一种热机的效率可以达到 100%。然而，达到更高效率是人类不懈的追求，我们可以到达的极限到底在哪里？1824 年，年轻的法国工程师萨迪·卡诺提出了一个假想的符合热力学第二定律、具有最大可能热机效率的理想化热机循环，回答了这个问题。这个循环被称为卡诺循环。在卡诺循环和热力学第二定律的基础上，开尔文定义了一个不依赖于任何特定物质行为的真正绝对的温标——热力学温标。

1. 卡诺定理

通过前面的学习我们知道，功向热的转换是一个不可逆过程。热机的目的实际上就是部分地逆转这个过程，以尽可能大的效率把热量转换为功。因此，为了获得最大的热机效率，就要避免所有不可逆过程。

由于有限温差下的热量传递过程都是不可逆过程，所以卡诺循环的热传递过程不能有有限的温度差，工质从高温热源吸热和在低温热源放热的过程必须是等温过程。而对于工质在高、低温热源温度之间的过程，由于热传递是不可逆的，就要避免发生热量的传递，绝热过程可以满足这个要求。这样，卡诺循环就由两个可逆等温过程和两个可逆绝热过程构成。

卡诺在他的论文《谈谈火的动力和能发动这种动力的机器》中提出了著名的热机效率上限的卡诺定理：

①在相同的高温热源和相同的低温热源之间工作的一切可逆热机，其效率都相等，与工质无关。②在相同的高温热源与相同低温热源之间工作的一切不可逆热机，其效率都不可能大于可逆热机的效率。

卡诺定理的诞生要早于热力学第二定律 26 年。克劳修斯与开尔文都是在卡诺定理的启发下先后于 1850 年和 1851 年提出各自的热力学第二定律表述的。在热力学第一定律的基础上，从卡诺定理也能证得热力学第二定律，也可以说，卡诺定理是热力学第二定律的另一种表述。

我们用反证法来证明卡诺定理。如图 10.3-6a 所示，我们有两部热机，一部为可逆热机 a，在图中以虚线圆圈表示；另一部为任意热机 b（可以是可逆的，也可以是不可逆的），在图中以虚线方框表示。它们工作在相同的 T_1 高温热源和 T_2 低温热源之间。热机 a 从高温热源吸收热量 Q_1，向外输出功 W 后，向低温热源放出热量 Q_2。设可逆热机 a 的效率为 η_a，任意热机 b 的效率为 η_b。

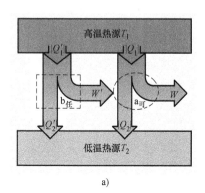
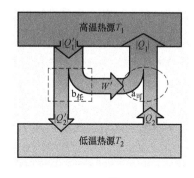

图 10.3-6　用反证法证明卡诺定理

首先假设可逆热机 a 的效率小于另一热机 b 的效率，即 $\eta_{a可} < \eta_{b任}$。因为热机 b 的效率比可逆热机 a 的效率高，我们总可以调节热机 b 的冲程（即活塞移动的最大距离），使两部热机在每一循环中都输出相同的功（$W = W'$）。这样就有

$$|Q_1'| - |Q_2'| = |Q_1| - |Q_2|$$

将上式代入 $\eta_{a可} < \eta_{b任}$，并利用热机效率的定义，有

$$\frac{|Q_1| - |Q_2|}{|Q_1|} < \frac{|Q_1'| - |Q_2'|}{|Q_1'|}$$

从而推出 $|Q_1| > |Q_1'|$，进而推出

$$|Q_1| - |Q_1'| = |Q_2| - |Q_2'| > 0$$

现在我们让热机 a 与热机 b 联合运转，如图 10.3-6b 所示，让热机 b 的输出功恰好用来驱动可逆热机 a 做制冷循环。这样，联合运转的净效果是高温热源净得了热量 $|Q_1| - |Q_1'|$，低温热源净失去了热量 $|Q_2| - |Q_2'|$。因为 $|Q_1| - |Q_1'| = |Q_2| - |Q_2'|$，所以联合运转的总效果是热量 $|Q_2| - |Q_2'|$ 从低温热源流到高温热源去了，但外界并未对联合系统做功，因而违背了克劳修斯表述。

这样的结果说明我们在前面做的假设是错误的，只能是热机 b 的效率不能大于热机 a 的效率，即

$$\eta_{b任} \leqslant \eta_{a可}$$

若热机 b 是可逆热机，热机 a 是任意热机，按照上面类似的证明方法，可以证明

$$\eta_{a任} \leqslant \eta_{b可}$$

两式同时成立的唯一可能是

$$\eta_{b可} = \eta_{a可}$$

以及

$$\eta_{b任} \not> \eta_{a可}$$

这分别是卡诺定理的表述①和表述②。

上述证明中并没有对工质做出任何规定，也没有对具体的循环做出规定，因此我们可以利用理想气体可逆卡诺热机的效率来给出可逆热机效率。由此有

$$\eta_{任} \leqslant \eta_{可} = \eta_{可卡} = 1 - \frac{T_2}{T_1} \tag{10.3-1}$$

式（10.3-1）是一个不等式，表明热机的效率不可能超过 $1 - \dfrac{T_2}{T_1}$，这是热力学第二定律所揭示的不可逾越的限度。

我们可以用类似的方法讨论制冷机的效能：①在相同的高温热源和低温热源之间工作的一切可逆制冷机，其制冷系数都相等，与工质无关。②在相同的高温热源和低温热源之间工作的一切不可逆制冷机的制冷系数不可能大于可逆制冷机的制冷系数。

我们仍用以理想气体为工质的可逆卡诺制冷机给出可逆制冷机的制冷系数，有

$$\eta_{冷,任} \leqslant \eta_{冷,可} = \eta_{冷,可卡} = \frac{Q_2}{W'} = \frac{T_2}{T_1 - T_2} \tag{10.3-2}$$

同样地，式（10.3-2）给出了制冷机制冷系数的上限。

*2. 热力学温标

由卡诺定理可知，工作于两个温度恒定的热源之间的一切可逆卡诺热机的效率与工质无关，只是温度的函数。那么，这个函数一定是普适的（即与具体是哪种物质无关），我们可以从这里出发，寻找和建立我们在 8.2.3 节提到的想找的与测温物质无关的温标。

设高温热源和低温热源的温度分别为 θ_1 和 θ_2，可逆卡诺热机分别在两个热源处吸热 Q_1、放热 Q_2'。由卡诺定律可知，热机效率与工质无关，η 只是 θ_1 和 θ_2 的函数，有

$$\frac{|Q_2'|}{|Q_1|} = 1 - \eta = f(\theta_1, \theta_2) \tag{10.3-3}$$

式中，$f(\theta_1, \theta_2)$ 是两个温度 θ_1、θ_2 的普适函数。

下面我们来证明普适函数 $f(\theta_1, \theta_2)$ 满足

$$f(\theta_1, \theta_2) f(\theta_3, \theta_1) = f(\theta_3, \theta_2) \tag{10.3-4}$$

如图 10.3-7 所示，假设在温度分别为 θ_1、θ_2 的两个热源外有另一温度为 θ_3 的热源。在 θ_3 和 θ_2 的热源之间放置一可逆卡诺热机，它在一个循环中从 θ_3 热源处吸收热量 Q_3，在 θ_2 热源处放出热量 Q_2'，则有

$$\frac{|Q_2'|}{|Q_3|} = f(\theta_3, \theta_2)$$

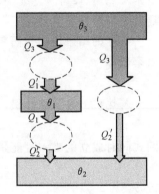

另置一可逆卡诺热机工作于 θ_3 和 θ_1 的热源之间。在一个循环中，它从 θ_3 热源处也吸收热量 Q_3，而在 θ_1 热源处则放出热量 Q_1'，这样

$$\frac{|Q_1'|}{|Q_3|} = f(\theta_3, \theta_1)$$

因为可逆卡诺热机效率相等，所以可以适当调节这个热机使

$$\frac{|Q_2'|}{|Q_1|} \cdot \frac{|Q_1'|}{|Q_3|} = \frac{|Q_2'|}{|Q_3|}$$

则

$$f(\theta_1, \theta_2) f(\theta_3, \theta_1) = f(\theta_3, \theta_2)$$

图 10.3-7　导出热力学温标

$$f(\theta_1, \theta_2) = \frac{f(\theta_3, \theta_2)}{f(\theta_3, \theta_1)}$$

因为 $f(\theta_1, \theta_2)$ 与 θ_3 无关，所以 $\dfrac{f(\theta_3, \theta_2)}{f(\theta_3, \theta_1)}$ 与 θ_3 无关。这样，f 必定可以因子化为

$$f(\theta_1, \theta_2) = \frac{\Psi(\theta_2)}{\Psi(\theta_1)} \tag{10.3-5}$$

式中，$\Psi(\theta)$ 为另一普适函数。选取不同形式的 $\Psi(\theta)$ 即可定义不同的温标。最简单地，选 $\Psi(\theta) = \theta$，则有

$$\frac{|Q_2'|}{|Q_1|} = f(\theta_1, \theta_2) = \frac{\theta_2}{\theta_1} \tag{10.3-6}$$

式（10.3-6）把温度与热量联系起来了。这样定义的温标与测温物质无关，是普适的，绝对的，所以称为热力学温度（或绝对温度）。

此外，式（10.3-6）只定义了两个温度的比值，要确定温度的数值，还需要再规定固定标准点，这正是在 8.2.3 节介绍温标时，要规定固定点及其温度值的原因。为了完成热力学温标的定义，我们给水的三相点温度指定了 273.16K 这样一个值。由于热力学温标和理想气体温度计温标中水的三相点温度都选为 273.16K，导致这两个温标是相同的。

小节概念回顾：简述卡诺定律。热机效率和制冷机制冷系数的上限分别是什么？理论上提高热机效率和制冷机制冷系数的可能途径有哪些？

10.4 熵、熵增加原理及玻耳兹曼关系

前面介绍的热力学第二定律的表述都是对某种不可能性或过程的单向性的表述。热力学第一定律因为找到了态函数，建立了热力学第一定律数学表达式，才成功地解决了很多实际问题。若要方便地判断一个过程的方向性，以及更进一步揭示不可逆性的本质，也应该找到一个相关的态函数，使热力学第二定律成为定量关系。这个态函数就是熵函数。

态函数熵的引入，需要分三步进行：①卡诺定理；②建立克劳修斯等式及不等式；③引入熵并建立熵增加原理。

10.4.1 熵函数

1. 熵函数的引入

根据卡诺定理，工作于相同的高温热源及低温热源之间的所有可逆卡诺热机的效率都相等，即

$$\eta_{卡} = 1 - \frac{|Q_2|}{|Q_1|} = 1 - \frac{T_2}{T_1}$$

改写上式，有

$$\frac{|Q_1|}{T_1} - \frac{|Q_2|}{T_2} = 0 \tag{10.4-1}$$

注意到式中的 Q_2 是负的，则式（10.4-1）可改写为

$$\frac{Q_1}{T_1} + \frac{Q_2}{T_2} = 0$$

注意到此式对应的是图 10.2-13 所示的卡诺循环，考虑到在两个绝热过程中没有热量传递，因此上式可再改写为

$$\int_1^2 \frac{\mathrm{d}Q}{T} + \int_2^3 \frac{\mathrm{d}Q}{T} + \int_3^4 \frac{\mathrm{d}Q}{T} + \int_4^1 \frac{\mathrm{d}Q}{T} = 0$$

或

$$\oint_{\text{卡}} \frac{\mathrm{d}Q}{T} = 0 \tag{10.4-2}$$

其中，$\oint_{\text{卡}}$ 表示沿卡诺循环的闭合路径进行积分。式（10.4-2）说明，对于任何可逆卡诺循环，$\frac{\mathrm{d}Q}{T}$ 的闭合路径积分恒为零。

下面我们把式（10.4-2）推广到任意可逆循环。如图 10.4-1 所示，图中闭合曲线表示一个任意可逆循环。沿着图中的闭合曲线，我们画上许多条绝热线，再画一系列等温线，使等温线与绝热线围成一个个微小可逆卡诺循环。在任意两个相邻的微小卡诺循环中，总有一段绝热线是重合的，且方向相反，从而其效果完全抵消。这一连串微小的可逆卡诺循环的总效果就是图中锯齿形包络线所表示的循环过程。可以证明，只要这样的微小卡诺循环的数目 n 足够多，就能使锯齿形包络线所表示的循环非常接近于原来的可逆循环。因此我们有

$$\oint_{\text{可逆}} \frac{\mathrm{d}Q}{T} = \sum_{i=1}^n \oint_{\text{卡}} \left(\frac{\mathrm{d}Q}{T} \right)_i = 0 \tag{10.4-3}$$

式（10.4-3）就是克劳修斯等式。这样，我们就得到了对于任意可逆循环，$\oint \frac{\mathrm{d}Q}{T}$ 恒为零的结论。

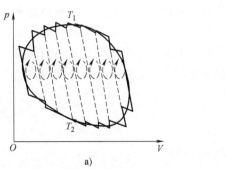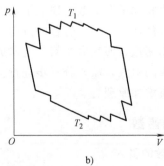

图 10.4-1　任意可逆循环 $\oint \frac{\mathrm{d}Q}{T}$ 恒为零

现在来考虑图 10.4-2 所示的 $p\text{-}V$ 图中 $a \to A \to b \to B \to a$ 的任意可逆循环。它由路径 A 与 B 所组成，按照克劳修斯等式（10.4-3），有

$$\oint \frac{\mathrm{d}Q}{T} = \int_{a(A)}^b \frac{\mathrm{d}Q}{T} + \int_{b(B)}^a \frac{\mathrm{d}Q}{T} = 0$$

由于 $\int_{b(B)}^a \frac{\mathrm{d}Q}{T} = -\int_{a(B)}^b \frac{\mathrm{d}Q}{T}$，所以

$$\int_{a(A)}^b \frac{\mathrm{d}Q}{T} = \int_{a(B)}^b \frac{\mathrm{d}Q}{T} \tag{10.4-4}$$

若在 a、b 两点间再画任意可逆路径 E，也必然有

$$\int_{a(A)}^{b}\left(\frac{\mathrm{d}Q}{T}\right)_{可逆} = \int_{a(B)}^{b}\left(\frac{\mathrm{d}Q}{T}\right)_{可逆} = \int_{a(E)}^{b}\left(\frac{\mathrm{d}Q}{T}\right)_{可逆}$$

这就是说，积分 $\int_{a}^{b}(\mathrm{d}Q/T)_{可逆}$ 仅与初、末态有关，而与路径无关。由此，我们就可以定义一个仅与状态有关的态函数了。

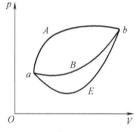

图 10.4-2 $\int_{a}^{b}(\mathrm{d}Q/T)_{可逆}$ 仅与初、末态有关，与路径无关

我们把这个态函数称为熵，以符号 S 来表示，则有

$$S_b - S_a = \int_{a}^{b}\left(\frac{\mathrm{d}Q}{T}\right)_{可逆} \qquad (10.4\text{-}5)$$

我们把 $S_b - S_a$ 称为熵的变化量，记为 ΔS。若把某一初态定为参考态，则任一状态的熵可表示为

$$S = \int \frac{\mathrm{d}Q}{T} + S_0 （可逆过程） \qquad (10.4\text{-}6)$$

式中，积分是从参考态开始的路径积分，S_0 是参考态的熵，可以是任意常量。需要说明的是，从热力学的角度看，我们只能给出定义式（10.4-5）或式（10.4-6），无法说明熵函数的微观意义，这是热力学这种宏观描述方法的局限性所决定的。

对于无限小的过程，式（10.4-5）可以写为

$$\mathrm{d}S = \left(\frac{\mathrm{d}Q}{T}\right)_{可逆} \qquad (10.4\text{-}7)$$

或

$$T\,\mathrm{d}S = (\mathrm{d}Q)_{可逆} \qquad (10.4\text{-}8)$$

对于可逆过程，利用式（10.4-7）可以把热力学第一定律表示为

$$T\,\mathrm{d}S = \mathrm{d}U + p\,\mathrm{d}V \qquad (10.4\text{-}9)$$

式（10.4-9）是用熵表示的热力学基本微分方程，这是同时应用热力学第一定律和第二定律得到的基本微分方程，注意它仅适用于可逆变化过程。

2．熵的计算

熵是态函数，其值仅由状态决定。因此，在计算系统从一个状态到另一个状态熵的变化时，无论系统经历何种热力学过程，都可以用一个可逆路径把两个状态连接起来，利用式（10.4-5）或式（10.4-6）进行计算，并且可以选择积分易算的可逆路径进行计算。此外，如果熵函数的函数形式已知，也可以直接将系统状态参量代入进行计算。

例 10.4-1 1.00kg 冰在 0℃ 可逆融化为 0℃ 的水，其熵变化为多少？水的熔化热为 $l = 3.34 \times 10^5 \mathrm{J/kg}$。

解：融化发生在恒定温度 $T = 0℃ = 273\mathrm{K}$ 下，因此这是一个等温可逆过程。由式（10.4-5），

$$\Delta S = S_b - S_a = \int_{a}^{b}\left(\frac{\mathrm{d}Q}{T}\right)_{可逆} = \frac{Q}{T} = \frac{1.00\mathrm{kg} \times 3.34 \times 10^5 \mathrm{J/kg}}{273\mathrm{K}} = 1.22 \times 10^3 \mathrm{J/kg}$$

评价：对于任何等温可逆过程，熵的变化量都等于该过程中传递的热量除以热力学温度。

例 10.4-2 求理想气体在可逆绝热过程中的熵变化。

解：设理想气体经过可逆绝热过程从初态 a 变化到末态 b。由于是可逆绝热过程，在这个过程中没有热量的交换，所以熵的变化量 ΔS 为

$$\Delta S = S_b - S_a = \int_a^b \left(\frac{dQ}{T}\right)_{可逆} \equiv 0$$

评价：对于可逆绝热过程，熵变化恒为零。那么对于不可逆绝热过程，熵如何变化呢？后面我们将看到，对于理想气体不可逆绝热过程，熵的变化是不为零的。实际上，对于绝热过程，熵的变化量与过程可逆与否有关，熵变化不仅可以作为判断一个绝热过程是否可逆的判据，还可以指明这个过程向哪个方向进行。

下面我们来考虑理想气体的熵。由式（10.4-9）

$$dS = (dU + p\,dV)/T \tag{10.4-10}$$

对于理想气体，$dU = \nu C_{V,m} dT$，$p = \nu RT/V$，代入式（10.4-10），得到

$$dS = \nu C_{V,m} \frac{dT}{T} + \nu R \frac{dV}{V} \tag{10.4-11}$$

因理想气体摩尔定容热容 $C_{V,m}$ 仅是 T 的函数，故对上式两边积分时可对每一个变量单独进行，有

$$S - S_0 = \int_{T_0}^{T} \nu C_{V,m} \frac{dT}{T} + \nu R \ln \frac{V}{V_0} \tag{10.4-12}$$

在温度变化范围不大时，$C_{V,m}$ 可近似认为是常量，则

$$S - S_0 = \nu C_{V,m} \ln \frac{T}{T_0} + \nu R \ln \frac{V}{V_0} \tag{10.4-13}$$

也可以写为

$$S = \nu C_{V,m} \ln T + \nu R \ln V + S_{01} \tag{10.4-14}$$

式中，S_{01} 为一常量。

如果要求出以 T、p 为独立变量的熵函数，则利用 $pV = \nu RT$ 可得 $dV/V = dT/T - dp/p$，代入式（10.4-10），得到

$$dS = \nu C_{p,m} \frac{dT}{T} - \nu R \frac{dp}{p} \tag{10.4-15}$$

同样，在温度变化范围不大时，$C_{p,m}$ 可近似认为是常量，从而得到

$$S - S_0 = \nu C_{p,m} \ln \frac{T}{T_0} - \nu R \ln \frac{p}{p_0} \tag{10.4-16}$$

或

$$S = \nu C_{p,m} \ln T - \nu R \ln p + S_{02} \tag{10.4-17}$$

式中，S_{02} 为一常量。

例 10.4-3 求理想气体在绝热自由膨胀过程中的熵变化。

解：理想气体由初态 i 绝热自由膨胀到末态 f，设 $V_f = nV_i$，$p_f = p_i/n$，其中 $n > 1$。此外，由理想气体的性质，$T_f = T_i$，将这些参量代入理想气体的熵公式，即式（10.4-13）或式（10.4-16），得到

$$\Delta S = S(T_f, V_f) - S(T_i, V_i) = \nu R \ln \frac{V_f}{V_i} = \nu R \ln n > 0$$

或

$$\Delta S = S(T_f, p_f) - S(T_i, p_i) = -\nu R \ln \frac{p_f}{p_i} = -\nu R \ln \frac{1}{n} > 0$$

评价：从计算中我们可以看到，不论我们以何种状态参量表示熵，所得到的熵变化都是 $\nu R \ln n$，说明绝热自由膨胀过程理想气体的熵变化是大于零的。

3. 温-熵图

由式（10.4-8）可知，对于一个有限的可逆过程中，系统从外界所吸收的热量为

$$Q_{a-b} = \int_a^b T\mathrm{d}S \tag{10.4-18}$$

由于系统的状态可以由任意两个独立的状态参量来确定，并不一定限于 T、V 或 T、p，故也可把熵作为描述系统状态的一个独立参数，另一个独立参数可任意取。例如可以以 T 为纵轴，S 为横轴，作出热力学可逆过程曲线图，如图 10.4-3 所示。这种图称为温-熵图，或 T-S 图。对照式（10.4-18），T-S 图中任一可逆过程曲线下的面积就是在该过程中系统吸收的热量。对于图 10.4-3 中的顺时针可逆循环，曲线 a-c-b 过程是吸热过程，b-d-a 是放热过程，所以整个循环曲线所围面积就是热机在循环中吸收的净热量，它也等于热机在一个循环中对外输出

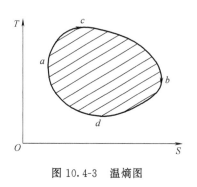

图 10.4-3　温熵图

的净功。温-熵图在工程中有很重要的应用，通常由实验对于一些常用的工作物质制作各种温-熵图以便于应用。

小节概念回顾：简述克劳修斯熵函数的定义。计算熵有哪些方法？给出理想气体的熵函数。

10.4.2　熵增加原理与热力学第二定律数学表达式

1. 熵增加原理

大量实验事实表明，一切不可逆绝热过程中的熵总是增加的。可逆绝热过程中的熵是不变的。把这两种情况合并在一起就得到一个利用熵来判别过程可逆与否的判据——熵增加原理。

熵增加原理的表述为：热力学系统在从一个平衡态绝热地到达另一个平衡态的过程中，它的熵永不减少。若过程是可逆的，则熵不变；若过程是不可逆的，则熵增加。

不可逆绝热过程总是向熵增加的方向进行，可逆绝热过程总是沿等熵线变化。从熵增加原理可以看出，对于一个绝热的不可逆过程，其按相反次序重复的过程不可能发生，因为这种情况下的熵将变小。

一个孤立系统中的熵永不减少。在孤立系统内部自发进行的涉及与热相联系的过程必然向熵增加的方向变化。由于孤立系统不受外界任何影响，系统最终将达到平衡态，故孤立系统在平衡态时的熵取极大值。

可以证明，熵增加原理与热力学第二定律的开尔文表述或克劳修斯表述等效，也就是说，熵增加原理就是热力学第二定律。

*2. 热力学第二定律数学表达式

如图 10.4-4 所示，对于任一初、末态均为平衡态的不可逆过程（图中虚线所示的过程），我们可以在末态、初态间再连接一可逆过程（图中实线所示的过程），使系统从末态

回到初态，这样就组成一循环。这是一不可逆循环，从克劳修斯不等式

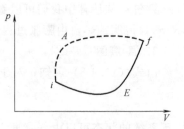

图 10.4-4　不可逆循环示意图

$$\int_i^f \left(\frac{dQ}{T}\right)_{\text{不可逆}} + \int_f^i \left(\frac{dQ}{T}\right)_{\text{可逆}} < 0 \qquad (10.4\text{-}19)$$

可推出

$$\int_i^f \left(\frac{dQ}{T}\right)_{\text{不可逆}} < \int_i^f \left(\frac{dQ}{T}\right)_{\text{可逆}} = S_f - S_i$$

$$(10.4\text{-}20)$$

将上式与代表可逆过程的熵表达式 $\int_i^f \left(\frac{dQ}{T}\right)_{\text{可逆}} = S_f - S_i$ 合并，可写为

$$\int_i^f \frac{dQ}{T} \leqslant S_f - S_i \quad （可逆过程取等号，不可逆过程取不等号） \qquad (10.4\text{-}21)$$

这就是热力学第二定律的数学表达式。式（10.4-21）表示任一不可逆过程中 $\int_i^f \frac{dQ}{T}$ 总小于末态与初态的熵的差，但在可逆过程中 $\int_i^f \frac{dQ}{T}$ 则等于末态与初态的熵的差。

而对于绝热过程，由于没有热量传递，$\int_i^f \frac{dQ}{T}$ 为零，由式（10.4-21）可以得到

$$(\Delta S)_{\text{绝热}} \geqslant 0 \qquad (10.4\text{-}22)$$

这就是熵增加原理的数学表达式。式（10.4-22）表明，在不可逆绝热过程中，熵总是增加的，而可逆绝热过程熵不变。

小节概念回顾：简述熵增加原理。一个孤立系统中的熵永不减少是什么意思？

10.4.3　熵与热力学概率　玻耳兹曼关系

在 10.4.1 节中，我们从热力学的角度给出了熵函数的定义，我们也知道一切不可逆绝热过程熵总是增加的，可逆绝热过程熵是不变的。但是，我们还是不清楚熵的本质以及为什么不可逆绝热过程熵总是增加的。要解释这些，需要采用统计物理及分子动理论的方法。这里我们只是介绍最基本的结论。

我们首先来澄清无序与有序的概念。无序有两种情况，一种是静止粒子在空间的无序分布，另一种是粒子的无序运动。

就粒子运动的无序性而言，显然，对于热运动来说，热运动越剧烈，即温度越高，运动就越无序。而熵变化与温度有关，相同情况下温度升高，熵增加。这说明熵和无序是'同变'的。

就静止粒子空间分布的无序性而言，粒子的空间分布越是处处均匀，分散得越开的系统，越是无序；而粒子空间分布越是不均匀、越是集中在某一很小区域内，则越是有序。例如，理想气体等温膨胀时，气体分子分散开来，这就是变为无序的过程。从式（10.4-12）或式（10.4-13）知道，理想气体等温膨胀时熵也是增加的。这同样说明熵和无序是'同变'的。

还有很多其他的例子也能说明系统的熵增加时必然伴随有其微观粒子向更无序的变化。在相同温度下，气体要比液体无序，液体又要比固体无序。在密闭容器的气体中，若有一部

分变为液体，即其中部分分子密集于某一区域呈液体状态，这时无序度变小。而其逆过程，液体蒸发为气体，则是无序度变大。气体分子均匀分布于容器中是整齐的，但它却是最分散的，因而是最无序的。相反，气体分子都集中于容器的某一角落中而变为液体，对于整个容器来说这并不整齐，却是有序的。气体等温膨胀在体积从 V_1 增加到 V_2 的过程中，$\Delta S = R\ln(V_2/V_1)$，熵增加了。而从有序、无序角度来看，在液体汽化以及气体等温膨胀过程中气体分散到更大体积范围内，显然是无序度增加了。无序度的增加与在这两个过程中熵的增加是一致的。

上述例子都说明，熵与微观粒子无序度之间有直接关系。实际上，熵是系统微观粒子无序程度的量度。因此，熵的微观意义就是：熵是系统微观杂乱程度（也就是无序程度）的量度。

宏观系统无序度的大小是以微观状态数的多少来表示的。我们在前面曾给出过热力学概率的定义，我们用符号 W 表示之。微观粒子无序度的热力学概率与系统的熵之间的关系为

图10.4-5 玻耳兹曼墓碑上的
$S = k\log W$ 公式

$$S = k\ln W \qquad (10.4\text{-}23)$$

该式称为玻耳兹曼关系式，式中，k 为玻耳兹曼常数。玻耳兹曼关系式定量地表明了熵是系统微观状态数大小（即系统无序度大小）的量度。这个关系式不仅把宏观量熵与微观状态数联系了起来，而且还以热力学概率形式表述了熵及热力学第二定律的重要物理意义，当把这个概念推广到信息系统及生命系统中时，对信息科学、生命科学乃至社会科学的发展也都起了十分关键性的推动作用。图10.4-5是维也纳中央公墓玻耳兹曼墓碑的照片，墓碑上只刻了著名的玻耳兹曼熵公式 $S = k\log W$。

例10.4-4 如图10.4-6a所示，一隔板将一个绝热箱分隔为体积相等的两部分，每一部分的体积都为 V。初始时，左侧容器内有温度为 T 的 ν 摩尔的理想气体，右侧为真空。打破隔板，气体膨胀，充满整个绝热箱，如图10.4-6b所示。试求这个自由膨胀过程的熵变化。

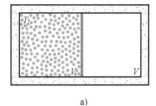
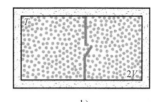

a)   b)

图10.4-6 例10.4-4示意图

解： 我们将从宏观和微观两个方面计算本题，以使同学们能够看到和体会熵函数的宏观定义与微观表达式之间的联系。

方法1： 根据例10.4-3题的结果，ν 摩尔的理想气体从初态体积 V 绝热自由膨胀到末态体积 $2V$ 的熵变化为

$$\Delta S = S(T_f, V_f) - S(T_i, V_i) = \nu R \ln \frac{V_f}{V_i} = \nu R \ln 2$$

方法2：微观计算就是要利用玻耳兹曼关系式（10.4-23）进行计算。为此，我们需要知晓初、末态的微观状态数目。气体系统有 $N = \nu N_A$ 个分子。设初态气体体积为 V 时气体系统的微观状态数为 W_i。隔板打破后，每个分子现在具有两倍的体积可以在其中运动，因此具有两倍的可能位置数目。这样，分隔板打破后这 N 个分子中的每一个都具有了两倍的可能状态。因此，气体微观状态数增大到 2^N 倍，即 $W_f = 2^N W_i$。根据式（10.4-23），这个过程的熵变化为

$$\Delta S = k \ln \frac{W_f}{W_i} = k \ln \frac{2^N W_i}{W_i} = Nk \ln 2 = \nu N_A k \ln 2 = \nu R \ln 2$$

评价：我们可以看到两个解法得到的结果是一样的，即理想气体绝热自由膨胀过程中克劳修斯熵变与玻耳兹曼熵变是一样的，表明了它们的等价性。

小节概念回顾：什么是热力学概率？玻耳兹曼关系式是什么？

10.5 热力学第三定律

热力学第三定律的建立是在 20 世纪初。德国物理化学家能斯脱总结了气液转变、低温的获得等大量实验资料，根据一切制冷过程达到的温度越低，再降温就越困难的基本特点，于 1912 年提出："不可能通过有限的循环过程，使物体温度冷到绝对零度"，即绝对零度不可能达到原理，这就是热力学第三定律的标准表述。绝对零度虽然不能达到，但却可以无限趋近，核绝热退磁是目前达到最低温度的方法，例如玻色-爱因斯坦凝聚实验所采用的获得低温的手段。需要指出的是，热力学第三定律是在量子统计力学建立以后才得到统计解释的，是低温下实际系统量子性质的宏观表现。

小节概念回顾：热力学有哪几个基本定律，其内容分别是什么？

课 后 作 业

热力学第一定律

热力学第一定律在理想气体中的应用

10-1 比较热力学过程。气缸里有 1.50mol 双原子理想气体，初始压强为 1.01×10^5 Pa，温度 300K。气体膨胀至其初始体积的 3 倍。对下列膨胀过程计算气体所做的功：（1）等温膨胀；（2）绝热膨胀；（3）等压膨胀。（4）在 p-V 图中画出每个过程。哪种情况气体所做功的绝对值最大？最小？（5）哪种情况传递热量的绝对值最大？最小？（6）哪种情况气体内能变化的绝对值最大？最小？

10-2 160g 空气经由（1）保持体积不变；（2）保持压强不变的两个过程温度从 0℃升至 80℃。在这两个过程中空气各吸收了多少热量？各增加了多少内能？对外各做了多少功？

10-3 一定量氮气在保持压强为 3.60×10^5 Pa 不变的情况下，温度由 0℃升高到 80℃，吸收了 1.00×10^6 J 的热量。（1）氮气的量是多少摩尔？（2）氮气内能变化了多少？（3）氮气对外做了多少功？（4）如果该氮气的体积保持不变而温度发生同样变化，它应吸收多少热量？

10-4 6mol 空气在压强为 3atm 时体积为 50L，先将它绝热压缩到一半体积，然后再等温膨胀到原体

积。(1) 在 p-V 图上画出整个过程曲线。(2) 求这一过程的最大压强和最高温度。(3) 求这一过程中空气吸收的热量,对外做的功以及内能的变化。

10-5 假设声音在空气中的传播是准静态绝热过程,声速可按 $u = \sqrt{\dfrac{p\gamma}{\rho}}$ 计算,式中 γ 是空气的比热容比,p 是空气压强,ρ 是空气的密度。(1) 试证明声音在空气中的传播速度仅是温度的函数;(2) 如果在温度 20℃、压强 $1.01 \times 10^5\,\text{Pa}$ 情况下空气中的声速是 340m/s,空气密度是 1.20kg/m^3,求空气的 γ。

10-6 估算利用表层海水和深层中海水温差制成热机的可行性。若海水表层温度为 25℃,350m 深处温度为 5℃,试估算:(1) 在这两个温度之间工作的卡诺热机的效率为多少?(2) 若电站在此最大理论效率下工作时获得的机械功率为 1MW,其排出废热的速率是多少?(3) 此电站获得的机械功和排出的废热均来自 25℃ 的水冷却到 5℃ 所放出的热量,试估算此电站取用 25℃ 表层水的速率。

10-7 以范德瓦耳斯气体为工质,导出斯特林热机的输出功和效率。

10-8 导出以雷德利克邝气体为工质的斯特林热机的输出功和效率。

10-9 发动机理论循环有三种:等体加热循环(奥托循环)、等压加热循环(狄塞尔循环)和混合加热循环。题 10-9 图为混合加热循环,试导出其输出功和效率。

10-10 题 10-10 图为一个斯特林热机循环,该循环由两条等温线和两条等体线构成。具体来说是由 $1 \rightarrow 2$ 的等体升温过程、$2 \rightarrow 3$ 的等温膨胀过程、$3 \rightarrow 4$ 的等体降温过程以及 $4 \rightarrow 1$ 的等温收缩过程组成。设图中 1 点的状态参量分别为 V_1、p_1;2 点的状态参量分别为 V_2、p_2;3 点的状态参量分别为 V_3、p_3;4 点的状态参量分别为 V_4、p_4。在实际的斯特林热机中往往要考虑"回热损失",可以通过引入"线性损失常数 g"来修正,即热机的做功部分能量损失量为 $g\,(T_1 - T_2)$,计算考虑回热损失后的热机效率。

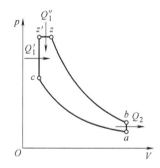

题 10-9 图 混合加热循环

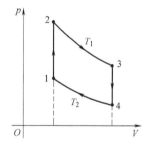

题 10-10 图 斯特林热机循环

10-11 发动机涡轮增压器和中间冷却器。汽车发动机的输出功率正比于压进发动机气缸中与汽油进行化学反应的空气的质量。许多汽车都有涡轮增压器,在进入发动机前压缩空气,使得单位体积的空气具有较大质量。这种快速的、基本上可以看作是绝热的压缩过程也加热了空气。为了进一步压缩空气,空气随后经过一个中间冷却器,在中间冷却器中空气在基本恒定的压强下与周围环境进行热交换,然后空气被吸入到气缸。在典型情况下,空气是以大气压强 ($1.01 \times 10^5\,\text{Pa}$)、密度 $\rho = 1.23\text{kg/m}^3$、温度 15.0℃ 状态送入涡轮增压器,然后被绝热压缩到 $1.45 \times 10^5\,\text{Pa}$。在中间冷却器中,空气在 $1.45 \times 10^5\,\text{Pa}$ 恒定压强下被冷却到 15.0℃ 的初态温度。(1) 画出整个这一系列过程的 p-V 图。(2) 如果发动机气缸的体积是 575cm^3,需要多少质量的空气从中间冷却器排出进入气缸,才能使气缸压强达到 $1.45 \times 10^5\,\text{Pa}$?与采用 $1.01 \times 10^5\,\text{Pa}$ 压强、15.0℃ 温度空气的发动机相比,使用涡轮增压器和中间冷却器可以使输出功率增加百分之多少?(3) 如果不使用中间冷却器,从涡轮增压器来的空气直接充入气缸,多少质量涡轮增压器来的空气可以使气缸压强达到 $1.45 \times 10^5\,\text{Pa}$?与采用 $1.01 \times 10^5\,\text{Pa}$ 压强、15.0℃ 温度空气的发动机相比,仅使用涡轮增压器,发动机输出功率增加百分之多少?

热力学第二定律与卡诺定律

10-12 一台冰箱工作时，其冷冻室的温度为 $-18℃$，室温为 $20℃$。若按理想卡诺制冷循环计算，那么该冰箱每消耗 10^3 J 的功可以从冷冻室中取走多少热量？

10-13 当室外气温为 $35℃$ 时，用空调机维持室内温度为 $25℃$。已知漏入室内热量的速率是 $2.5×10^4$ kJ/h，问所用空调机的最小机械功率是多少？

10-14 热泵是逆向运行的热机。冬季，热泵把热量从外面的冷空气泵入到房间内较暖的空气中，维持房间在一个舒适的温度上。夏天，热泵把热量从房间内较冷的空气泵送到室外的热空气里，就像空调机一样。假设采用理想卡诺循环，若冬季室外温度为 $-10.0℃$，室内温度是 $20.0℃$，那么运行该热泵每焦耳电能可以向室内传送多少焦耳热量？

10-15 我们可以估算一下可否用自己的身体做一个人体热机，假设采用理想卡诺循环。工作气体在一个管中，管的一端是嘴，温度为 $37.0℃$，另一端是皮肤表面，温度为 $30.0℃$。（a）此热机的效率是多少？（b）假设我们要用这样一个人体热机把一个 1.50kg 的物体从地面提升到距地面 1.00m 高的桌面上，需要输入多少热量？（c）若 100g 的馒头的能量是 210kcal，80% 的食物能量变成热量，那么需要吃多少馒头才能举起这个物体？

熵、熵增加原理及玻耳兹曼关系

10-16 求在一个大气压下 500g、$-18℃$ 的冰变为 $100℃$ 水蒸气时的熵变。已知冰的比热 $c_1 = 2.1$ J/(g·K)，水的比热 $c_2 = 4.2$ J/(g·K)，在一个大气压下冰的熔化热 $\lambda = 334$ J/g，水的汽化热 $L = 2260$ J/g。

10-17 人体一天大约向周围环境散发 $8×10^6$ J 的热量，试估算人体一天产生多少熵？忽略进食带进体内的熵，环境温度为 298K。

10-18 一理想气体开始时处于 $T_1 = 300$ K、$p_1 = 2.026×10^5$ Pa、$V_1 = 3.00$ m^3 的平衡态。随后气体等温膨胀到 6.00 m^3，接着经过等体过程到达某一压强，再从这个压强经过绝热压缩回到初态。假设全部过程都是可逆的。（1）在 p-V 图上画出这个循环。（2）计算每一段过程和整个循环过程气体所做的功及熵的变化（已知 $\gamma = 1.4$）。

10-19 质量均为 m 但温度分别为 T_1 和 T_2（$T_2 > T_1$）的两部分同种液体在绝热容器中等压混合。二者混合后达到新的平衡态。求混合引起的系统总熵的变化，并证明熵增加了。已知定压比热 c_p 为常量。

10-20 睡眠时人体内部的平均代谢速率约为 80W。一般说来，其中的 20% 用于细胞修复、泵送血液等身体机能，其余变为热量。通常这些热量通过传导和血液流动传送到身体表面，并在身体表面辐射出去。人体内部的正常温度为 $37℃$，皮肤温度通常约低 $7℃$。试估算由于这种传热，人每秒的熵变。

10-21 太阳从 5800K 的表面以 1.0 的发射率向接近真空、温度为 3K 的空间辐射。试计算太阳每秒改变的宇宙的熵。

自主探索研究项目——自制斯特林热机

项目简述：本章介绍了斯特林热机循环的相关理论。在实际应用中，斯特林热机有多种结构，可利用各种能源。

研究内容：利用身边的物品自制斯特林热机，并对其性能进行表征。

振动与波动

第11章 振 动

在分析力学问题时，有一些反复出现的经典元素——斜面、滑轮、轻绳、木块、小球、弹簧等，利用这些元素，可以构造简化的物理模型，探讨许多典型问题。例如，斜面和小球组合，可以研究能量的转化；轻绳、滑轮与木块组合，可以研究力与加速度的关系；弹簧与小球的组合则经常被用于研究振动问题。将小球与弹簧连接，当小球沿着弹簧的轴线方向偏离平衡位置时，在弹簧的弹力作用下，小球会在其平衡位置附近做往复运动，这种运动就是振动。运行中的钟摆、敲鼓时的鼓面以及说话时的声带，都在发生着振动。

广义的振动是指某一物理量（不局限于力学量）随着时间在某一数值附近反复变化的现象。例如在含有电容器和电感器的电路中，电容器上的电荷量和电感器中的电流以及与之相应的电场和磁场发生周期性的变化，电容器中的电场能量和电感器中的磁场能量随之发生着周期性的转换，这也是振动现象，我们称之为电磁振荡。本章只讨论机械振动，即力学量随时间做周期性变化的情况。首先讨论既无阻尼又无强迫力的简谐振动，接着分别介绍有阻尼而无强迫力的阻尼振动以及既有阻尼又有强迫力的受迫振动。

11.1 简谐振动

设想一个小球与弹簧相连，将小球视为质点，忽略弹簧质量和空气桌面等的阻力，当弹簧的形变量不太大时，这样的系统称为**弹簧振子**，此时小球的运动就是简谐振动。由此可见，简谐振动是一种抽象化的理想模型，比真实的振动更简单、更容易描述，因此对于研究实际振动有着重要的基础意义。

11.1.1 简谐振动的运动学描述

所谓运动学描述，是指用函数、曲线或者图形来描述一个运动，而不涉及力和能量问题。我们以放置在光滑水平面上的弹簧振子为例来考察简谐振动的运动学特点。如图 11.1-1 所示，弹簧振子的运动范围以 O 点为中心，往返于 M 点和 N 点之间，永不停止。不难看出，小球的运动具有以下两个特点：等幅性和周期性；很容易想到，在数学上满足这两个特点的函数是正弦或余弦函数。

若一个物理量随时间按照正弦或余弦函数规律变化，我们就说这个物理量在做**简谐振动**（或称简谐变化）。一个在 x 方

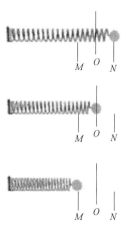

图 11.1-1 弹簧振子的运动

向上进行的简谐振动通常表示为

$$x = A\cos(\omega t + \varphi_0) \tag{11.1-1}$$

对于一个水平放置的弹簧振子来说，通常取弹簧原长处（即系统的平衡位置）为坐标原点，弹簧伸长方向为 x 轴正方向。这时，上式中的 x 表示质点相对于坐标原点的位移，即质点的位置坐标；A、ω 和 $(\omega t + \varphi_0)$ 分别是振幅、角频率和相位，它们是一个简谐振动区别于另一个简谐振动、一个时刻区别于另一个时刻的特征，称为简谐振动的**特征量**。

1. 振幅 A

它表示振动幅度的大小，由于余弦函数的绝对值不大于 1，所以振幅 A 表示质点离开平衡位置的最大位移的绝对值。

2. 角频率 ω

它表示振动的快慢，与振动的**周期**（弹簧振子完成一次全振动所需的时间）T 之间满足以下关系：

$$\omega = \frac{2\pi}{T} \tag{11.1-2}$$

因此，角频率的单位是弧度每秒（rad/s）。另一个表示振动快慢的物理量是**频率** ν，是指振子在单位时间内完成的全振动次数，即

$$\nu = \frac{1}{T}, \quad \omega = 2\pi\nu \tag{11.1-3}$$

频率的单位是赫兹（Hz），这是为了纪念电磁波的发现者、德国物理学家海因里希·鲁道夫·赫兹（Heinrich Rudolf Hertz，1857—1894），他于 1888 年首次在实验中证实了电磁波的存在。

3. 相位 $\omega t + \varphi_0$

它表示质点在 t 时刻的振动状态，单位是弧度（rad）。相位的数值决定了 t 时刻质点位移的正负及其与振幅的比值。当 $t=0$ 时，$\omega t + \varphi_0 = \varphi_0$，换言之，$\varphi_0$ 表示 $t=0$ 时的振动相位，称为**初相位**。

显然，只要知道了振幅、角频率（或频率、周期）和相位（确切地说是初相位），就可以写出简谐振动的表达式。如果以时间 t 为横坐标、以位置 x 为纵坐标，则可将振动表达式绘制成振动曲线。如图 11.1-2 所示，一个完整的振动曲线图除了标明横纵轴外，还应标出振幅，并画出至少一个周期的振动情况。

下面介绍一种巧妙的方法——**旋转矢量法**，在分析简谐振动的运动学问题时，这种方法十分清晰和简便。我们以式（11.1-1）给出的简谐振动为例进行说明。如图 11.1-3 所示，取矢量 $\vec{A}$，令其大小等于简谐振动的振幅 A，矢量起点固定在振动的平衡位置处，矢量以此为中心逆时针匀速旋转，角速度与振动的角频率 ω 相同。令 $t=0$ 时旋转矢量与 x 轴正方向的夹角为振动的初相位 φ_0，则 t 时刻旋转矢量与 x 轴正方向的夹角即为该时刻的振动相位

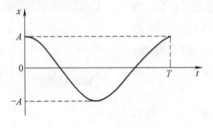

图 11.1-2 振动曲线示例

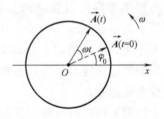

图 11.1-3 旋转矢量法

$\omega t + \varphi_0$。不同的时刻，旋转矢量在图中位于不同的位置，因此必须在旋转矢量图上标明该矢量位置所对应的时刻。t 时刻旋转矢量在 x 轴上的投影为

$$x = A\cos(\omega t + \varphi_0)$$

这正是式（11.1-1）所代表的简谐振动质点在此时偏离平衡位置的位移。于是，旋转矢量法巧妙地将角频率为 ω 的简谐振动转化为角速度大小为 ω 的匀速圆周运动来描述，在简谐振动的一个周期内，相应的旋转矢量将完成一个圆周的旋转。从这个角度上讲，ω 也被称为"**圆频率**"，结合式（11.1-2）可以看出，圆频率的物理意义是旋转矢量在单位时间内转过的弧度值。

从旋转矢量的方位与其投影的关系不难看出，当旋转矢量位于上半圆周（即 $0 < \omega t + \varphi_0 < \pi$）时，振子的速度方向为负；当旋转矢量位于下半圆周（即 $\pi < \omega t + \varphi_0 < 2\pi$）时，振子的速度方向为正；而当 $\omega t + \varphi_0 = 0$ 或 π 时，振子分别位于正向和负向的最大位移处，速度为零。

例 11.1-1　已知某弹簧振子做简谐振动，振幅为 A，周期为 T。当 $t = 0$ 时，小球恰好经过平衡位置，并且正在向 x 轴负方向运动。求该弹簧振子的振动表达式，并画出振动曲线。

解：依题意，假设弹簧振子的振动表达式为

$$x = A\cos(\omega t + \varphi_0)$$

已知周期 T，由式（11.1-2）可计算出角频率 ω。下面我们分别用解析式法和旋转矢量法来求解振动的初相位 φ_0。

（1）解析式法：

根据初始条件，$x\big|_{t=0} = A\cos(\omega \cdot 0 + \varphi_0) = A\cos\varphi_0 = 0$，解得 $\varphi_0 = \arccos 0 = \pm\dfrac{\pi}{2}$。

为确定 φ_0 的符号，将 x 对 t 求导，得 $v = \dfrac{dx}{dt} = -\omega A\sin(\omega t + \varphi_0)$，根据初始条件，

$v\big|_{t=0} = -\omega A\sin(\omega \cdot 0 + \varphi_0) = -\omega A\sin\varphi_0 < 0$，

由于 $\omega > 0$ 且 $A > 0$，因此有 $\sin\varphi_0 > 0$，故 φ_0 取 $\dfrac{\pi}{2}$。

（2）旋转矢量法：

根据初始条件，$x\big|_{t=0} = 0$，$t = 0$ 时旋转矢量在 x 轴上的投影为零，即位于平衡位置，而能投影到平衡位置的旋转矢量只有如图 11.1-4 中虚线所示的两种情况；进一步考虑到此时 $v < 0$，可知旋转矢量应该位于上半个圆周内，于是得到 $\varphi_0 = \dfrac{\pi}{2}$。

将各特征量代入简谐振动表达式的一般形式，可得 $x = A\cos\left(\dfrac{2\pi}{T}t + \dfrac{\pi}{2}\right)$。

由振动表达式可以画出如图 11.1-5 所示的余弦函数曲线，即为振动曲线。在定性绘制振动曲线时，可以通过以下过程进行分析。$t = 0$ 时，$x = 0$，画出图中点 1；此时小球的速度为负，因此在下一时刻，将有 $x < 0$，画出图中点 2；从点 1 出发，经过点 2 即可顺势画出整条振动曲线。

评价：不难看出，旋转矢量法在求解关于相位的问题时是十分方便的。不过值得强调的是，旋转矢量法并不是一种独立的物理学方法，它只是利用了三角函数的特点简化了问题的分析过程。正如我们在此例中所看到的，用旋转矢量法得到的结果完全可以用解析式的方法得出。

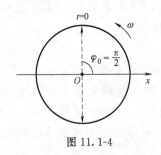

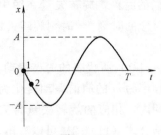

图 11.1-4   图 11.1-5

有些时候，我们需要讨论两个简谐振动之间的差别，尤其是相位上的差别。假设有两个简谐振动 $x_1 = A_1 \cos(\omega_1 t + \varphi_1)$ 和 $x_2 = A_2 \cos(\omega_2 t + \varphi_2)$，一般地，定义它们之间的**相位差**

$$\Delta\varphi = (\omega_2 t + \varphi_2) - (\omega_1 t + \varphi_1) \tag{11.1-4}$$

当 $t = 0$ 时，可得两个振动的初相差

$$\Delta\varphi_0 = \varphi_2 - \varphi_1 \tag{11.1-5}$$

对于同频率的两个简谐振动来说，由于 $\omega_1 = \omega_2$，所以在任何时刻均有

$$\Delta\varphi = \Delta\varphi_0 \tag{11.1-6}$$

如果 $\Delta\varphi > 0$，我们说振动 2 比振动 1 超前了 $\Delta\varphi$，或者说振动 1 比振动 2 落后了 $\Delta\varphi$。由于振动相位具有周期性，所以也可以说振动 2 比振动 1 落后了 $(2\pi - \Delta\varphi)$，或者说振动 1 比振动 2 超前了 $(2\pi - \Delta\varphi)$。

特别地，如果两个振动的相位差为 2π 的整数倍，即

$$\Delta\varphi = k \cdot 2\pi \quad (k = 0, \pm1, \pm2, \cdots) \tag{11.1-7}$$

则称这两个振动"同相"，也就是说，两个振动的步调是完全相同的。如果两个振动的相位差为 2π 的半整数倍，即

$$\Delta\varphi = \left(k + \frac{1}{2}\right) \cdot 2\pi \quad (k = 0, \pm1, \pm2, \cdots) \tag{11.1-8}$$

则称这两个振动"**反相**"，即它们的振动步调恰好相反。在图 11.1-6 中，振动 2 与振动 1 同相，振动 3 与振动 1 反相。

在其他学科中也有相位"超前"和"落后"的概念。例如在医学上，有一种疾病叫作"睡眠相位后移综合征（Delayed sleep-phase syndrome, DSPS）"，是一种慢性睡眠紊乱。这里的"相位后移"指的就是睡眠开始和醒来的时间都比正常情况要晚。

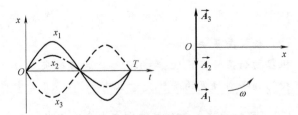

图 11.1-6 同相和反相振动的振动曲线以及
$t = 0$ 时的旋转矢量图

接下来我们讨论弹簧振子的速度和加速度。对于一维情况，不必使用矢量形式，而可以简单地用代数值前的正负号来区分力学量的方向与 x 轴相同或相反的情况。将式（11.1-1）两边对时间求导，得到弹簧振子的速度

$$v = \frac{dx}{dt} = -\omega A \sin(\omega t + \varphi_0) = \omega A \cos\left(\omega t + \varphi_0 + \frac{\pi}{2}\right) \tag{11.1-9}$$

按照振动的广义定义可知，"弹簧振子的速度"也是一个做简谐振动（简谐变化）的物理量，其振幅为 ωA，角频率为 ω，相位为 $\left(\omega t+\varphi_0+\dfrac{\pi}{2}\right)$。将式（11.1-9）两边再次对时间求导，得到弹簧振子的加速度

$$a=\frac{\mathrm{d}v}{\mathrm{d}t}=-\omega^2 A\sin\left(\omega t+\varphi_0+\frac{\pi}{2}\right)=\omega^2 A\cos(\omega t+\varphi_0+\pi) \tag{11.1-10}$$

可见"弹簧振子的加速度"同样是一个做简谐振动的（简谐变化）物理量，其振幅为 $\omega^2 A$，角频率为 ω，相位为 $(\omega t+\varphi_0+\pi)$。

从式（11.1-1）、式（11.1-9）和式（11.1-10）可以看出，当一个弹簧振子做简谐振动时，其位置、速度和加速度都在做着简谐变化。当振子位于平衡位置时，速度最大，其值为 $\pm\omega A$，当振子位于最大位移处时，加速度最大，其值为 $\pm\omega^2 A$；速度的相位比位移的相位超前 $\dfrac{\pi}{2}$，加速度的相位比速度的相位超前 $\dfrac{\pi}{2}$，与位移反相。图 11.1-7 给出了 $\varphi_0=-\dfrac{\pi}{2}$ 情况下的位移、速度和加速度随时间的变化曲线以及 $t=0$ 时的旋转矢量图。从图中可以看出，当 $x>0$ 时，$a<0$，而当 $x<0$ 时，$a>0$，即加速度的方向总与位移的方向相反，这与胡克定律是吻合的。

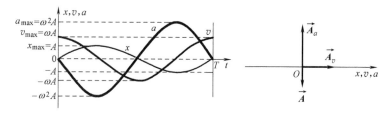

图 11.1-7　位移 x、速度 v 和加速度 a 随时间的变化曲线和 $t=0$ 时的旋转矢量图

小节概念回顾：简谐振动可以用余弦函数表示，其特征量包括振幅、角频率和相位。利用旋转矢量法可以简化相位分析。

11.1.2　简谐振动的动力学方程

动力学研究的是一个运动如何产生和变化以及运动的力与能量等问题。下面我们以几个典型的简谐振动系统为例，来总结出普遍的简谐振动动力学方程。

1. 弹簧振子

考虑图 11.1-8 所示的置于光滑水平面上的弹簧振子，小球质量为 m，弹簧的劲度系数为 k。假设振子在 x 方向上振动，取平衡位置（在此处受力为零）为坐标原点，弹簧伸长方向为 x 正方向。当质点相对于平衡位置的偏移量为 x 时，由胡克定律可知，质点受到弹簧的回复力为

$$F=-kx \tag{11.1-11}$$

式中，负号表明弹簧提供的是回复力，换言之，弹簧的弹力总是指向让振子回到平衡位置的方向。根据牛顿第二定律，这个回复力将提供质点运动的加速度，即

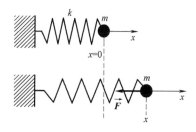

图 11.1-8　弹簧振子的动力学分析

$$F = -kx = m\frac{d^2 x}{dt^2} \tag{11.1-12}$$

整理上式即可得到弹簧振子的**动力学方程**

$$\frac{d^2 x}{dt^2} + \frac{k}{m}x = 0 \tag{11.1-13}$$

求解这一方程，得到弹簧振子的振动表达式为

$$x = x_0 \cos\left(\sqrt{\frac{k}{m}}t + \varphi_0\right) \tag{11.1-14}$$

式（11.1-14）在形式上与式（11.1-1）完全相同，是一个简谐振动。其中 x_0 和 φ_0 分别是振幅和初相位，由振动的初始条件决定，而 $\sqrt{\frac{k}{m}}$ 则对应于弹簧振子简谐振动的角频率 ω，它仅与弹簧振子自身的性质有关。

2. 单摆

考虑图 11.1-9 所示的单摆，摆球质量为 m，可看作质点，摆长为 L，绳的质量忽略不计。与弹簧振子问题类似，取平衡位置为坐标原点（经过力学分析可知，运动中的单摆并不存在受力为零的位置，因此所谓的"平衡位置"是指摆球受到力矩为零的位置，若以悬挂点为力矩参考点，此"平衡位置"为摆绳竖直处）。当摆球相对于平衡位置的角偏移量为 θ 时（取逆时针方向为正），其受到的相对于悬挂点的力矩为

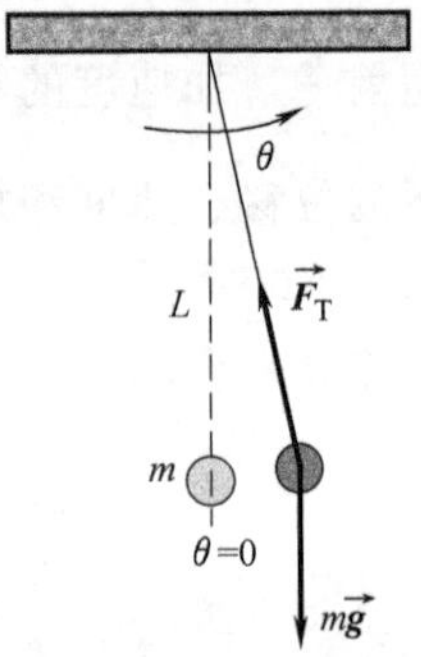

$$M = -mgL\sin\theta \approx -mgL\theta$$

图 11.1-9　单摆的动力学分析

对于单摆来说，θ 很小（小于 5°），因此，上式中 $\sin\theta \approx \theta$。式中的负号表明这是一个回复力矩，总是指向让摆球回到平衡位置的方向。根据转动定律，这个力矩将提供摆球绕悬挂点转动的角加速度，即

$$-mgL\theta = J\frac{d^2 \theta}{dt^2} = mL^2\frac{d^2 \theta}{dt^2} \tag{11.1-15}$$

式中，$J = mL^2$ 为单摆绕悬挂点的转动惯量。将式（11.1-15）整理后即可得到单摆的动力学方程

$$\frac{d^2 \theta}{dt^2} + \frac{g}{L}\theta = 0 \tag{11.1-16}$$

求解这一方程，得到单摆的振动表达式：

$$\theta = \theta_0 \cos\left(\sqrt{\frac{g}{L}}t + \varphi_0\right) \tag{11.1-17}$$

式中，θ_0 为摆绳偏离平衡位置的最大角度。这一结果表明，单摆的摆角 θ（以弧度为单位）随着时间进行着简谐振动。式中的 θ_0 和 φ_0 由单摆运动的初始条件决定，而 $\sqrt{\frac{g}{L}}$ 则对应于单摆简谐振动的角频率 ω，在重力加速度 g 确定的情况下，ω 仅与单摆的绳长有关。

3. 扭摆

除了弹簧振子中使用的直线型弹簧以外，还有另一类典型的弹簧——螺旋弹簧，利用这种弹簧可以制作扭摆。如图 11.1-10 所示，扭摆所附物体的转动惯量为 J。取平衡位置（弹簧不受力状态下的位置）为坐标原点。忽略转轴的摩擦，当物体相对于平衡位置的角偏移量

为 θ 时，其受到的相对于轴的力矩为

$$M = -K\theta \tag{11.1-18}$$

式中，K 为弹簧的扭转常数，负号表示这是一个回复力矩。根据转动定律，这个力矩将提供物体绕轴转动的角加速度，即

$$-K\theta = J\frac{\mathrm{d}^2\theta}{\mathrm{d}t^2} \tag{11.1-19}$$

将上式整理后即可得到扭摆的动力学方程，即

$$\frac{\mathrm{d}^2\theta}{\mathrm{d}t^2} + \frac{K}{J}\theta = 0 \tag{11.1-20}$$

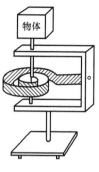

图 11.1-10 扭摆

求解这一方程，得到扭摆的振动表达式：

$$\theta = \theta_0\cos\left(\sqrt{\frac{K}{J}}t + \varphi_0\right) \tag{11.1-21}$$

式中，θ_0 和 φ_0 由初始条件决定。$\sqrt{\frac{K}{J}}$ 对应于扭摆简谐振动的角频率 ω，它与扭摆的扭转常数及物体的转动惯量有关。

总结上述三个例子可以看出，在分析简谐振动的动力学问题时，往往取平衡位置（物体受力或者受力矩为零处）为坐标原点，当物体偏离平衡位置时，将受到回复力或回复力矩的作用，然后利用牛顿第二定律或者转动定律，即可得到简谐振动的动力学方程，其普遍形式为

$$\frac{\mathrm{d}^2\xi}{\mathrm{d}t^2} + \omega_0^2\xi = 0 \tag{11.1-22}$$

式中，ξ 代表做简谐振动的物理量。如果一个振动系统受到的力或力矩是回复力或回复力矩的形式，即力或力矩与系统偏离平衡位置的位移或角位移成正比，且比例系数为负，则必然可以写出上述形式的动力学方程。需要注意的是，方程中 ξ 的一次项前方的系数为正，因而可以写成一个二次方数。动力学方程（11.1-22）的通解即为简谐振动的运动学表达式

$$\xi = A\cos(\omega_0 t + \varphi_0) \tag{11.1-23}$$

式中，A 为振幅；ω_0 称为简谐振动的**固有角频率**；φ_0 为振动的初相位，即 $t=0$ 时的振动相位。

由以上分析可知，判断一个振动是否为简谐振动，有以下三个等价的判断依据：

1）系统受到的力或力矩是回复力或者回复力矩的形式；

2）系统的动力学方程具有式（11.1-22）的形式；

3）系统的运动学方程具有式（11.1-23）的形式。

从动力学方程可以看出，简谐振动的角频率 ω_0 由动力学方程中物理量的一次项的系数开方得到。对于弹簧振子、单摆和扭摆来说，ω_0 的取值分别为

$$\begin{cases} \text{弹簧振子}\,\omega_0 = \sqrt{\dfrac{k}{m}} \\[2mm] \text{单摆}\,\omega_0 = \sqrt{\dfrac{g}{L}} \\[2mm] \text{扭摆}\,\omega_0 = \sqrt{\dfrac{K}{J}} \end{cases} \tag{11.1-24}$$

可以看出，ω_0 仅与发生简谐振动系统自身的属性有关，是系统的内禀属性，与系统是否在

振动、振幅的大小并无关系（当然，"简谐振动"这一理想模型本身就要求系统振幅很小），这也是"固有角频率"一词的由来。

振幅 A 和初相位 φ_0 可以通过振动的初始条件来确定。以弹簧振子为例，假设当 $t=0$ 时，$x=x_0$，$v=v_0$，即

$$\begin{cases} x\big|_{t=0}=A\cos\varphi_0=x_0 \\ v\big|_{t=0}=-\omega A\sin\varphi_0=v_0 \end{cases} \tag{11.1-25}$$

可以解得

$$\begin{cases} A=\sqrt{x_0^2+\dfrac{v_0^2}{\omega^2}} \\ \varphi_0=\arctan\left(-\dfrac{v_0}{\omega x_0}\right) \end{cases} \tag{11.1-26}$$

应用 11.1-1　卡林巴

如应用 11.1-1 图所示，卡林巴是源自非洲的一种乐器，由若干个金属簧片和共鸣箱组成。簧片的长度不同，其振动的固有角频率就不同，拨动不同的簧片即可发出不同音调的声音，进而奏出乐曲。

应用 11.1-1 图

例 11.1-2　底面垂直于侧面的一个柱状木块浮在水面上，平衡时浸入水中的深度为 h_0。施加一瞬时外力使木块沿竖直方向振动。在振动过程中，木块顶部不会浸入水中，底部不会脱离水面。忽略水的运动和阻力。求证木块将做简谐振动，并求其振动角频率。

解： 如图 11.1-11 所示，当木块处于平衡位置时，重力与浮力的合力为零，取此处为坐标原点。当木块位于平衡位置以下时，其受到的浮力大于重力，合外力向上；反之，当木块位于平衡位置以上时，所受浮力小于重力，合外力向下。可见，木块所受合外力始终指向平衡位置，这是回复力的特点之一，下面通过定量计算来判断合外力的大小是否满足回复力的要求。

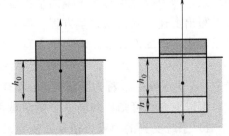

图 11.1-11　例 11.1-2 图

取竖直向下为正方向，假设木块的底面积为 S，则木块平衡时（左图），$mg-\rho_水 S h_0 g=0$，当木块向下偏离平衡位置 h 时（右图），

$$F_总=mg-\rho_水 S(h_0+h)g=-\rho_水 Shg$$

可见，此时木块受到的合力与位移成正比，且比例系数 $-\rho_水 Sg<0$，符合回复力的形式特点，即木块受到回复力的作用，因此将做简谐振动。

为了求出振动角频率，利用牛顿第二定律 $F_总=m\dfrac{\mathrm{d}^2 h}{\mathrm{d}t^2}$，写出木块的动力学方程：

$$\frac{\mathrm{d}^2 h}{\mathrm{d}t^2}+\frac{g}{h_0}h=0$$

由此可知木块简谐振动的角频率为 $\sqrt{\dfrac{g}{h_0}}$。

评价： 题目中"底面垂直于侧面的柱状"以及"振动过程中，木块顶部不会浸入水中，

底部不会脱离水面"这两个条件，是为了保证浮力始终正比于木块浸入水中的深度。

小节概念回顾：当质点受到回复力或回复力矩时，将会做简谐振动。简谐振动的固有角频率仅与振动系统自身的性质有关。

11.1.3 简谐振动的能量

简谐振动系统的能量包括动能和势能，仍然以水平面上的弹簧振子为例，其振动表达式为

$$x = A\cos(\omega t + \varphi_0)$$

则其速度为

$$v = \frac{\mathrm{d}x}{\mathrm{d}t} = -\omega A\sin(\omega t + \varphi_0)$$

小球运动的动能为

$$E_k = \frac{1}{2}mv^2 = \frac{1}{2}m\omega^2 A^2\sin^2(\omega t + \varphi_0) \tag{11.1-27}$$

系统的弹性势能为

$$E_p = \frac{1}{2}kx^2 = \frac{1}{2}kA^2\cos^2(\omega t + \varphi_0) \tag{11.1-28}$$

弹簧振子的角频率 $\omega = \sqrt{\dfrac{k}{m}}$，因此可以将动能表达式（11.1-27）改写为

$$E_k = \frac{1}{2}kA^2\sin^2(\omega t + \varphi_0) \tag{11.1-29}$$

系统的机械能是动能与势能的总和，将式（11.1-28）与式（11.1-29）求和，得系统的机械能

$$E = E_k + E_p = \frac{1}{2}kA^2 \tag{11.1-30}$$

我们发现，弹簧振子的机械能是一个与时间无关的常数，也就是说，弹簧振子的机械能是守恒的，在振动过程中，系统的动能和势能相互转化，此消彼长。特别值得注意的是，上述结论的成立基于一个重要的前提条件：这个简谐振动系统是**孤立**的，也就是说，与外界并无任何能量交换。如果一个做简谐振动的质点与其他质点之间存在着能量交换，那么，该质点的机械能是不守恒的！我们将在12.2.4节关于波的能量问题中讨论这一问题。

既然孤立的简谐振动系统的机械能是守恒的，那么，只要知道了系统在任意时刻的机械能，就可以利用下面的关系求出系统的振幅和最大速率：

$$E = E_{pmax} = \frac{1}{2}kA^2$$

$$E = E_{kmax} = \frac{1}{2}kv_{max}^2 \tag{11.1-31}$$

利用三角函数关系，我们可以进一步将式（11.1-27）和式（11.1-28）给出的动能和势能的形式改写如下：

$$E_k = \frac{1}{4}kA^2\left[1 + \cos(2\omega t + 2\varphi_0 + \pi)\right]$$

$$E_p = \frac{1}{4}kA^2\left[1 + \cos(2\omega t + 2\varphi_0)\right] \tag{11.1-32}$$

按照广义振动的定义，动能和势能都在做着简谐振动（简谐变化），其平衡数值为 $\dfrac{1}{4}kA^2$，

最大值为$\frac{1}{2}kA^2$，最小值为 0，角频率为 2ω，也就是说，在弹簧振子完成一个周期的振动过程中，其动能和势能均完成了两个周期的变化。另外，从式（11.1-32）中还可以看出，动能和势能的相位差为 π，对应着这两种能量"此消彼长"的"反相"特征。

图 11.1-12 给出了振动初相位为 $-\frac{\pi}{2}$ 的简谐振动的位移、动能、势能和机械能随时间的变化曲线，结合这些曲线，可以进一步分析各物理量的周期性变化所对应的物理含义。例如，当 $t=0$ 时，小球位于平衡位置，位移为 0，弹簧形变量为 0，因此势能为 0，但小球速率最大，因而动能取极大值；在随后的四分之一个周期内，小球沿 x 轴正向运动，速度逐渐减小，而此而动能逐渐减小，而此时弹簧形变逐渐增大，因而势能逐渐增大；当 $t=\frac{T}{4}$ 时，小球到达正向振幅处，此时小球的速度为 0，因此动能为 0，同时弹簧形变量达到最大，因此势能最大。小球在一个运动周期内其他时刻的位移和能量均可进行类似的分析。

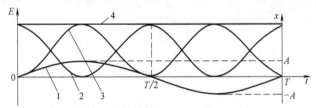

图 11.1-12　简谐振动的位移（曲线 1）、动能（曲线 2）、
势能（曲线 3）和机械能（直线 4）随时间的变化

例 11.1-3　如图 11.1-13a 所示，U 型管中装有水银，水银柱总长度为 l，质量密度为 ρ，截面面积为 S。某一时刻在一边管口给水银施加一个扰动。求证水银柱将做简谐振动，并求其动力学方程。

解： 在水银柱的运动过程中，只有重力在做功，因此可以将水银柱和地球看作一个系统，重力是系统的保守内力，故系统的机械能守恒。假设在某一时刻，两边水银表面的高度差为 $2x$（见图 11.1-13b），此时系统的势能与平衡位置时的势能之间的差异可以等效地看作是长为 x、质量为 m 的一段水银的质心位置升高了 x，而水银柱的其他部分保持不动。取任意高度处为势能零点，假设平衡时（见图 11.1-13a）系

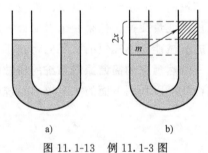

图 11.1-13　例 11.1-3 图

统的势能为 E_{p0}，则当水银柱位于图 11.1-13b 中所示位置时，系统的势能为

$$E_p = E_{p0} + mgx = E_{p0} + \rho S x \cdot gx$$

设此时水银柱的速率为 v，则其动能为

$$E_k = \frac{1}{2}Mv^2 = \frac{1}{2}\rho S l v^2$$

于是系统的机械能为

$$E = E_{p0} + \rho S g x^2 + \frac{1}{2}\rho S l v^2$$

由于系统机械能守恒，所以

$$\frac{\mathrm{d}E}{\mathrm{d}t}=0+\rho Sg \cdot 2x \frac{\mathrm{d}x}{\mathrm{d}t}+\rho Sl \cdot v \frac{\mathrm{d}v}{\mathrm{d}t}=0$$

式中，$\frac{\mathrm{d}x}{\mathrm{d}t}=v$，$\frac{\mathrm{d}v}{\mathrm{d}t}=g$，化简得

$$\frac{\mathrm{d}^2 x}{\mathrm{d}t^2}+\frac{2g}{l}x=0$$

这个方程符合简谐振动的动力学方程的基本形式，因此水银柱在做简谐振动，上式即为相应的动力学方程。

评价： "机械能守恒"这一事实提供了两个有用的信息：①只要知道了系统在某一时刻的机械能，即可知其在任意时刻的机械能；②机械能不随时间变化，即有 $\frac{\mathrm{d}E}{\mathrm{d}t}=0$。

小节概念回顾： 孤立简谐振动系统的动能和势能在振动过程中此消彼长，二者之和（机械能）守恒。

11.1.4 简谐振动的合成

在实际应用中，经常遇到一个质点同时参与两个或更多振动的情况。根据运动的叠加性，此时质点的运动应是这些振动的合成。在直角坐标系中，质点的任何运动总可以分解在相互垂直的三个方向上，因此我们只讨论同方向的两个简谐振动的合成（一维合成）以及相互垂直的两个简谐振动的合成（二维合成）；至于多个振动的一维、二维乃至三维合成的情况，可以简单地进行类比推广，此处不予赘述。

1. 同方向上两个同频率简谐振动的合成

假设两个振动均沿着 x 方向，角频率同为 ω，二者的振动表达式分别为

$$x_1=A_1\cos(\omega t+\varphi_1)$$
$$x_2=A_2\cos(\omega t+\varphi_2) \tag{11.1-33}$$

则合振动为

$$x=x_1+x_2=A_1\cos(\omega t+\varphi_1)+A_2\cos(\omega t+\varphi_2) \tag{11.1-34}$$

我们利用旋转矢量来分析合振动的性质。图 11.1-14 画出了两个振动在 $t=0$ 时的旋转矢量 $\overrightarrow{A}_1$ 和 $\overrightarrow{A}_2$，x_1 和 x_2 分别是这两个旋转矢量在 x 轴上的投影，由式（11.1-34）可知，二者之和即为合振动 x。从图中的几何关系可以看出，x 正是旋转矢量 $\overrightarrow{A}_1$ 和 $\overrightarrow{A}_2$ 的合矢量在 x 轴上的投影。将这个合矢量记作 $\overrightarrow{A}$，即有

$$\overrightarrow{A}=\overrightarrow{A}_1+\overrightarrow{A}_2 \tag{11.1-35}$$

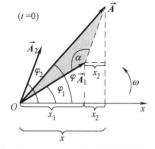

图 11.1-14 两个同频率简谐振动的一维合成

这意味着，在处理两个同频率简谐振动的一维合成时，只需要将两个振动的旋转矢量进行矢量求和，其结果即为合振动所对应的旋转矢量。由此推衍，对于若干个同频率简谐振动的一维合成，同样只需要将所有振动的旋转矢量进行矢量求和即可：

$$\overrightarrow{A}_合=\sum\overrightarrow{A}_i \tag{11.1-36}$$

由此我们再一次看到旋转矢量法的便捷之处。

下面我们来分析合振动的各个特征量。由于参与合成的两个振动的角频率相同，所以两

个旋转矢量是同步旋转的，于是它们的合矢量也将以同一角速度一起旋转，因此合振动的角频率也是 ω。在图 11.1-14 中，对以灰底标出的钝角三角形中应用余弦定理，考虑到 $\alpha+(\varphi_2-\varphi_1)=\pi$，得到

$$A=\sqrt{A_1^2+A_2^2+2A_1A_2\cos(\varphi_2-\varphi_1)} \tag{11.1-37}$$

再利用以 $\vec{A}$ 为斜边的直角三角形，可以解得合振动的初相位为

$$\varphi=\arctan\frac{A_1\sin\varphi_1+A_2\sin\varphi_2}{A_1\cos\varphi_1+A_2\cos\varphi_2} \tag{11.1-38}$$

在能量方面，由于孤立的简谐振动系统机械能守恒，所以不妨用势能的最大值来表示系统的机械能。将合振动的振幅［式（11.1-37）］代入式（11.1-31）得

$$\begin{aligned}E&=\frac{1}{2}kA^2=\frac{1}{2}k\left[A_1^2+A_2^2+2A_1A_2\cos(\varphi_2-\varphi_1)\right]\\&=\frac{1}{2}kA_1^2+\frac{1}{2}kA_2^2+kA_1A_2\cos(\varphi_2-\varphi_1)\\&=E_1+E_2+kA_1A_2\cos(\varphi_2-\varphi_1)\end{aligned} \tag{11.1-39}$$

显然，两个同频率的简谐振动进行一维合成时，合振动的能量是在两个振动能量求和的基础上再叠加一项由于振动合成而引起的附加能量。由于 $\cos(\varphi_2-\varphi_1)$ 的取值介于 ± 1 之间，所以合振动的能量有可能大于、等于或小于参与合成的两个振动的能量之和，具体结果则取决于两个振动的相位差 $(\varphi_2-\varphi_1)$。

例 11.1-4 一个质点同时参与两个振动：$x_1=0.03\cos\left(\pi t+\frac{\pi}{8}\right)$，$x_2=0.03\cos\left(\pi t+\frac{5\pi}{8}\right)$，求合振动的表达式。

解： 观察这两个振动可知，这属于同频率的两个振动的一维叠加，可以利用旋转矢量直接求和，且合振动的角频率 $\omega=\pi$。如图 11.1-15 所示，通过几何关系易得

$$A=0.03\sqrt{2} \text{ 以及 } \varphi_0=\frac{3\pi}{8}$$

此外还可以利用式（11.1-37）和式（11.1-38）直接计算得到

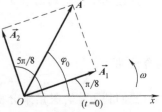

图 11.1-15　例 11.1-4 图

$$A=\sqrt{A_1^2+A_2^2+2A_1A_2\cos(\varphi_2-\varphi_1)}=\sqrt{0.03^2+0.03^2+2\times0.03\times0.03\cdot\cos\left(\frac{5\pi}{8}-\frac{\pi}{8}\right)}$$
$$=0.03\sqrt{2}$$

$$\varphi=\arctan\frac{A_1\sin\varphi_1+A_2\sin\varphi_2}{A_1\cos\varphi_1+A_2\cos\varphi_2}=\arctan\frac{0.03\sin\frac{\pi}{8}+0.03\sin\frac{5\pi}{8}}{0.03\cos\frac{\pi}{8}+0.03\cos\frac{5\pi}{8}}=\frac{3\pi}{8}$$

于是，合振动的表达式为 $x=0.03\sqrt{2}\cos\left(\pi t+\frac{3\pi}{8}\right)$。

评价： 对于本题这样特殊的相位和相位差，利用旋转矢量法的几何图像可以很容易地得到合振动的振幅和相位。而对于一般的非特殊相位，则需要用式（11.1-37）和式（11.1-38）来进行运算。

2. 同方向上两个不同频率简谐振动的合成

现在考虑两个振动方向相同但是频率不同的简谐振动的合成。根据旋转矢量图像，每一时刻仍然有

$$\vec{A} = \vec{A}_1 + \vec{A}_2 \tag{11.1-40}$$

然而，由于两个振动的频率不同，即两个旋转矢量的角速度不同，所以两个旋转矢量的夹角随时间而变化，因而合振动的振幅大小亦会随着时间发生变化。在这种情况下，采取解析式的方法进行分析相对比较简便。为了简化问题，我们假设两个振动的振幅相同，并且将二者的振动相位恰好都是 0 的时刻选为计时零点，则有

$$x_1 = A\cos\omega_1 t , x_2 = A\cos\omega_2 t \tag{11.1-41}$$

二者相加并利用三角函数和差化积公式可得合振动表达式，即

$$x = x_1 + x_2 = A\cos\omega_1 t + A\cos\omega_2 t = 2A\cos\frac{\omega_2 - \omega_1}{2}t \cdot \cos\frac{\omega_2 + \omega_1}{2}t \tag{11.1-42}$$

这个表达式是两个余弦函数的乘积，它所代表的振动一般来讲是比较复杂的。在这里我们讨论一个较为简单的特例，即参与合成的两个振动的角频率相差不大（不妨假设 $\omega_2 > \omega_1$），则有

$$\frac{\omega_2 - \omega_1}{2} \ll \frac{\omega_2 + \omega_1}{2} = \overline{\omega} \tag{11.1-43}$$

于是，合振动表达式中的 $\cos\dfrac{\omega_2 - \omega_1}{2}t$ 和 $\cos\dfrac{\omega_2 + \omega_1}{2}t$ 分别对应于角频率很小和较大的两个简谐振动。若令

$$A(t) = 2A\cos\frac{\omega_2 - \omega_1}{2}t \tag{11.1-44}$$

即认为合振动的"振幅"随着时间在做缓慢的简谐变化，则可将合振动写为

$$x = A(t)\cos\overline{\omega}t \tag{11.1-45}$$

式中，$\overline{\omega} = \dfrac{\omega_2 + \omega_1}{2}$ 为参与合成的两个振动角频率的平均值，与两个振动的角频率都相差无几。

于是，合振动可以看作是一个"振幅"随着时间缓慢地简谐变化的"类简谐振动"。值得注意的是，振幅这一概念原本是指质点离开平衡位置的最大位移的绝对值（见 11.1.1 节），应为正值，但是前述合振动的"振幅"由于包含余弦函数，因而出现了负值，并非真正意义上的振幅。在这里我们仅仅沿用了"振幅"这一说法，但均以引号标出，以示与真正振幅的区别。

图 11.1-11 给出了上述合成振动的示意图（图中将参与合成的两个振动的角频率之间的差异大大地夸张化了）。在 11.1.3 节中我们曾经讨论过，振动的能量与振幅的二次方成正比，从图 11.1-16 中不难看出，合振动"振幅"二次方变化的角频率为 $\omega_2 - \omega_1$（由于二次方的关系，比"振幅"本身的频率快一倍），因此合振动的能量呈现忽大忽

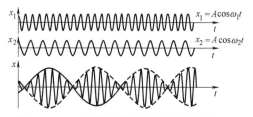

图 11.1-16　频率相近的两个简谐振动的一
维合成——拍的形成

小的周期性变化，这样的现象称为**拍**。显然，拍的频率（简称**拍频**）可由下式得到：

$$\nu_{拍} = \frac{\omega_{拍}}{2\pi} = \frac{\omega_2 - \omega_1}{2\pi} = \nu_2 - \nu_1$$

前面我们假设了 $\omega_2 > \omega_1$，故有 $\nu_2 > \nu_1$。一般地，可将拍频写作

$$\nu_{拍} = |\nu_2 - \nu_1| \tag{11.1-46}$$

在对乐器进行音准调节时，经常利用"拍"的现象。如果乐器发出的声音频率与校准器提供的标准音频率相差甚远，人耳是可以直接进行分辨的。当二者频率接近至只相差几赫兹时，人耳很难分辨出它们之间的差别，但此时若让校准器和待调节的乐器同时发声，则这两个频率相近的振动合成就会形成拍频为几赫兹的拍，在一秒钟内我们将听到声音呈现出几次忽强忽弱的变化。进一步调节乐器，直到拍消失，则意味着乐器发出的声音频率已经与校准器提供的标准音频率相等了。

应用 11.1-2　重音口琴和双簧管

重音口琴有上下两排吹气孔，每一对孔中的两个簧片的振动频率略有差别，因此吹奏时会发出好听的"颤音"，这实际上就是合振动出现了"拍"的现象。双簧管的两个簧片也是这样设计的，这使得乐器的声音更加饱满。

应用 11.2-1 图

3. 相互垂直的两个同频率简谐振动的合成

考虑两个分别沿着 x 方向和 y 方向的振动，二者的角频率相同而振幅不同。其振动表达式分别为

$$\begin{cases} x = A_1 \cos(\omega t + \varphi_1) \\ y = A_2 \cos(\omega t + \varphi_2) \end{cases} \tag{11.1-47}$$

当一个质点同时参与这两个振动时，我们从上述两个运动方程中消去时间 t，推出质点运动的轨迹方程，即

$$\frac{x^2}{A_1^2} + \frac{y^2}{A_2^2} - 2\frac{xy}{A_1 A_2}\cos(\varphi_2 - \varphi_1) = \sin^2(\varphi_2 - \varphi_1)$$

在上式中，令 $\Delta\varphi = \varphi_2 - \varphi_1$，则有

$$\frac{x^2}{A_1^2} + \frac{y^2}{A_2^2} - 2\frac{xy}{A_1 A_2}\cos\Delta\varphi = \sin^2\Delta\varphi \tag{11.1-48}$$

不难看出，这是一个椭圆方程，椭圆的范围局限在以坐标原点为中心、大小为 $2A_1$（x 方向）$\times 2A_2$（y 方向）的矩形内，而椭圆的性质则取决于参与合成的两个振动的相位差 $\Delta\varphi$。例如，当 $\cos\Delta\varphi = 0$，$\sin^2\Delta\varphi = 1$ 时，轨迹方程可化简为一个正椭圆：

$$\frac{x^2}{A_1^2} + \frac{y^2}{A_2^2} = 1 \tag{11.1-49}$$

而当 $\cos\Delta\varphi = \pm 1$，$\sin^2\Delta\varphi = 0$ 时，轨迹方程可化简为一条直线：

$$\frac{x}{A_1} \mp \frac{y}{A_2} = 0 \tag{11.1-50}$$

图 11.1-17 分别给出了 $\Delta\varphi$ 取一些典型值时的振动合成情况，其中 $\Delta\varphi = 0$ 和 $\frac{\pi}{3}$ 的图中简要地给出了利用旋转矢量法绘制轨迹的过程，读者可以自行验证。每条轨迹上的箭头代表了椭圆的旋转方向。可以看出，当 $0 \leqslant \Delta\varphi \leqslant \pi$ 时，轨迹椭圆以顺指针方向旋转，这样的椭圆称为"右旋"椭圆；当 $-\pi \leqslant \Delta\varphi \leqslant 0$ 时，轨迹椭圆以逆指针方向旋转，这样的椭圆称为"左旋"椭圆。

4. 相互垂直的两个不同频率简谐振动的合成

最后我们来讨论振动方向相互垂直、频率不同的两个简谐振动的合成。设 x 方向和 y 方向上的两个振动分别为

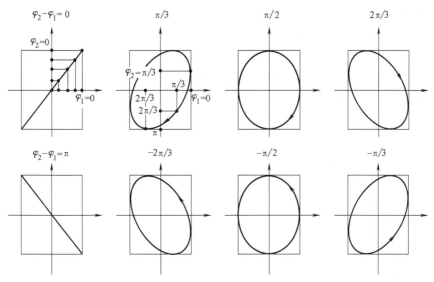

图 11.1-17　相互垂直的两个同频率简谐振动的合成上一行：右旋；下一行：左旋。

$$\begin{cases} x = A_1 \cos(\omega_1 t + \varphi_1) \\ y = A_2 \cos(\omega_2 t + \varphi_2) \end{cases} \tag{11.1-51}$$

　　显然，合振动的轨迹仍然局限在一个以坐标原点为中心、大小为 $2A_1 \times 2A_2$ 的矩形内。当参与合成的两个振动具有简单频率比时，合振动的轨迹如图 11.1-18 所示，这一类图形称为"李萨如图形"。李萨如图形与矩形范围的边框有若干个切点，若将其与 x 方向边框的切点个数记为 N_x，与 y 方向边框的切点个数记为 N_y，显然应有

$$\frac{\nu_y}{\nu_x} = \frac{N_x}{N_y} \tag{11.1-52}$$

特别的，若两个振动的频率相同，就得到最简单的李萨如图形——椭圆或直线（即图 11.1-17）。

　　上面我们讨论了四种特殊情况下的振动合成。一般的振动总可以分解为沿着 x 方向和 y 方向的振动，因此，只要掌握了上述四种情况，理论上就可以推出任意情况下的振动合成。

　　小节概念回顾：同方向、同频率的简谐振动合成可直接用旋转矢量叠加得到；同方向、不同频率

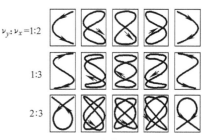

图 11.1-18　李萨如图形

的简谐振动合成可以形成拍；相互垂直的简谐振动合成可以得到李萨如图形。

11.2　阻尼振动

　　上一节讨论的简谐振动是一种理想的振动模型，在简谐振动中，振动物体只受到回复力的作用而不受任何其他影响。本节我们讨论有阻尼的自由振动，简称**阻尼振动**。

　　从能量角度上来说，阻尼将会消耗振动系统的机械能。通常我们将阻尼分为辐射阻尼和摩擦阻尼。所谓辐射阻尼，是指在振动过程中，能量以辐射的形式传播出去，形成波动，从

而使得振动系统本身的能量减小。而摩擦阻尼则是由于振动物体与周围物质的摩擦而引起了机械能的损耗。在这里我们仅讨论摩擦阻尼的情况。

仍然以设置在水平桌面上的轻弹簧和小球构成的系统为例，假设桌面对小球的阻力不可忽略，则小球在运动过程中除受到弹簧的回复力外，还受到来自桌面的阻尼力。当物体的运动速度不太大时，阻尼力的大小与运动速率成正比：

$$F_{阻}=-\gamma v=-\gamma \frac{\mathrm{d}x}{\mathrm{d}t} \tag{11.2-1}$$

式中，γ 称为阻力系数，当物体的大小形状以及介质的性质一定时，γ 是一个大于零的常量；负号表示阻尼力的方向总与速度方向相反。根据牛顿第二定律，回复力与阻尼力的合力提供物体的加速度，于是有

$$m \frac{\mathrm{d}^2 x}{\mathrm{d}t^2}=(-kx)+\left(-\gamma \frac{\mathrm{d}x}{\mathrm{d}t}\right) \tag{11.2-2}$$

引入**阻尼系数** $\beta=\dfrac{\gamma}{2m}$，并考虑到弹簧振子的固有角频率 $\omega_0=\sqrt{\dfrac{k}{m}}$，整理后得

$$\frac{\mathrm{d}^2 x}{\mathrm{d}t^2}+2\beta \frac{\mathrm{d}x}{\mathrm{d}t}+\omega_0^2 x=0 \tag{11.2-3}$$

这就是阻尼振动的动力学方程。可以看出，与简谐振动相比，这个方程多了位移大小随时间变化的一阶导数项，其系数与物体受到的阻尼相关；当阻尼系数 $\beta=0$ 时，即简化为简谐振动方程（振动情况可以定性地用图 11.2-1 中的曲线 1 表示）。

下面我们来讨论阻尼振动（$\beta>0$）的分类。按照 β 与 ω_0 的大小关系，阻尼振动被分为三类：欠阻尼、过阻尼和临界阻尼。

1）$\beta<\omega_0$，欠阻尼（又称弱阻尼或小阻尼）

此时方程（11.2-3）的解为

$$x=A(t)\cos(\omega' t+\varphi_0) \tag{11.2-4}$$

式中

$$A(t)=A_0 \exp(-\beta t) \tag{11.2-5}$$

式中，A_0 表示振动初始时刻的振幅。式（11.2-5）表明欠阻尼振动的振幅随着时间发生衰减，而欠阻尼振动的角频率

$$\omega_{欠}=\sqrt{\omega_0^2-\beta^2} \tag{11.2-6}$$

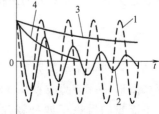

图 11.2-1　阻尼振动的分类
1—简谐振动　2—欠阻尼振动
3—过阻尼振动　4—临界阻尼振动

可以看出，它小于无阻尼时的固有角频率 ω_0。换句话说，在其他条件相同的情况下，欠阻尼振动的周期长于无阻尼振动，如图 11.2-1 中的曲线 2 所示。简言之，欠阻尼运动与简谐振动相比，角频率更小，振动更慢，并且，由于阻尼消耗了振动能量，所以振幅不断减小。

2）$\beta>\omega_0$，过阻尼（又称强阻尼）

此时阻尼较大，物体不会发生周期性振动，且要经过相当长（甚至是无穷长）的时间才能回到平衡位置，如图 11.2-1 中的曲线 3。

3）$\beta=\omega_0$，临界阻尼

此时阻尼将使物体刚好不做周期性振动而又能在最短的时间内回到平衡位置。在这种情况下，方程（11.2-3）的解为

$$x = A_0 \exp(-\beta t) \tag{11.2-7}$$

这表明在临界阻尼情况下，物体的位移随着时间以 e 指数形式衰减，直至趋向于零（如图 11.2-1 中的曲线 4），也就是说，物体不会像简谐振动和欠阻尼振动那样在平衡位置附近反复运动，而是一次性回到趋近于平衡点的位置，并且这一过程比过阻尼的情况要快得多。

小节概念回顾：阻尼力与回复力共同提供物体的加速度。按照阻尼系数与固有角频率之间的大小关系，可将阻尼振动分为欠阻尼、临界阻尼和过阻尼三类。

11.3 受迫振动

上一节讨论的阻尼振动是指物体在运动过程中受到回复力和阻尼力的情况，在这一小节中，我们将问题更推进一步，在回复力和阻尼力之外，再增加一个周期性变化的"强迫力"，这样的振动称为**受迫振动**。从能量的角度来说，阻尼力消耗振动系统的能量，强迫力为振动系统提供能量，因此系统最终应该稳定为一种能量守恒的运动。根据牛顿第二定律，通过与推导式（11.2-3）类似的过程可得受迫振动的动力学方程为

$$\frac{d^2 x}{dt^2} + 2\beta \frac{dx}{dt} + \omega_0^2 x = F_0 \cos(\omega_迫 t) \tag{11.3-1}$$

式中，F_0 代表周斯性强迫力的振幅；$\omega_迫$ 表示强迫力变化的角频率。为简单起见，这里取强迫力的初相位为 0。当阻尼较小时，这个方程的解为

$$x = A_0 \exp(-\beta t)\cos\left(\sqrt{\omega_0^2 - \beta^2}\, t + \varphi_0\right) + A\cos(\omega_迫 t + \varphi) \tag{11.3-2}$$

与式（11.2-4）、式（11.2-5）、式（11.2-6）对比不难发现，上式等号右侧第一项代表的正是阻尼振动，将随着时间快速衰减，因此受迫振动系统将很快稳定为一个简谐振动。于是我们在研究已经达到稳定状态的受迫振动时，只需关注上述解的第二项：

$$x_稳 = A\cos(\omega_迫 t + \varphi) \tag{11.3-3}$$

我们将其称为"稳态解"。这是一个与强迫力同频率的简谐振动，可以证明，其振幅和初相位分别为

$$A = \frac{F_0}{m\sqrt{(\omega_0^2 - \omega_迫^2)^2 + 4\beta^2 \omega_迫^2}}$$

$$\varphi = \arctan \frac{-2\beta\omega_迫}{\omega_0^2 - \omega_迫^2} \tag{11.3-4}$$

由上式可以推出，当

$$\omega_迫 = \sqrt{\omega_0^2 - 2\beta^2} \tag{11.3-5}$$

时，A 取最大值，即受迫振动的位移振幅达到最大值，这种情况称为**位移共振**。显然，引起位移共振的强迫力的角频率接近但小于系统的固有角频率 ω_0，二者之间的差别取决于系统的阻尼系数 β。如图 11.3-1 所示，β 越小，引起位移共振的强迫力的角频率就越接近系统的固有角频率 ω_0。当 $\beta = 0$ 时，$\omega_迫 = \omega_0$，从式（11.3-4）可以看出，此时位移振幅 A 趋于无穷大。这是因为，当 $\beta = 0$ 时，阻尼为零，系统能量并没有损耗，强迫力却不断向系统输送能量，因此系统总能量将会无限上升。图中随着 β 的减小，曲线高度逐渐增加，正是这个道理。

将式（11.3-3）对时间求导，即得受迫振动的速度随时间的变化规律，进一步可得速率

的振幅为

$$v_{\max}=\frac{\omega_{迫}F_0}{m\sqrt{(\omega_0^2-\omega_{迫}^2)^2+4\beta^2\omega_{迫}^2}}\qquad(11.3\text{-}6)$$

可以推出，当

$$\omega_{迫}=\omega_0\qquad(11.3\text{-}7)$$

时，$v_{\max}$ 取最大值，即受迫振动的速度振幅达到最大值，这种情况称为**速度共振**。图 11.3-2 给出不同阻尼情况下的速度共振情况。与位移共振类似，当 $\beta=0$ 时，速度振幅趋于无穷大。

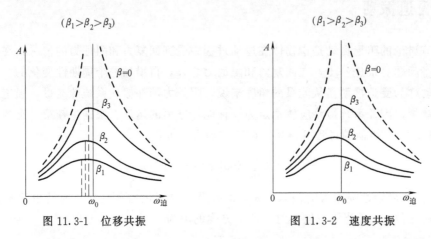

图 11.3-1　位移共振　　　　　　　　图 11.3-2　速度共振

特别地，当阻尼很小（$\beta\ll\omega_0$）时，位移共振的角频率条件式（11.3-5）可以近似为 $\omega_{迫}=\omega_0$，这一频率条件与速度共振的频率条件［式（11.3-7）］是相同的。换言之，在阻尼很小的情况下，只要外界强迫力的角频率等于系统的固有角频率，即会同时引起位移共振和速度共振。

共振是比较常见的一种现象，家中的自来水管在放水时偶尔会发出巨大的声响，这是由于水从水龙头冲出时引起了水管的共振。有些时候共振对我们来说是有益的，例如乐器的共鸣箱就是利用共振来加强振动，以达到更好的演奏效果。但是，有些时候却需要避免共振现象的发生，例如在军队步行通过桥梁时，会改为便步走，就是为了避免"齐步走"这一周期性的外界强迫力引起桥梁的共振，从而避免桥梁损坏。1940 年，美国的塔科马大桥在大风的作用下产生卡门涡街，其角频率与大桥的固有频率相近，因而发生共振，最终断裂，这可能是桥梁建筑史上最著名的共振灾难。

小节概念回顾：物体在回复力、阻尼力和周期性强迫力的共同作用下进行受迫振动，当强迫力的角频率满足一定条件时，会发生共振现象。

课 后 作 业

简谐振动

11-1　弹簧振子在 x 方向上做简谐振动，取平衡位置为坐标原点，振幅为 2cm，频率为 0.5Hz。当 $t=1$s 时，振子位于 -1cm 处且正在向着 x 轴正方向运动。求弹簧振子的振动表达式。

11-2　单摆在竖直平面内左右摆动，摆角（摆绳与竖直方向的夹角）的最大值为 θ_0，周期为 6s。当

$t=0$ 时，摆球恰好经过平衡位置且向右方运动。求摆球此后第一次运动到左侧且摆绳与竖直方向夹角为 $\dfrac{\theta_0}{2}$ 处所需的时间。

11-3　考虑一个如题 11-3 图所示的复摆。所谓"复摆"，是指在重力矩的作用下绕着通过自身某固定水平光滑轴在竖直平面内摆动的刚体。假设复摆的质量为 m，它绕悬挂点的转动惯量为 J，质心到悬挂点的距离为 r_C。取平衡位置（复摆受力矩为零）为坐标原点，试推导复摆所做简谐振动的动力学方程。

11-4　如题 11-4 图所示，一长为 L 的刚性轻杆两端分别附有质量为 m' 和 m' 的质点，且 $m'>m$。杆可绕着过其中点的光滑水平轴在竖直平面内做微小摆动。证明这个摆动是简谐振动，并求出摆动的周期。

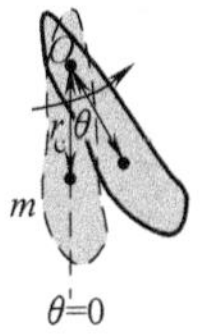

题 11-3 图

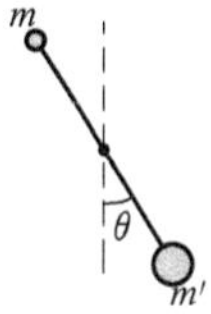

题 11-4 图

11-5　若想得到复杂机械零件对过其质心转轴的转动惯量，可以用一根线沿这个轴的方向将零件悬挂起来。线的扭转常数为 $0.450\mathrm{N\cdot m/rad}$。将零件绕这个轴转一个小角度然后释放，测出振动 125 次的时间为 265s。求该零件绕此轴的转动惯量。

11-6　滑块在气垫导轨上做振幅为 A 的简谐振动。如果振幅减半，则其下述物理量将如何变化？（1）振动周期、频率和角频率；（2）总机械能；（3）最大速率；（4）$x=\pm A/4$ 时的速率；（5）$x=\pm A/4$ 时的势能和动能。

11-7　质量为 $10.0\mathrm{kg}$ 的物体在光滑水平面上以 $2.00\mathrm{m/s}$ 的速率向右运动，与质量为 $10.0\mathrm{kg}$ 初始静止的第二个物体碰撞并粘在一起，而第二个物体与劲度系数为 $110.0\mathrm{N/m}$ 的轻弹簧相连。（1）求随后振动的频率、周期和振幅；（2）系统第一次回到刚碰撞后的位置需要多长时间？

11-8　求以下两组一维振动的合振动。

（1）$x_1=4\cos\left(\omega t+\dfrac{3}{8}\pi\right)$，$x_2=3\cos\left(\omega t-\dfrac{\pi}{8}\right)$；

（2）$x_1=A\cos\omega t$，$x_2=A\cos\left(\omega t+\dfrac{2}{3}\pi\right)$，$x_3=A\cos\left(\omega t-\dfrac{2}{3}\pi\right)$。

阻尼振动

11-9　在阻尼振动中，已知振子的固有角频率是阻尼系数的 $\sqrt{2}$ 倍。

（1）这是哪种阻尼振动，欠阻尼、过阻尼还是临界阻尼？

（2）已知 $t=0$ 时振子位于 $x_0>0$ 处，其运动速度 $v_0=-2\beta x_0$（其中 β 为阻尼系数），试求振子的运动表达式。

受迫振动

11-10　固有角频率为 ω_0 的振子，在做受迫振动达到稳定态时，振动速率与强迫力恰好相位相同，试求强迫力的角频率。

自主探索研究项目——计步器的原理

项目简述：我们现在用的智能手机都是具有计步功能的，将手机用一个细线吊起并做近似单摆运动，手机并不能计步，但是拿着手机走路却可以计步。

研究内容：设计实验方案，用手机中的传感器测量一下自己带着手机走路时的振动情况，并对得到的数据进行分析。下图是用手机"phyphox"软件记录的走路过程中手机的加速度传感器得到的数据。

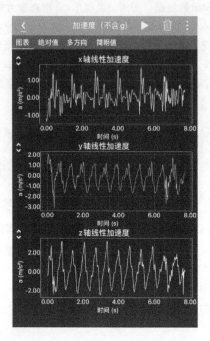

第12章 波　　动

在第 11 章中，我们仔细研究了质点的振动。事实上，在很多情况下，振动的质点并不是孤立的，而是和与之紧邻的质点之间存在着相互作用和能量交换。换言之，质点的振动状态和能量会传播出去，从而形成**波动**。机械振动形成的波动称为机械波（如声波、水波、地震波、弹性绳上的波等），电磁振荡形成的波动称为电磁波（如无线电波、光波、γ 射线等）。此外，在量子力学中还有所谓"物质波"，它对应着一种概率，是量子力学理论中最重要的概念之一，本书将在相关章节中进行详细的讨论。

机械波在自然界和日常生活中十分常见。水面上清浅的涟漪，田地间翻滚的麦浪，琵琶声的嘈嘈切切，地震时的地动山摇……所有这些都是机械波。电磁波与机械波的性质不同，但两者却有许多相同的规律和特点，在研究方法上也有诸多类似之处。因此，本章将从较为容易理解的机械波入手，研究其产生、传播、能量传递、叠加等各种行为及相关性质，给出必要的基本原理和基本方法，为下一章"波动光学"打下基础。

12.1　机械波的产生和传播

产生机械波的条件包括波源和弹性介质。波源的机械振动在弹性介质中向远离波源的方向传播，形成机械波。例如，实验室中一个振动的音叉发出声波，通过空气向外传播，如图 12.1-1 所示。如果我们将音叉封闭在一个真空罩内，由于机械波无法在真空中传播，所以这时我们将无法听到音叉发出的声音。

图 12.1-1　音叉振动产生声波

如果波源的振动是一过性的或者离散的，产生的波称为脉冲波；如果波源的振动是连续不断的，则会产生连续波。在本章中我们只讨论连续波。机械波从形式上可以分为横波和纵波两类，二者的差别在于波的传播路径上质元的振动方向与波的传播方向之间的关系。在**横波**中，质元的振动方向与波的传播方向相互垂直。例如一条弹簧，如果**垂直于弹簧轴线**方向上下摆动弹簧的一端，就会看到一列波沿着弹簧轴线传播出去，弹簧上的每一个质元都是在垂直于弹簧轴线的方向上振动的；而在**纵波**中，质元的振动方向与波的传播方向在同一条直线上，如果**沿着弹簧轴线**方向推动弹簧的一端，则会看到沿着弹簧轴线传播的纵波，并且弹簧上的每一个质元也都在弹簧轴线方向上振动。如图 12.1-2 所示，横波的波形特点是波峰和波谷的周期性排布，而纵波的波形特点则是疏部和密部的周期性排布。

横波的传播需要介质质元之间的横向（垂直于波传播的方向）剪切力，液体和气体的内

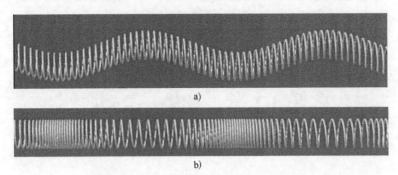

图 12.1-2　弹簧上的 a）横波与 b）纵波

部不存在足够的剪切力，因此横波不能在气体或液体中传播，只能在固体中传播。将一根弹性绳的一端固定，另一端垂直于绳子方向晃动，在绳上看到"蛇形"就是横波。纵波在传播时，介质质元是在纵向（沿着波传播的方向）发生拉伸和压缩，因此纵波可以在固体、液体、气体中传播，声波是典型的纵波。水面上的波动情况要稍微复杂一些。尽管水是液体，但由于表面张力的作用，水面也可以承受微小的剪切力，因此，在水面上也有横波的存在，可以说，水面波是横波与纵波的合成波（面波）。

如果仔细观察一列波，就会发现，在波的传播过程中，质元本身并没有"随波逐流"，而是在自己的平衡位置附近做周期性的往复运动。因此，波的传播不是介质质元的传播，而是振动状态（相位）和能量的传播。在波传播的路径上，某时刻某质元的振动状态将在较晚时刻在"下游"某处出现，即

$$\varphi_{上游}(t)=\varphi_{下游}(t+\Delta t) \tag{12.1-1}$$

"上游"的质元带动"下游"的质元振动，沿着波的传播方向，质元的相位依次落后。

在很多时候，空间中有两列或更多的波在同时传播。当这些波相遇时，该处的质元将同时参与几列波引起的振动。根据运动的独立性和叠加性，我们可以得到波的**独立性**和**叠加性**：当几列波同时在介质中传播时，它们的传播特性不会因其他波的存在而受到影响；当波的强度不太大时，在几列波互相交叠的区域中，某点的振动是各列波单独传播时在该点引起的振动的合成。例如，我们在听一场音乐会时，如图 12.1-3 所示，许多乐器一同演奏，它

图 12.1-3　各种乐器的声波传播时具有独立性与叠加性

们各自发出的声波同时传到我们的耳朵里，此时耳朵鼓膜的振动就是各列波在鼓膜处引起的振动的叠加，这就是波的"叠加性"；然而我们仍然能够从中区分出不同乐器的声音，这说明从不同乐器发来的声波的特性没有受到其他声波的干扰，这就是波的"独立性"。

小节概念回顾：波是振动状态的传播，可分为横波和纵波。波的传播具有独立性和叠加性。

12.2　简谐机械波

如果波源做简谐振动，则在波传到的区域，介质中的各个质元均做简谐振动。这些简谐振动实际上是每个质元受到它前方质元的"带动"而做的受迫振动的稳态情况，因此每一个质元的振动角频率都与它上游的质元相同，亦即与波源相同。由简谐振动传播形成的波称为**简谐波**。简谐波是最简单的波动，任意波动总可以分解为若干简谐波的叠加。在本章中，我们主要讨论简谐波。

12.2.1　简谐机械波的描述

我们可以利用波面和波线来直观地描述一列简谐波。所谓**波面**，是指由一个波源向外传播的波在某一时刻到达的空间各点所构成的面。显然，波面上各点的振动相位都相等，波面是等相位面。在所有波面中，最前端的那个波面称为**波前**或**波阵面**。在图 12.2-1 中，实线所代表的就是波前，虚线所代表的是其他波面。**波线**是指沿波的传播方向画出的直线（即图 12.2-1 中带箭头的实线），箭头方向代表了波的传播方向。我们常画的光线就是电磁波的波线。可以证明，在各向同性介质中，波线和波面总是相互垂直的。图 12.2-1a 所示的波线是一组平行直线，波面是一系列平面，这类波被称为**平面波**，由面状波源发出；图 12.2-1b 所示的波线

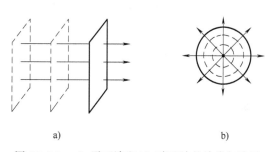

a)   b)

图 12.2-1　a) 平面波和 b) 球面波的波线与波面

是一组由点波源发出的球对称辐射状直线，波面是一系列以点波源为球心的同心球面，这类波被称为**球面波**。平面波和球面波是我们最常讨论的两类简谐波。

由于简谐振动的相位变化周期为 2π，所以沿着波传播的方向，每隔一段距离，质元的振动相位便重复一次（所谓"重复"，实则有 2π 的相位差）。振动相位差为 $2n\pi$（n 为整数）的一系列点互为同相位点，简称**同相点**。其中，$n=0$ 时的同相位点被特别地称为等相点。相邻同相点之间的距离是一个完整的波的长度，简称**波长**，记作 λ。也就是说，在波的传播方向上，距离为 λ 的两点之间的相位差为 2π。若两个波面 A 和 B 之间的距离为 $n\lambda$（$n\neq0$），则波面 A 上各点彼此都是等相位点，同样的，波面 B 上各点也彼此都是等相位点，而波面 A 上任一点与波面 B 上任一点都是同相点，它们之间的相位差为 $2n\pi$。

假设一列波沿着 x 轴传播，则距离为 Δx（$\Delta x>0$）的两点之间的相位差的绝对值

$$|\Delta\varphi|=\frac{\Delta x}{\lambda}2\pi \tag{12.2-1}$$

$\Delta\varphi$ 的正负取决于两点的相对位置以及波的传播方向。

在第 11 章中，曾用振幅、周期、初相位等特征量来描述简谐振动，类似地，在研究简谐波时，常选用以下特征量来描述波的性质：

1) **振幅** A：质元做简谐振动时偏离平衡位置的最大位移的绝对值。若忽略介质对波的能量的吸收，则平面波所经过的每个质元的振幅都与波源相同，而球面波的振幅随着质元到波源距离的增大而减小（具体形式将在 12.2.4 节中给出）。

2) **周期** T：一个完整的波通过波线上某点所需的时间，即波线上某个质元完成一次全振动的时间。

3) **波长** λ：两个相邻同相点之间的距离，代表了波的空间周期。

4) **波速** u：单位时间内波传播的距离，即相位传播的速度（相速度）。

5) **频率** ν：单位时间内经过介质中某点的波的个数，即某个质元在单位时间内完成的全振动的次数。

6) **角频率** ω：每个质元做简谐振动的角频率。

7) **波数** k：相隔单位长度的两点之间的相位差的绝对值。

从这些特征量的物理含义出发，可以得到它们之间的相互关系，例如：

$$u=\frac{\lambda}{T}, \quad \nu=\frac{u}{\lambda}=\frac{1}{T}, \quad \omega=\frac{2\pi}{T}, \quad k=\frac{2\pi}{\lambda}=\frac{\omega}{u} \tag{12.2-2}$$

可以看出，波动存在着三类彼此关联的周期：①**时间周期** T：同一质元，每经过一个时间周期，其相位循环一次；②**空间周期** λ（波长）：同一时刻，每相隔一个波长的质元具有相同的振动状态；③**相位周期** 2π：两个同相点之间的相位差是 2π 的整数倍。

如果以波线上各质元的平衡位置为横坐标，以某时刻各质元偏离平衡位置的位移为纵坐标，就可以绘制出该时刻的**波形曲线**。图 12.2-2 给出了沿着 x 轴传播的横波和纵波在某一时刻的波形曲线，请注意二者纵坐标的差别。可以看出，横波的波形曲线的正向最大值和负向最大值分别对应着横波的波峰和波谷，而纵波的波形曲线则没有这种视觉上的直观对应关系。

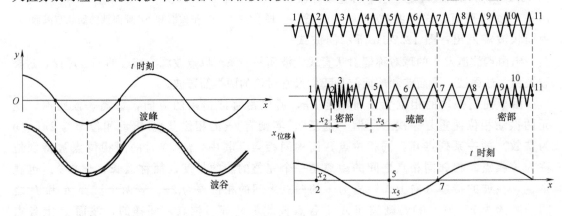

图 12.2-2　a) 横波与 b) 纵波的波形曲线

在绘制波形曲线时，除了标明横纵坐标轴外，还应标出振幅，并至少画出一个完整的波。由于波的传播是下游质元重复上游质元的相位，而波速为 u，因此，将 t 时刻的波形曲线沿着波的传播方向平移 $u\Delta t$，即可得到 $t+$ Δt 时刻的波形曲线，如图 12.2-3 所示。

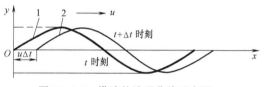

图 12.2-3　横波的波形曲线示意图

这里需要特别强调波形曲线和振动曲线的区别。波形曲线是"全景瞬时快照"，给出某一时刻各质元偏离平衡位置的位移，其横坐标是质元在波线上的位置 x，它反映波的空间周期（波长）每一时刻分别对应一条波形曲线；而振动曲线则是"定点延时摄影"，给出某一质元在不同时刻的位移，其横坐标为时间 t，它反映了波的时间周期，每个质元分别对应自己的振动曲线。

利用某时刻的波形曲线也可以判断某质元在该时刻的相位，我们以图 12.2-3 中 O 点处的质元为例来进行说明。t 时刻 O 点质元位于平衡位置（图中曲线 1），经过 Δt 时间间隔（假设 Δt 远小于波的周期）后，波形曲线变为图中的曲线 2，将曲线 2 向左方继续绘制，将与 y 轴相交于负半轴，说明 O 点质元在 $t+\Delta t$ 时刻位于 $y<0$ 的区域，因此 O 点质元在 t 时刻的振动方向沿 y 轴负向，进而由旋转矢量法即可判断 O 点质元在 t 时刻的相位为 $\dfrac{\pi}{2}$。在上述过程中，我们借助了下一时刻的波形曲线来判断一个质元在此时的振动方向。另一方面，由于波的传播是上游质元带动下游质元的运动，所以上游质元此时的位置就是待求质元在下一时刻将会到达的位置，由此也可以根据待求质元此时与下一时刻的位置关系判断出待求质元在此时的振动方向。

波形曲线的解析形式称为**波函数**，下面我们推导平面简谐波的波函数。设想一列沿 x 轴正方向传播的平面简谐波，波速为 u，角频率为 ω。为简单起见，我们假设介质不吸收能量，即波线上各质元的振幅均为 A。已知参考点 R 的振动表达式为

$$y_R(t)=A\cos(\omega t+\varphi_R) \tag{12.2-3}$$

式中，φ_R 为 R 点的振动初相位。假设其下游任一点 P 的振动表达式为

$$y_P(t)=A\cos(\omega t+\varphi_P) \tag{12.2-4}$$

前面我们曾经说过，某时刻某质元的振动状态将在较晚时刻在其"下游"某处出现，换句话说，某时刻 P 点的振动状态是较早时刻曾经在 R 点出现过的，即

$$y_P(t)=y_R(t-\Delta t) \tag{12.2-5}$$

式中，Δt 是波从 R 点传到 P 点所需的时间。若分别以 x_R 和 x_P 表示 R 点和 P 点在 x 轴上的坐标，则 $\Delta t=\dfrac{x_P-x_R}{u}$。于是由式（12.2-3）和式（12.2-5）可得

$$y_P(t)=y_R\left(t-\frac{x_P-x_R}{u}\right)=A\cos\left[\omega\left(t-\frac{x_P-x_R}{u}\right)+\varphi_R\right]$$

由于上述表达式同时与时间 t 以及 P 点的位置坐标 x_P 有关，所以通常也将等式左边记作 $y_P(t,x_P)$，即

$$y_P(t,x_P)=A\cos\left[\omega\left(t-\frac{x_P-x_R}{u}\right)+\varphi_R\right] \tag{12.2-6}$$

若已知波的振幅、角频率、波速以及参考点 R 的坐标和初相位，便可由上式求出波线上任一点 P 在任一时刻的振动表达式，亦即这列波的波函数。

我们还可以直接从 P 点与 R 点的振动相位差推出波函数。已知 P 点在 R 点的下游，由式（12.2-1）可知，在任一时刻，P 点与 R 点的相位差

$$\varphi_P - \varphi_R = -\frac{x_P - x_R}{\lambda} 2\pi \tag{12.2-7}$$

将这一关系代入式（12.2-4），得

$$y_P(t) = y_P(t, x_P) = A\cos\left(\omega t - \frac{x_P - x_R}{\lambda} \times 2\pi + \varphi_R\right) \tag{12.2-8}$$

这一结果似乎与式（12.2-6）的形式不同，但是只要考虑到波长 λ、角频率 ω、波速 u 等特征量之间的关系，将会发现它们是完全等价的。读者可自行证明这一点。

在上面的推导过程中，已知条件是坐标为 x_R 的 R 点的振动情况，并以 R 为参考点，得到了其下游任一点 P 的振动情况。若 P 点在 R 点的上游，则式（12.2-5）应改写为

$$y_R(t) = y_P(t - \Delta t) \tag{12.2-9}$$

且 $\Delta t = \dfrac{x_R - x_P}{u}$，则由式（12.2-3）和式（12.2-9）即可推出 P 在任一时刻的振动表达式，结果与式（12.2-6）或式（12.2-8）相同。因此，无论 P 点与 R 点的相对位置怎样，只要已知参考点 R 的振动表达式，即可求出波线上任一点 P 的振动表达式。

为简单起见，通常选择坐标原点 O 为参考点（即 $x_R = 0$），若已知原点的振动表达式为

$$y(t, 0) = A\cos(\omega t + \varphi_0) \tag{12.2-10}$$

则有

$$y(t, x) = A\cos\left[\omega\left(t - \frac{x}{u}\right) + \varphi_0\right] \tag{12.2-11}$$

式中，φ_0 表示坐标原点的初相位；x 表示波线上任一点 P 的坐标。这就是一列沿着 x 轴正方向传播的平面简谐波的波函数。

类似地，可以推出一列沿着 x 轴负方向传播的平面简谐波的波函数为

$$y(t, x) = A\cos\left[\omega\left(t + \frac{x}{u}\right) + \varphi_0\right] \tag{12.2-12}$$

式（12.2-11）与式（12.2-12）常常合并写为

$$y(t, x) = A\cos\left[\omega\left(t \mp \frac{x}{u}\right) + \varphi_0\right] \tag{12.2-13}$$

式中，t 和 $\dfrac{x}{u}$ 之间"$-$"和"$+$"分别代表波沿着 x 轴正向和负向传播。从式（12.2-13）中可以非常清晰地看到上游与下游之间的相位超前和落后的关系。对于沿 x 轴正向传播的波来说，t 后的符号取"$-$"；若 x 点位于原点下游（即 $x > 0$），则 x 点的相位 $\omega\left(t - \dfrac{x}{u}\right) + \varphi_0$ 小于同一时刻坐标原点的相位 $\omega t + \varphi_0$，即下游质元的振动落后于上游质元；若 x 点位于原点上游（即 $x < 0$），则 x 点的相位 $\omega\left(t - \dfrac{x}{u}\right) + \varphi_0$ 大于同一时刻坐标原点的相位 $\omega t + \varphi_0$，即上游质元的振动超前于下游质元的振动。类似地，可以分析波沿 x 轴负向传播的情况，最终结论仍然是：下游质元的振动落后于上游质元的振动，上游质元的振动超前于下游质元的振动。清楚地认识上下游质点的相位关系有助于加深对波函数的理解。

利用各特征量之间的关系可以得到波函数的另外两种常用的表示形式，即

$$y(t,x) = A\cos\left[2\pi\left(\frac{t}{T} \mp \frac{x}{\lambda}\right) + \varphi_0\right] \tag{12.2-14}$$

$$y(t,x) = A\cos\left[\omega t \mp kx + \varphi_0\right] \tag{12.2-15}$$

式（12.2-13）、式（12.2-14）、式（12.2-15）完全等价，但侧重点不同。从式（12.2-13）中可以看出相速度对于相位传播的影响；式（12.2-14）对称而优美，充分展示了波的时间、空间和相位周期；式（12.2-15）则体现出波数、传播距离和相位差之间的关系。在随后的章节中，我们将根据实际情况选用最适合的表达形式来描述简谐波。

值得注意的是，在上述推导波函数的整个过程中，我们只给出了波的传播方向，而没有给出波源的具体位置；事实上，在很多情况下，相比波源而言，我们更关心参考点［例如式（12.2-6）中的 R 点和式（12.2-13）中的 O 点］的振动情况。换言之，无论波源在哪里，只要波的传播方向和特征量确定了，就可以写出波函数。

从波函数中也可看出波形曲线和振动曲线的区别。若在式（12.2-15）中令 $t = t_0$，此时 y 成为位置坐标 x 的单值函数

$$y(x) = A\cos(\omega t_0 \mp kx + \varphi_0) \tag{12.2-16}$$

它表示 t_0 时刻波线上各点偏离平衡位置的位移，由此可以画出 t_0 时刻的波形曲线。而若令 $x = x_0$，则 y 成为时间 t 的单值函数

$$y(t) = A\cos(\omega t \mp kx_0 + \varphi_0) \tag{12.2-17}$$

它表示 x_0 处的质元在各时刻偏离平衡位置的位移，由此可以画出 x_0 点的振动曲线。

波是振动状态的传播，在时间和空间上都具有周期性。在同一时刻，距离为波长整数倍的两个质元的相位相同；另一方面，同一质元在相差整数个周期的两个时刻的相位也相同，即

$$\begin{cases} y(t_0, x+n\lambda) = y(t_0, x) \\ y(t+nT, x_0) = y(t, x_0) \end{cases} \tag{12.2-18}$$

读者不妨将式（12.2-13）、式（12.2-14）或式（12.2-15）代入式（12.2-18）进行验证。更一般的情况是，t_1 时刻在 x_1 处出现的相位，必然已经（或将要）于 t_2 时刻出现在 x_2 处，即有

$$\omega\left(t_1 \mp \frac{x_1}{u}\right) + \varphi_0 = \omega\left(t_2 \mp \frac{x_2}{u}\right) + \varphi_0$$

化简后可得

$$\frac{|x_2 - x_1|}{|t_2 - t_1|} = u \tag{12.2-19}$$

也就是说，振动状态在 $|t_2 - t_1|$ 时间间隔内以速率 u 传播了距离 $|x_2 - x_1|$，这恰恰对应于波速 u 的物理意义——振动相位传播的速度（相速度）。若用 $t + \Delta t$ 和 $x + \Delta x$ 分别代替式（12.2-13）中的 t 和 x，考虑到 $\frac{\Delta x}{\Delta t} = u$，则可得到（此处以波沿着 x 轴正方向传播为例）

$$\begin{aligned} y(t+\Delta t, x+\Delta x) &= A\cos\left[\omega\left(t+\Delta t - \frac{x+\Delta x}{u}\right) + \varphi_0\right] \\ &= A\cos\left[\omega\left(t - \frac{x}{u}\right) - \varphi_0 + \omega\left(\Delta t - \frac{\Delta x}{u}\right)\right] \tag{12.2-20} \\ &= A\cos\left[\omega\left(t - \frac{x}{u}\right) + \varphi_0\right] = y(t, x) \end{aligned}$$

这正说明了 t 时刻在 x 出现的振动状态将在 $t+\Delta t$ 时刻在 $x+\Delta x$ 处出现。因此，在图 12.2-3 中，$t+\Delta t$ 时刻的波形图可由 t 时刻的波形图沿着波的传播方向刚性平移 $\Delta x=u\Delta t$ 得到。

例 12.2-1 一列沿 x 轴负方向传播的平面余弦波，波长 $\lambda=3\text{m}$。已知 $x=0.5\text{m}$ 处的振动表达式为 $y=0.03\cos\left(4\pi t+\dfrac{\pi}{6}\right)$（SI），求该平面波的波函数。

解：将题中给出的振动表达式与简谐振动基本表达式（11.1-1）对比可知，$A=0.03\text{m}$，$\omega=4\pi\text{rad/s}$。考虑到波的传播方向，不妨按式（12.2-13）假设波函数为

$$y(t,x)=0.03\cos\left[4\pi\left(t+\frac{x}{u}\right)+\varphi_0\right]\text{(SI)}$$

式中，$u=\dfrac{\lambda}{T}=\dfrac{\lambda}{2\pi/\omega}=\dfrac{3}{2\pi/4\pi}\text{m/s}=6\text{m/s}$。

将波速 $u=6\text{m/s}$ 及 $x=0.5\text{m}$ 代入上述波函数可得 $x=0.5\text{m}$ 处的振动表达式为

$$y(t,0.5)=0.03\cos\left[4\pi\left(t+\frac{0.5}{6}\right)+\varphi_0\right]\text{(SI)}$$

与已知条件对比解得 $\varphi_0=-\dfrac{\pi}{6}$，则波函数为

$$y(t,x)=0.03\cos\left[4\pi\left(t+\frac{x}{6}\right)-\frac{\pi}{6}\right]\text{(SI)}$$

评价：本题解中假设波函数的形式为式（12.2-13），当然也可以通过已知条件（波长和角频率）求出周期、波速、波数等特征量，然后选用式（12.2-14）或式（12.2-15）的形式进行求解。

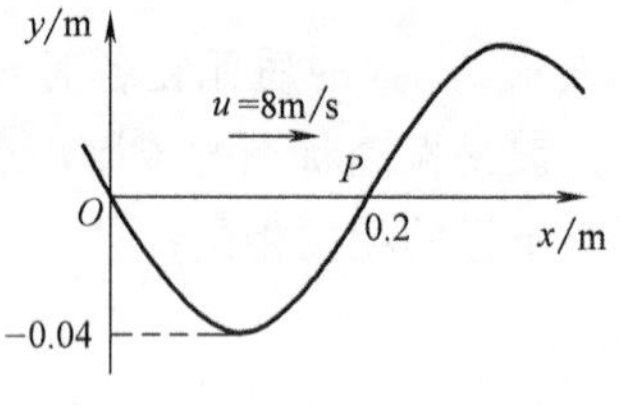

图 12.2-4　例 12.2-2 图

例 12.2-2 图 12.2-4 为平面简谐波在 $t=10\text{s}$ 时的部分波形图，已知条件标于图上。求：（1）波函数；（2）此时 P 点的振动速度。

解：（1）由波形图可知：$u=8\text{m/s}$，$A=0.04\text{m}$，$\lambda=0.4\text{m}$，波沿 x 轴正向传播。不妨按式（12.2-14）假设波函数为

$$y(t,x)=0.04\cos\left[2\pi\left(\frac{t}{T}-\frac{x}{0.4}\right)+\varphi_0\right]\text{(SI)}$$

由已知条件可求出

$$T=\frac{\lambda}{u}=\frac{0.4}{8}=0.05\text{s}$$

波函数中的 φ_0 是坐标原点的初相位，而题目给出的是 $t=10\text{s}$ 时的波形图，因此我们需要从 $t=10\text{s}$ 时的情况反推出 $t=0$ 时的情况，方法是将题目中给出的波形图逆着波传播的方向平移 $u\Delta t=8\times10\text{m}=80\text{m}$ 得到。然而事实上却不必如此麻烦。由于波在时间和空间上具有周期性，而 10s 恰好是周期 0.05s 的整数倍，因此，坐标原点的初相位（$t=0$ 时的相位）与 $t=10\text{s}$ 时的相位是相等的，$t=0$ 时的波形与 $t=10\text{s}$ 时的波形相同。由波形曲线结合旋转矢量法不难得出 $\varphi_0|_{t=10\text{s}}=\dfrac{\pi}{2}$（见图 12.2-5），因此 $\varphi_0=\varphi_0|_{t=0\text{s}}=\varphi_0|_{t=10\text{s}}=-\dfrac{\pi}{2}$。

最终可得波函数

$$y = 0.04\cos\left[2\pi\left(\frac{t}{0.05} - \frac{x}{0.4}\right) - \frac{\pi}{2}\right]\text{(SI)}$$

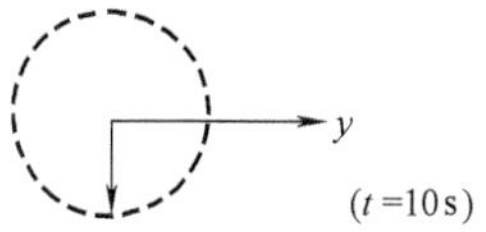

(2)
$$v = \frac{\partial y}{\partial t} = -0.04\frac{2\pi}{0.05}\sin\left[2\pi\left(\frac{t}{0.05} - \frac{x}{0.4}\right) - \frac{\pi}{2}\right]$$

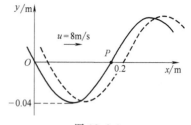

图 12.2-5

将 $x = 0.2\text{m}$ 和 $t = 10\text{s}$ 代入，可得 P 点此时的振动速度

$$v = -1.6\pi\text{m/s}$$

负号代表速度方向沿 y 轴负向。

也可以直接从 P 点的位置变化情况来分析其振动速度。$t = 10\text{s}$ 时 P 点位于平衡位置，速率最大，因此

$$v = v_{\max} = \omega A = \frac{2\pi}{T}A = \frac{2\pi}{0.05}0.04\text{m/s} = 1.6\pi\text{m/s}$$

由于波沿着 x 轴正方向传播，所以在经过很短的一段时间之后，波形曲线将变为图 12.2-6 中虚线所示的情况，P 点由平衡位置（$y = 0$）运动到了 $y < 0$ 的区域，由此可知 $t = 10\text{s}$ 时 P 点的速度方向沿 y 轴负向。

评价：在波函数的一般形式中，φ_0 代表坐标原点的初相位，即该点在 $t = 0$ 时的相位，因此需要注意已知条件是否对应 $t = 0$ 时刻。利用某时刻的波形曲线判断某质元在该时刻的相位时，需借助该质元在下一时刻的波形曲线中的位置或者该质元上游的质元在此时波形曲线中的位置来判断该质元在此时的振动方向。

图 12.2-6

有些时候我们会用复数表达式来描述一列平面简谐波。由于

$$\cos\theta = \text{Re}[\exp(i\theta)] = \text{Re}[\exp(-i\theta)] = \text{Re}(\cos\theta - i\sin\theta) \tag{12.2-21}$$

因此式（12.2-13）可以写为

$$y(t,x) = A\cos\left[\omega\left(t \mp \frac{x}{u}\right) + \varphi_0\right] = \text{Re}\left(A\exp\left\{-i\left[\omega\left(t \mp \frac{x}{u}\right) + \varphi_0\right]\right\}\right)$$

为追求简洁，常将上式在形式上写为

$$y(t,x) = A\exp\left\{-i\left[\omega\left(t \mp \frac{x}{u}\right) + \varphi_0\right]\right\} = A\exp\left(\pm i\frac{\omega}{u}x\right)\exp[-i(\omega t + \varphi_0)]$$

$$= U(x)\exp[-i(\omega t + \varphi_0)]$$

$$\tag{12.2-22}$$

式中，含有 t 的 e 指数项称为时间因子，含有 x 的 e 指数项称为空间因子，$U(x) = A\exp\left(\pm i\frac{\omega}{u}x\right)$ 称为简谐波的**复振幅**。在一些需要对波函数进行求导运算的场合，我们会发现 e 指数形式波函数的优越性。

最后需要指出的是，本节在推导和分析波函数时，针对的是一列沿着 x 方向传播的横波，波线上各质元均在 y 方向上振动。利用同样的过程也可以写出纵波或沿其他方向传播的横波的波函数，此处不再赘述。

小节概念回顾：做简谐振动的波源发出简谐波。可以利用波面与波线、波形曲线及波函数等不同方式对简谐波进行定性、半定量或定量的描述。

12.2.2 波动方程

12.2.1 节讨论的平面简谐波函数是质元偏离平衡位置的位移 y 关于时间 t 和质元在波线上的位置 x 的函数，它可以看作是一个关于 y、t、x 的**波动方程**的解。下面我们由波函数出发反推出波动方程，进而讨论波动方程的物理意义。

已知平面简谐波函数为

$$y(t,x) = A\cos(\omega t \mp kx + \varphi_0)$$

对 x 和 t 分别求二阶偏导数，得

$$\frac{\partial^2 y}{\partial x^2} = -k^2 A\cos(\omega t \mp kx + \varphi_0) = -k^2 y$$

$$\frac{\partial^2 y}{\partial t^2} = -\omega^2 A\cos(\omega t \mp kx + \varphi_0) = -\omega^2 y \qquad (12.2\text{-}23)$$

两式联立，并考虑到 $\omega/u = k$ [式 (12.2-2)]，可得

$$\frac{\partial^2 y}{\partial t^2} = u^2 \frac{\partial^2 y}{\partial x^2} \qquad (12.2\text{-}24)$$

这就是一维平面简谐波所对应的波动方程，它是一个关于时间和空间的二阶偏微分方程。

下面我们以一维弹性绳上的横波为例来说明上述波动方程的物理意义。设一弹性绳沿 x 方向放置，绳上各质元在 y 方向上振动。以 y 表示绳上质元偏离平衡位置的位移，则方程左端的 $\frac{\partial^2 y}{\partial t^2}$ 表示质元在 t 时刻的加速度。根据牛顿第二定律，这一加速度正比于该质元所受的回复力。当 $\frac{\partial^2 y}{\partial t^2} > 0$ 时，回复力方向为正；当 $\frac{\partial^2 y}{\partial t^2} < 0$ 时，回复力方向为负。另一方面，从 t 时刻的波形曲线（图 12.2-2a）可以看出，在函数 y 向下凹陷的波谷区域（位移 $y < 0$），$\frac{\partial^2 y}{\partial x^2} > 0$，由波动方程可知，此时这些质点的 $\frac{\partial^2 y}{\partial t^2} > 0$，这意味着此时这些质点受到的回复力方向为正；与此相反，在函数 y 向上凸起的波峰区域（位移 $y > 0$），$\frac{\partial^2 y}{\partial x^2} < 0$，此时这些质点的 $\frac{\partial^2 y}{\partial t^2} < 0$，这意味着此时这些质点受到的回复力方向为负。由此可见，所有回复力均指向让质点的位移绝对值减小的方向。在某一时刻达到正负向振幅处的质元，其速度为 0，在回复力的作用下会向着平衡位置运动从而失去"波峰顶端"或"波谷底端"的地位，而它下游的质元则会继承这一地位，如此周而复始，波峰波谷的位置就会随着时间而推进，这样，弹性绳上就产生了波动。

将式 (12.2-24) 扩展到三维情况，可得三维波动方程

$$\frac{\partial^2 \xi}{\partial t^2} = u^2 \left(\frac{\partial^2 \xi}{\partial x^2} + \frac{\partial^2 \xi}{\partial y^2} + \frac{\partial^2 \xi}{\partial z^2} \right) \qquad (12.2\text{-}25)$$

小节概念回顾：波动方程是一个关于时间和空间的二阶偏微分方程，从波动方程可以求解出波函数。

12.2.3 弹性介质中的波速

在波动方程 (12.2-24) 或波动方程 (12.2-25) 中，等式左边是时间导数项，等式右边

含有空间导数项，联系二者的物理量是机械波在介质中的传播速率（波速、相速度）u。弹性介质中的波速与介质的形变特性密切相关，在研究弹性介质的形变特性时，需要引入**模量**的概念。模量是衡量物体在外界作用下发生形变的难易程度的物理量。下面我们分别介绍弹性介质的三种形变方式以及相应的模量。

1. 线变和弹性模量

线变是指质元受到沿同一条直线而方向相反的两个外力的作用时发生的形变，如图12.2-7a 所示。单位面积上的作用力（应力）与质元沿力的方向产生的相对形变量（应变）之间的比值称为弹性模量，用 E 表示。于是有

$$\frac{F}{S} = E\frac{\Delta l}{l} \tag{12.2-26}$$

当弹性介质中有波传播时，弹性介质中的每一个质元都将受到它上游和下游的相邻质元的作用力。当弹性介质中有纵波经过时，质元的振动方向与波的传播方向在同一直线上，因此纵波使质元产生线变。

2. 切变和切变模量

切变是质元在一对力偶的作用下产生形变，如图 12.2-7b 所示。切应力与切应变（质元扭曲的角度）之间的比值称为切变模量，用 G 表示。于是有

$$\frac{F}{S} = G\varphi \tag{12.2-27}$$

当弹性介质中有横波经过时，质元的运动方向与波的传播方向相互垂直，每一个质元都受到来自两侧相邻质元的一对方向相反的剪切力，因此横波使质元产生切变（这里有一个例外情况，当质元位于最大位移处时，两侧的质元施加的力是同方向的）。

3. 体变和体积模量

体变是指当质元在各方向受到的压强均匀增大时，其体积会减小，如图 12.2-7c 所示。压强的增量和体积的相对变化量的绝对值之间的比值称为体积模量，用 K 表示。于是有

$$\Delta p = -K\frac{\Delta V}{V} \tag{12.2-28}$$

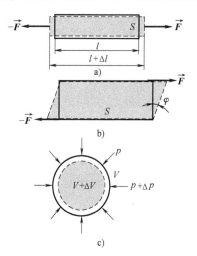

图 12.2-7 介质的三种形变：
a）线变、b）切变和 c）体变

式中，负号的物理含义是，当压强增大时（$\Delta p > 0$），质元的体积减小（$\Delta V < 0$）。

从上述定义可以看到，材料的模量越大，在外力作用下就越难发生形变，亦即材料的刚度越大。机械波是依靠弹性介质中各质元之间的相互作用力来进行传播的，因此，波速与弹性介质的刚度和密度均相关。例如，固体棒中的纵波和横波的波速分别为

$$u_{纵} = \sqrt{\frac{E}{\rho}}$$

$$u_{\text{横}} = \sqrt{\frac{G}{\rho}} \qquad (12.2\text{-}29)$$

式中，E 和 G 分别为棒的弹性模量和切变模量，ρ 为棒的体密度。可以看出，模量越大、密度越小的弹性介质中的波速就越大。另一个常用的结果是弹性绳上横波的波速

$$u = \sqrt{\frac{F}{\rho_l}} \qquad (12.2\text{-}30)$$

式中，F 为绳的张力；ρ_l 为棒的线密度。后面的章节将用到这一结论。

小节概念回顾： 弹性介质中的波速与波的种类及介质特性有关。

12.2.4 能量和强度

波是振动状态的传播，与振动状态传播相伴随的是质元之间的能量传递。所谓"波的能量"其实指的是介质质元所携带的能量，包括与质元振动相对应的动能以及由质元形变所引起的势能。下面我们以弦中的简谐横波为例来讨论质元的能量以及波的能量输运，并由此推出波的强度。

1. 能量、能量密度、平均能量密度

当机械波在弹性介质中传播时，每一个质元都在自己的平衡位置附近做简谐振动。如图 12.2-8 所示，一根线密度为 ρ_l 的弹性绳沿 x 轴放置（图中的水平直线段），平面简谐横波沿绳传播，且假设质元的振动发生在 y 方向上。取长度为 $\mathrm{d}x$ 的质元为研究对象，其质量 $\mathrm{d}m = \rho_l \mathrm{d}x$。假设在 t 时刻弹性绳的形状如图 12.2-8 中的曲线所示，此时 x 处的质元偏离平衡位置的位移为

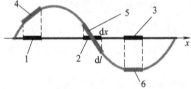

图 12.2-8　弹性绳上的波（粗线段 1、2、3 分别代表质元的平衡位置，粗线段 4、5、6 分别代表各质元形变时的位置）

$$y = A\cos\left[\omega\left(t - \frac{x}{u}\right) + \varphi_0\right] \qquad (12.2\text{-}31)$$

其运动速度和振动动能分别为

$$v = \frac{\partial y}{\partial t} = -\omega A\sin\left[\omega\left(t - \frac{x}{u}\right) + \varphi_0\right] \qquad (12.2\text{-}32)$$

$$\mathrm{d}E_{\mathrm{k}} = \frac{1}{2}\mathrm{d}mv^2 = \frac{1}{2}\rho_l\mathrm{d}x\omega^2 A^2\sin^2\left[\omega\left(t - \frac{x}{u}\right) + \varphi_0\right] \qquad (12.2\text{-}33)$$

可以看出，x 处长度为 $\mathrm{d}x$ 的质元的动能是时间 t 的周期函数，角频率为 2ω。另一方面，在某一时刻 t，介质中各质元的动能也是其位置 x 的周期函数。当 $\sin[\omega(t-x/u)+\varphi_0] = \pm 1$ 时，质元动能达到最大值 $\frac{1}{2}\rho_l\omega^2 A^2\mathrm{d}x$，其运动速率最大，由简谐振动的特点可知，此时质元位于平衡位置；当 $\sin[\omega(t-x/u)+\varphi_0] = 0$ 时，质元动能达到最小值 0，其速率为 0，此时质元位于最大位移处。这一结果与我们在第 11 章中研究的弹簧振子的结果是相似的。

下面我们来写出形变势能的具体形式。质元的形变是由其两侧相邻质元的张力引起的，因此形变势能

$$\mathrm{d}E_{\mathrm{p}} = F(\mathrm{d}l - \mathrm{d}x) \qquad (12.2\text{-}34)$$

式中，F 为张力；$\mathrm{d}l$ 为质元形变的长度。

利用理论力学知识可以证明：$\mathrm{d}l-\mathrm{d}x\approx\dfrac{1}{2}(\partial y/\partial x)^2\mathrm{d}x$，将这一结果代入式（12.2-34），并

考虑到 $\dfrac{\partial y}{\partial x}=\dfrac{\omega}{u}A\sin[\omega(t-x/u)+\varphi_0]$，得

$$\mathrm{d}E_{\mathrm{p}}=\frac{1}{2}F\frac{\omega^2}{u^2}A^2\mathrm{d}x\sin^2\left[\omega\left(t-\frac{x}{u}\right)+\varphi_0\right]\qquad(12.2\text{-}35)$$

可以看到，与式（12.2-33）的动能类似，质元的势能也是时间 t 和位置 x 的周期函数。当 $\sin[\omega(t-x/u)+\varphi_0]=\pm1$ 时，质元势能达到最大值 $\dfrac{1}{2}F\dfrac{\omega^2}{u^2}A^2\mathrm{d}x$，当 $\sin[\omega(t-x/u)+\varphi_0]=0$ 时，势能达到最小值 0。图 12.2-8 中画出了三个不同位置质元的形变情况，x 轴上的粗线段 1、2、3 代表质元的平衡位置，粗线段 4、5、6 代表各质元形变时的位置。不难看出，位于平衡位置的质元，其形变达到最大（粗线段 5），因此形变势能最大；而位于最大位移处的质元，其形变量为 0（粗线段 6），因而形变势能也为 0。这一结果与我们在第 11 章中研究的弹簧振子大为不同。在弹簧振子问题中，振子在平衡位置时，弹簧形变量为 0，系统势能为 0；而振子在最大位移处时，弹簧形变量最大，系统势能最大。而在波动问题中，势能取最大值和最小值的位置与弹簧振子的情况恰好相反。

在第 11 章的弹簧振子问题中，当振子在平衡位置时，系统动能最大而势能为 0；当振子在最大位移处时，系统势能最大而动能为 0，因此，弹簧振子系统的动能与势能此消彼长，相互转化，机械能是守恒的。而在刚刚讨论的弹性绳上的简谐波问题中，质元在平衡位置时，其动能和势能均达到最大值，而质元在最大位移处时，其动能和势能同时为 0。很显然，在波的传播过程中，每一个质元的机械能都是不守恒的。因此，"简谐振动系统机械能守恒"这一结论的成立条件是：该系统是**孤立**系统，与外界没有能量交换。在波动问题中，每一个质元都不是孤立的，它们和与之相邻的质元之间存在能量的传递，因此质元的机械能不守恒。

由弦上横波的波速式（12.2-30）可知 $\rho_l=F/u^2$，代入式（12.2-33）并与式（12.2-35）对比后可以看出，每时每刻某质元的动能 $\mathrm{d}E_{\mathrm{k}}$ 和势能 $\mathrm{d}E_{\mathrm{p}}$ 均相等。因此，不妨将 x 处的质元在 t 时刻的总能量（亦即波的能量）写为

$$\mathrm{d}E=\mathrm{d}E_{\mathrm{k}}+\mathrm{d}E_{\mathrm{p}}=\rho_l\omega^2A^2\sin^2\left[\omega\left(t-\frac{x}{u}\right)+\varphi_0\right]\mathrm{d}x\qquad(12.2\text{-}36)$$

这是关于 x 和 t 的周期性函数，在波的传播过程中，质元 $\mathrm{d}x$ 的能量随着时间变化，任一质元都在不断地接受和放出能量，波的能量就是这样传播的。

从式（12.2-36）中可以看出，质元的机械能 $\mathrm{d}E$ 正比于其长度 $\mathrm{d}x$，从这一角度上来说，"能量"这一广延量并不能描述一列波的最根本属性，此时我们需要引入**能量密度**这一更基本的概念。

对于"密度"一词，我们已经十分熟悉了。例如，单位体积中的质量称为质量体密度，这是物质的根本属性；单位面积上的电荷量称为电荷面密度，这是带电面的根本属性；单位体积内的电磁场能量称为场能密度，这是电磁场的根本属性；速度空间中分子速度出现在单位体积中的概率称为概率密度，这是分子速率分布的根本属性，等等。

对于一维波动来说，能量（线）密度是指单位长度的质元所携带的能量，即

$$w(x,t)=\frac{\mathrm{d}E}{\mathrm{d}x}=\rho_l\omega^2A^2\sin^2\left[\omega\left(t-\frac{x}{u}\right)+\varphi_0\right] \tag{12.2-37}$$

能量线密度的单位是 J/m。不难看出，这仍然是一个随着时间 t 和位置 x 周期变化的函数。由于每一个质元在任意时刻的动能和势能都相等，所以动能密度 w_k 和势能密度 w_p 均为上述值的二分之一，即

$$w_k=w_p=\frac{w}{2} \tag{12.2-38}$$

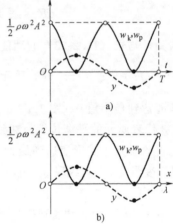

图 12.2-9a 中的虚线和实线分别表示**某一质元**的振动曲线和波的能量密度曲线（假设振动的初相位为 $-\pi/2$）。可以看出，w_k 和 w_p 同步地随时间 t 周期性地变化，二者的曲线完全重合。在图中"○"所代表的那些时刻，该质元位于平衡位置，其动能密度和势能密度均达最大值；在图中"●"所代表的时刻，质元分别位于正负向的最大位移处，其动能密度和势能密度均为 0。图 12.2-9b 中的虚线和实线分别表示**某一时刻**的波形曲线和波的能量密度曲线，可以看出，w_k 和 w_p 同步地随位置 x 周期性地变化，二者的曲线完全重合。在这一时刻，图中"○"所代表的那些坐标上的质元正位于各自的平衡位置，

图 12.2-9 能量密度随时间和位置的变化
a）能量密度随 t 的变化曲线
b）能量密度随 x 的变化曲线

该处的动能密度和势能密度均达到最大值；与此同时，图中"●"所代表的坐标上的质元正分别位于正负向的最大位移处，其动能密度和势能密度均为 0。

将式（12.2-37）在时间周期内求平均值，得

$$\overline{w}=\frac{1}{2}\rho_l\omega^2A^2 \tag{12.2-39}$$

这是波线上每个位置处单位长度的质元携带的能量在时间上的平均情况，其数值与质元坐标 x 无关。换言之，对于波线上每一点来说，其能量密度都在随着时间不断变化。另一方面，虽然某一点的能量密度在每时每刻都不同于它上下游近邻点的能量密度，但在一段时间上的平均效果却是一样的，这说明了不同位置处的质元在携带能量方面的平权性。

2. 能流、能流密度、平均能流密度（强度）

既然能量密度是时间的函数，就意味着每一个质元都在不断地与其他质元发生着能量交换，这也正是波传播的一个重要行为——能量的输运。

我们已经知道每个质元携带能量的情况，现在引入**能流**这一概念来描述这些能量的输运过程。为了便于理解，我们不妨回顾一下电流的定义：单位时间流过一个截面的电荷量称为该截面上的电流。按照这一定义方式，我们来定义通过某个面的能流。如图 12.2-10 所示，一列波自左向右传播，波速大小为 u。垂直于波线作截面 $S_\perp$（图中线段 1 表示该截面与纸面的交线），单位时间流过该截面的能量即为通过 $S_\perp$ 面的能流，用符号 "EF（energy flow）"

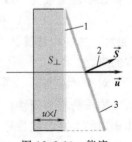

图 12.2-10 能流

表示，单位是瓦特（W）。由于 $S_\perp$ 面与波线垂直，所以在单位时间内，体积 $uS_\perp$ 内的能量将流过 $S_\perp$ 面，于是得到通过 $S_\perp$ 面的能流

$$EF_\perp = wu\,S_\perp \tag{12.2-40}$$

式中，w 为波的能量密度。若截面与波线不垂直（其法线方向如图中箭头 2 所示，图中线段 3 表示该截面与纸面的交线），不难得到能流的大小为

$$EF = w\vec{u} \cdot \vec{S} \tag{12.2-41}$$

显然，能流的大小与所选截面的面积大小及方向有关，因此，能流作为广延量，并不能在本质上描述波动的能量输运情况，此时我们需要再次引入一个"密度"量——**能流密度**，即通过单位垂直截面的能流，也就是单位时间流过单位垂直截面的能量。请注意，这个"密度"概念不仅限制了"单位面积"，而且规定了面积必须垂直于波线，亦即面积的法线方向必须平行于波线。由式（12.2-40）可知，能流密度 $N_{EF} = wu$，其单位是 W/m^2。

由平面简谐波的能量密度［式（12.2-37）］可知，平面简谐波的能流密度为

$$N_{EF} = wu = \rho u \omega^2 A^2 \sin^2\left[\omega\left(t - \frac{x}{u}\right) + \varphi_0\right] \tag{12.2-42}$$

可见，在波速 u 保持不变的情况下，平面简谐波的能流密度随着时间 t 呈周期性变化，这种周期性变化来自能量密度函数的周期性变化。尽管一列波的能流密度与时间 t 有关，但是在很多情况下，我们并不太关心波在每一时刻的能量流动情况，而是关注能量输运的整体效果。由于能流密度是时间的周期性函数，所以我们就可以很方便地用能流密度在一个周期内的平均值来表征能量传递的整体情况，这个概念称为**平均能流密度**或者**波的强度**，其单位是 W/m^2（与能流密度相同）。按照强度的定义，由式（12.2-42）可得简谐波的强度为

$$I = \overline{N_{EF}} = \overline{wu} = \frac{1}{2}\rho u \omega^2 A^2 \tag{12.2-43}$$

可见，对于在一定介质中传播的简谐波，**当波速和角频率恒定时，波的强度正比于振幅的平方**。这是一个很重要的结论，我们在以后的章节中会经常用到它。

将强度（平均能流密度）在垂直于波线方向的面积上积分，即可得到该面积上的平均能流

$$\overline{EF} = \int_S I\,\mathrm{d}S \tag{12.2-44}$$

若能流密度在面积为 S 的垂直截面上是均匀的，则该面积上的平均能流可以简化为

$$\overline{EF} = IS \tag{12.2-45}$$

图 12.2-1 曾经指出，平面波的波面是一系列的平行平面。现在我们考虑在垂直于波的传播方向上的两个相互平行且面积相等的截面 S_1 和 S_2，如图 12.2-11a 所示。假设介质不吸收能量，则穿过 S_1 和 S_2 的平均能流应该是相等的，即

$$I_1 S_1 = I_2 S_2 \tag{12.2-46}$$

由于 $S_1 = S_2$，所以

$$I_1 = I_2 \tag{12.2-47}$$

也就是说，在介质不吸收能量的理想情况下，平面波在各处的强度是相等的。将式（12.2-43）代入式（12.2-47）并化简，可得

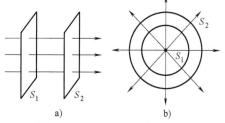

图 12.2-11　a）平面波的强度
b）球面波的强度

$$A_1 = A_2 \tag{12.2-48}$$

即平面波在其波线上各处引起的振动振幅相等。在 12.2.1 节中推导平面波的波函数时曾经假设各点的振幅都与波源振幅相同，统一以 A 表示，其物理根源即在于此。

球面波的情况与平面波不同。如图 12.2-11b 所示，仍然忽略介质对波的能量的吸收，此时，穿过 S_1 和 S_2 的平均能流仍然相等，式（12.2-46）仍然成立，但由于球面面积 $S_1 \neq S_2$，因此 $I_1 \neq I_2$，也就是说，在与波源距离不同的地方，球面波的强度是不相等的。这时式（12.2-46）变为

$$\frac{1}{2}\rho u \omega^2 A_1^2 \cdot 4\pi r_1^2 = \frac{1}{2}\rho u \omega^2 A_2^2 \cdot 4\pi r_2^2$$

化简后得

$$\frac{A_2}{A_1} = \frac{r_1}{r_2} \tag{12.2-49}$$

如果用 A_1 特指距球心 1m 处的振幅，用 r 表示质元到球心的距离，则有

$$y(t,r) = \frac{A_1}{r}\cos(\omega t - kr + \varphi_0) \tag{12.2-50}$$

这就是球面波的波函数，它与平面波函数最大的区别在于：振幅不再是常数，而是随 r 变化。值得注意的是，在式（12.2-50）余弦函数的宗量中，ωt 与 kr 之间是异号的，说明球面波都是沿着 r 的正方向传播的，即球面波是发散的。这可以从能量的角度来理解。我们知道，能量总是顺着波线的方向传播，若球面波会聚，波线指向球心，则在球心处将会出现能量的积累，直至该点能量达到无穷大，而"无穷大"在物理上是没有实际意义的。

最后还要说明一点。在 12.2.1 节中，我们曾经给出平面简谐波的复数表达形式式（12.2-22）：

$$y(t,x) = A\exp\left(\pm i\frac{\omega}{u}x\right)\exp[-i(\omega t + \varphi_0)] = U(x)\exp[-i(\omega t + \varphi_0)]$$

其中 $U(x) = A\exp\left(\pm i\frac{\omega}{u}x\right)$ 称为复振幅。可以看出

$$|U(x)|^2 = U(x) \cdot U^*(x) = A\exp\left(\pm i\frac{\omega}{u}x\right) \cdot A\exp\left(\mp i\frac{\omega}{u}x\right) = A^2 \tag{12.2-51}$$

即复振幅的模的平方与振幅的平方相等。因此，在波的能量和强度问题上，用复数形式来表示平面波对于结果完全没有影响。

从上面的分析可以看出，一列波的强度越大，意味着质元振动的振幅越大。有时我们形容一个声音"震耳欲聋"，其实就是声波的强度（即声强）过大，引起了人耳鼓膜的大幅振动。声波是弹性介质中传播的纵波，正常人能听到的声波频率范围大约是 20Hz～20kHz，频率低于 20Hz 的声波称为次声波，在地震和海啸等自然灾害中往往伴随有次声波的出现。频率高于 20kHz 的声波是超声波，众所周知，蝙蝠可以利用超声波的反射来判断前进路上的障碍物。除了频率范围的限制之外，适合人耳接收的声强也是有范围的。声强达不到听觉阈限的声波无法引起鼓膜足够的振动，因而不能在人脑中形成听觉的反应，而超过痛觉阈限的声波则会对人体造成伤害。

我们常常用声强级来描述声强大小。声强级是一个以 1000Hz 时的听觉阈限 I_0（约为 10^{-12}W/m^2）为基准的相对量，声强为 I 的声波的声强级为

$$L_I = \lg \frac{I}{I_0} \qquad (12.2\text{-}53)$$

从这一定义来看，声强级应该是一个量纲为一的物理量，但是科学家们人为地赋予它一个单位——B（贝尔），是为纪念电话的发明人亚历山大·格拉汉姆·贝尔$^\ominus$（Alexander Graham Bell，1847—1922）。生活中更经常使用的声强级单位是 dB（分贝），1B＝10dB。我们不妨了解一些典型的声音的声强级，例如，轻声耳语的声强级大约是 10dB，大声喧哗时声强级则可达 60~70dB，马路等嘈杂环境的声强级可达 80dB，飞机的轰鸣声则接近 140dB。

小节概念回顾：波的能量包括质元的振动动能与形变势能，二者每时每刻都相等。单位长度中的能量称为能量（线）密度。单位时间通过某个截面的能量称为能流，单位垂直截面上的能流称为能流密度，能流密度的平均值是波的强度，它正比于振幅的平方。

12.3 惠更斯原理及其应用

物理学是理论与实验并重的学科，在很多时候需要进行精密的定量运算，但是定性和半定量的方法往往也十分有用，常见的定性和半定量分析方法包括量纲分析和数量级的估计等，这些方法能让我们对物理问题进行快速和宏观的把握。本节介绍的惠更斯原理是一种典型的半定量方法，是由荷兰科学家惠更斯（Christiaan Hygens，1629—1695）在 1678 年提出的。

12.3.1 惠更斯原理

惠更斯原理的基本内容包含两个方面：

（1）子波：波面上的每一点都是新的点波源，从该点向外发出球面子波。

（2）包络面：某一时刻各子波波面的公共切面（称为包络面）就是该时刻的新波面（波前）。

图 12.3-1 中的直线 1 和圆 3 分别代表平面波和球面波在 t 时刻的波面（实际上是波面与纸面的交线），我们在这个波面上画出若干个点作为示意。根据惠更斯原理，在此波面上，以这几个点为代表的所有点都是新的子波源，向外发出球面波。假设介质是各向同性的，即波在介质中各点向各个方向上传播的速度均为 u，则经过 Δt 时间间隔之后，这些子波将扩散到图中的半圆曲线所示的位置（半圆曲线是球形子波面与纸面的交线），找出这些子波面的包络面（图中的直线 2 或圆 4 是包络面与纸面的交线），即为 $t + \Delta t$ 时刻的波面。这样，只需知道某一时刻的波面，就可以利用惠更斯原理方

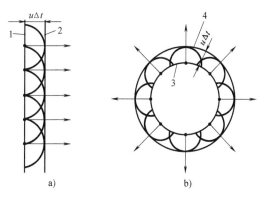

图 12.3-1 a）平面波 b）球面波的子波、包络面和波线

$\ominus$ 电话的发明者目前尚在以下三人中存在争议：美国人亚历山大·贝尔、意大利人安东尼奥·梅乌奇和美国人伊莱沙·格雷。

便地得到此后任意时刻的波面。

确定了波面之后，即可进一步确定波线的方向。既然子波源是波面上的点，波线一定会经过子波源，对于从每个子波源上发出的子波，波线也一定会经过波面。另一方面，这些子波面的包络面是新的波面，因此波线也必须经过新的波面。于是，波线必然经过子波面和包络面的切点。这样我们就得到了波线的画法——连接子波源和子波面与包络面的切点，并从子波源指向切点方向，如图 12.3-1 中的箭头所示。

惠更斯原理非常简单方便，但是其不足之处也十分明显。例如，子波为什么不能像图 12.3-2 中虚线所示的那样向反方向传播？此外，各子波之间有无联系？这些问题，惠更斯原理都没有给出答案。直到一百多年以后，一位法国的年轻科学家菲涅尔（Augustin-Jean Fresnel，1788—1827）提出了一套完善的波动光学理论，在其中对惠更斯原理进行了进一步的阐述。我们将在 13.2 节中介绍。

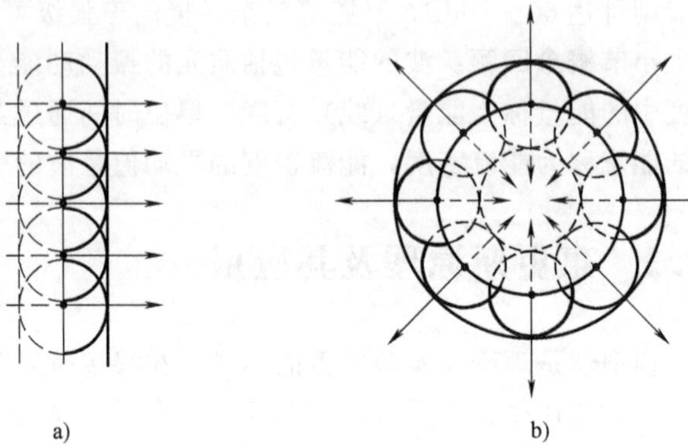

下面将利用惠更斯原理来推导波

a)   b)

图 12.3-2　a）平面波 b）球面波的反方向子
波面和相应的包络面及波线

的反射定律和折射定律，并简单地分析波的衍射现象。

小节概念回顾：波面上的每一点都是新的子波源，向外发出子波，某一时刻这些子波的包络面即为该时刻的波面。

12.3.2　波的反射

当一列波入射到两种介质的分界面上时，会发生反射现象。图 12.3-3a 画出了一列平面波中的若干条波线（图中以带箭头的虚线表示）。在这一时刻，一条波线恰好到达反射表面的 A 点，实线 AA' 代表的是过 A 点的波面，根据平面波在各向同性介质中传播的特点可知，波线与波面相互垂直。以 AA' 上的各点为圆心画出一些半径为 $u\Delta t$ 的圆弧，这些圆弧代表从波面 AA' 上各子波源发出的子波，如图 12.3-3b 所示。靠近 A' 端的各子波源发出的子波在上方介质中继续传播，它们的包络面给出新波前的 MB' 部分。如果没有反射表面，靠近 A 端的各子波源产生的子波将会类似地到达虚线圆弧所示的位置。然而，这些子波现在遇到了反射表面。反射表面的作用是改变这些入射子波的传播方向，所以实际上子波出现在了反射表面的上方，这些反射子波的包络面是波前的 BM 部分。因此这一时刻整个波前的迹线是折线 BMB'。从波前的 BM 部分可以画出反射波的波线（图中以带箭头的实线表示）。显然，入射波线、反射波线以及界面的法线（图中未画出）都在同一个平面内。

为了更清楚地分析各线条之间的角度关系，将图 12.3-3b 简化为 12.3-3c，并将 MB 与圆弧的切点记为 Q。由平面几何关系可知，入射波的波前和界面之间的夹角与入射角（入射）波线和反射面法线的夹角相等，记为 $\theta_入$。类似地，反射波的波前和界面之间的夹角与反射角（反射波线和反射面法线的夹角）相等，记为 $\theta_反$。连接 AQ，由于 MB 与圆弧相切，因此 $MB\perp AQ$；然后从 M 点作 AA' 的垂线 MP，显然 $\overline{MP}=\overline{AQ}=u\Delta t$。可以看出，两个直角三角

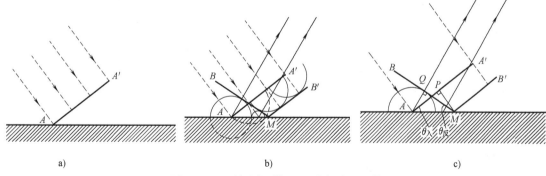

图 12.3-3 利用惠更斯原理分析波的反射

形 APM 和 MQA 全等，所以 $\theta_入 = \theta_反$，这样就得到了**反射定律**，其完整表述如下：入射线、反射线和界面法线均在入射面（入射线与界面法线确定的平面）内，入射角等于反射角。

小节概念回顾：利用惠更斯原理可以分析波的反射现象并定量推出反射定律。

12.3.3 波的折射

当波入射到两种介质的分界面上时，除了反射，通常还会有一部分能量进入到第二种介质，这种现象称为折射，如图 12.3-4 所示。前面我们应用惠更斯原理分析了波的反射过程并推出了反射定律，与之类似地，可以通过惠更斯原理得到**折射定律**（具体推导过程留给读者去完成）：入射线、折射线和界面法线均在入射面（入射线与界面法线确定的平面）内，入射角与折射角满足以下关系：

$$\frac{\sin\theta_入}{\sin\theta_折} = \frac{u_入}{u_折} = \frac{n_折}{n_入} \tag{12.3-1}$$

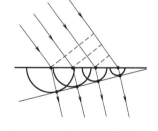

图 12.3-4 利用惠更斯原理分析波的折射

式中，$\theta_入$ 和 $\theta_折$ 分别代表入射角和折射角；$u_入$ 和 $u_折$ 分别为入射方介质和折射方介质中的波速；$n_折$ 和 $n_入$ 分别代表折射方介质和入射方介质的折射率。

折射定律又称斯涅尔定律，用以纪念荷兰科学家威理博·斯涅尔（Willebrord Snellius，1580—1626）（在很长一段时期内，折射定律被认为是由斯涅尔发现的，但是最新的历史资料研究表明，这一定律可能早在公元 984 年就由波斯科学家伊本·萨尔（Ibn Sahl）提出了）。

从式（12.3-1）中可以看出，随着入射角的增大，折射角也会增大。若 $n_{折入} < 1$，则折射角大于入射角，因此，当入射角增大到某一值时，折射角将等于 $90°$，此时若继续增大入射角，折射波将消失，入射波的所有能量将全部被界面反射回来。这种现象称为**全反射**。

全反射现象最重要的应用是光导纤维（简称光纤）。光在纤维的内表面发生全反射，从而可以在纤维中传播。光纤技术已被广泛应用于通信、探测、医学、艺术等诸多方面。"光纤之父"高锟（1933—2018）因其对光纤的研究而获得了 2009 年诺贝尔物理学奖。

应用 12.3-1 海市蜃楼

海市蜃楼是关于光波折射问题的典型例子，可以利用惠更斯原理来分析这一现象。由于太阳照射，沙漠表面温度较高，表面附近空气密度低而折射率小，因此这一层热空气中的光速比稍高处较冷空气中的光速略大，于是子波面具有略大的半径，导致波前略有倾斜（右图中的线段1、线段2、线段3）。从远处物体发出的光线中，指向地表的那些光线在传播过程中将会如应用12.3-1图中所示的那样向上弯曲，而远离地表的光线则弯曲较少。观测者一方面通过上方近似直线的光线看到实际位置上的物体，另一方面通过下方弯曲的光线反向延长（人眼总是认为光是直线传播的）看到一个翻转的虚像，于是仿佛地面上有一滩水充当了反射面一样。

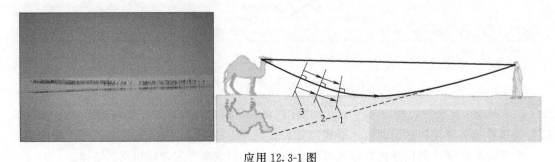

应用12.3-1图

小节概念回顾：利用惠更斯原理可以分析波的折射现象并定量推出折射定律。

12.3.4　波的衍射

当波在传播过程中遇到障碍物时，能绕过障碍物的边缘传播，这种现象称为**衍射**。我们不妨利用惠更斯原理来简单分析一下衍射现象的成因。

如图12.3-5a所示，一列平面波自左向右传播，遇到一个障碍物，波面上方和下方的部分因此而受到了限制。中部没有受到限制的波面继续向前扩展。按照惠更斯原理，这个波面上的每一个点都是子波源（图中的黑点，此处仅画出3个为例），向外发出球面子波（图中的曲线1（小圆弧线）表示子波面与纸面的交线）。由于只有位于障碍物开口处的子波源发

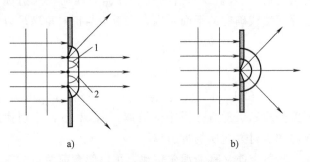

图12.3-5　利用惠更斯原理分析波的衍射
a）障碍物开口较大　b）障碍物开孔很小

出的子波可以继续向右传播（在被遮挡范围内的子波源发出的子波由于障碍物的反射作用，都是向左折返传播的，在图中没有画出），这些子波的包络面不再是平面，而是一个曲面（图中的实线2是包络面与纸面的交线），因此在靠近障碍物边缘的地方，波线的方向就出现了偏转，于是，波就绕过障碍物的边缘向被遮挡的地方传播了。图12.3-5b给出了更为极限的一种情况，障碍物开口极小，类似于一个小孔，平面波在经过这样的小孔后，近似变成了球面波。

在衍射过程中，波偏离了直线传播，同时能量也会重新分布，我们将在13.2节中详细讨论光（电磁波）的衍射现象。

小节概念回顾：利用惠更斯原理可以定性分析波的衍射现象的成因。

12.4　波的叠加

如果你观察过雨中的湖面，就会发现，每当一个雨滴落在湖面上时，就会有水波一环一环地扩散出去，引得水面涟漪阵阵。而当两套水波环相遇时（见图12.4-1），可观测到波的叠加现象，这种叠加是由于来自两个波源的振动同时传播到了某个质元处，因此波的叠加在本质上是振动的叠加。

在所有叠加现象当中，干涉是非常特殊的一类，而其中的驻波更是一种特别有趣的现象。

12.4.1　波的干涉

干涉是波的基本属性之一。所谓**干涉**，是指当两列波相遇时，由于波的叠加而发生的能量重新稳定分布的现象。可以证明，只有满足以下条件的两列波相遇时才会发生干涉：①质元的振动方向相同或有相互平行的振动分量；②振动频率相同；③相位差恒定。在实验室中，可以通过专门的装置来实现水波的干涉，这个装置叫作水波槽。如图12.4-2所示，一个装水的平盘上方有两个振动头，它们的振动方向均垂直于水面，且振动频率相同，相位差恒定。可以看到，水面上由两个波源产生的波相遇叠加后，波级出现了十分奇异的分布规律，这就是干涉现象。

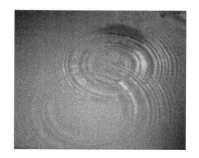

图12.4-1　两列水波的叠加

图12.4-2　水波槽中的水波干涉现象

仔细观察雨中的池塘水面，也可以看到许多圆形波纹相遇叠加的现象（见图12.4-1），但由于雨滴落入水中引起的振动是随机且相互独立的，不满足前述的三个干涉条件，因此水波只是简单地非相干叠加，而并未发生干涉现象。

当干涉发生时，介质中每一点的振动都是两列波在此处分别引起的振动的叠加。在11.1.4节中，我们分析了同方向、同频率的两个简谐振动的叠加，得到合振动的振幅为

$$A = \sqrt{A_1^2 + A_2^2 + 2A_1 A_2 \cos\Delta\varphi}$$

式中，A_1 和 A_2 分别是两列波的振幅；$\Delta\varphi$ 是两列波在相遇处各自引起的质元振动之间的相位差。将这一结果代入式（12.2-43），得

$$
\begin{aligned}
I &= \frac{1}{2}\rho u \omega^2 A^2 = \frac{1}{2}\rho u \omega^2 (A_1^2 + A_2^2 + 2A_1 A_2 \cos\Delta\varphi) \\
&= I_1 + I_2 + 2\sqrt{I_1 I_2} \cos\Delta\varphi
\end{aligned}
$$

$$(12.4\text{-}1)$$

式（12.4-1）表明，当两列波发生相干叠加时，其强度并不是两列波各自强度的单纯叠加，而是出现了式（12.4-1）右侧第 3 项所代表的干涉项。

下面我们具体分析两列波在相遇处各自引起该处质元的振动的相位差 $\Delta\varphi$。如图 12.4-3 所示，波源 S_1 和 S_2 发出的波在 P 点分别引起振动：

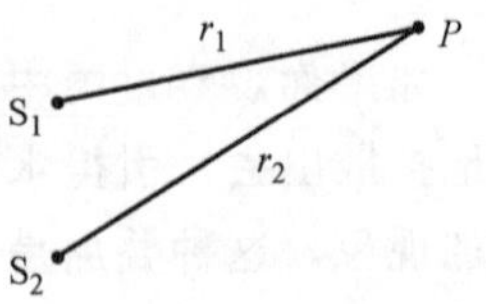

$$y_1|_P = A_1 \cos\left[\omega\left(t - \frac{r_1}{u}\right) + \varphi_{10}\right]$$

$$y_2|_P = A_2 \cos\left[\omega\left(t - \frac{r_2}{u}\right) + \varphi_{20}\right]$$

（12.4-2）

图 12.4-3 两列波
在 P 点的干涉

可以看出，这两个振动都在 y 方向上，满足了相干条件①；两个振动的角频率均为 ω，满足了相干条件②。此外，两列波的波速也相等，这是由于发生干涉的两列波是在同一种介质中传播的。于是，这两列波速和角频率都相等的波的波长也必然相等［可由式（12.2-3）推出］。将式（12.4-2）中的两式相减，并考虑到波速、角频率和波长之间的关系，可将两个振动的相位差表示为

$$\Delta\varphi = \varphi_2 - \varphi_1 = (\varphi_{20} - \varphi_{10}) - \frac{2\pi}{\lambda}(r_2 - r_1)$$

（12.4-3）

这个相位差分为两部分，等式右侧第一项是波源的相位差，第二项是由于两列波从波源到相遇点的距离不同而引起的相位差。当波源的初相位没有漂移时，相位差 $\Delta\varphi$ 恒定，满足了相干条件③。

由式（12.4-1）可知，当 $\Delta\varphi = \pm 2k\pi$ （$k = 0, 1, 2, \cdots,$）时，总强度达到最大值

$$I_{\max} = I_1 + I_2 + 2\sqrt{I_1 I_2}$$

（12.4-4）

此时我们说两列波发生了**相干加强**或者**相长（zhǎng）干涉**。特别地，若 $A_1 = A_2$，则 $I_{\max} = 4I_1 = 4I_2$。而当 $\Delta\varphi = \pm(2k+1)\pi$ （$k = 0, 1, 2, \cdots,$）时，总强度达到最小值

$$I_{\min} = I_1 + I_2 - 2\sqrt{I_1 I_2}$$

（12.4-5）

此时我们说，两列波发生了**相干减弱**或者**相消干涉**。特别地，若 $A_1 = A_2$，则 $I_{\min} = 0$。上述 $\Delta\varphi$ 的特殊取值被称为相干加强或相干减弱条件：

相干加强条件： $\Delta\varphi_{强} = \pm 2k\pi$ （$k = 0, 1, 2, \cdots,$） （12.4-6）

相干减弱条件： $\Delta\varphi_{弱} = \pm(2k+1)\pi$ （$k = 0, 1, 2, 3, \cdots,$） （12.4-7）

结合式（12.4-4）至式（12.4-7），可以定性画出干涉强度的分布曲线，图 12.4-4 分别给出了 $I_1 = I_2$ 和 $I_1 \neq I_2$ 的情况。从图中可以看到，若两列波的强度不同，则干涉强度曲线的强弱对比变得不明显，由此引入**反衬度**这一物理量来描述强度曲线最大值与最小值之间的相对差异，其定义式为

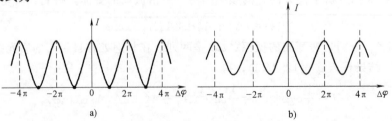

图 12.4-4 干涉强度分布曲线 a）反衬度＝1，b）反衬度＜1

$$V = \frac{I_{\max} - I_{\min}}{I_{\max} + I_{\min}} \tag{12.4-8}$$

将式（12.4-4）和式（12.4-5）代入可得

$$V = \frac{2\sqrt{I_1 I_2}}{I_1 + I_2} = \frac{2\sqrt{I_2/I_1}}{1 + I_2/I_1} \tag{12.4-9}$$

可见，两列波的强度比是反衬度的决定因素，当 $I_1 = I_2$（即 $A_1 = A_2$）时，$V = 1$，反衬度最大，干涉的强弱对比最明显。

在实际的光学干涉现象中，除了强度因素以外，光源的单色性以及几何尺寸也会影响到干涉结果的反衬度。

例 12.4-1 如图 12.4-5 所示，S_1 和 S_2 为两个相干波源，相距为 $\lambda/4$，S_1 的相位比 S_2 的相位超前 $\pi/2$。假设两列波在 S_1 和 S_2 连线方向上的强度同为 I_0 且不随距离变化，求两波源连线上波源外侧各点的合成波的强度。

解：

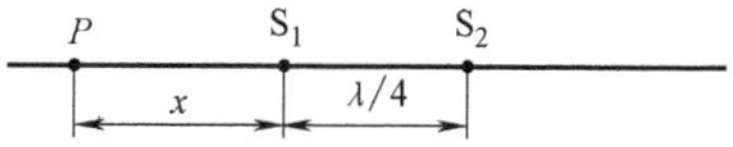

不妨假设 S_1 的振动为

$$y_1 = A\cos(\omega t)$$

由已知条件可知，S_2 的振动比 S_1 落后 $\pi/2$，因此为

$$y_2 = A\cos\left(\omega t - \frac{\pi}{2}\right)$$

图 12.4-5 例 12.4-1 图

于是，S_1 和 S_2 在图中 P 点引起的振动分别为

$$y_1|_P = A\cos\left(\omega t - \frac{2\pi}{\lambda}x\right) \quad \text{和} \quad y_1|_P = A\cos\left[\omega t - \frac{\pi}{2} - \frac{2\pi}{\lambda}\left(x + \frac{\lambda}{4}\right)\right]$$

二者的相位差为

$$\Delta\varphi = \left(\omega t - \frac{2\pi}{\lambda}x\right) - \left[\omega t - \frac{\pi}{2} - \frac{2\pi}{\lambda}\left(x + \frac{\lambda}{4}\right)\right] = \pi$$

这一结果与 x 无关，满足相干减弱条件式（12.4-7），因此 S_1 左侧各点均干涉相消，$I = 0$。同理可得：S_2 右侧各点均干涉相长（相位差 $\Delta\varphi = 0$），$I = 4I_0$。

评价： 题目中为了计算简便，做了一个不太合理的假设——两波在 S_1 和 S_2 连线方向上的强度不随距离变化。实际上，S_1 和 S_2 是点波源，它们发出的球面波的强度和振幅与距离有关，见式（12.2-50），这里说"强度不随距离变化"只是为了简化干涉强度的计算。

若两个波源同相，即二者的初相位相等或相差 2π 的整数倍

$$\varphi_{20} - \varphi_{10} = \pm 2n\pi \quad (n = 0, 1, 2, \cdots) \tag{12.4-10}$$

则相干加强条件［式（12.4-6）］和相干减弱条件［式（12.4-7）］可以简化为

相干加强条件 $\qquad r_2 - r_1 = \pm k\lambda \quad (k = 0, 1, 2, \cdots,) \tag{12.4-11}$

相干减弱条件 $\qquad r_2 - r_1 = \pm(2k-1)\dfrac{\lambda}{2} \quad (k = 1, 2, 3, \cdots,) \tag{12.4-12}$

需要强调的是，式（12.4-11）和式（12.4-12）只适用于两个波源同相的特殊情况。在分析干涉问题时，本质要素始终是相位差［式（12.4-3）］。

小节概念回顾： 两列波可以发生干涉的条件为：振动方向相同（或有平行的振动分量）、频率相同、相位差恒定。当两列波的强度给定时，空间中某一点的干涉强度的大小取决于两

列波各自在该处引起的振动的相位差：若相位差是 π 的偶数倍，则该处发生相长干涉；若相位差是 π 的奇数倍，则该处发生相消干涉。

12.4.2 驻波

上一节我们讨论了两列波相遇发生的干涉现象。发生干涉的三个必备条件是：振动方向相同（或有平行的振动分量）、频率相同、相位差恒定。如果在满足上述三个条件的基础上，两列波的振幅也相同而传播方向相反，这样的叠加会产生什么现象呢？

设想两列完全相同的波沿着 x 轴相向传播，取两列波完全重合时 $t=0$，并取此时正向波峰处为坐标原点，如图 12.4-6 所示（实际上，此时两列波应完全重合，这里刻意将波形曲线略微错开，是为了便于区分）。这样选择时间和空间零点的好处是，在 $x=0$ 处，两列波的初相位均为 0，可以简化随后的表述。

沿着 x 轴正向传播的波（图中深色曲线所示）的波函数为

$$y_1 = A\cos\left(\omega t - \frac{2\pi}{\lambda}x\right) \tag{12.4-13}$$

沿着 x 轴负向传播的波（图中浅色曲线所示）的波函数为

$$y_2 = A\cos\left(\omega t + \frac{2\pi}{\lambda}x\right) \tag{12.4-14}$$

图 12.4-6　两列相向而行的简谐波

注意，式（12.4-13）和式（12.4-14）除了 $\frac{2\pi}{\lambda}x$ 前方的符号（代表波的传播方向）之外完全相同。将两个波函数叠加，并利用三角函数的和差化积公式，即可得到 x 处的合振动

$$y = y_1 + y_2 = 2A\cos\frac{2\pi}{\lambda}x\cos\omega t \tag{12.4-15}$$

这个波函数具有鲜明的形式特点，它是两个余弦函数的乘积，时间坐标 t 和空间坐标 x 是完全分离的（即使不按照图 12.4-6 那样选择时间和空间的零点，所得到的形式也只是在两个余弦函数的宗量中多包含一个常数项而已），这与我们在此前看到的波函数形式很不一样。在前面讨论的波函数中，x 和 t 在同一个余弦函数里，t_1 时刻、x_1 位置的相位与 t_2 时刻、x_2 位置的相位相等，这四个量之间由波速（相速度）u［式（12.2-19）］联系，相位以波速 u 传播。事实上，这一类以波速 u 传播的波被称为**行波**，"行"即"行走"之意。而本节中得到的波函数式（12.4-15）的情况却与行波不同，我们把式（12.4-15）代表的这类波称为**驻波**，"驻"即"停驻"之意。驻波与行波的区别主要体现在以下几个方面：

1）式（12.4-15）像是一个"振幅"与 x 有关的"类简谐振动"，波形只有 y 方向上的扩展和收缩，而无 x 方向的平移。波形没有移动，这是"驻"的第一层含义。行波波线上的每一个质元的振幅都是相等的，但在驻波中，不同位置上的质元的"振幅"不相等：

$$"振幅" = 2A\cos\frac{2\pi}{\lambda}x \tag{12.4-16}$$

这一"振幅"中包含余弦函数，因而在某些位置范围内将为负值，这不符合第 11 章中对振幅的定义，此处仅仅沿用了"振幅"这一说法，但以引号标出，以示区别。显然，当

$$x = k\frac{\lambda}{2} \quad (k = 0, \pm 1, \pm 2, \cdots) \tag{12.4-17}$$

时，"振幅"的绝对值达到最大值 $2A$，由振动合成关系可以看出，在这些位置，两列波任何时刻都是同相叠加的，因此这些位置上的质元的振幅在所有质元中是最大的，这些位置被称为**波腹**。而当

$$x = k\frac{\lambda}{2} + \frac{\lambda}{4} \quad (k = 0, \pm 1, \pm 2, \cdots) \tag{12.4-18}$$

时，"振幅"达到最小值 0，在这些位置，两列波任何时刻都是反相叠加的，因此这些位置上的质元的振幅为零，称为**波节**。容易证明，相邻波腹之间和相邻波节之间的距离均为半个波长。相邻的波腹和波节之间的距离为四分之一个波长。

2）行波伴随着相位的传播，上游的质元依次带动下游的质元运动，下游质元的振动相位落后于上游质元。而驻波的情况却并非如此。图 12.4-7 中的曲线 1～5 分别表示 t_1、t_2、t_3、t_4、t_5（$t_1 < t_2 < t_3 < t_4 < t_5$）时刻的波形曲线。不难发现，相邻两波节之间的各点是"同起同落"的，各质元在同一时刻的振动相位相同；而一个波节两侧的各点是"此起彼落"的，各质元在同一时刻的振动相位相反。换句话说，在驻波中，并不存在有相位的传播，这是"驻"的第二层含义。

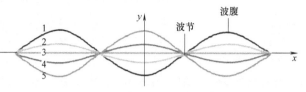

图 12.4-7 驻波在不同时刻的波形曲线

3）行波伴随着能量的单向传播，而驻波由于是两列全同波相向而传，因此合能流密度为零，即驻波不伴随能量的单向传播，此为"驻"的第三层含义。然而，既然是波，必然存在能量的输运，那么具体的输运过程是怎样的呢？

在图 12.4-7 中，在 t_1 时刻（曲线 1），箭头所示波腹处的质元位于正向最大位移处，其动能为零，此后该质元开始向其平衡位置运动，速率逐渐增大，到 t_3 时（曲线 3）达到最大值，其动能也达最大；接着，该质元的速率开始减小，直到 t_5 时刻（曲线 5），质元到达负向最大位移处，其速率减至 0，动能也变为零。因此，在波腹处质元从正向最大位移处经平衡位置运动到负向最大位移处的过程中，其动能从零增至最大值，然后又减小至零；在此过程中该质元的形变量却始终为零，因此势能始终为零。也就是说，波腹处的质元只有动能而没有势能。再来看波节处的质元。在 t_1 时刻，该质元形变程度最大，其势能为最大值，此后其形变量开始减小，到 t_3 时减至 0，其势能也减为 0；接着，该质元的形变又开始增大，直到 t_5 时刻，其形变量再次达到最大值，势能也重新回到最大值。因此，在波节处质元从形变量最大经无形变状态至再次达到最大形变量的过程中，其势能从最大值减小至零然后又增至最大值；而在此过程中，该质元一直停留在平衡位置处，其速率始终为零，因此动能始终为零。也就是说，波节处的质元只有势能而没有动能。

上述波腹质元的能量变化和波节质元的能量变化是发生在同一段时间（t_1 至 t_5，半个周期）内的，因此，波腹动能和波节势能此消彼长，不断地来回转化。当各质元均达到最大位移处时（例如图 12.4-7 中的曲线 1 或曲线 5），每个质元都只有势能而没有动能（波腹处的质元除外，此时它既无势能也无动能），其中，波节处质元的势能最大；当各质元从最大

位移处向平衡位置运动时，每个质元的势能都在减小（波腹除外）而动能都在增加（波节除外），能量从波节周围逐渐向波腹周围集中；当各质元均位于平衡位置时（图12.4-7中的曲线3），每个质元都只有动能而没有势能（波节处的质元除外，此时它既无动能也无势能），其中，波腹处的质元的动能最大；当各质元从平衡位置向最大位移处运动时，每个质元的动能都在减小（波节除外）而势能都在增加（波腹除外），能量从波腹周围逐渐向波节周围集中，如此往复，能量一直被储存在相邻的波节之间。

假设叠加形成驻波的两列行波的平均能量密度均为 $\overline{w}$，则相邻波节之间储存的驻波能量为

$$W = 2\overline{w} \cdot \frac{\lambda}{2} = \overline{w}\lambda \tag{12.4-19}$$

综上所述，驻波的特点是：不同位置的质元振幅不同，没有波形的传播，没有相位的传播，没有能量的单向传播。

需要注意的是，不要将"驻波"和"拍"混淆了。驻波是两列波叠加形成的，是波线上所有质元的共同行为，振幅的大小与质元在波线上的位置有关，与时间无关，其波形如图12.4-7所示；拍是两个振动叠加形成的，是一个质点的行为，其振幅大小与时间有关，振动曲线如图11.1-16所示。

两列波叠加形成驻波的条件可以简单地总结为：除了传播方向相反之外，其余所有特征量均相同。因此，获得驻波最简单的方式就是利用入射波与反射波进行叠加。需要强调的是，这里必须忽略透射波的能量，认为所有能量全部被反射回来，只有这样，反射波与入射波的振幅才相等，满足形成驻波的条件。

为了分析反射波与入射波叠加形成驻波的过程，必须引入"半波损失"的概念。介质密度与波速的乘积称为**波阻**。在两种介质中，波阻较大的称为波密介质，波阻较小的称为波疏介质。研究表明，当波从波疏介质入射至波密介质表面时，反射波在反射点（即入射点）会发生相位突变，使得反射波与入射波在该点引起的振动存在 π 的相位差，两个振动反相，这种现象称为**半波损失**。相反，当波从波密介质入射至波疏介质表面时，反射波与入射波在反射点引起的振动不发生相位突变，两个振动同相，没有半波损失现象。而无论介质情况如何，折射波与入射波在入射点引起的振动总是同相的。

图12.4-8所示装置的左边是一个音叉（或其他类似的振动发生器），一根弦线的一端固定在音叉上，另一端记作 P 点。从音叉发出的入射波沿着弦线向右传播，引起 P 点质元的振动，而该质元即成为反射波的波源，发出沿着弦线向左传播的反射波。在图12.4-8a中，弦线在 P 点与空气接触，弦线为波密介质而空气为波疏介质，因此入射波和反射波在 P 点引起的振动不存在相位差，即

$$\varphi_{P入} = \varphi_{P反} \tag{12.4-20}$$

所以入射波和反射波在 P 点发生同相叠加，P 点必然是波腹，这种情况称为自由端反射。在图12.4-8b中，弦线的右端固定在墙壁上。由于 P 点固定不动，因此在入射波与反射波叠加形成的驻波中，该处必然是波节。这意味着入射波与反射波在此处引起的振动是反相的，即

$$\varphi_{P入} = \varphi_{P反} \pm \pi \tag{12.4-21}$$

这正是反射过程出现半波损失的结果，因此这也代表了波从波疏介质到波密介质的反射情

况，我们称之为固定端反射。

我们以两端固定的弦为例来研究弦中形成驻波的条件。弦的两端固定，即两端都是波节，由于相邻波节的距离为半个波长，因此要想在弦中形成驻波，弦长 L 和驻波的波长 λ 之间必须满足以下关系：

$$L = n\frac{\lambda}{2} \quad (n=1,2,3,\cdots,) \tag{12.4-22}$$

图 12.4-9 分别给出了 $n=1$，2，3 的情况。将 $\lambda = \dfrac{u}{\nu}$ 和弦中的横波波速式（12.2-30）代入，可以解得

$$\nu = n\frac{\sqrt{F/\rho_l}}{2L} \tag{12.4-23}$$

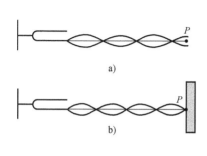

图 12.4-8 利用入射波与反射波叠加形成驻波

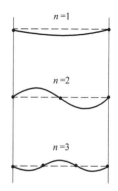

图 12.4-9 两端固定的弦中的驻波模式

这是能够在两端固定的弦中形成驻波的频率条件。$n=1$ 时的情况称为基频，其大小取决于弦两端的拉力、弦的线密度以及弦长。基频通常具有最大的振幅，基频的大小决定了音调的高低。$n>1$ 的情况称为倍频或谐频，倍频可以丰富音色。《琵琶行》中的"大弦嘈嘈如急雨，小弦切切如私语"描述的就是不同频率的驻波带给人们的听觉差异。在演奏各类弦乐器时，弦的松紧程度（对应于弦两端的拉力）、弦的粗细（对应于弦的线密度）、手按弦的位置（对应于弦长）都会影响到琴弦发出的音调高低；管乐器则是在空气柱中形成驻波并通过按键（或直接按在孔上）来调节空气柱的长度从而改变音调。

除了在一根弦上可以形成一维驻波之外，圆环上、二维平面和三维物体中都可以形成驻波；除了实际物理量的振动形成驻波外，概率波也可以形成驻波。在量子力学中，利用物质波来解释氢原子核外电子的行为时就用到了驻波的概念。

例 12.4-2 如图 12.4-10 所示，在坐标原点 O 处有一面波源，向 x 轴正向和负向分别发出平面简谐波，已知波长为 λ，波速为 u，O 点的振动表达式为 $y = A\cos\omega t$。在 x 轴正向坐标 d 处有一反射墙壁。由于墙壁的反射，空间中会形成驻波（忽略透射波能量）。求：（1）驻波的波函数；（2）波节及波腹的位置。

图 12.4-10 例 12.4-2 图

解： 空间中同时存在三列波：由 O 点发出的自左向右的波（入射波）、由 O 点发出的自右向左的波（左传波）、由 P 点反射的自右向左的波（反射波）。其中，入射波与反射波叠加形成驻波，因此驻波的空间范围是 $(0 \leqslant x \leqslant d)$。由 O 点的振动表达式及已知条件可以推出入射波的波函数为

$$y_入 = A\cos\left[\omega\left(t - \frac{x}{u}\right)\right]$$

因此，入射波在 P 点 $(x = d)$ 引起的振动为

$$y_入\big|_P = A\cos\left[\omega\left(t - \frac{d}{u}\right)\right]$$

由于入射波是从空气入射到墙面，属于从波疏介质入射到波密介质发生反射的情况，会发生半波损失，因此反射波在 P 点 $(x = d)$ 引起的振动为

$$y_反\big|_P = A\cos\left[\omega\left(t + \frac{d}{u}\right) + \pi\right] \qquad ①$$

另一方面，考虑到反射波只有传播方向与入射波不同，其他特征量均相同，因此令反射波为

$$y_反 = A\cos\left[\omega\left(t + \frac{x}{u}\right) + \varphi_0\right]$$

可得反射波在 P 点 $(x = d)$ 引起的振动为

$$y_反\big|_P = A\cos\left[\omega\left(t + \frac{d}{u}\right) + \varphi_0\right] \qquad ②$$

显然，应有式①＝式②，解得 $\varphi_0 = \pi - 2\omega\dfrac{d}{u}$，代入反射波式中，即可得到反射波的波函数

$$y_反 = A\cos\left[\omega\left(t + \frac{x}{u}\right) + \pi - 2\omega\frac{d}{u}\right]$$

于是

$$
\begin{aligned}
y_驻 &= y_入 + y_反 \\
&= A\cos\left[\omega\left(t - \frac{x}{u}\right)\right] + A\cos\left[\omega\left(t + \frac{x}{u}\right) + \pi - 2\omega\frac{d}{u}\right] \\
&= 2A\cos\left[\omega\frac{x-d}{u} + \frac{\pi}{2}\right]\cos\left[\omega t - \left(\omega\frac{d}{u} - \frac{\pi}{2}\right)\right] \quad (0 \leqslant x \leqslant d)
\end{aligned}
$$

在波节处，应有 $y_驻 = 0$，解得 $x = d - n\dfrac{\lambda}{2}$（$n = 0,1,2,\cdots$，且满足 $d - n\dfrac{\lambda}{2} \geqslant 0$）

在波腹处，应有 $y_驻 = \pm 2A\cos\left[\omega t - \left(\omega\dfrac{d}{u} - \dfrac{\pi}{2}\right)\right]$

解得 $x = d - (2n+1)\dfrac{\lambda}{4}$（$n = 0,1,2,\cdots$，且满足 $\left(d - (2n+1)\dfrac{\lambda}{4} \geqslant 0\right)$

评价： 本题利用驻波的波函数求解了波节及波腹的位置。事实上，由于 P 点的反射存在半波损失，因此入射波和反射波在 P 点引起的振动相位相反，二者反相叠加，P 点必然是波节。再利用波节与波腹的位置关系即可得到所有波节和波腹的位置。

小节概念回顾： 两列特征量相同、传播方向相反的波叠加可以形成驻波，驻波的波形和相位均不传播，振幅与质元位置有关，能量在振幅为零的波节与振幅最大的波腹之间来回传播。

12.5 声波的多普勒效应

当波源 S 和接收器 R 有相对运动时，接收器所测得的表观频率发生变化而不再等于波源的振动频率。这一现象称为**多普勒效应**，是由奥地利物理学家多普勒（Doppler Christian Andreas，1803—1853）在 1842 年发现的。为简单起见，我们仅讨论声波的纵向多普勒效应，即波源的运动、接收器的运动以及波的传播方向均在同一条直线上的情况。

假设波源 S 和接收器 R 分别以速率 v_S 和 v_R 相对于介质运动。为了表述方便，首先明确符号规定。以波的传播方向（即由 S 指向 R）为正方向，波速 u 永远为正，波源和接收器的速度方向若与波速方向相同，则取为正，反之则为负。

接收器接收到的频率 ν_R 是指接收器在每秒钟可以接收到的完整的波的个数，因此

$$\nu_R = \frac{v_{波R}}{\lambda_介} \tag{12.5-1}$$

式中，$v_{波R}$ 表示波相对于介质的速率；$\lambda_介$ 表示介质中的波长。根据伽利略变换可知

$$v_{波R} = u - v_R \tag{12.5-2}$$

为了确定介质中的波长 $\lambda_介$ 与波源运动的关系，我们先回忆一下 12.2 节中关于波长的定义：波长指的是相邻同相点之间的距离。可以利用水面进行一个简单的实验来直接观察波源的运动对介质中波长的影响。用细绳拴一个小球，在水面上某点周期性地上下振动来模拟波源的振动，即可看到一圈圈波纹以小球为圆心向外扩散，如图 12.5-1a 所示，波峰与波峰之间的距离即为波长。此时，波源静止不动，波面是一组同心圆，各方向波长相等。现在，让小球在上下振动的同时水平向右运动（如图 12.5-1b 中虚线箭头所示），可以发现，此时各方向上的波长不再相同，

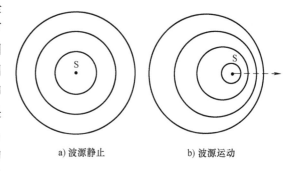

a) 波源静止   b) 波源运动

图 12.5-1　波源运动对介质中的波长的影响

沿着波源运动方向的波长变短，与波源运动方向相反的方向上的波长变长。

我们利用图 12.5-2 来定量分析介质中的波长与波源运动之间的关系。当波源 S 静止不动时，波长

$$\lambda_0 = uT_S = \frac{u}{\nu_S} \tag{12.5-3}$$

式中，T_S 和 ν_S 分别为波源的振动周期和振动频率。现在假设波源在 t 时刻发出一个振动状态 φ，则在 $t+T_S$ 时刻，此状态将同时到达其右侧的 M 点和左侧的 N 点，$\overline{SM}=\overline{SN}$，如图 12.5-2 所示。在这一过程中，波源以速度 v_S 水平向右运动，则在 $t+T_S$ 时刻，波源将运动到 S' 点并发出下一个与 φ 同相的振动。此时 S' 点与 M 点、S' 点与 N 点都是相邻同相点，于是介质中的波长 $\lambda_介$ 与原始波长 λ_0 不再相等，而是相差了 $v_S T_S$。特别要注意的是，在我们一开始的符号规定中，v_S 是代数值，其正负与波源运动方向有关。对于向右传播的波来说，波源的运动方向与波速的方向相同，因此 v_S 为正；而对于向左传播的波来说，波源运

动方向与波速相反，因此 v_S 为负。于
是介质中的波长可以统一写为

$$\lambda_{介} = uT_S - v_S T_S \quad (12.5\text{-}4)$$

将式（12.5-2）和式（12.5-4）代入式
（12.5-1），并考虑到 $T_S = \dfrac{1}{\nu_S}$，可得

$$\nu_R = \frac{u - v_R}{u - v_S}\nu_S \ \text{或}\ \frac{\nu_R}{u - v_R} = \frac{\nu_S}{u - v_S}$$

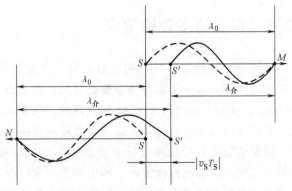

图 12.5-2　波源的运动对介质中波长的影响

$$(12.5\text{-}5)$$

这就是接收器的接收频率与波源的振动频率之间的关系，即多普勒效应关系式，其中第二个式子更好地体现了波源与接收器的对称性。由式（12.5-5）可以得出以下结论：当波源与接收器相对静止（即 $v_R = v_S$）时，有 $\nu_R = \nu_S$；当波源与观察者相互接近（即 $v_R < v_S$）时，$\nu_R > \nu_S$；当波源与观察者相互远离（即 $v_R > v_S$）时，$\nu_R < \nu_S$，这与我们的生活经验是吻合的：当一辆车由远及近地鸣笛驶过我们身边时，我们会发现，汽笛的音调在经过我们的那一瞬间突然降低了，这就是多普勒效应的体现：当车辆驶近时，我们听到的声音频率高于汽笛自身的振动频率，而当车辆远离时，我们听到的声音频率则低于汽笛自身的振动频率。不过值得注意的是，此时并非严格意义上的"纵向"多普勒效应，因为车辆是从身边经过的，波的传播方向与波源的运动方向并不完全一致。

例 12.5-1　如图 12.5-3 所示，声波在空气中的传播速度为 u，设频率为 ν_s 的声波从静止波源 S 发出，经空气传播到以速率 $v(< u)$ 向右运动的铜板 A，在铜板 A 的正右方有一静止的接收器 R。

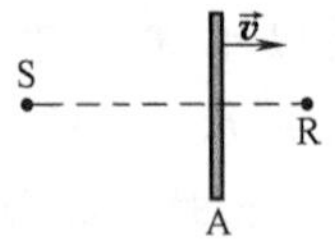

图 12.5-3　例 12.5-1 图

求：（1）波源 S 接收到的由铜板 A 反射回的声波频率 ν_S；
（2）接收器 R 接收到的透射声波的频率 ν_R。

解： 波源 S 发出的声波到达铜板 A 后，一部分被铜板 A 反射回波源 S，另一部分透射至接收器 R。反射或透射过程中频率保持不变。

第一阶段，声波由波源 S 传至铜板 A，波源 S 静止，接收器 A 运动，且运动方向与波速方向相同。由式（12.5-5）得

$$\nu_{A接收} = \frac{u - v}{u - 0}\nu_{S源} = \frac{u - v}{u}\nu_S$$

在这一阶段，波源 S 与接收器 A 相互远离，因此 $\nu_{A接收} < \nu_S$。铜板 A 接收到振动后，直接以同第二阶段，声波由 A 向 S 和 R 传播。频率反射回波源 S 或透射至接收器 R，$\nu_{A源} = \nu_{A接收}$。

（1）从 A 反射回 S，此时作为"波源"的铜板 A 运动，且运动方向与波速方向相反，作为"接收器"的 S 静止，因此，S 接收到的频率为

$$\nu_{S接收} = \frac{u - 0}{u - (-v)}\nu_{A源}$$

$$= \frac{u}{u+v} \cdot \frac{u-v}{u} \nu_0 = \frac{u-v}{u+v} \nu_S$$

（2）从 A 透射至 R，此时"波源"A 运动，方向与波速方向相同，接收器 R 静止，因此，R 接收到的波频率为

$$\nu_{R接收} = \frac{u-0}{u-v} \nu_{A源} = \frac{u}{u-v} \cdot \frac{u-v}{u} \nu_S = \nu_S$$

评价：在运用式（12.5-5）时，要注意分析波源和接收器的运动方向与波速方向之间的关系，注意速度取值的正负号。此外从本题的结果还可以看出，只要波源与接收器相对静止，即使中间隔着运动的物体，接收器的接收频率也不会受到影响。

利用多普勒效应可以测出物体的运动情况，潜艇上的声呐（"SONAR"的音译，该一词来源于 sound navigation and ranging 的缩写，意为声音导航与测距）就是利用这一原理工作的。当波源发出的波被前方的运动物体反射时，由于多普勒效应，波源接收到的反射波的频率 $\nu_{反}$ 不同于它发出的波的频率 ν_S，二者之间存在频率差。当运动物体的速度不太大时（空气中的声速大约为 340m/s，海水中的声速大约为 1500m/s，一般物体的运动速度远小于此），上述频率差将不太明显，于是在波源发生器处将有两种频率相近的振动发生叠加，根据 11.1.4 节中关于振动合成的讨论可知，此时波源处将探测到"拍"，其拍频为

$$\nu_拍 = |\nu_S - \nu_反| \tag{12.5-6}$$

由测得的拍频结合多普勒效应，即可推算出前方物体的运动速度。

小节概念回顾：当波源和接收器有相对运动时，接收器所测得的表观频率不等于波源的振动频率。

课 后 作 业

简谐机械波

12-1 沿 x 轴正向传播的一列平面简谐横波，其振幅为 5.0cm，频率为 50Hz，波速为 100m/s。当 $t=0$ 时，$x=0$ 处的质点到达正向最大位移处，求：（1）这列波的波函数；（2）$x=400$m 处的质元的振动表达式。

12-2 一列简谐波的频率为 100Hz，波速为 350m/s，求同一时刻振动相位差为 $\pi/6$ 的两点之间的最小距离。

12-3 一列平面简谐横波以波速 2.0m/s 沿 $-x$ 方向传播，已知 $x=-0.50$m 处质点的振动表达式为 $y=0.10\cos(\pi t + \pi/12)$（SI）。求：（1）波长；（2）$x=0$ 处质点的振动表达式；（3）波函数。

12-4 平面简谐波在 $t=0$ 时的波形及相关条件如题 12-4 图所示，求该曲线对应的波函数。

12-5 线密度为 0.40kg/m 的均匀钢丝，其中张力为 10N。在钢丝的一端有一个余弦波源带动钢丝开始波动，若某个振动状态从这一端传到另一端历时 0.10s，其间，波源的振动经历了 100 个周期。求：（1）钢丝中的波速；（2）这列波的波长；（3）钢丝的长度。

12-6 在均匀各向同性无吸收的介质中，一个点波源发射球面电磁波，发射功率为 5.00×10^4 W。在距波源 r 处测量该波的平均能量密度为 8.00×10^{-15} J/m³，求 r 的大小。

12-7 如题 12-7 图所示，一强度为 I 的平面简谐波在均匀介质中沿 x 轴正方向传播。考虑一面积为 S 的平面，其法线方向与 x 轴正向的夹角为 60°，求 2s 内通过该平面的能量。

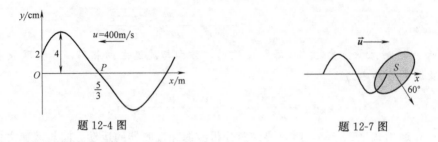

题 12-4 图 题 12-7 图

惠更斯原理及其应用

12-8 利用惠更斯原理推导折射定律。

波的叠加

12.9 如题 12-9 图所示，一平面简谐波在空气中沿 x 轴正向传播，振幅为 A，角频率为 ω，波速为 u，$t=0$ 时坐标原点 O 处的质元在平衡位置且正在向 y 轴负方向运动。在图中 P 点处有一反射面，假设波在反射时振幅保持不变，求：（1）反射波的波函数；（2）由反射波和入射波叠加得到的驻波的波函数；（3）OP 之间的波腹和波节的位置。

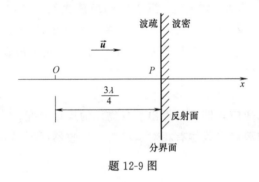

题 12-9 图

12-10 两端固定的均匀细绳，长度为 L，线密度为 ρ，绳中张力为 F_T，在绳中形成驻波，最大振幅为 A。求：（1）驻波的波函数；（2）相邻波节之间储存的能量。

声波的多普勒效应

12-11 如题 12-11 图所示，声源 S 和观察者 A 均静止，在二者连线上较远处有一反射面以 0.20m/s 的速度向二者接近，观察者听到频率为 4.0Hz 的拍。求波源的振动频率。

12-12 如题 12-12 图所示，一声源 S 的振动频率为 2040Hz，以一定的速率向一反射面接近，静止的观察者 A 听到的拍频为 3.0Hz，求波源移动的速度。

题 12-11 图 题 12-12 图

自主探索研究项目——水波

项目简述： 将一个水槽放置在一个可以做上下往复振动的振动平台上，会观察到水槽中的水在振动激励下产生花纹繁复的水波。

研究内容：设计实验方案，研究这种水波产生的机理。

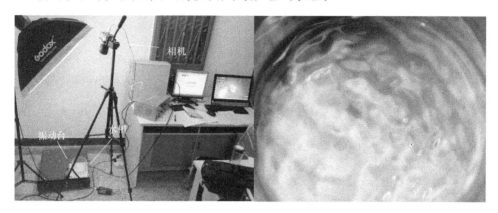

光　　学

第13章　波动光学

　　光学是物理学的重要分支学科，人们对光学现象的观察与探索在史书记载上至少可以追溯到公元前 4 世纪。早在公元前 388 年（周安王 14 年），我国思想家墨翟的《墨经》（《墨子》的一部分）一书中就有对于小孔成像、投影、镜面成像等光学现象的描述。两千多年来，人类一直没有停止关于光的本性这一问题的思考。光到底是什么？它是怎样产生和传播的？光与物质相互作用时会发生什么？自然界数不胜数的光学现象背后隐藏着哪些物理本质？这些问题困扰着人们，也推动着一代又一代物理学家不断地对光进行着越来越深入的研究。

　　人们对于光的本质的认识经历了一个十分漫长而曲折的过程。最早的观点来自于生活经验——睁开眼睛可以看到光亮，而闭上眼睛之后只剩下一片黑暗，因此人们认为光是一种从人眼中射出的东西。公元前 6 世纪，古希腊学者毕达哥拉斯提出，光是由发光体向周围射出的一种东西，碰到障碍物上就立刻被弹开。这里已经出现了光源、反射等光学概念的雏形。古希腊学者欧几里得在《反射光学》一书中专门研究了光反射现象。到了 17 世纪，对光的本质的认识渐渐地形成了两种观点——以牛顿为核心的微粒说认为：光是由发光体向周围射出的亿万个微粒；以惠更斯为核心的波动说则坚称：光是像波那样传播的。在这两位伟大精神领袖的带领下，微粒说与波动说分庭抗礼，展开了长达几个世纪的斗争，相互驳斥，彼此批判，却也相互促进，彼此成就。

　　运用微粒说可以很容易地解释光的反射现象——就好像小球在墙壁或桌面上发生的弹性碰撞一样。对于折射引起的光的传播方向的改变，微粒说的解释是，光的微粒在界面处受到了来自折射方介质的吸引或排斥。这一论断如果正确的话，当光从空气入射到水中时，由于水对光微粒有"吸引"作用，根据牛顿定律，光在水中的速度应该大于其在空气中的速度。然而法国物理学家傅科在 1850 年通过实验发现，水中的光速比空气中的光速小，这说明微粒说在解释折射现象时是失败的。而另一方面，波动说却可以利用惠更斯原理对光的反射和折射给出简便而合理的分析。

　　其实早在光速测量结果出现之前，微粒说的局限性就已经在其他很多方面逐步显现出来了。17 世纪中期，意大利数学家格里马第观测到了光在经过物体边缘时的弯折现象，格里马第将之命名为"衍射"。衍射现象违背了微粒说的重要论断"光沿直线传播"，反而生动地表现出波的性质。1675 年，牛顿在实验上观测到平晶和平凸透镜所夹的厚度渐变的空气隙在光照下产生出的圆环状图案（后来被称为"牛顿环"）。牛顿对这一现象进行了细致的研究，却无法用他本人所推崇的微粒说给出合理的解释。直到 19 世纪初，英国科学家托马斯·杨才利用波的干涉理论分析了牛顿环的成因。1818 年，年轻的法国科学家菲涅尔提出了高度完善的波动理论，合理地解释了许多光学现象。微粒说的支持者、数学家泊松却用菲涅尔的理论推出了一个匪夷所思的"荒谬"结果——圆形物体的阴影中心会出现一个亮斑！没有人观察到过这种现象！这说明波动理论是错的！正当泊松沉浸在驳倒了波动说的兴奋中时，菲涅尔和阿拉果就在实验中真正观察到了这一亮斑，有力地证明了波动理论的正确性。这是微粒说的支持者为波动说做出的最重大贡献之一，后人将圆盘阴影中心的亮斑命名为"泊松亮斑"，以示纪念。

1873 年，英国物理学家麦克斯韦在其巨著《电磁通论》中预言了电磁波的存在，并断言光是电磁波；15 年后，德国物理学家赫兹在实验室中真正探测到了电磁波。至此，光的波动说几乎要大获全胜了，然而此时事情却出现了转机。

19 世纪末期，人们对黑体辐射的研究令波动说陷入了困境。科学家们几经努力，也无法在经典的波动理论框架下对实验结果给出合理的解释。这时，德国科学家普朗克突破性地提出"能量子假说"，成功地解释了黑体辐射的实验现象，由此开创了量子力学时代。随后，爱因斯坦和康普顿先后利用"光量子"概念完美地解释了光电效应和康普顿效应，这让人们对光的粒子性有了新的认识，一度被波动说压制的微粒说也重新站上了历史舞台。而此时的微粒说与两百多年前牛顿时代的微粒说已经不可同日而语，而是有了新的更深刻的内涵。

时至今日，物理学界对于光的本质有了这样的共识：光在一些时候表现出波动性，在另一些时候表现出粒子性，光的本质以"波粒二象性"展现在人们面前。然而，对于坚守"世界是统一的"这一信条的物理学家来说，"波粒二象性"也许并不是"终极"答案，毕竟人们对于自然的认识是永无止境的。

本章我们着力讨论光的波动性，在量子物理部分则将对光的粒子性进行分析。

《中国大百科全书（物理学卷）》中对**光学**的定义如下：研究从微波、红外线、可见光、紫外线直到 X 射线的宽广波段范围内的电磁辐射的有关发生、传播、接收和显示以及跟物质相互作用的科学。依照研究方法和适用范围的不同，光学又分为波动光学、几何光学、量子光学、现代光学等不同分支。**波动光学**又称物理光学，是用波的语言来研究光学现象的学科分支。在第 12 章中，我们重点研究了简谐机械波，分析了简谐波的特点和传播方式，学习了波函数以及波的能量和强度的表示方法等等。机械波的传播需要媒质，因此我们研究的是媒质中质元的运动和能量；而光波作为电磁波，在真空中也可以传播，与光波相对应的不再是媒质质元的运动，而是空间某点的电磁场的变化。除此以外，关于机械波的描述方法和研究手段对于电磁波都是适用的。在本章中，我们将用波的语言和方法来描述和研究一些重要的光学现象，例如干涉、衍射和偏振等。

13.1　光的干涉

由波的叠加引起的波强度的重新稳定分布叫作**干涉**。干涉是波动性的典型体现，无论是机械波还是电磁波，甚至是物质波，都会发生干涉现象。从另一方面来说，如果我们观察到某个客体发生了干涉现象，则说明这个客体是具有波动性的。

并不是所有光源发出的光都可以发生干涉。光源中最基本的发光单元是分子、原子或离子。当这些发光单元由于某种原因被激发到高能级时，在通常情况下，它们是不能稳定地居于高能级上的，会从高能级跃迁回到低能级，并以光的形式放出一定能量（还有另外一种情况，当能级之间的能量差不太大时，能量将以热而不是光的形式放出，这种过程称为无辐射弛豫，不在我们的讨论范围之内）。普通光源由大量独立的发光单元构成，每一个发光单元都进行着**自发辐射**，不同发光单元发出的光波或者同一发光单元在不同时刻发出的光波，彼此之间都是相互独立的，无法满足我们在 12.4.1 节中给出的相干条件，这样的光称为"非相干光"。太阳是典型的普通光源，发出非相干光。然而，自然界中的干涉现象却十分常见，看来，即使是普通光源的自发辐射，在适当的条件下也可以实现干涉。本章将在讨论干涉基本原理的基础上，关注如何从普通光源获得相干光，并进一步研究一些典型的干涉装置和干涉现象。

13.1.1 干涉的基本原理

根据波传播的独立性和叠加性，当两束光（两列光波）在空间相遇时，相遇处（称为**场点**）的振动是两列光波在该点分别引起的振动的叠加。如果这两束光满足相干条件，则干涉的结果取决于它们在场点引起的振动的相位差。我们在 12.4.1 节中曾经详细地推导了这一相位差，即式（12.4-3）：

$$\Delta\varphi = (\varphi_{10} - \varphi_{20}) - \frac{2\pi}{\lambda}(r_1 - r_2)$$

在推导上述结果的过程中，我们默认了两列波的波长相同，均为 λ。这是合理的，其原因在于：发生干涉的两列波的频率必须相同，而波在同种介质中传播的速度也是相同的，因此，只要是两列相干波在同一种介质中传播，它们的波长必然相同。然而，如果两列波在不同介质中传播，甚至某一列波的传播路径上存在两种介质呢？这时波长将出现差异或变化，式（12.4-3）等号右方第二项分母中的波长将不能再从括号中提出来，式（12.4-3）也不再成立。这提示我们，对于光在不同介质中传播的情况，有必要进行"标准化"处理，即引入一种统一的量度方式来计算光传播过程中的相位变化。

由式（12.2-2）可知，光在真空中传播距离 d 带来的相位变化为

$$\Delta\varphi_0 = \frac{2\pi}{\lambda_0}d \tag{13.1-1}$$

式中，λ_0 为光在真空中的波长。类似地，光在介质中传播相同的距离 d 带来的相位变化是

$$\Delta\varphi_n = \frac{2\pi}{\lambda_n}d \tag{13.1-2}$$

式中，λ_n 为光在介质中的波长。从图 13.1-1 中可以看出，在波源的振动频率保持不变的情

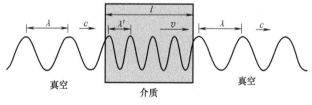

图 13.1-1 介质对波长的影响

况下，介质中的波速和波长均为真空中的 $1/n$（n 为折射率），即

$$\lambda_n = \frac{\lambda_0}{n} \tag{13.1-3}$$

则式（13.1-2）可以改写为

$$\Delta\varphi_n = \frac{2\pi}{\lambda_0/n}d = \frac{2\pi}{\lambda_0}nd = \frac{2\pi}{\lambda_0}L \tag{13.1-4}$$

式中，$L = nd$，称为**光程**。对比式（13.1-2）和式（13.1-4）可以看出，光在折射率为 n 的介质中传播要比在真空中传播同样路程带来更大的相位变化。从这个意义上讲，光程 L 可以理解为光在介质中传播的路程"折合"到真空中的等效数值。也就是说，我们有了一个统一的量度标准。于是，两列干涉波在场点引起的振动的相位差可以写为

$$\Delta\varphi = (\varphi_{10} - \varphi_{20}) + \frac{2\pi}{\lambda}(L_2 - L_1) = \Delta\varphi_0 + \frac{2\pi}{\lambda}\delta \tag{13.1-5}$$

式中，λ 为光在真空中的波长（引入光程的概念后，在计算相位差时，不再涉及光在介质中的波长，因此，直接用 λ 表示光在真空中的波长，而不再特别用下标"0"表示）；δ 为两个光源到场点之间的**光程差**。

如果光在传播路径上经过了多种介质，如图 13.1-2 所示，则总光程为各介质中的光程总和：

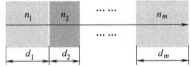

$$L = \sum_{i=1}^{m} n_i d_i \tag{13.1-6}$$

图 13.1-2 光路中有多种介质时光程的计算

当光路中存在透镜时，入射到透镜不同位置的光线的介质环境是有差别的。如图 13.1-3a 所示，一束平行光入射到凸透镜上，入射方向平行于透镜光轴，由几何光学可知，这些光线将汇聚在透镜的焦点 P 上。过 b 点作一波面与透镜左端顶点 b 相切，则此波面左侧区域中各光线的光程相同；以 P 点为圆心，$\overline{hP}$ 长度为半径作一圆弧与透镜右端顶点 h 相切，则各光线从圆弧右方到 P 点的光程相同。因此，上方光线与中间光线的光程差只体现在折线段 $adeg$ 与直线段 bh 之间。波动理论精确计算表明，二者的光程相等。由此可以证明，图 13.1-3a 中所有光线的光程均相等。若入射光线与光轴成一定角度（见图 13.1-3b），则光线将会聚在透镜焦平面上的 P 点（P 点到透镜光心的连线与光轴的夹角和入射光线与光轴的夹角相等），可以证明这些光线的光程也是相等的。因此，透镜不会带来额外的光程差。另外，从以上分析也可看出，几何光学的像点实际上对应着波动光学中所有光线的光程差为 0 的位置。

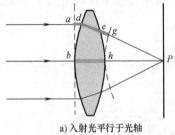
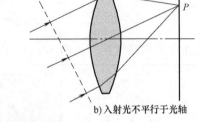

a) 入射光平行于光轴　　　　　　　　　　b) 入射光不平行于光轴

图 13.1-3 透镜不影响光程差

式（13.1-5）表明，影响干涉相位差的因素包括波源的初相差以及传播中的光程差，其中，前者可以看作是"先天因素"，而后者则是传播过程带来的"后天因素"。接下来我们讨

论影响相位差的第三个因素——"附加因素"——半波损失。

在 12.4.2 节中，我们介绍了机械波的半波损失现象，这一现象在光学中同样存在。光学研究表明，当光从折射率较小的光疏介质垂直入射（入射角为 0°）或掠入射（入射角接近 90°）至折射率较大的光密介质时，反射光与入射光在反射点引起的振动存在相位差 π，此即半波损失现象；而折射光与入射光之间总是同相的，不会发生半波损失。因此，当两束光在传播过程中存在反射过程时，必须根据介质折射率的相对关系来判断是否存在由半波损失所带来的附加相位差 π。由于相位差 π 对应着半个波长，因此可将光程差写为

$$\delta = \delta_{真实}\left(+\frac{\lambda}{2}\right) \tag{13.1-7}$$

上式括号中的部分是需要根据具体情况来取舍的。需要强调的是，虽然此时我们关注光程差，但光程差只是表象，影响干涉结果的最本质因素始终是相位差。

在上述讨论中，我们关注的真空波长 λ 具有单一确定的取值，在光学问题中，这样的光称为**单色光**，即具有单一波长（单一频率）的光波。事实上，根据量子力学的基本原理，并不存在真正意义上的单色光。图 13.1-4 给出了所谓"单色光"的光强随波长的变化情况，最大光强 I_0 所对应的波长称为中心波长，光强 $I_0/2$ 所对应的波长分别为 $\lambda - \frac{\Delta\lambda}{2}$ 和 $\lambda + \frac{\Delta\lambda}{2}$，它们的差值 $\Delta\lambda$ 称为光谱线的宽度，只要谱线宽度相比于中心波长 λ 来说足够窄，就可以看作是波长为 λ 的单色光。例如，氦氖激光器发出红光，

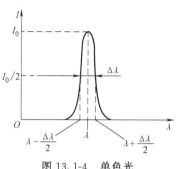

图 13.1-4 单色光

其中心波长为 632.8nm，而谱线宽度大约只有波长的十亿分之一，可以看作是非常理想的单色光。

要观察到干涉现象，必须有两束相干光进行叠加。激光的相干性非常好，在实验室中可以用激光来进行干涉实验。然而在没有激光的情况下，有没有可能利用普通光源获得相干光？自然界中的种种干涉现象并没有激光的参与，它们又是如何产生的？由普通光源的发光特点可知，要想满足相干条件（振动方向相同、频率相同、相位差恒定），必须将同一个发光单元（原子、分子或离子）在同一时刻发出的光分成两束，让这两束光相遇，才能发生干涉现象。因此，从普通光源获得相干光的方法有以下两种：一是从同一波面上分出两束光，即"分波前法"；二是从同一光线上分出两束光，即"分振幅法"。下面将分别对这两种方法进行讨论。

小节概念回顾：干涉结果取决于两列波在场点引起的振动的相位差；光程是光在介质中传播的路程折合到真空中的等效数值。

13.1.2　分波前干涉

如图 13.1-5 所示，S 是一个点光源，发出球面波。在光的传播路径上放置一个开有两个小孔的无限大平板，并使两个小孔到 S 的距离相等。这样，在任意时刻，两个小孔必然处在同一个波面上。根据惠更斯原理，这两个小孔成为子波源，向外发出球面波。由于两个子波源来自同一个波面，而该波面是由一个发光单元在某一时刻发出的振动传播形成的，因此

这两个子波源发出的子波必然满足相干条件，当它们相遇时，就会产生干涉现象。我们可以通过图 13.1-6 对干涉结果进行定性的估计。S_1 和 S_2 是相干子波源，它们同相地向外发出球面波。图中的实线圆弧代表此时波峰所在的位置，虚线圆弧代表此时波谷所在的位置。可以看到，在有些位置（图中黑点），此时是波峰与波峰相遇叠加或者波谷与波谷相遇叠加，不难证明，在此前和此后的任意时刻，在图中黑点沿线上，发生的都是两个振动的同相叠加，从而干涉相长；类似地，在另一些位置（图中灰点沿线），始终是两个振动的反相叠加，从而干涉

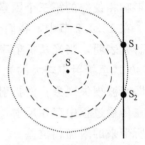

图 13.1-5　分波前干涉原理

相消。在除了上述位置之外的其他地方，则会出现介于干涉相长与干涉相消之间的中间强度。如果平行于双孔屏放置一块接收屏，则可以在接收屏上得到明暗相间的干涉图案。

若将上述实验中的点光源 S 换为线光源，将双孔换为双缝，则是著名的"杨氏双缝实验"。英国物理学家托马斯·杨（Thomas Young，1773—1829）在 1807 年发表的《自然哲学与机械学讲义》一书中综合整理了他在光学方面的理论与实验的研究，双缝实验是其中非常重要的一部分。图 13.1-7a 给出杨氏双缝实验装置的截面图，光源和双缝的长度方向都是垂直于纸面的。从线光源 S 出射的光落到一个带有两个狭缝 S_1 和 S_2 的屏上，每个狭缝的宽度不足 10^{-6} m，两缝之间的距离 d 约为 10^{-4} m（图中为清晰起见，刻意放大了双缝间距）。在远离双缝的地方平行于双缝屏放置一个接收屏。屏上任一点 P 到屏幕中

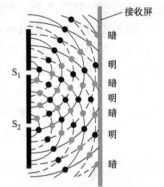

图 13.1-6　双孔干涉原理示意图

心线（图中以 O 点表示）的距离为 x。由于狭缝 S_1 和 S_2 到 S 的距离相等，显然这两个狭缝位于柱面波的同一个波面上，因此从 S_1 和 S_2 发出的波始终同相，于是 S_1 和 S_2 成为相干

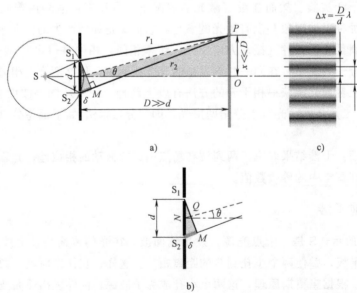

图 13.1-7　杨氏双缝实验的 a)、b) 干涉原理及 c) 干涉图案

光源，从它们发出的光在空间相遇将产生干涉现象。相干加强的地方出现明条纹，相干减弱的地方出现暗条纹，既非相干加强也非相干减弱的地方，其亮度介于明条纹和暗条纹之间。对于接收屏中心附近（$x \ll D$）的任一点 P 来说，S_1 和 S_2 发出的波在该点引起的振动相位差可由式（13.1-5）算出。由于 S_1 和 S_2 相位相同，因此式（13.1-5）简化为

$$\Delta\varphi = \frac{2\pi}{\lambda}\delta \tag{13.1-8}$$

式中，δ 为 S_1 和 S_2 到 P 点的光程差。

杨氏实验通常在普通实验室环境下进行，因此两束光线所处的介质环境都是空气。标准状态下的空气折射率约为 1.0003（随气压和温度稍有变化），非常接近于真空的折射率 1，因此可以认为 S_1 和 S_2 到 P 点的光程差近似等于几何路程差。为了进一步简化分析，假设从狭缝到屏幕的距离 D 与狭缝之间的距离 d 相比足够大（通常相差 4 个数量级），并且只讨论 P 点非常靠近 O 点的"傍轴"情况，即 $x \ll D$，θ 角很小，则可以通过以下方法来近似计算上述路程差：过 S_1 点作 $\overline{S_2 P}$ 的垂线，垂足为 M，于是 $\Delta S_1 M P$ 是一个斜边与直角边几乎等长的直角三角形，因此

$$\delta \approx r_2 - r_1 \approx \overline{S_2 M} \tag{13.1-9}$$

式中，r_1 和 r_2 分别为 S_1 和 S_2 到 P 点的距离。下面我们在直角三角形 $\Delta S_1 S_2 M$ 中分析 $\overline{S_2 M}$ 的长度。图 13.1-7b 是图 13.1-7a 中双缝附近的放大图，其中 N 是 S_1 和 S_2 连线的中点，Q 是 $\overline{NP}$（图中未画出全部）与 $\overline{S_1 M}$ 的交点。由于 P 点非常靠近 O 点，因此 $\overline{NP}$ 与 $\overline{S_2 P}$ 近乎平行，即 $\angle S_1 QN \approx \angle S_1 MS_2 = 90°$，进而有

$$\angle S_2 S_1 M \approx \theta \tag{13.1-10}$$

当 θ 很小时，其正弦值约等于其正切值，于是式（13.1-9）可进一步近似为

$$\delta \approx d\sin\theta \approx d\tan\theta = d\,\frac{x}{D} \tag{13.1-11}$$

这就是双缝干涉实验中两个缝到场点 P 的光程差，其数值随着场点位置的改变而变化，由于光程差直接影响两列光波干涉的结果，于是空间中的不同位置就呈现出不同的强度。

将式（13.1-8）代入相干加强条件式（12.4-6）和相干减弱条件式（12.4-7），可以得到双缝干涉产生明条纹和暗条纹的条件分别为

明条纹 $\qquad\qquad \delta_{\text{明}} = \pm k\lambda \quad (k = 0, 1, 2, \cdots)$ $\qquad\qquad$ (13.1-12)

暗条纹 $\qquad\qquad \delta_{\text{暗}} = \pm(2k+1)\dfrac{\lambda}{2} \quad (k = 0, 1, 2, \cdots)$ $\qquad\qquad$ (13.1-13)

式中，k 称为干涉条纹的级次，每一级条纹对应着一个光程差。

这里对条纹的级次进行一点说明。首先要明确，式（13.1-12）和式（13.1-13）的物理含义分别是"光程差是波长的整数倍"和"光程差是波长的半整数倍"；其次，从式（13.1-12）和式（13.1-13）可以看出，条纹级次的高低对应着光程差的大小，级次越低的条纹，对应的光程差越小，最低级次的明条纹对应的光程差为 0，最低级次的暗条纹对应的光程差为 $\pm\lambda/2$。当我们将明条纹的光程差写为式（13.1-12）的形式时，对应于 $\delta_{\text{明}} = 0$ 的是 $k = 0$，即明条纹的最低级次为 0；但是我们也完全可以用 $\delta_{\text{明}} = (k-1)\lambda$ 来表示"光程差是波长的整数倍"这一物理含义，此时，对应于 $\delta_{\text{明}} = 0$ 的级次就变为 $k = 1$ 了，即明条纹的最低级次为 1。类似地，将暗条纹的光程差写为式（13.1-13）的形式时，对应于 $\delta_{\text{明}} = \pm\lambda/2$ 的级次

为 $k=0$；但若用 $\delta_{\text{暗}}=\pm(2k-1)\dfrac{\lambda}{2}$ 来表示"光程差是波长的半整数倍"，则对应于 $\delta_{\text{暗}}=\pm\lambda/2$ 的级次就变为 $k=1$ 了。由以上分析可以看出，级次 k 的取值其实并不具有绝对性，但是，"级次相差 n 的两条条纹所对应的光程差相差 n 个波长"，这一点却是绝对的。在本章中，干涉明条纹和暗条纹的条件分别以式（13.1-12）和式（13.1-13）的形式给出，0 级明条纹对应的光程差为 0，1 级暗条纹对应的光程差为 $\dfrac{\lambda}{2}$，以此类推。

将光程差与场点位置的关系式（13.1-11）代入明条纹和暗条纹条件式（13.1-12）及式（13.1-13），即可求出屏幕上出现明条纹和暗条纹的位置：

明条纹
$$x_{k\text{明}}=\pm k\frac{D}{d}\lambda \quad (k=0,1,2,\cdots) \tag{13.1-14}$$

暗条纹
$$x_{k\text{暗}}=\pm\left(k+\frac{1}{2}\right)\frac{D}{d}\lambda \quad (k=0,1,2,\cdots) \tag{13.1-15}$$

由上述结果可以看出，双缝干涉将得到如图 13.1-7c 所示的明暗相间的平行条纹，其中 O 点对应的光程为 0，是 0 级明条纹，其他条纹则以 O 为中心向两侧对称间隔排列，越远离中心的条纹所对应的级次越高，光程差越大。由式（13.1-14）和式（13.1-15）可以推出，相邻（k 的取值相差 1）明条纹和相邻暗条纹之间的间距都是

$$\Delta x=\frac{D}{d}\lambda \tag{13.1-16}$$

这一结果表明，双缝干涉的条纹间距与干涉波长、双缝间距以及接收屏到双缝的距离都有关。因此，如果用包含各种波长的白光照射，将会得到彩色干涉条纹，对于同一级次的条纹来说，波长较长的红光比波长较短的蓝光更远离中心。而在屏幕的中心位置，由于所有波长的 0 级明条纹都位于此处，因此又重新复合为白光。

这里需要说明一点，我们在看图 13.1-7c 中的明暗条纹时，也许会感觉到明条纹和暗条纹都有一定宽度，这是因为人眼对于"亮度"（在黑白印刷品上体现为"灰度"）存在一定的分辨极限。事实上，在干涉问题中，所谓的"明条纹"和"暗条纹"都是一条没有宽度的几何线，只要偏离了式（13.1-14）和式（13.1-15）给出的明条纹和暗条纹位置的地方都是非明非暗（既非相干加强也非相干减弱）的区域。此外，需要再次强调的是，式（13.1-9）～式（13.1-16）的分析结果都是在 $d\ll D$ 和 $x\ll D$ 的情况下才近似成立的。实际问题往往并非如此，这时上述结果的准确性将有所降低（从图 13.1-6 中也可以看出，在远离中心的区域，干涉条纹并不是等间距的）。

例 13.1-1 如图 13.1-8 所示，在杨氏双缝实验中，当上下两缝分别用折射率 $n_1=1.50$ 和 $n_2=1.30$ 的等厚的玻璃片遮住时，接收屏上原来的 0 级明条纹处现在被第 4 级明条纹占据，已知入射光波长为 600nm，假设玻璃片垂直于光路。求玻璃片的厚度。

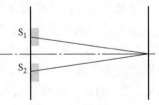

图 13.1-8　例 13.1-1 图

解：

玻璃片垂直于光路，意味着玻璃片的厚度即为光在介质中传播的距离。设玻璃片厚度为 d，则屏幕中心位置所对应的光程差为

$$\delta = L_1 - L_2 = (n_1 - n_2)d$$

此处被第 4 级明条纹占据，即有

$$\delta = 4\lambda$$

联立解得

$$d = \frac{4\lambda}{n_1 - n_2} = \frac{4 \times 600 \times 10^{-9}}{1.50 - 1.30} \text{m} = 1.2 \times 10^{-5} \text{m}$$

评价：在没有放置玻璃片时，屏幕的中央位置是两束光的路程差和光程差均为 0 的地方，对应于 0 级明条纹。现在由于两条光路的介质情况不同，使得路程差为 0 的位置所对应的光程差不再为 0；相应地，此时光程差为 0（0 级明条纹）所在的位置所对应的路程差也不再为 0。

杨氏双缝实验的重要之处不仅在于以非常简单的装置和巧妙的构思从普通光源中获得了相干光，而且还给人们带来了非常广阔的思考空间。在杨氏双缝实验的启发下，涌现出了许多"类双缝干涉"装置，其中最典型的是菲涅尔双面镜实验和劳埃德镜实验，二者都是借助平面镜成像来构造出彼此距离很近的"类双缝"光源。

菲涅尔双面镜装置由一个光源和两个夹角接近 180° 的平面镜组成，如图 13.1-9 所示。光源 S 发出的光只能照射到两个平面镜上，而不能直接照射到接收屏上。由几何光学知识可知，每个平面镜的反射光都可以看作是由光源 S 在该平面镜中的虚像发出的，于是光路可以等效为两个"虚光源" S_1 和 S_2 发出的光直接照射在接收屏上，并发生干涉。菲涅尔双面镜的优点是，只需调节两个平面镜的夹角，即可方便地改变两个相干"虚光源"之间的距离。

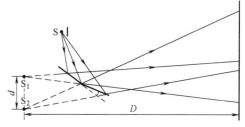

图 13.1-9　菲涅尔双面镜实验装置示意图

劳埃德镜实验装置由一个光源和一个平面镜组成。如图 13.1-10a 所示，从光源 S 发出的光，一部分直接照射到接收屏上，另一部分掠入射（入射角接近 90°）至平面镜后反射到接收屏上。与菲涅尔双面镜类似，反射的光线可以看作是从 S 在平面镜中的虚像 S′ 发出的。由于 S 到平面镜的垂直距离很小，所以 S 与 S′ 距离很近，可以看作与杨氏双缝实验中的双缝类似的两个相干光源。

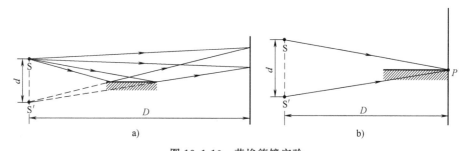

图 13.1-10　劳埃德镜实验
a）装置示意图　　b）对半波损失的验证

劳埃德镜的重要之处在于第一次在实验上验证了半波损失的存在。如图 13.1-10b 所示，若将接收屏紧靠平面镜右端放置，此时两条光路的长度相同，但是由于下方的"光路"实际上包含一个反射过程，而光从空气到平面镜表面（通常是玻璃）掠入射时会发生半波损失现象，带来半个波长的附加光程差，于是由式（13.1-7）可知两束光的光程差为 $\lambda/2$，符合相干减弱（暗条纹）条件式（13.1-13），因此 P 点应该发生干涉相消，事实上在实验中也的确在 P 点观测到了暗条纹，从而证实了半波损失理论。

小节概念回顾：杨氏双缝实验是最重要的分波前干涉实验，在一定的近似条件下，干涉图案是一系列明暗相间的平行条纹。根据相干加强和相干减弱条件可以求出明条纹与暗条纹的位置及间隔。

13.1.3 分振幅干涉

日常生活中有许多干涉现象，例如，肥皂泡表面的绚丽花纹，雨后地面上的彩色油渍，汽车挡风玻璃上的"彩虹"，这些呈现在日光下的丰富色彩，都来源于光的干涉。不难看出，上述现象的共同点是存在着一层薄膜结构——肥皂膜、油膜、车窗贴膜等，我们看到的那些色彩正是由于薄膜的两个表面对光的反射作用而产生的干涉现象。这一类干涉现象与前面讨论的分波前干涉有所不同。分波前干涉是从同一个波面上分出两束光，而薄膜上发生的干涉则是借助薄膜表面的反射和折射将一束光线分成两束，这样的分束过程使得入射光的能量被一分为二；由于波的能量正比于振幅的平方，所以能量被薄膜表面分为两部分就意味着光振动的振幅被"分"为了两部分，因此，这一类由薄膜形成的干涉现象被称为**分振幅干涉**。

图 13.1-11 为分振幅干涉的原理示意图。假设薄膜的折射率为 n，其上方和下方的介质折射率分别为 n' 和 n''。一束光线入射到薄膜上表面的 A_1 点，一部分被反射，记作光线①；另一部分折射进入薄膜，在薄膜下表面的 A_2 点反射后由薄膜上表面的 B 点射出，记作光线②。我们关注的是光线①和光线②相遇叠加后的结果（除图中画出的光线外，在 A_2 点还有进入下方介质中的折射光，在 B 点还有回到薄膜中的反射光，但这些光线与接下来要讨论的问题无关，因此并未画出）。在实验室中可以利用凸透镜使两束反射光①和②会聚呈现在接收屏上，日常生活中用肉眼观察薄膜干涉时，眼睛中的晶状体就是一个凸透镜，将两束光线会聚在视网膜上。

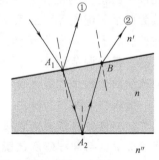

图 13.1-11 分振幅
干涉示意图

需要注意的是，分振幅干涉的基本要素是有一个厚度适当的薄膜。太阳光可以让肥皂泡产生干涉条纹，却无法在窗户玻璃上产生出类似的现象，这是因为，根据相干条件，只有同一发光单元在同一时刻发出的同一波列分成两束之后再次相遇叠加才能发生干涉。而波列的长度 L 与跃迁时较高能级的寿命 τ 有关：

$$L = v\tau \tag{13.1-17}$$

式中，v 为光传播的速率。当光入射到薄膜上表面时，波列一分为二，一部分反射，一部分折射进入薄膜。若薄膜比较厚，则进入薄膜的那个波列在薄膜中传播至下表面并反射回上表面所需要的时间就比较长，当它再次从上表面出射时，之前在上表面直接反射的另一个波列早已远去，两列波无法相遇，因而不能形成干涉。这就可以解释图 13.1-12 中路面上的油渍中央部分为什么没有出现彩色条纹——因为那里的油膜太厚了。

从图 13.1-11 中不难看出，薄膜的厚度和入射光的倾角都将影响薄膜上下表面反射光之间的光程差，进而影响干涉结果。下面我们针对这两种因素分别进行讨论，并在此基础上介绍一种非常重要的仪器——迈克耳孙干涉仪。

1. 薄膜厚度对干涉的影响——等厚干涉

对于厚度不均匀的薄膜来说，图 13.1-11 中反射光①和②的光程差计算稍显复杂，为了简化问题，我们只讨论入射角为零（光线垂直入射薄膜）的情况。如图 13.1-13 所示，一束平行光垂直入射到折射率为 n 的薄膜上，分别在薄膜的上下表面反射之后相遇发生干涉。在图中刻意夸大了入射角以便清晰地看到每条光线，事实上，在光线垂直入射薄膜的情况下，图中各条光线几乎完全重合，进入薄膜中的光线几乎是从同一个位置入

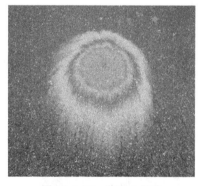

图 13.1-12　路面上的油渍中心没有干涉条纹

射和出射薄膜的，若将该处的膜厚记为 h，则可以看出，薄膜上下表面反射光的光程差为

$$\delta = 2nh\,(+\lambda/2) \tag{13.1-18}$$

式（13.1-18）右端括号中的 $\lambda/2$ 是由于半波损失引起的附加光程差。这一附加项是否出现，取决于薄膜上下材料的介质情况。在薄膜上下表面发生的两个反射过程中，如果均没有发生半波损失现象（即每一个反射都是从光密介质入射到光疏介质），则不用考虑这一附加项；如果其中有一个反射出现半波损失（从光疏介质入射到光密介

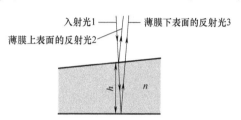

图 13.1-13　等厚干涉

质），另一个反射没有半波损失，则需要将半波损失引起的附加光程差计入总光程差；而如果两个反射均出现了半波损失，则二者效果抵消，对于总光程差没有影响。因此，在分振幅干涉问题中，无法给出一个普适性的表达式，必须根据介质情况进行具体分析。在接下来的讨论中，我们**假设**在计算光程差时需要考虑由于半波损失所带来的附加光程差，于是式（13.1-18）变为

$$\delta = 2nh + \lambda/2 \tag{13.1-19}$$

再次强调，这并不是一个具有普遍意义的"公式"，而只是前述假设下的一个计算结果。因此，从式（13.1-19）推出的所有结果同样不具有普遍意义，而是只适用于平行光垂直入射薄膜且薄膜上下表面的两个反射过程之一发生了半波损失的情况。

从式（13.1-18）和式（13.1-19）可以看出，在此类薄膜干涉中，光程差随着薄膜厚度而变，对应于某一光程差的那一级干涉条纹上所有位置处的膜厚都相等，因此干涉条纹即为薄膜的"等厚线"，这种干涉称为**等厚干涉**。

将式（13.1-19）与式（13.1-12）给出的第 k 级明条纹条件相比可得

$$k\lambda = 2nh + \lambda/2 \tag{13.1-20}$$

由此解得第 k 级明条纹所在处的膜厚为

$$h = \frac{(k - 1/2)\lambda}{2n} \tag{13.1-21}$$

同理，结合式（13.1-19）以及暗条纹条件式（13.1-13）可解出第 k 级暗条纹所在处的膜

厚为

$$h = \frac{k\lambda}{2n} \tag{13.1-22}$$

由式（13.1-21）和式（13.1-22）可知，相邻明条纹（或相邻暗条纹）所在处的膜厚差均为

$$\Delta h = \frac{\lambda}{2n} \tag{13.1-23}$$

这一结果具有鲜明的物理含义。每一条明条纹（或暗条纹）对应着一个光程差，相邻明条纹（或相邻暗条纹）所对应的光程差的**差值**必定是一个波长，而光程差的来源是：从下表面反射的光比从上表面反射的光在介质中多传播了两个膜厚的距离，因此，相邻明条纹（或相邻暗条纹）所对应的膜厚差必然是介质中的半个波长，即式（13.1-23），这一结果与条纹级次无关。至于由半波损失带来的附加光程差，对于每一级条纹来说情况都是一样的，因此，在计算上述差值时已经抵消。

等厚干涉的一个典型例子是**劈尖**干涉。劈尖有各种不同的构成形式，例如，将一层薄膜的一端斜着磨成如图13.1-14所示的楔形，即形成了一个劈尖。图中最左端膜厚为0处称为劈尖的**棱边**，α 称为劈尖角，是一个极小的角度（以弧度为单位）。当平行光从劈尖上方照射时，会看到平行于棱边的明暗相间的条纹，其中每一级条纹都对应着一个光程差，而光程差则对应着薄膜的某一厚度。由式（13.1-23）结合图中的几何关系可得条纹间距（相邻明条纹或相邻暗条纹之间的距离）为

$$\Delta s = \frac{\Delta h}{\sin\alpha} \approx \frac{\Delta h}{\tan\alpha} \approx \frac{\Delta h}{\alpha} = \frac{\lambda}{2n\alpha} \tag{13.1-24}$$

显然，条纹间距随着劈尖角的增大而减小。由于人眼对于条纹间距存在着分辨极限（我们将在13.2.3节中讨论），当 Δs 太小时，就无法看到干涉条纹了（干涉现象仍然存在，只是条纹过于密集，人眼无法分辨），所以只有劈尖角很小（约 10^{-4} rad）时，才适合于观察等厚干涉现象。另外值得注意的是棱边处的条纹，这一位置的薄膜厚度为0，薄膜上下表面反射光的光程差只取决于是否存在着由于半波损失引起的附加光程差，因此条纹的明暗也就只取决于薄膜及其上下方介质的折射率情况。在图13.1-14中，薄膜上下方的介质相同，因此在薄膜上下

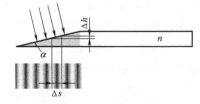

图13.1-14　劈尖干涉

表面的两个反射过程中，必然有且只有一个反射过程会发生半波损失现象，所以棱边处的光程差为 $\lambda/2$，形成0级暗条纹。

例 13.1-2　如图13.1-15所示，两块折射率为1.60的标准平面玻璃叠放在一起，在其一端夹住一根细丝，从而形成一个空气劈尖，用波长 $\lambda = 6000\text{Å}$ 的单色光垂直入射，产生等厚干涉条纹。现将劈尖内充满 $n = 1.40$ 的液体，发现相邻明条纹间距比未充液体前缩小了0.5mm，求劈尖角 α。

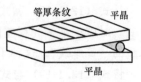

图13.1-15　例13.1-2图

解　由式（13.1-24）得

$$\Delta s_{空气} - \Delta s_{液体} = \frac{\lambda}{2n_{空气}\alpha} - \frac{\lambda}{2n_{液体}\alpha}$$

可推出

$$\alpha = \frac{\dfrac{\lambda}{2n_{空气}} - \dfrac{\lambda}{2n_{液体}}}{\Delta s_{空气} - \Delta s_{液体}} \text{rad} = \frac{6}{35} \times 10^{-3} \text{rad}$$

评价： 此题给出了获得劈尖的另一种典型方法——利用两块透光材料的标准平面形成微小夹角，从而构成劈尖。在本例中，一开始，构成劈尖的材料为空气，其折射率小于其上下方介质的折射率 1.60；充入液体后，劈尖的折射率仍然小于 1.60。而如果充入的液体折射率大于 1.60，结果会怎样？条纹的情况会有变化吗？

利用劈尖干涉可以测量薄膜的厚度和细丝的直径。在图 13.1-14 中，如果在劈尖范围内看到 N 组条纹（一明一暗为 1 组），则可根据几何关系计算出薄膜的厚度，实验表明，计算结果与利用电子显微镜直观测量的厚度值基本吻合。又如例 13.1-2 中的劈尖结构，若根据条纹的情况算出劈尖角，则可进一步利用几何关系得到细丝的直径。劈尖干涉的另一个重要应用是判断工件的平整度。图 13.1-16 是由标准平晶和待测工件构成的空气劈尖，如果待测工件表面

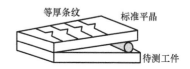

图 13.1-16　利用劈尖干涉
测量细直径和工件平整度

平整度欠佳，干涉条纹将会出现相应的变化，从而可以知道工件的表面情况。图中所示的干涉条纹表明，在工件上存在着一条垂直于棱边的凸起。

在本章的前言部分曾经介绍过，光的微粒说的代表人物牛顿发现了平板玻璃和平凸透镜组成的结构的干涉现象，却没能给出合理的解释。事实上，这一现象是光的波动性——干涉——的典型体现，后来人们就把此类现象称为"牛顿环"。牛顿环装置可以有多种构成形式，但其本质都是由两个曲率不同的表面构成的薄膜，它与劈尖的不同之处仅仅在于：第一，劈尖是"一维"的，其厚度仅在一个方向上变化，牛顿环是"二维"的；第二，劈尖的厚度是线性变化的，而牛顿环装置中的薄膜厚度往往是非线性变化的。因此，在研究方法上，牛顿环与劈尖完全类似。我们这里以图 13.1-17 中的装置为例来讨论牛顿环的特点。

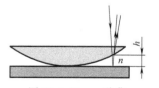

图 13.1-17　一种典
型的牛顿环装置

图 13.1-17 的下方是平板，上方是一个曲率很小、曲率半径很大的平凸透镜，二者相切于一点。光线垂直入射，我们关注入射光在平凸透镜的下表面和平板的上表面发生的反射，这两束反射光相遇发生干涉。由于薄膜的厚度分布是关于切点呈中心对称的，因此将形成以切点为圆心的一系列同心圆环状干涉条纹。如果仍然**假设**存在着由于半波损失所引起的附加光程差，则两束反射光的光程差和第 k 级干涉暗条纹所对应的膜厚分别由式（13.1-19）和式（13.1-22）给出。在装置的中心点，薄膜厚度 $h=0$，仅有由于半波损失导致的附加光程差 $\lambda/2$，由暗条纹条件式（13.1-13）可知，干涉图案的中心是 0 级暗条纹，图 13.1-18 给出的就是这种情况的干涉图样。

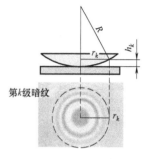

图 13.1-18　计算牛
顿环暗环的半径

在图 13.1-18 中，设第 k 级暗条纹的半径为 r_k，对应的膜厚为 h_k。利用几何关系和式（13.1-22），并考虑到 $R \gg h_k$，得到

$$r_k^2 = R^2 - (R - h_k)^2 \approx 2Rh_k = \frac{Rk\lambda}{n} \tag{13.1-25}$$

可以看出，牛顿环暗纹半径与波长有关，如果用白光入射，则会得到彩色圆环，但是最中心点仍然是全暗的，因为各波长的 0 级暗条纹都在此处。此外，由式（13.1-25）可以算出，牛顿环暗纹半径随着级次 k 的增大非线性地增大，所以此类牛顿环装置的干涉图样是一系列内疏外密的同心圆环，越远离圆心的环对应的光程差越大，级次越高。

需要再一次强调的是，上述关于牛顿环的定量分析是基于图 13.1-17 所示的牛顿环装置的，并且假设了存在着由于半波损失引起的附加光程差。不同结构的牛顿环装置、不同的介质条件将得到不同的干涉图案，其条纹的半径、疏密程度、级次高低等性质均须根据具体情况进行分析。

例 13.1-3 考虑如图 13.1-17 所示的牛顿环装置，其平凸透镜和平板玻璃由同种材料制成。当装置放在空气中时，用平行光照射，测得自内向外的第 10 个亮环的直径为 14.8cm。现将平凸透镜和平板玻璃间充满某种透明液体，发现该亮环的直径变为 12.7cm，求液体的折射率 n。

解： 由题可知，计算光程差时应考虑由半波损失引起的附加光程差。对于第 k 级亮环（明条纹），有

$$\delta = 2nh_k + \frac{\lambda}{2} = k\lambda$$

该处的膜厚

$$h_k = (k - 1/2)\frac{\lambda}{2n}$$

由几何关系可知牛顿环的半径（并考虑到 $R \gg h_k$）

$$r_k^2 = R^2 - (R - h_k)^2$$

从而有

$$\approx 2Rh_k$$

$$h_k = R(k - 1/2)\lambda/n \quad \propto \frac{1}{n}$$

可推出

$$\frac{n_{液体}}{n_{空气}} = \left(\frac{r_{空气}}{r_{液体}}\right)^2 = \left(\frac{14.8}{12.7}\right)^2 = 1.36$$

空气的折射率近似为 1，故 $n_{液体} = 1.36$。

评价： 这是测量液体折射率的一种方法。

利用牛顿环可以检测工件的曲率是否符合要求。在图 13.1-19 中，图 13.1-19a 和图 13.1-19b 所示的待测工件与标准件有偏差，则会出现图 13.1-19c 所示的牛顿环。为进一步

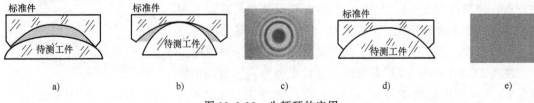

| a) | b) | c) | d) | e) |

图 13.1-19　牛顿环的应用

区分 a 和 b 的情况，可以在工件中心施加一个微小的压力。若是图 13.1-19a 的情况，这个压力会使中心点的膜厚发生变化，牛顿环图案的中心条纹的明暗将会随之发生变化；若是图 13.1-19b 的情况，则中心点始终是暗条纹。图 13.1-19d 给出的是完全符合标准的工件，这时整个区域的膜厚均为 0，因此整个视野中都是同一级次的暗条纹，如图 13.1-19e 所示。

图 13.1-19a、b 分别给出了牛顿环的两种典型构成：中心厚而四周薄（图 13.1-19a）、中心薄而四周厚（图 13.1-19b）。根据等厚干涉原理，膜厚影响薄膜上下表面的光程差，光程差决定干涉级次，因此，图 13.1-19a 中的牛顿环的级次分布是内高外低，而图 13.1-19b 中的牛顿环级次则是内低外高。

例 13.1-4　薄膜的厚度 $d=0.20\mu m$，折射率 $n=1.5$，两侧是空气，如图 13.1-20 所示。波长 $\lambda_1=4.0\times10^3\text{Å}$ 和 $\lambda_2=6.0\times10^3\text{Å}$ 的复色光从左侧垂直照射薄膜，哪个波长的光可以从薄膜右侧出射？

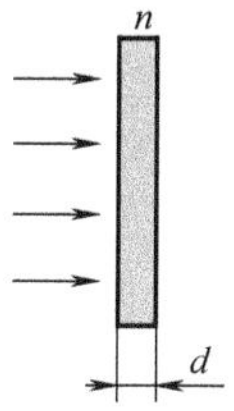

解：光在薄膜两表面的反射光程差为 $\delta_反=2nd+\dfrac{\lambda}{2}=6.0\times10^{-7}\text{m}+\dfrac{\lambda}{2}$，对于波长为 $\lambda_1=4.0\times10^3\text{Å}$ 的入射光来说，$\delta_{反4000}=8.0\times10^3\text{Å}=2\lambda_{4000}$，光程差是波长的整数倍，反射光干涉增强；而对于波长为 $\lambda_2=6.0\times10^3\text{Å}$ 的入射光来说，$\delta_{反6000}=9.0\times10^3\text{Å}=1.5\lambda_{6000}$，光程差是波长的半整数倍，反射光干涉减弱。因此最终只有 $\lambda_2=6.0\times10^3\text{Å}$ 的入射光可以透过薄膜。

图 13.1-20
例 13.1-4 图

评价：在这个问题中，薄膜的厚度是均匀的，在薄膜各处，其上下表面反射光之间的光程差都相等。根据等厚干涉原理，同一光程差对应着同一级干涉条纹，因此，从反射光方向上看，整个薄膜的明暗程度都是一致的。本题的结果表明，同一个薄膜，对于某些波长来说，其反射光干涉相长，而对于另一些波长来说，其反射光干涉相消（不难证明，这时透射光将发生干涉相长），所以此题中的薄膜实际上起到了**滤波器**的作用。

应用 13.1-1　增透膜

眼镜片和相机镜头的表面往往覆有一层**增透膜**，这层薄膜可以使波长为 550nm 左右的绿光（人眼对这一波长的光最为敏感）的反射光干涉相消、透射光干涉相长，从而增加该波长光的透过率。而能满足这一条件的膜厚又恰好使得蓝紫色光的反射光干涉相长，因此这些镜片的表面往往呈现出蓝紫色。

以上我们研究了平行光垂直入射到薄膜上产生的等厚干涉现象。若入射光并非垂直入射薄膜，则光程差还与入射角有关，条纹情况将相应发生变化。

2. 入射光倾角对干涉的影响——等倾干涉

有些时候，薄膜的厚度是均匀的，如图 13.1-21 所示，这时光线①和光线②平行，必须借助凸透镜才能使两束光线实现相遇叠加。由于透镜对光程没有影响（见 13.1.1 节），因此我们仍然以光线①和光线②均射向无穷远来计算这两束光线的光程差。从 B 点向光线①作垂线，垂足为 D。从 BD 至无穷远处的部分，光线①和光线②的光程是相同的。此外，在入射点 A 之前，二者完全重合，也没有光程差，因此两束光线的光程差就体现在 $\overline{A_1D}$ 和 $\overline{A_1A_2B}$ 的差别上，因而可将

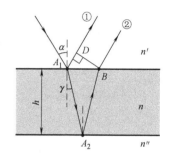

图 13.1-21　光线斜入射到薄膜时的光程差计算

光程差写为

$$\delta = n(\overline{A_1A_2} + \overline{A_2B}) - n'\overline{A_1D}\left(+\frac{\lambda}{2}\right) \tag{13.1-26}$$

式中括号内的"$+\lambda/2$"代表可能出现的由反射引起的半波损失带来的附加光程差。

根据折射定律可知

$$\frac{\sin\alpha}{\sin\gamma} = \frac{n}{n'} \tag{13.1-27}$$

又有几何关系

$$\begin{cases} \sin\alpha = \sin\angle A_1BD = \dfrac{\overline{A_1D}}{\overline{A_1B}} \\[3mm] \sin\gamma = \sin\dfrac{\angle A_1A_2B}{2} = \dfrac{\overline{A_1B}/2}{\overline{A_1A_2}} \\[3mm] \cos\gamma = \cos\dfrac{\angle A_1A_2B}{2} = \dfrac{h}{\overline{A_1A_2}} \\[3mm] \overline{A_1A_2} = \overline{A_2B} \end{cases} \tag{13.1-28}$$

式中，h 为薄膜的厚度。联立式（13.1-26）、式（13.1-27）和式（13.1-28），可得

$$\delta = 2h\sqrt{n^2 - n'^2\sin^2\alpha}\left(+\frac{\lambda}{2}\right) \tag{13.1-29}$$

可以看出，在薄膜厚度 h、薄膜折射率 n 以及环境介质折射率 n' 确定的情况下，光程差仅与光线的入射角 α 有关，即相同倾角的入射光线对应着相同的光程差，进而对应同一级干涉条纹，由此形成的薄膜干涉称为**等倾干涉**。显然，获得等倾干涉需要用发散光照射薄膜，从而获得不同倾角的入射光。可以像图 13.1-22 所示那样，用一个点光源 S 发出发散光照射到薄膜上，于是每一组倾角相同的入射光线将形成一个圆锥面，这个圆锥面以点光源 S 为顶点，其轴垂直于薄膜表面，图中画出的两条入射光线即为某一个这样的圆锥面与纸面的交线。每一条入射光线在经过薄膜上下表面反射后，都分别形成两条彼此平行的相干光。根据透镜成像知识可以得到这些光线的会聚情况，如图 13.1-22 所示，图中所有以短弧线标出的角度大小都是相等的。可以看出，入射角相同的所有光线经薄膜上下表面反射和透镜折射后，将在透镜的焦平面上形成一个圆环（图中 A、B 两点是某一个圆环与纸面的交点），不同倾角的入射光线最终将会在透镜的焦平面上形成一系列半径不同的同心圆环。由式（13.1-29）不难看出，入射角越大（对应于越外围的圆环），所对应的光程差越小，条纹级次越低，而越靠近中心点的条纹的级次越高。

圆环的中心点对应于光线垂直入射薄膜的情况，此时入射角为 0，于是由式（13.1-29）可得中心点的光程差

$$\delta_{中心} = 2nh\left(+\frac{\lambda}{2}\right) \tag{13.1-30}$$

可以看出，膜厚每增加 $\dfrac{\lambda}{2n}$，光程差增加 λ，中心点条纹

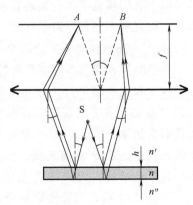

图 13.1-22　等倾干涉原理

的级次增大 1。因此，随着膜厚的增大，新的更高级次的条纹会从中心向外"吐出"；反之，若减小膜厚，条纹则会"吞入"。

等倾干涉的图样与前面讨论的牛顿环的图样从直观上来看是类似的，都是一系列同心圆环，但是，等倾干涉圆环的级次分布必然是内高外低，但牛顿环（属于等厚干涉）的级次分布则与牛顿环装置的具体形式有关。不过，从物理本质上来说，无论何种干涉，光程差越大的地方对应的干涉条纹的级次越高，这是普遍成立的。

3. 迈克耳孙干涉仪

迈克耳孙（A. A. Michelson，1852—1931）是美国著名物理学家，他热衷于追求"实验本身的优美和所使用方法的精湛"，被爱因斯坦称为"科学中的艺术家"。迈克耳孙在 1881 年发明了一种干涉仪，可以方便地实现等厚干涉和等倾干涉。利用这台仪器，迈克耳孙进行了大量关于光速的高精度测量，这也是迈克耳孙获得 1907 年诺贝尔奖的主要原因。著名的迈克耳孙-莫雷实验更是催生了现代物理的一大支柱——相对论——的诞生。2016 年，美国 LIGO（激光干涉引力波天文台）探测出轰动物理学界的引力波，而 LIGO 从本质上来说就是一架巨大的迈克耳孙干涉仪。可以说，迈克耳孙干涉仪是现代物理学史上最重要的实验仪器之一。

迈克耳孙干涉仪的原理如图 13.1-23 所示，在各光学面上都会发生折射与反射，但图中仅画出与所研究的问题相关的光线。光自左侧入射到玻璃板 G_1 上，在 G_1 的下表面涂有一层半透半反膜，入射光在此处被分为两束——向右的透射光线 1 和向上的反射光线 2，二者方向垂直。其中，光线 1 透射至右方，依次经平面镜 M_1 和半透半反膜反射后成为光线 $1'$。光线 2 反射至上方，依次经平面镜 M_2 反射和半透半反膜透射后成为光线 $2'$ 并与 $1'$ 发生干涉。在光线 1 的光路中特别加入了补偿板 G_2，其材质、厚度以及放置角度均与 G_1 相同，目的是使光线 1 和光线 2 在玻璃板中的光程相同，从而简化光程差的计算。不难看出，光线 1 可以看作是从平面镜 M_1

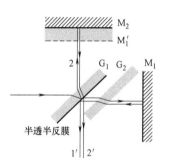

图 13.1-23　迈克耳孙干涉仪原理示意图

在半透半反膜中成的像 M_1' 反射回来的，于是 M_1' 和平面镜 M_2 就可以看作是"薄膜"的上下两个表面，分别提供反射光。因此，若 M_1 与 M_2 严格垂直，则"等效薄膜"的厚度均匀，用发散光照射即可观察等倾干涉；若 M_1 与 M_2 不严格垂直，则"等效薄膜"类似于一个厚度呈线性变化的劈尖，用平行光照射即可观察等厚干涉。因此在这台仪器上可以方便地观察这两类干涉而无须复杂的薄膜制备过程。更重要的是，与前面讨论的薄膜不同，迈克耳孙干涉仪的"等效薄膜"的厚度可以很容易地通过调整 M_2 的位置来进行调节。M_2 每平移半个波长，干涉条纹就会平移一条或者吞吐一环，若 M_2 的位置平移了 Δd，同时条纹变化了 N 条，则有

$$\Delta d = N \cdot \frac{\lambda}{2} \tag{13.1-31}$$

利用这一关系，只需读出 M_2 移动的距离和相应的条纹变化情况，即可很方便地求出入射光的波长。

迈克耳孙干涉仪是非常精密的仪器。由于平面镜 M_2 只需平移半个波长即可引起干涉条

纹变化一个级次，因此从这个意义上来说，迈克耳孙干涉仪提供了一种测量微小长度的方法，其待测数值与光波长具有相同的数量级。此外，迈克耳孙干涉仪还有一个非常大的优点，即它将两束相干光的光路分开甚远，这样就可以实现对某一条光路的单独处理。例如，可以在干涉仪的一臂上引入其他介质，折射率的改变必然导致光程的改变，从而引起条纹的移动。因此，迈克耳孙干涉仪也可以用来测量材料的折射率。

小节概念回顾：分振幅干涉主要由各种薄膜实现。干涉结果取决于薄膜两个表面反射光之间的光程差，在考虑光程差时要注意考虑半波损失的情况。

13.2　光的衍射

衍射与干涉一样，也是光的波动性的重要体现。当波在传播过程中遇到障碍物时，会绕过障碍物的边缘传播，这样的现象称为**衍射**。"衍"在汉语中有"多出来的"之意，因此"衍射"可以理解为是指比"直射"多出来的部分，即偏离直线传播的部分。我们在12.3.4节中曾用惠更斯原理简单分析过波的衍射现象，本节中我们将具体讨论光的衍射，探讨衍射与干涉的区别和联系，并详细介绍一些典型的衍射装置。

13.2.1　衍射的基本原理

设想一束平行光照射到一个足够大的遮光屏上，则屏后方的接收屏上将不会接收到任何光线。如果在遮光屏上打开一个方形的窗口，接收屏上则会出现这个窗口的形状。现在将这个窗口变窄，接收屏上被光照亮的部分也随之变窄，然而当窗口窄到一定程度时，接收屏上被照亮的区域却反而在窗口变窄的方向上有所拓宽，并且在其两侧还出现了明暗相间的光强分布。窗口越窄，屏幕上被照亮的区域展宽得越厉害。如果窗口在另一维度上也同时变窄，那么被照亮的区域在该方向上也会发生展宽并在外侧出现明暗分布——即所谓"哪里有压迫，哪里就有反抗"；而如果是一个足够小的圆形窗口的话，那么接收屏上则会出现一个圆形亮斑，周围伴有明暗相间的圆环。以上现象的产生，是由于光在传播的过程中遇到了障碍物，其波面受到了限制，从而产生了衍射现象。事实上，即使窗口足够大，如果观察得足够仔细的话，在接收屏上窗口形状的边界外侧，同样可以看到明暗相间的条纹，这就是光绕过窗口边缘偏离直线传播而形成的衍射现象，只不过与整个窗口透过的光亮相比显得极其微弱而难以辨认罢了。

衍射的理论基础是**惠更斯-菲涅耳原理**，这是法国科学家菲涅耳（Augustin Jean Fresnel，1788—1827）在惠更斯原理的基础之上提出的，是波动光学的基本原理之一。这一原理的基本内容是：**波面上的各点都是相干子波源**。惠更斯原理指出，波面上的每一点都是新的子波源；惠更斯-菲涅尔原理则进一步说明了这些子波之间都是相干的，它们将在空间各点进行相干叠加。这一原理说明了衍射的本质就是无穷多光束干涉的结果。

衍射现象可以分为近场衍射和远场衍射两类。近场衍射是指光源和接收屏至少有一个在有限远处的衍射，也称菲涅耳衍射；远场衍射则是指光源和接收屏均在无限远处的衍射，德国物理学家夫琅禾费（Joseph von Fraunhofer，1787—1826）在1821年发表了对此类现象的研究结果，因此，远场衍射也被称为夫琅禾费衍射。本节中只讨论夫琅禾费衍射。

在夫琅禾费衍射中，光源和接收屏与衍射装置均相距无限远，相当于入射光和出射光都是平行光。为了在实验室中获得和接收平行光，需要在入射光路和出射光路中合理应用凸透镜，使光源发出的光形成平行光照射到衍射装置上，并将从衍射装置出射的平行光会聚到透镜的焦平面上。由于透镜不会引入附加光程差，因此不会影响与光程差相关的计算结果。

　　小节概念回顾： 光在传播中遇到障碍物时偏离直线传播的现象称为衍射。惠更斯-菲涅耳原理指出波面上各子波源之间的相干性，衍射在本质上是无穷多子波之间的干涉。衍射分为菲涅耳衍射和夫琅禾费衍射。

13.2.2　单缝衍射

　　如图 13.2-1 所示，点光源发出的光经过透镜变为平行光，入射到宽度为 a 的狭缝上，这个狭缝称为**单缝**。根据惠更斯-菲涅耳原理，单缝处的波面可以看作无穷多个彼此相干的子波源。这些子波源发出的子波相互干涉，经透镜会聚得到图 13.2-1 右侧的衍射图样。可以看到，单缝衍射图样与双缝干涉图样的共同点是，都是一系列与狭缝平行的明暗相间的条纹；二者的不同之处在于，单缝衍射的条纹是不等间距的，最靠近中心的两条暗纹之间的距离明显大于其他暗纹间距。下面我们来定量分析衍射图样的形成过程。

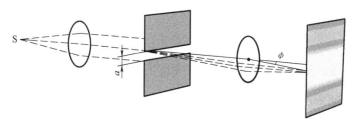

图 13.2-1　单缝的夫琅禾费衍射装置示意图

　　图 13.2-2 给出了单缝夫琅禾费衍射的原理。两个透镜的光轴均与单缝的中垂线重合，点光源 S 位于透镜 L′的前焦点上，接收屏位于透镜 L 的后焦平面上。S 发出的光经过透镜 L′后变为平行光，垂直照射到宽度为 a 的单缝上，单缝的上下两端分别记作 A 和 B。光经过单缝后沿各个方向出射。在图中我们仅画出了沿着与光轴夹角为 θ 的方向出射的一组平行光，这个 θ

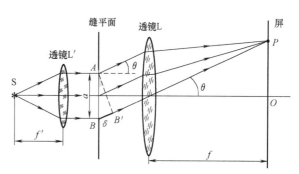

图 13.2-2　单缝的夫琅禾费衍射原理

称为**衍射角**。沿这个方向出射的光线将在接收屏上的 P 点会聚，P 点的位置可由几何光学知识得出，即 P 点与透镜 L 光心的连线和光轴之间的夹角也为 θ。下面我们以衍射角为 θ 的这一组光线为例来分析单缝衍射。

　　由于衍射的本质是**无穷多**个光束之间发生的干涉，因此很难使用与之前双光束干涉同样的方法来计算叠加的结果。在这里引入一个新的方法——**半波带法**。

　　如图 13.2-2 所示，从 A 点向 B 发出的光线作垂线 AB'，从这条垂线开始，直到无穷远处或经透镜到其焦平面为止（透镜并不会引入附加光程差），各条光线的光程都是相等的，并且在光线垂直入射单缝之前，各条光线的光程也是相等的，因此单缝中各子波源发出的子波之间的光程差就只存在于从单缝 AB 到垂线 AB' 的这段空间内。不难算出从单缝最上端发出的光线 AP 和从单缝最下端发出的光线 BP 之间的光程差

$$\delta = \overline{BB'} = a\sin\theta \qquad (13.2\text{-}1)$$

我们将图 13.2-2 中单缝及其右方的部分放大为图 13.2-3。从 B' 点开始逆着光线方向将光程差 $\overline{B'B}$ 进行划分，使得 $\overline{B'B_1} = \overline{B_1B_2} = \overline{B_2B_3} = \cdots =$ $\overline{B_{n-1}B_n} = \dfrac{\lambda}{2}$，直至 $\overline{B_nB} < \dfrac{\lambda}{2}$ 为止。然后从 B_i（$i=$ 1，2，$\cdots$，n）出发作 AB' 的平行线，与单缝 AB 分别交于 A_i（$i=1$，2，$\cdots$，n），这样就将单缝分成了一系列窄带：AA_1、A_1A_2、A_2A_3、$\cdots$、$A_{n-1}A_n$ 和 A_nB。由几何关系可以算出前 n 个窄带的宽度为

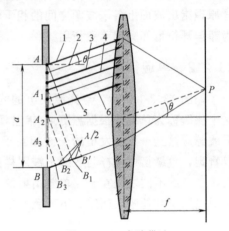

图 13.2-3　半波带法

$$\overline{AA_1} = \overline{A_1A_2} = \overline{A_2A_3} = \cdots = \overline{A_{n-1}A_n} = \frac{\lambda/2}{\sin\theta}$$
$$(13.2\text{-}2)$$

这些窄带称为**半波带**；最后一个窄带 A_nB 的宽度不足 $\dfrac{\lambda/2}{\sin\theta}$，不是半波带。图 13.2-3 中的单缝被分成了三个半波带和一个非半波带。由式（13.2-2）可知，半波带的宽度与衍射角有关，对于不同方向上的衍射光，单缝被分成的半波带的数目是不同的：

$$n = \frac{\delta}{\lambda/2} = \frac{a\sin\theta}{\lambda/2} \qquad (13.2\text{-}3)$$

考虑到通过上式计算出的 n 值有可能不是整数，因此狭缝实际上可以分成的半波带数目应对上式的结果进行向下取整，并且除这些半波带以外还存在一个非半波带。

现在我们来关注最上方的两个半波带。可以看到，从 A 点和 A_1 点发出的两束光（图 13.2-3 中的光线 1 和光线 4）到 P 点的光程差为 $\dfrac{\lambda}{2}$，满足双光束叠加形成暗条纹的条件式（13.1-13），因此这两束光在 P 点处将发生相消干涉。同理可得，这两个半波带相应位置上的子波源发出的光（例如图 13.2-3 中的光线 2 和光线 5、光线 3 和光线 6 表示的两对光线）到 P 点的光程差都是 $\dfrac{\lambda}{2}$，叠加后必然各自两两相消，于是我们得到一个结论：相邻的两个半波带上发出的光在 P 点干涉相消。因此，如果单缝在某个衍射方向上恰好能分成偶数个半波带（式（13.2-3）中 n 为偶数），则每两个相邻半波带发出的光在 P 点均干涉相消，最终 P 点必然形成暗条纹。由此可以得到单缝衍射的暗条纹条件为

$$a\sin\theta = 偶数 \times \frac{\lambda}{2} = k\lambda \quad (k=1,2,3,\cdots) \qquad (13.2\text{-}4)$$

式中，k 是单缝衍射暗条纹的级次，可以注意到，此处 k 的取值并不包括 0。若 $k=0$，则

$$a\sin\theta = 0 \qquad (13.2\text{-}5)$$

这对应着以下几个相互关联的事实：①衍射角 $\theta = 0$；②衍射光线平行于光轴；③ P 点位于透

镜焦点处；④$\overline{AP}$ 和 $\overline{BP}$ 的光程差为 0；⑤从单缝中的任一点到 P 点的光程均相等。从这些事实中可以看出，式（13.2-5）的情况意味着单缝发出的所有子波在 P 点处同相叠加，因此，P 点处不但不会形成暗条纹，相反地，P 点将会是衍射强度最大的位置，这一位置即为**中央明纹**的中心。显然，波动光学中的中央明纹中心对应着几何光学中的凸透镜焦点。

如果在某个衍射方向上单缝恰好能分成奇数个半波带，即

$$a\sin\theta = 奇数 \times \frac{\lambda}{2} = \left(k+\frac{1}{2}\right)\lambda \quad (k=1,2,3,\cdots) \tag{13.2-6}$$

则除去每两个相邻半波带发出的光在 P 点干涉相消外，还剩余一个半波带，这个半波带上每一个子波源发出的光在到达 P 点时都没有与之"配对"的光来抵消，此时 P 点应该形成明条纹。但需要说明的是，由于这个半波带上的各个子波源到 P 点仍然存在着光程差，因此式（13.2-6）给出的只是明条纹中心的大致位置。

如果在某个衍射方向上，单缝可以分成非整数个半波带，则这个位置上的干涉强度介于最大强度（明条纹）和最小强度（暗条纹）之间。

例 13.2-1 如图 13.2-4 所示，波长为 480nm 的平行光束垂直地入射到宽 0.40mm 的狭缝上，缝后凸透镜焦距为 60cm。单缝两边缘射向同一方向的光在 P 点汇聚，且二者之间的相位差为 2π。求 P 点与中央明纹中心的距离。

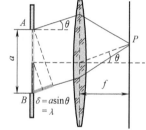

解：单缝两边缘射向 P 点的光线的相位差为 2π，则相应的光程差为波长 λ，由式（13.2-3）得

$$n = \frac{\delta}{\lambda/2} = \frac{a\sin\theta}{\lambda/2} = \frac{\lambda}{\lambda/2} = 2$$

即在会聚到 P 点的光线方向上，单缝可以分为 2 个半波带，P 点为 1 级暗条纹。由式（13.2-4）可知 $\sin\theta_1 = \frac{\lambda}{a}$，由几何关系可得 P 点的位置

图 13.2-4　例 13.2-1 图

$$x_P = f\tan\theta_1$$
$$\approx f\sin\theta_1$$
$$= f\frac{\lambda}{a} = 0.60 \times \frac{480\times10^{-9}}{0.40\times10^{-3}}\text{m} = 7.2\times10^{-4}\text{m}$$

评价：若在某个方向上单缝可以被分为 $2k$ 个半波带，则该方向所对应的位置会出现第 k 级暗条纹。

利用波动理论可以定量地算出单缝衍射的光强随 $\sin\theta$ 的变化情况，图 13.2-5 给出了该光强曲线的示意图，从各明条纹的相对光强可以看出，单缝衍射的中央明条纹范围内聚集了绝大部分的光能。因此中央明条纹又被称为**主极大**，而其他明条纹则被称为次极大。

在干涉问题（见 13.1.2 节）中曾经指出，所谓的"明条纹"和"暗条纹"都是一条没有宽度的

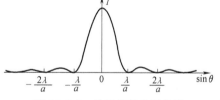

图 13.2-5　单缝衍射光强曲线

几何线，只要偏离了式（13.1-14）和式（13.1-15）给出的明条纹和暗条纹位置的地方都是非明非暗（既非相干加强也非相干减弱）的区域。然而在讨论衍射问题时，却往往把相邻暗条纹之间的整个区域称为**明条纹**，换句话说，单缝衍射的明条纹是有**宽度**的。由式（13.2-4）可以得到两个相邻暗条纹（k 的取值相差 1）的角位置，它们之间的差值即为某一级衍射明条纹的**角宽度**。

在傍轴近似的情况下，图 13.2-5 中的横坐标可以近似看作衍射角 θ。显然，中央明条纹（主极大）的角宽度是其他明条纹（次极大）的两倍。在很多情况下，相比角宽度而言，屏幕上呈现的条纹宽度（称为**线宽度**）是一个更加直观的物理量（虽然角宽度是更为本质的物理量）。在下面的例题中，即根据几何关系计算出了中央明条纹（主极大）的宽度。

例 13.2-2 如图 13.2-6 所示，波长 $\lambda = 6.0 \times 10^{3}\,\text{Å}$ 的光入射到宽度 $a = 1.0 \times 10^{-4}\,\text{m}$ 的单缝上，单缝后的透镜焦距 $f = 0.50\,\text{m}$。求屏上观察到的中央明纹（主极大）的宽度 Δx。

解：

由式（13.2-4）可知 $\sin\theta_1 = \dfrac{\lambda}{a}$，由几何关系可知中央明条纹宽度为

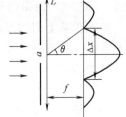

图 13.2-6 例 13.2-2 图

$$\begin{aligned}
\Delta x &= 2f\tan\theta_1 \\
&\approx 2f\sin\theta_1 \\
&= 2f\frac{\lambda}{a} \\
&= 2 \times 0.50 \times \frac{6.0 \times 10^{-7}}{1.0 \times 10^{-4}}\,\text{m} \\
&= 6.0 \times 10^{-3}\,\text{m}
\end{aligned}$$

评价：本题中的计算结果仅在傍轴近似下才成立。

在例 13.2-2 中，我们在傍轴近似下求出了单缝衍射中央明条纹（主极大）的线宽度（即 ±1 级暗条纹之间的距离）：

$$\Delta x_{主极大} \approx 2f\frac{\lambda}{a} \tag{13.2-7}$$

同样是在傍轴近似下，其他明条纹（次极大）的宽度近似是中央明条纹的一半，即

$$\Delta x_{次极大} \approx f\frac{\lambda}{a} \tag{13.2-8}$$

可以看出，单缝衍射各明条纹的宽度均反比于单缝的宽度，这一点我们曾在 13.2.1 节进行过定性的描述，现在我们得到了定量计算的结果。此外，明条纹宽度还正比于入射光的波长。因此，若用白光照射狭缝，则白光中各波长成分的入射光的中央明条纹宽度不同，如图 13.2-7a 所示，但其中心都出现在 $\sin\theta = 0$ 处，因此各波长的光将在屏幕中央重新叠加并再次呈现白光，如图 13.2-7b 所示。

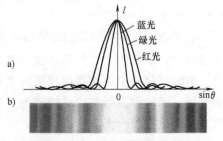

图 13.2-7 白光照射单缝形成的 a）衍射强度曲线示意图和 b）衍射图样

小节概念回顾：利用半波带法可以得到单缝衍射的暗条纹条件。在傍轴近似下，中央明纹的宽度是其他明条纹宽度的两倍，明条纹的宽度与入射光波长成正比，与单缝宽度成反比。

13.2.3　圆孔衍射

本节讨论圆孔的夫琅禾费衍射，即光源和接收屏均位于无限远处时，光线经过一个小孔时发生的现象。与单缝的夫琅禾费衍射类似，可以利用凸透镜实现平行光的入射和出射平行光的会聚。如图 13.2-8 所示，点光源 S 位于左侧凸透镜的焦点处，S 发出的发散光经凸透镜后成为平行光。若这束平行光入射到一个较大的圆孔上，则光线经圆孔和右侧凸透镜后会聚在其焦平面上的某一点上。这与几何光学给出的结果别无二致，说明较大的圆孔不易观察到衍射现象。

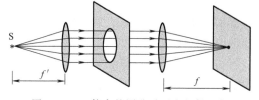

图 13.2-8　较大的圆孔看不出衍射现象

而当圆孔缩小到一定程度时，在屏幕上会出现一个明亮的圆斑，圆斑周围还有一系列明暗相间的同心圆环，如图 13.2-9 所示。图样中心的亮斑称为**艾里斑**，理论计算表明，出射光中大约有 84% 的能量集中在艾里斑内。

在图 13.2-10 中，观察屏上标出了艾里斑的圆形边界，即圆孔衍射的第 1 级暗条纹（通常称为暗环）。根据菲涅耳公式可以计算该暗环的角位置 θ_1，这一数值也被称为艾里斑的**角半径**。在这里我们仅通过与单缝衍射第 1 级暗条纹类比的方法直接给出结果，而略去复杂的推导过程。

图 13.2-9　圆孔衍射形成的图样，中心的亮斑是艾里斑

由单缝衍射的暗纹条件式（13.2-4）可知，单缝衍射第 1 级暗条纹满足

$$\sin\theta_1 = \frac{\lambda}{a} \qquad (13.2\text{-}9)$$

而严格的理论计算表明，圆孔衍射第 1 级暗环的角位置满足

$$\sin\theta_1 \approx 1.22\frac{\lambda}{D} \qquad (13.2\text{-}10)$$

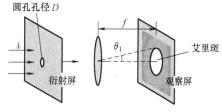

图 13.2-10　圆孔衍射艾里斑的角半径

式中，θ_1 即为艾里斑的角半径；D 为圆孔的直径；λ 为入射光的波长。由此，只要知道圆孔后方的透镜焦距，即可算出接收屏上艾里斑的半径大小。

透镜是最常用的光学元件之一，透镜的边缘实际上就是光线需要通过的圆孔，因此，若光路中涉及到透镜，就需要考虑圆孔的衍射作用。在几何光学中，在凸透镜前焦平面上的一个物点发出的光线经过该透镜后变为平行光，这些平行光又经另一透镜会聚至该透镜的后焦平面上的某点。因此，在几何光学中，一个物点必然对应一个像点。而在波动光学中，一个物点发出的光线在经过上述透镜后，由于透镜边缘的圆孔衍射作用，将形成一个像斑（即艾里斑，由于艾里斑周围同心圆环的强度较弱，故而忽略）。这带来一个问题：两个物点之间的距离越近，它们分别形成的两个像斑也就越靠近，以致发生交叠。而当两个像斑交叠时，是否还能分辨出这是两个斑？交叠到何种程度时，就无法分辨了？如果两个像斑无法分辨，则会被误认为是由一个物点形成的，从而影响对实际物体的认知。为衡量这一问题，英国物理学家约翰·威廉·斯特拉特（John William Strutt，瑞利男爵三世，1842—1919）提出了**瑞利判据**：对于两个等光强的非相干物点，如果其一个像斑的中心恰好落在另一个像斑的边缘（即第 1 级暗环处），则此两物点被认为是刚好可以分辨的。这是一个人为规定的经验性判据。在图 13.2-11 所示的三种情况中，图 13.2-11a 属于完全可以分辨的情况，可以清晰地看到两个艾里斑，对应于距离稍远的两个物点；图 13.2-11b 对应于"刚好可以分辨"的临界情况，对应于距离较近的两个物点；图 13.2-11c 则无法分辨出是两个斑，将会被误认为只对应于一个物点。值得注意的是，不要误以为"无法分辨"是因为图片不够大，即使将图 13.2-11c 放大，也仍然无法分辨出这是两个斑。

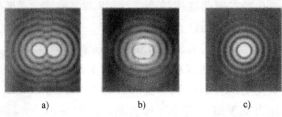

图 13.2-11　瑞利判据：两个亮斑 a) 完全可以分辨 b) 刚好可以分辨 c) 不能分辨

下面我们着重讨论"刚好可以分辨"的临界情况。如图 13.2-12 所示，两个物点 S_1 和 S_2 发出的光经过透镜分别形成艾里斑。当满足"刚好可以分辨"的条件时，两个物点 S_1 和 S_2 在透镜前所张的角度 $\delta\theta$ 即为艾里斑的角半径，我们将这一角度称为透镜的**最小分辨角**。换句话说，若两个物点在透镜前所张的角度小于此

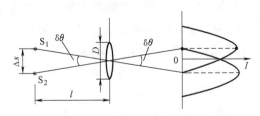

图 13.2-12　透镜的最小分辨角

值，则这两个物点将不可被分辨。显然，最小分辨角的数值与圆孔衍射的第 1 级暗条纹的角位置相同，由式（13.2-10）可得

$$\delta\theta = \theta_1 \approx \sin\theta_1 \approx 1.22\frac{\lambda}{D} \tag{13.2-11}$$

若物点 S_1 和 S_2 与透镜相距 l，则由几何关系可推出两个物点的最小分辨距离

$$\Delta s = l \cdot \delta\theta \tag{13.2-12}$$

显然，最小分辨距离与物点距透镜的远近有关。在透镜附近可以被分辨的两个物点，当它们保持彼此距离不变而逐渐远离透镜时，这两个物点在透镜前张开的角度将变得越来越小；当这个角度小于透镜的最小分辨角时，这两个物点不再能够被分辨。因此，相比于最小分辨距离而言，最小分辨角是更为本质的物理量。

可以进一步定义透镜的**分辨本领**

$$R \equiv \frac{1}{\delta\theta} = \frac{D}{1.22\lambda} \tag{13.2-13}$$

由式（13.2-11）和式（13.2-13）可以看出，想要获得较小的最小分辨角和较高的分辨本

领，可以采取两种方法——增大通光孔径和减小波长。

摄影爱好者所使用的相机镜头往往直径较大，正是希望通过增大孔径来提高分辨本领，从而获得清晰的照片。天文望远镜的孔径可达数米，也是为了在观测遥远星体时实现较高的分辨本领。位于我国河北兴隆的大天区面积多目标光纤光谱天文望远镜（Large Sky Area Multi-Object Fiber Spectroscopy Telescope，简称 LAMOST，又称郭守敬望远镜），有效通光口径约为 4m，最小分辨角约为 2×10^{-7} rad。位于美国夏威夷的凯克望远镜通光口径达 10.4m。目前我国已经立项建设一台通光口径为 12m 的光学望远镜，建成之后，将极大地推动我国天文观测领域的研究进展。

在实验室中使用显微镜观察微小物体时，不可能像望远镜那样将透镜尺寸做得过大，此时则须通过另一途径——减小工作波长——来提高透镜的分辨本领。普通的光学显微镜在可见光下工作，综合考虑可见光的波长范围、物镜和目镜的直径（即通光孔径）以及待观察样品的位置等信息，由式（13.2-11）和式（13.2-12）可以估算出光学显微镜能够实现的最小分辨距离约为几百纳米。而在电子显微镜中，当电子的加速电压达到 100kV 时，其波长约为 10^{-3} nm（属于 X 射线波段，这涉及电子的波动性，将在量子力学部分进行详细的讨论），此时显微镜的最小分辨距离则可降至 1nm 以下，可用于观测低维材料的微观结构。图 13.2-13 就是高分辨电子显微镜拍摄的纳米颗粒的照片，可以清晰地看到一簇一簇的平行条纹，每一簇平行条纹的范围标示着一个纳米颗粒，这些条纹代表着晶体颗粒的内部结构。

2016 年落成的"中国天眼"500m 口径球面射电望远镜（Five-hundred-meter Aperture Spherical Telescope，简称 FAST，见应用 7.5-1），是目前世界上最大的单天线射电望远镜，其有效照明口径约为 300m，远大于 LAMOST；但由于 FAST 的工作波长约为 0.2m（属于无线电波），远远大于光学望远镜的工作波长，因此 FAST 的最小分辨角仅为 8×10^{-4} rad 左右，与 LAMOST 相去甚远。正如式（13.2-11）和式（13.2-13）显示的那样，光学仪器的分辨本领同时取决于通光口径和工作波长，单纯比较这两个因素中的某一个是没有意义的。FAST 和 LAMOST 在各自的工作波长领域内各有建树，有力地促进了我国天文学研究的开展。

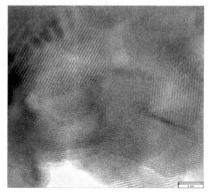

图 13.2-13　纳米颗粒的高分辨
电子显微镜照片，图片
右下角的标尺长度为 5nm

例 13.2-3 在通常照度下，人眼的瞳孔直径约为 3.0mm，对波长为 550nm 的光最敏感。

求：（1）人眼的最小分辨角；（2）明视距离（25cm）下能分辨的最小距离；（3）在 10m 处能分辨的最小距离。

解：最小分辨角

$$\delta\theta = 1.22\frac{\lambda}{D} = 1.22\times\frac{550\times10^{-9}}{3.0\times10^{-3}}\text{rad}$$

$$= 2.2\times10^{-4}\text{rad} < 1'$$

能分辨的最小距离为

明视距离处：$\Delta s_1 = l_1 \cdot \delta\theta = 0.25\times2.2\times10^{-4}\text{m} = 5.5\times10^{-5}\text{m}$

10m 远处：$\Delta s_2 = l_2 \cdot \delta\theta = 10 \times 2.2 \times 10^{-4} \mathrm{m} = 2.2 \times 10^{-3} \mathrm{m}$

评价：由结果可知，人眼的最小分辨角与 FAST 相当，可见，人眼是分辨本领相当强大的光学仪器。

小节概念回顾：根据瑞利判据可知，透镜的最小分辨角即为艾里斑的半径，其数值和波长与通光口径有关。最小分辨角的倒数即为分辨本领。

13.2.4 光栅衍射

很多光学元件，例如棱镜、双缝、单缝、圆孔等，都可以使复色光发生色散现象。所谓**色散**，是指复色光中不同波长的成分在经过某些光学元件后呈现在不同的位置或角度上的现象。引起色散现象的光学元件常常被称为分光元件。本节我们讨论一种在光学领域应用十分广泛的分光元件——衍射光栅。

衍射光栅，简称**光栅**，是指具有空间周期性的衍射屏，它由大量等宽度、等间距的平行透光缝或反射面构成，前者称为透射光栅，后者称为反射光栅。透射光栅常常是在一块光学材料（例如玻璃片）上周期性地刻出大量平行刻痕，如图 13.2-14 所示，刻痕部分不透光，相邻两个刻痕之间的光滑部分可以透光，相当于一条狭缝，因此透射光栅可以看作是多缝衍射屏。光栅的周期性结构的长度（透射光栅相邻两个狭缝相应位置之间的距离）称为光栅常数，用 d 表示，而狭缝的宽度通常记作 a。本节中我们只讨论透射光栅。

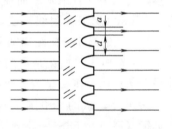

图 13.2-14 透射光栅

本质上，光栅是大量狭缝的规律性组合，因此光栅衍射可以看作大量单缝衍射结果的"组合"，而这种"组合"实际上是所有透过单缝的光束（即每个单缝各自的衍射结果）在空间相遇时发生的**多光束干涉**。下面我们首先忽略单缝衍射效应（即认为每个单缝出射的光在空间的光强分布都是均匀的），只讨论多光束干涉的一般结果。

如图 13.2-15 所示，波长为 λ 的平行光自左向右垂直入射到一个光栅上，光栅右侧的各个方向上都会有平行或非平行的衍射光，我们仅以衍射角为 θ 的平行光为例来讨论问题（非平行光出射不属于夫琅禾费衍射，不在我们的讨论范围内）。由几何光学知识可知，这些光线在经过透镜后将在透镜焦平面上的 P 点会聚，P 点与透镜光心的连线和光轴之间的夹角为 θ。由图中的几何关系可以看出，相邻狭缝沿 θ 方向出射光的光程差和相应的相位差分别为

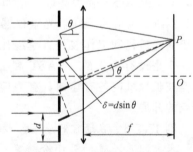

图 13.2-15 多光束干涉原理图

$$\delta = d\sin\theta, \quad \Delta\varphi = \frac{2\pi}{\lambda}\delta \qquad (13.2\text{-}14)$$

由干涉明纹条件式（13.1-12）可知，当光程差和相位差分别满足

$$\delta = \pm k\lambda, \quad \Delta\varphi = \pm 2k\pi \qquad (k = 0, 1, 2, \cdots) \qquad (13.2\text{-}15)$$

时，每两条相邻狭缝之间均发生相干加强，此时接收屏上将形成明条纹。在第 11 章中曾经介绍过如何用旋转矢量的叠加来分析同方向、同频率的振动合成，在此处，所有狭缝发出的

光在明条纹处引起的振动近似都是同方向的，可以方便地用旋转矢量法进行分析。图 13.2-16a 利用矢量合成的三角形法则分析了 N 个狭缝发出的光振动的相应旋转矢量同相叠加的情况。若每个狭缝发出的光在明条纹处引起的光振动矢量均为 $\vec{E}_0$，则合振动矢量及其大小分别为

$$\vec{E}_{\text{明}}=\sum_{i=1}^{N}\vec{E}_i=N\vec{E}_0,\quad E_{\text{明}}=NE_0 \tag{13.2-16}$$

由波动知识可知，波的强度正比于振幅的平方〔式（12.2-43）〕，设每个缝发出的光在明条纹处的光强均为 I_0，则有

$$I_0\propto E_0^2 \tag{13.2-17}$$

将式（13.2-16）和式（13.2-17）代入式（12.2-43）可得 N 缝干涉明条纹处的光强

$$I=N^2I_0 \tag{13.2-18}$$

即当 N 个缝的光强都相同时，明条纹光强等于每个缝产生的光强的 N^2 倍。我们不妨对照一下第 12 章中两列波的干涉结果。由式（12.4-4）可知，当两列波的振幅相同且发生相长干涉时，$I=4I_0$，此式右端的系数"4"正是"缝数 2"的平方。

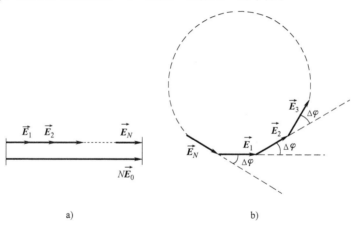

a)   b)

图 13.2-16　多光束干涉 a) 明条纹 b) 暗条纹的形成

另一方面，在暗条纹处，应有

$$\vec{E}_{\text{暗}}=\sum_{i=1}^{N}\vec{E}_i=0$$

若将相邻狭缝在暗条纹处引起的振动相位差记作 $\Delta\varphi$，要达到合振动为零的效果，即要求所有狭缝在暗条纹处引起的振动的相应旋转矢量叠加后为零，最简单的情况如图 13.2-16b 所示。若光栅总缝数为 N，由图可知必有 $N\Delta\varphi=2\pi$。

然而，图 13.2-16b 中所给出的"正 N 边形"却并非旋转矢量叠加后为零的唯一条件。进一步思考就会发现，当 $\Delta\varphi$ 满足下列条件时，旋转矢量的叠加结果均为零：

$$N\Delta\varphi=\pm k'2\pi\quad(k'=1,2,3,\cdots,k'\neq kN) \tag{13.2-19}$$

其中特别值得注意的是，当 k' 是 N 的整数倍时，式（13.2-19）即变为式（13.2-15）的明条纹条件，所以应予以排除。由式（13.2-19）可以解得

$$\Delta\varphi=\pm\frac{k'}{N}2\pi\quad(k'=1,2,3,\cdots,k'\neq kN) \tag{13.2-20}$$

这就是多光束在 P 点干涉形成暗条纹的条件。

在实际应用中，若光线垂直于光栅入射，且光栅后方的介质均匀，则相位差与光程差的对应情况较为简单。将式（13.2-14）代入式（13.2-15）可得

$$d\sin\theta = \pm k\lambda \quad (k = 0, 1, 2, \cdots) \tag{13.2-21}$$

这一结果称为**光栅方程**，它给出了平行光**垂直入射**光栅时形成明条纹的条件。这里所说的"明条纹"是由于每两个相邻狭缝之间均满足干涉加强条件而形成的，对应于所有叠加中光强最大的情况，因此这些明条纹被称为**主极大**。对比式（13.2-15）和式（13.2-20）可以看出，每两个相邻的主极大之间会出现 $N-1$ 条暗条纹，这些暗条纹的衍射角满足

$$d\sin\theta = \pm\frac{k'}{N}\lambda \quad (k' = 0, 1, 2, \cdots, k' \neq Nk) \tag{13.2-22}$$

暗条纹之间是另一些光强较小的明条纹，这些明条纹则被称为**次极大**，它们的光强远小于主极大。很显然，每两个相邻的主极大之间会出现 $N-2$ 个次极大。一个极端的例子是 $N=2$（即双光束干涉）的情况，此时相邻主极大之间有 1 个暗条纹和 0 个次极大，图 12.4-4 所示的双缝干涉情况。图 13.2-17 给出了一个 5 个光束干涉的强度分布示意图，图中主极大和暗条纹的位置是由式（13.2-21）和式（13.2-22）计算得到的。

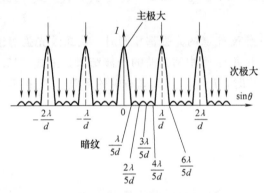

图 13.2-17 多光束干涉强度分布示意图（$N=5$）

从式（13.2-18）、式（13.2-21）和式（13.2-22）可以看出，光栅的总缝数 N 不会影响各主极大的位置和间距，但是会影响各主极大的宽度和光强。光栅缝数越多，相邻主极大之间的暗条纹和次级大个数越多，主极大的宽度越小、光强越大，也就是说，随着光栅缝数的增多，我们会看到越来越锐利而明亮的各级主极大。因而，相比于双缝，光栅具有十分优越的分光性能。

在图 12.4-4 和图 13.2-17 中，所有主极大的光强均相等，这显然是一种理想情况。实际上，由于单缝衍射的影响，从每一个狭缝出射的光线在接收屏各处的光强是不同的，如图 13.2-5 所示，因此，即使同为主极大，其光强也会因为参与多光束干涉的光强差别而有所不同，也就是说，单缝衍射的结果会对多光束干涉的强度起到调制作用。当考虑到这一点时，多光束干涉的明条纹位置显然不变，但是各主极大的光强不再相等。这种调制作用可以简单地用图 13.2-18 来说明。

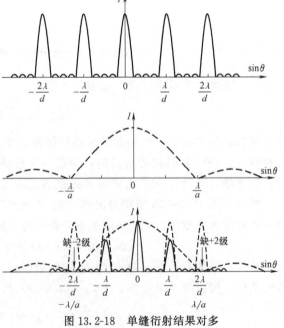

图 13.2-18 单缝衍射结果对多光束干涉强度的调制作用

在绘制图13.2-18时，有一个特殊的假设：$d=2a$。对比光栅方程（13.2-21）和单缝衍射暗条纹条件式（13.2-4）可知，多光束干涉的±2级主极大和单缝衍射暗条纹的±1级暗条纹恰好处于同一位置，这样一来，原本应该出现多光束干涉的±2级主极大的地方，由于参与干涉的光强本身为0，使得这一级主极大缺失了，这种现象称为干涉主极大的**缺级**。在式（13.2-4）和式（13.2-21）中取θ相等，则可以推出产生缺级的条件是

$$\frac{d}{a}=\frac{k}{k'}\qquad\qquad(13.2\text{-}23)$$

式中，k'为单缝衍射暗条纹的级次。图13.2-18中显示的是$d=2a$的情况，因此，当$k'=1$时，$k=2$，即单缝衍射的第1级暗条纹引起了多光束干涉的第2级主极大缺级。

当入射光是复色光时，从光栅方程可以看出，当$k=0$时，各波长的0级条纹位置重合，因此仍然显示出复色光。除此之外，同一级次、不同波长的光的衍射角不同，于是在接收屏上会看到一系列光谱，如图13.2-19所示。由于光栅的缝数往往十分巨大（最普通的光栅也有大约10^5条缝），所以每一级次的主极大都十分锐利，可以看作是一条谱线。而次极大的光强极弱，可以忽略。

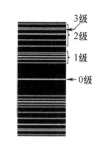

图13.2-19　光栅光谱示意图

在研究光栅的光谱问题时，常常关注两种相近波长的谱线是否能被分辨的问题，这时需要再次用到瑞利判据。假设波长为λ和$\lambda+d\lambda$的两种入射光的第k级主极大恰好能分辨，根据光栅方程（13.2-21）并考虑瑞利判据可知，波长为$\lambda+d\lambda$的光的第k级主极大的中心应与波长为λ的光的第k级主极大的外侧（远离轴线的那一侧）边缘重合（注意：由于波长略有差异，导致主极大的宽度和间距并不相同，而是有微小差异，所以上述"重合"事实上只是近似的）。

如图13.2-20所示，波长为λ的光的第k级主极大中心的角位置记为θ，波长为$\lambda+d\lambda$的光的第k级主极大中心的角位置记为$\theta+d\theta$。这两束光经过光栅衍射后，同一级次的主极大在衍射角上被分开了$d\theta$。对于同样大小的$d\lambda$来说，角间距$d\theta$越大，光栅的色散能力越强，由此定义

$$D_\theta\equiv\frac{d\theta}{d\lambda}\qquad\qquad(13.2\text{-}24)$$

为光栅的**角色散本领**。由光栅方程（13.2-21）两边微分可得

$$d\cos\theta\ d\theta=k\ d\lambda\qquad\qquad(13.2\text{-}25)$$

代入式（13.2-24）可得光栅的角色散本领

$$D_\theta=\frac{k}{d\cos\theta}\qquad\qquad(13.2\text{-}26)$$

从式（13.2-26）可以看出，当$k=0$时，$D_\theta=0$，各波长完全不可分辨，位置重合；而当$k\neq0$时，可以通过减小光栅常数或者在更高的级次上进行观察的方法来提高光栅的角色散本领。从光栅方程（13.2-21）或图13.2-19也可以看出，同一光栅、同一衍射级次，光的波长越长，其衍射角越大。因此，在其他条件相同的情况下，光栅对长波的角色散本领要大于其对短波的角色散本领。

在有些情况下，我们并不关心不同波长被分开的角度差，而仅仅关心两个相近的波长能

否被分开，即光栅在某波长附近能分辨出的最小的波长差是多少，此时我们定义光栅的**色分辨本领**

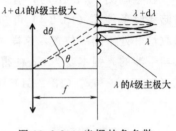

$$R \equiv \frac{\lambda}{d\lambda} \tag{13.2-27}$$

图 13.2-20　光栅的角色散本领和色分辨本领

波长为 $\lambda + d\lambda$ 的光的第 k 级主极大中心与波长为 λ 的光的第 k 级主极大外缘重合，即二者的角位置 θ 相等，由光栅方程（13.2-21）和暗条纹条件式（13.2-22）分别可得

$$\sin\theta = \frac{k\lambda}{d}$$

$$\sin\theta = \frac{(Nk-1)(\lambda + d\lambda)}{Nd}$$

将上两式联立并代入式（13.2-27）得

$$R = Nk - 1 \tag{13.2-28}$$

显然，提高光栅色分辨本领的途径有两条：一是选择总缝数更多的光栅，二是选择在更高的级次 k 上进行观察。

例 13.2-4　钠黄光包含 589.0nm 和 589.6nm 两条谱线。使用每毫米 1200 条缝的光栅进行观察。求 +1 级光谱中两条谱线的角位置和角间距。

解：由光栅方程 $d\sin\theta = k\lambda$ 可得波长为 589.0nm 的黄光 1 级谱线的角位置

$$\theta = \arcsin\frac{k\lambda}{d} = \arcsin\frac{1\times589.0\times10^{-9}}{\frac{1}{1200}\times10^{-3}} \approx \frac{\pi}{4}$$

它与 589.6nm 黄光 1 级谱线的角间距为

$$d\theta = \frac{k\,d\lambda}{d\cos\theta}$$

$$= \frac{1}{\frac{1}{1200}\times10^{-3}\cdot\cos\frac{\pi}{4}}\times(589.6-589.0)\times10^{-9}\,\text{rad}$$

$$\approx 1.0\times10^{-3}\,\text{rad}$$

也可以由光栅方程 $d\sin\theta = k\lambda$ 得到两个波长的角位置分别为

$$\theta_1 = \arcsin\frac{k\lambda_1}{d} = \arcsin\frac{1\times589.0\times10^{-9}}{\frac{1}{1200}\times10^{-3}}\,\text{rad} = 0.7850\text{rad}$$

$$\theta_2 = \arcsin\frac{k\lambda_2}{d} = \arcsin\frac{1\times589.6\times10^{-9}}{\frac{1}{1200}\times10^{-3}}\,\text{rad} = 0.7860\text{rad}$$

因此角间距为

$$d\theta = \theta_2 - \theta_1 = 1.0\times10^{-3}\,\text{rad}$$

评价：与例 13.2-3 对比可知，钠黄光的两个波长经过题中所述光栅后形成的第 1 级谱线的角间距大于人眼的最小分辨角（尽管波长略有不同，但并未影响结果的数量级），因此是可以直接用肉眼分辨的。

例 13.2-5　想用一个光栅观察波长约为 600nm 的橙色光，希望在第 2 级谱线上分辨出 600.00nm 和 600.01nm，那么光栅至少需要多少条缝？用这样的光栅观察波长为 600.00nm 的光，那么在第 4 级谱线上能分辨出的最小波长差是多少？

解：由光栅的色分辨本领

$$R = \frac{\lambda}{d\lambda} = Nk - 1$$

解得光栅缝数 $N = \dfrac{\left(\dfrac{\lambda}{d\lambda} + 1\right)}{k} = \dfrac{\left(\dfrac{600.00}{600.01 - 600.00} + 1\right)}{2} = 30000.5$

由于光栅缝数 N 只能取整数，因此光栅至少需要 30001 条缝。

在第 4 级谱线上，这个光栅的分辨本领为

$$R = Nk - 1 = 30001 \times 4 - 1 = 120003$$

则此光栅在 600.00nm 附近能分辨出的最小波长差为

$$d\lambda = \frac{\lambda}{R} = \frac{600.00}{120003}\text{nm} = 0.0049999\text{nm}$$

评价：在分析光栅所需的最少缝数时，若计算结果不是整数，则应对其进行向上取整。

在光栅方程中，由于 $|\sin\theta| < 1$（当 $|\sin\theta| = 1$ 时，对应于衍射角 $\theta = \pm 90°$，此时要求观察屏无限大，没有实际意义），因此实际能够显示在观察屏上的衍射级次是有上限的：

$$|k| < \frac{d}{\lambda} \tag{13.2-29}$$

这一限制与入射光的波长有关。一般来说，只有看到了第 1 级主极大，才可以说是观察到了衍射现象，即 $|k| \geqslant 1$，因此，对于光栅常数确定的光栅来说，能发生衍射的波长是有上限的：

$$\lambda_{\max} = d \tag{13.2-30}$$

或者说，对于一定的入射波长的光而言，能发生衍射的光栅常数是有下限的：

$$d_{\min} = \lambda \tag{13.2-31}$$

可见，当光栅常数 d 小于可见光波长时，用肉眼就无法看到可见光的衍射现象了。在实验室中，通常使用每毫米几百至几千条缝的光栅，这类光栅的光栅常数大约为 10^{-6}m，大于可见光的波长，因此可以用来观察可见光的衍射。另一方面，若光栅常数过大，由光栅方程可知各主极大之间的距离将会很小，以致无法分辨。因此，总体上来说，光栅常数应大于波长，且与波长的数量级可以比拟，才能产生便于观测的衍射现象。

由于衍射主极大的位置与波长有关，因此在复色光入射时，短波长光的第 $k+1$ 级谱线有可能会与长波长光的第 k 级谱线交叠，此时这两个级次的光谱将无法分辨。在图 13.2-19 中，短波长光的第 3 级光谱就与长波长光的第 2 级光谱发生了交叠。

例 13.2-6　用每厘米 5000 条缝的光栅观察波长为 589.3nm 的钠黄光。求在下列情况下最多能看到的条纹数：（1）光线垂直入射光栅时；（2）光线以 30° 角入射光栅时。

解：（1）垂直入射

由式（13.2-29）有

$$|k| < \frac{d}{\lambda}$$

$$= \frac{1/5000}{5893 \times 10^{-8}} \approx 3.4$$

所以 $k_{max}=3$

最多能看到 7 条条纹，级次分别为 0，±1，±2，±3。

（2）如图 13.2-21 所示，光线以 30°仰角入射，则在入射到光栅之前，相邻狭缝之间存在附加光程差 $d\sin\alpha$，于是光栅方程改写为

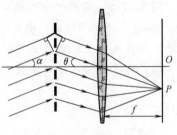

图 13.2-21　例 13.2-6 图

$$d\sin\theta + d\sin\alpha = k\lambda$$

解得

$$k = \frac{d(\sin\theta + \sin\alpha)}{\lambda}$$

当 $\sin\theta \pm 1$ 时，

$$k \approx 5.1 \quad \& \quad k \approx -1.7$$

因此能看到 7 条条纹，级次分别为 0，±1，+2，+3，+4，+5。

评价： 光栅方程（13.2-21）等式左侧的物理意义是"相邻狭缝之间的光程差"，仅当平行光垂直于光栅入射时才等于 $d\sin\theta$，若平行光不垂直于光栅入射，则需要对这一项进行修正。例 13.2-6 仅讨论了光线以 30°仰角入射光栅的情况，若光线以 30°俯角入射，情况会怎样？

例 13.2-7 一个平面光栅，用光垂直照射时，能在 30°角方向上得到 600.00nm 的第 2 级主极大，并能分辨出波长差为 0.05nm 的两条光谱线，但是不能得到第 3 级主极大。求：（1）光栅透光部分的最小宽度 a；（2）光栅不透光部分的宽度 b；（3）总缝数。

解： 将已知条件代入光栅方程 $d\sin\theta = \pm k\lambda$ 可得

$d\sin30° = 2 \times 600.00$，解得 $d=2400.0$nm。由于

$$|k| < \frac{d}{\lambda} = \frac{2400.0}{600.00} = 4$$

因此在理论上应该可以看到第 3 级主极大，现在不能得到这一级主极大的原因必然是缺级，因此有

$$\frac{d}{a} = \frac{k}{k'}$$

$k'=1$ 和 $k'=2$ 均可引起缺级现象，当 $k'=1$ 时 a 的取值较小，因此

$$\frac{d}{a} = \frac{k}{k'} = \frac{3}{1}$$

解得 $a=800$nm，因此 $b=d-a=1600$nm。

由色分辨本领的定义及其与缝数之间的关系

$$R = \frac{\lambda}{d\lambda} = Nk - 1$$

可推出：

$$N = \left(\frac{\lambda}{\mathrm{d}\lambda} + 1 \right) \cdot \frac{1}{k} = \left(\frac{600}{0.05} + 1 \right) \times \frac{1}{2} \approx 6001$$

评价： "不能得到第 3 级主极大"有两种可能。一是根据 $|\sin\theta| < 1$ 计算出的级次的最大值小于 3，即第 3 级主极大根本不可能出现；二是发生了缺级现象。只有排除了第一种可能性，才能根据缺级条件进行相关计算。

小节概念回顾： 光栅方程（13.2-21）只适用于平行光垂直入射光栅的情况。当多光束干涉的主极大所在位置恰逢单缝衍射暗条纹位置时，干涉主极大将缺级。角色散本领与光栅常数有关，色分辨本领与光栅总缝数有关，二者均与观测的级次有关。

13.2.5 晶体衍射

1895 年，德国物理学家伦琴（Wilhelm Conrad Röntgen，1845—1923）在进行阴极射线研究时，意外地发现了一种奇怪的射线，它隔着抽屉仍然能让层层包装下的底片感光，伦琴将这种未知射线命名为 X 射线。后来的研究表明，X 射线是由于原子内层电子被激发后跃迁发出的电磁辐射，其波长范围是 $10^{-11} \sim 10^{-8}\,\mathrm{m}$，远小于可见光。X 射线与电子和天然放射性并称为"近代物理的三大发现"，伦琴由于这一发现而获得了 1901 年首届诺贝尔物理学奖。

前面曾经讲过，当波长和光栅常数可比拟时，可以发生衍射。由于 X 射线的波长较短，寻找到与之匹配的周期性结构并非易事。但在当时，人们除了知道这种未知射线的穿透性很强之外，对于它的其他性质一无所知，直到德国物理学家劳厄（Max von Laue，1879—1960）于 1912 年在实验上获得了 X 射线在晶体中发生衍射的结果，才进一步了解了这种神秘射线的一些性质。劳厄让经过准直的 X 射线照射到晶体上，在晶体后方观察到了有规律的斑点（称为劳厄斑），这些斑点就是 X 射线在经过晶体的周期性结构时发生了衍射而形成的。劳厄也因为这项工作获得了 1914 年诺贝尔物理学奖。

在晶体中，原子或离子是规律排布的，每一个原子或离子所占据的位置称为**格点**，通过任意三个不共线的格点所作的平面称为**晶面**，晶面上格点的分布具有周期性，一组平行的晶面组成**晶面族**，显然，晶体当中包含若干个晶面族，而每个晶面族都包含了晶体中的所有格点。在同一晶面族中的每一晶面上，格点的分布都是相同的。在同一晶面族内，相邻晶面之间的距离是相等的，这一距离称为**晶面间距**或**晶格常数**。图 13.2-22a 标示出了几组不同的晶面，分别用横、竖、斜的线条表示该组晶面与纸面的交线。当 X 射线入射到晶体上时，会被晶体内的原子或离子散射，同一晶面内的每个原子或离子都可以看作是散射子波的子波源，从每个子波源上散射的光都是等光程的，如图 13.2-22b 所示；因此每个晶面都相当于一个单缝，晶面上各原子散射的光相互叠加，相当于发生了单缝衍射。多层晶面则相当于多个单缝的规律排布，即形成一个光栅，因此不同晶面之间散射光的叠加可以类比于光栅衍射。从图 13.2-22c 中可以求出相邻晶面之间的光程差为 $\delta = 2d\sin\Phi$，式中 Φ 为 X 射线入射到该晶面时的掠射角（入射角的余角）。将上式代入干涉加强条件式（13.1-12），即得到布拉格公式

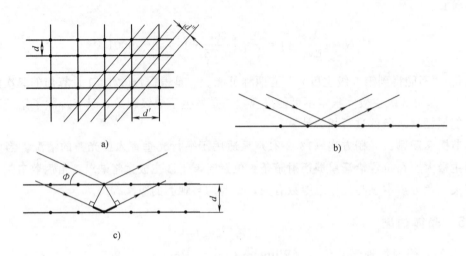

图 13.2-22　晶体衍射原理

$$2d\sin\Phi = k\lambda \quad (k=1,2,\cdots) \tag{13.2-32}$$

这一公式是由英国物理学家布拉格父子（William Henry Bragg，1862—1942，William Lawrence Bragg，1890—1971）共同提出的，他们也因此分享了 1915 年的诺贝尔物理学奖，小布拉格也成为诺贝尔奖历史上最年轻的获奖者之一。

从布拉格公式（13.2-32）可以看出，不同族晶面（不同的晶面间距）对应着不同的掠射角，因此，当改变 X 射线入射到某种材料上的角度时，就会依次出现对应于不同晶面的衍射强峰。不同结构的晶体，衍射强峰的情况不同，因而晶体的 X 射线衍射

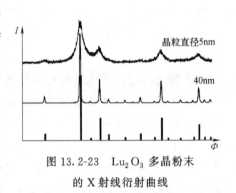

图 13.2-23　Lu_2O_3 多晶粉末的 X 射线衍射曲线

结果具有特征性。图 13.2-23 给出了不同晶粒尺寸的 Lu_2O_3 多晶粉末的衍射曲线，可以看出，尽管由于颗粒大小引起了衍射峰的展宽（纳米效应的一种），但是主要衍射峰的位置一直保持不变。有些时候，由于晶体颗粒大小的变化或元素掺杂的影响，晶格常数会发生细微的改变，这一改变将会体现在 X 射线衍射峰位置的微小偏移上。总之，X 射线在晶体上的衍射已经成为研究样品成分、晶体结构、晶粒尺寸等问题的重要手段。

除了 X 射线之外，电子所对应的物质波也可以在晶体上发生衍射。在 13.2.3 节介绍的电子显微镜装置中，就可以在晶体上观察到电子波的衍射现象。对于多晶粉末而言，将得到类似于图 13.2-24 所示的衍射图案。电子在晶体上的衍射现象也正是验证电子具有波动性的重要证据。

小节概念回顾：晶体的结构具有周期性，可以使波长适当的入射波在其上发生衍射。

图 13.2-24　Lu_2O_3 多晶粉末的电子衍射图案

13.3 光的偏振

光是电磁波，电磁波是横波，其电场和磁场的振动方向均垂直于波的传播方向。因此，电磁场的振动方向相对于光的传播方向**可能**具有不对称性，这种不对称性称为偏振，它是横波区别于纵波的明显标志。光在经过物质时，主要是电场在起作用（因此电场分量也往往被称为**光矢量**），我们在本节中仅讨论电场分量（即光矢量）。

13.3.1 光的偏振状态

并非所有的光都具有偏振性。例如，普通光源是由大量独立的发光单元构成的，这些发光单元的自发辐射之间没有关联，振动方向是随机的。因此，从统计角度看，在垂直于光的传播方向的各个方向（通常称为**横向**）上，光矢量的分布是均匀的，不存在任何一个特殊的方向，这样的光称为**非偏振光**，亦称**自然光**，其光矢量的振动相对于光的传播方向具有对称性的。不具有上述对称性的光统称**偏振光**。按照偏振程度的不同，偏振光又分为**完全偏振光**和**部分偏振光**。**完全偏振光**是指光矢量的振动方向固定不变或按一定规律变化的光波；**部分偏振光**是指一束光波的光矢量包含了一切可能方向的振动，而不同方向上的振幅不等，其最大值和最小值出现在两个互相垂直的方向上。

线偏振光是完全偏振光中最典型的一种。如果光矢量的方向在空间各点固定不变，即所有光矢量都在同一平面内振动，如图 13.3-1 所示，则这样的光称为**线偏振光**，或者**平面偏振光**，光矢量所在的平面称为振动面。迎着光的传播方向望去，各质点的偏振方向都在振动面内。

为了便于表示线偏振光的偏振方向，常令线偏振光的光矢量沿着垂直于纸面或平行于纸面的方向振动。如图 13.3-2 所示，带箭头的长直线段表示光线，平行于纸面的振动用纸面内的短线表示，垂直于纸面的振动用圆点表示。

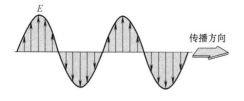

图 13.3-1 线偏振光（平面偏振光）

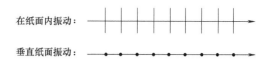

图 13.3-2 线偏振光的表示方法

根据振动的叠加原理，自然光可看作两束振动方向相互垂直的线偏振光的叠加。由于自然光的光矢量不存在任何优势方向，因此这两束线偏振光的振幅是相等的。通常用图 13.3-3 来表示自然光。注意，图中短线和圆点的个数应该相等。

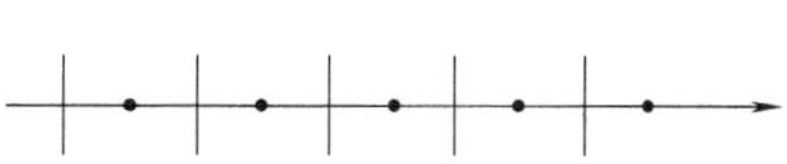

图 13.3-3 非偏振光（自然光）的表示方法

除了线偏振光以外，还有两类偏振光——椭圆偏振光和圆偏振光——也属于完全偏振光。所谓**椭圆偏振光**，是指光矢量在空间以一定频率旋转，矢量端点的轨迹是椭圆。迎着椭圆偏振光的传播方向望去，若光矢量逆时针旋转，则称为左旋椭圆偏振光（见图 13.3-4a），反之则称为右旋椭圆偏振光（见图 13.4-3b）。图

13.3-4c 给出一个沿着 z 轴传播的右旋椭圆偏振光在某时刻的光矢量随 z 的变化情况。

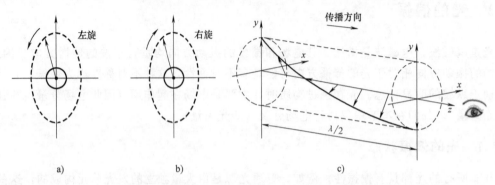

图 13.3-4 a）左旋 b）右旋椭圆（圆）偏振光，中央的小圈和点代表迎着光观察，
c）右旋椭圆偏振光在某时刻的光矢量随 z 的变化。

根据 11.1 节中的振动合成知识可知，两个振动频率相同、振动方向相互垂直的线偏振光叠加，一般地可以得到椭圆偏振光（见图 11.1-17）。特别地，若两个线偏振光的振动相位差为 $\pi/2$ 的奇数倍且振幅相同，则可得到圆偏振光。显然，圆偏振光是椭圆偏振光的特例。值得注意的是，若两个线偏振光的振动相位差为 π 的整数倍（即二者同相或反相叠加），合成结果仍然是线偏振光（见图 11.1-17 中的最左列）。从这个意义上也可看出，线偏振光、椭圆偏振光和圆偏振光三者在本质上是一致的，都属于完全偏振光。

部分偏振光在横向平面内的各个方向上均有光矢量振动，但在某一方向上的振动更为显著，即存在一个"优势方向"。根据振动的叠加原理，一束部分偏振光可看作两束线偏振光的叠加，这两束线偏振光的振动方向相互垂直而振幅不等，其中，振幅较大的方向即为部分偏振光的优势方向。类比于线偏振光和自然光的表示方式，通常用图 13.3-5a 代表平行于纸面的振动分量占优势的部分偏振光，而用图 13.3-5b 代表垂直于纸面的振动分量占优势的部分偏振光。

图 13.3-5 a）平行分量占优势 b）垂直分量占优势的部分偏振光的表示方法

不难看出，部分偏振光也可以看作自然光和线偏振光的叠加，其中，线偏振光的振动方向即为部分偏振光的优势方向。我们引入**偏振度**这一概念来定量描述光的偏振程度。偏振度 P 的定义为

$$P = \frac{I_{\mathrm{p}}}{I_{\mathrm{t}}} = \frac{I_{\mathrm{p}}}{I_{\mathrm{n}} + I_{\mathrm{p}}} \tag{13.3-1}$$

式中，I_{t} 表示总光强；I_{p} 表示光强中包含的完全偏振光的光强；I_{n} 表示光强中包含的自然光的光强。显然，自然光的偏振度为 0，完全偏振光（线偏振光、椭圆偏振光和圆偏振光）的偏振度为 1，部分偏振光的偏振度介于 0 和 1 之间。

小节概念回顾：光是横波，其电磁场的振动方向相对于其传播方向可能具有的横向不对称性称为偏振。偏振光包括完全偏振光（线偏振光、椭圆偏振光和圆偏振光）和部分偏振光。不具有偏振性的光是非偏振光（自然光）。可用偏振度的概念来描述光的偏振程度。

13.3.2　起偏和检偏　马吕斯定律

在研究光的偏振现象时，涉及两个重要的问题：一是起偏，即如何从自然光或部分偏振光获得线偏振光？二是检偏，即如何检验一束光的偏振状态？要解决这两个问题，需要利用物质对于光振动吸收的不对称性，这是物质各向异性的一种表现。

某些物质具有这样的特殊性质：对于某个方向上的光振动吸收得比较强烈，而对于与之垂直的方向上的光振动则吸收较弱。在理想情况下，可以认为这种物质能够完全吸收某个方向的光振动，而对于另一方向上的光振动则完全不吸收。用这样的物质做成的光学器件（通常是一个薄片或者一层薄膜）称为**理想偏振片**（简称偏振片）。当一束光经过偏振片时，只有某个特定方向上的振动才能透过偏振片，这个特定的方向称为偏振片的偏振化方向，也叫**透振方向**。也就是说，无论这束光原本的偏振状态如何，在经过偏振片之后，都将变为线偏振光，其振动方向沿偏振片的透振方向，这个过程称为光的**起偏**，这样的偏振片也叫作**起偏器**。例如，自然光在经过偏振片后，将变为线偏振光，如图 13.3-6 所示，且光强减半。图中偏振片上的深色线条不是实际存在的，只用于代表该偏振片的偏振化方向。

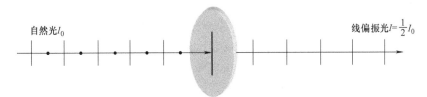

图 13.3-6　自然光经过偏振片后变为线偏振光

由于自然光的振动方向对传播方向具有轴对称性，因此无论偏振片的透振方向如何，出射的线偏振光的光强都是 $I_0/2$。但如果是部分偏振光或者线偏振光入射到偏振片上，当我们旋转偏振片使其透振方向发生改变时，出射光强将会随之发生变化。例如，若偏振片的透振方向恰好与入射的部分偏振光的优势方向相同，则出射光强最大；而若偏振片的透振方向恰好与部分偏振光的优势方向垂直，则出射光强最小，但并不为零。类似地，若是线偏振光入射，当旋转偏振片时，出射光的最大光强应与入射光相同，此时偏振片的透振方向与线偏振光的偏振方向相同。在此基础上将偏振片的透振方向旋转 $90°$，则所有光振动均无法透过偏振片，因此出射光的光强为零，这种现象称为**消光**。由以上分析可以看出，偏振片旋转起来则可用于区分入射光的偏振状态，因此这样一个旋转的偏振片称为**检偏器**。不过，仅利用一个检偏器是无法区分自然光和圆偏振光的，因为圆偏振光的光矢量旋转角频率与光波的角频率相同，对于可见光来说，大约是 $10^{15}\,\mathrm{rad/s}$，这一数值远远大于检偏器的旋转角频率。因此，通过检偏器测量到的实际上是圆偏振光的平均效果，即在各个方向上的光强都一样。与之类似，仅利用一个检偏器也无法区分部分偏振光和椭圆偏振光。为了解决这一问题，必须利用其他装置，我们将在 13.3.4 节中进行介绍。

线偏振光经过检偏器时，其光强变化的规律可以通过振动的分解进行分析。如图 13.3-7 所示，光强为 I_0 的线偏振光自左向右传播，其偏振方向平行于纸面，设光矢量的振幅为 E_0，则有

$$I_0 \propto E_0^2 \tag{13.3-2}$$

若偏振片的透振方向与入射线偏振光的偏振方向夹角为 α，则根据振动分解，能够从偏振片

透过的光矢量振幅为

$$E = E_0 \cos\alpha \tag{13.3-3}$$

出射的线偏振光的光强

$$I \propto E^2 \tag{13.3-4}$$

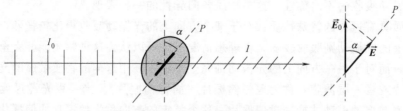

图 13.3-7　马吕斯定律

综合式（13.3-2）、式（13.3-3）和式（13.3-4）可得出射线偏振光光强与入射线偏振光光强之间的关系为

$$I = I_0 \cos^2\alpha \tag{13.3-5}$$

这一关系称为**马吕斯定律**，是由法国科学家马吕斯（Etienne Louis Malus，1775—1812）于1808年首先提出的。从定律中可以看出，当 $\alpha = 0$ 时，出射光强达到最大值 I_0，此时所有振动完全通过偏振片，如图 13.3-8a 所示；而当 $\alpha = 90°$ 时，出射光强为 0，所有振动均无法通过偏振片，因此发生消光现象，如图 13.3-8b 所示。

图 13.3-8　马吕斯定律的两个特殊结果：a）振动全透过，b）消光

例 13.3-1　如图 13.3-9 所示，光强为 I_0 的自然光先后通过三个平行放置的偏振片 P_1、P_2、P_3 后出射，设 P_2 的透振方向与 P_1 的透振方向之间的夹角为 θ，P_3 的透振方向与 P_1 的透振方向垂直。求出射光强。

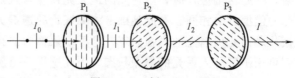

图 13.3-9　例 13.3-1 图

解：

自然光经过偏振片 P_1，光强减半，

即 $I_1 = \dfrac{1}{2}I_0$。再经过 P_2 和 P_3，连续使用马吕斯定律，有

$$I_2 = I_1 \cos^2\theta, \quad I = I_2 \cos^2(90° - \theta)$$

最终得

$$I = \frac{1}{8} I_0 \sin^2(2\theta)$$

评价：当 $\theta = 45°$ 时，出射光强最大。若只有 P_1 和 P_3 而没有 P_2，那么出射光强是多少？

小节概念回顾：自然光入射到偏振片上，得到线偏振光，光强减半。线偏振光入射到偏振片上，出射光的光强遵循马吕斯定律。

13.3.3　反射光和折射光的偏振　布儒斯特定律

非偏振光又称自然光，但此处所说的"自然光"是物理学概念上的自然光，而非日常生活所说的"大自然中的光"。在日常生活中，我们看到的户外光线是太阳光经过云层水滴的散射、路面建筑等的反射以及窗户玻璃等的折射后才进入人眼的，这些光已经不再是非偏振光，而是部分偏振光。本节我们来分析反射光和折射光的偏振情况。

如图 13.3-10a 所示，当自然光以一般角度 i 入射到两种介质的分界面上时，反射光和折射光的角度遵循反射定律和折射定律。此外，反射光和折射光都是部分偏振光，其中，反射光中垂直于入射面的振动占优势，而折射光则是平行于入射面的振动占优势。在拍摄橱窗中的物体时，常常会遇到因橱窗玻璃反光严重而影响拍摄效果的情况。这时，可以在镜头前放置一枚偏振片，令其透振方向与反射光的优势振动方向垂直，这样就能极大地减弱反射光。

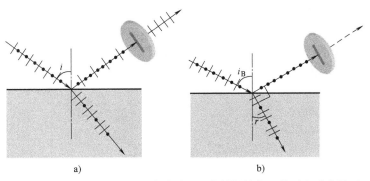

图 13.3-10　自然光以 a) 一般角度 b) 布儒斯特角入射到介质分界面

进一步的实验发现，当调整自然光的入射角达到某一特定取值 i_B 时，尽管折射光仍然是平行分量占优势的部分偏振光，但反射光却变成了线偏振光，其振动方向垂直于入射面；这时仍然仅需一枚偏振片就可以完全阻止反射光进入拍摄镜头，如图 13.3-10b 所示。不仅如此，当自然光的入射角为 i_B 时，反射光线和折射光线的方向也变得相互垂直了，即

$$i_B + r = \frac{\pi}{2} \tag{13.3-6}$$

这个特殊的入射角称为**布儒斯特角**，由于自然光以此角度入射时可以得到线偏振的反射光，因此这个角度也称为**起偏角**。这也是除了理想偏振片之外的又一种获得线偏振光的方法。

假设入射光所在介质的折射率为 $n_入$，折射光所在介质的折射率为 $n_折$，则由折射定律式（12.3-1）有

$$\frac{\sin i_B}{\sin r} = \frac{n_折}{n_入} \tag{13.3-7}$$

结合式（13.3-6）得

$$\tan i_B = \frac{n_折}{n_入} \tag{13.3-8}$$

将以上分析进行整理，即可得到如下的**布儒斯特定律**：当光在两种各向同性介质表面入射时，如果入射角与两介质折射率之间满足式（13.3-8），则反射光是偏振方向垂直于入射面

的线偏振光。这一定律是布儒斯特（D. Brewster）在 1815 年提出的。依照布儒斯特定律，当自然光以布儒斯特角入射到介质界面上时，平行于入射面的光振动不会进入反射光，而是全部折射透过；而垂直于入射面的光振动一部分被反射，一部分被折射。

从式（13.3-8）可以看出，布儒斯特角取决于两种介质的相对折射率。不难证明，从介质 A 入射到介质 B 时的布儒斯特角与从介质 B 入射到介质 A 时的布儒斯特角是互余的。利用这一性质，可以将若干玻璃片叠放起来，形成一个玻璃片堆。如图 13.3-11 所示，当自然光以空气-玻璃的布儒斯特角入射至玻璃表面时，反射光是振动方向垂直于入射面的线偏振光，折射光的方向与反射光垂直。当折射光在玻璃中传播至玻璃的下表面时，可以证明，其入射角恰好是玻璃-空气的布儒斯特角，因此反射光又是振动方向垂直于入射面的线偏振光。如此反复，经过几片玻璃之后，就可以在玻璃片堆的上表面获得振动方向垂直于入射面的线偏振光。而最开始入射的自然光中的垂直于入射面的振动分量经过玻璃片堆的多次反射，其绝大部分已经进入了玻璃片堆上方的线偏振光内；入射的自然光中的平行于入射面的振动分量在经过玻璃片堆时始终保留在下方的折射光线内，因而从玻璃片堆下方出射的折射光将成为非常接近线偏振光的部分偏振光，其优势振动方向平行于入射面。于是利用玻璃片堆就可以在其上方获得一束振动方向垂直于入射面的线偏振光，同时在其下方获得一束优势振动方向平行于入射面的偏振度很高的部分偏振光。

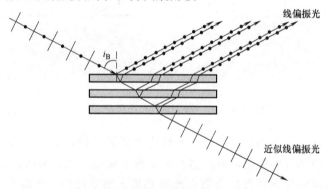

图 13.3-11　利用玻璃片堆获得偏振光

小节概念回顾：自然光经过界面反射和折射后将成为部分偏振光；若自然光以布儒斯特角入射介质界面，则反射光是线偏振光，且反射光与折射光相互垂直。

13.3.4　晶体中的双折射

在此前讨论的折射问题中，一束入射光线只会产生一束折射光线（全反射除外，此时没有折射光线），这样的材料称为单折射材料。在单折射材料中，光沿着各个方向传播的速度都是相等的，材料对于波速来说是各向同性的。但是，在某些晶体中，光的传播速度是各向异性的，这时就会产生双折射现象。图 13.3-12a、b 分别是透过单折射晶体和双折射晶体观察纸面上的一个黑点看到的景象。

双折射现象的基本规律如下：①存在两束折射光，一束是寻常光线，记作 o（ordinary）光，另一束是非常光线，记作 e（extraordinary）光；②o 光和 e 光都是线偏振光；③晶体内存在着一个或几个特殊的方向，光沿这些方向传播时，不发生双折射，这些方向称为光轴；④当晶体绕着非光轴方向旋转时，e 光会绕着 o 光转，如图 13.3-13 所示。

a)　　　　　　　　　b)

图 13.3-12　透过 a) 单折射晶体 b) 双折射晶体观察纸面上的黑点

有些晶体只有一个光轴方向，称为**单轴晶体**，具有两个光轴方向的晶体称为双轴晶体。我们只讨论单轴晶体。o 光或 e 光的光线与光轴构成的平面称为 o 光或 e 光的**主平面**。一般来说，o 光的主平面和 e 光的主平面是不重合的，但若光轴位于入射面内，则二者的主平面重合。o 光的偏振方向垂直于其主平面，而 e 光的偏振方向平行于其主平面。

下面我们利用惠更斯原理来分析单轴晶体中的波面，并进一步分析双折射的性质。o 光是寻常光线，因此某个子波源发出的波面就是以该子波

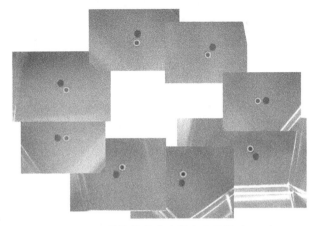

图 13.3-13　晶体绕着非光轴方向旋转时，o 光（图中以圆圈标示）不动，e 光则会绕着 o 光旋转

源为球心的球面。在单轴晶体中，沿着光轴方向，不发生双折射现象，因此在光轴方向，e 光的传播速度等于 o 光的传播速度，不妨将这一速度记为 v_o；而在垂直于光轴的平面内，e 光的速度与 o 光的速度差别最大，将 e 光的这一速度记为 v_e。因此，e 光的子波面是以光轴为轴的旋转椭球面，并与 o 光的子波面在光轴处相切。图 13.3-14a、b 分别给出了 $v_o > v_e$ 和 $v_o < v_e$ 两种情况下的 o 光和 e 光的子波面。可以看出，当 $v_o > v_e$ 时，由一个子波源在同一时刻发出的 o 光子波面包在 e 光子波面之外，这样的晶体称为正晶体，石英（成分为 SiO_2）是典型的正晶体；而当 $v_o < v_e$ 时，由一个子波源在同一时刻发出的 o 光子波面被包在 e 光子波面以内，这样的晶体称为负晶体，方解石（成分为 $CaCO_3$）是典型的负晶体。

需要注意的是，e 光在偏离光轴的各个方向上的速度均与 v_o 不同，但我们仅仅定义了垂直于光轴的平面内的 e 光速度为 v_e。在其他方向上的 e 光速度介于 v_o 和 v_e 之间。根据折射率的一

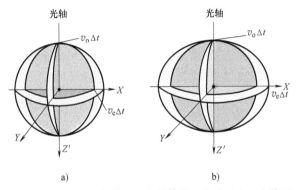

a)　　　　　　　　　b)

图 13.3-14　a) 正晶体 b) 负晶体的 o 光波面和 e 光波面

般定义，光的真空速率与其在介质中的速率之比为介质折射率，因此各向异性介质的折射率在不同方向上将有不同的取值。我们仅关注光轴方向以及垂直于光轴的方向，于是，晶体的**主折射率**定义为

$$n_{\mathrm{o}}=\frac{c}{v_{\mathrm{o}}}, \quad n_{\mathrm{e}}=\frac{c}{v_{\mathrm{e}}} \tag{13.3-9}$$

在正晶体中，$v_{\mathrm{o}}>v_{\mathrm{e}}$，因此 $n_{\mathrm{o}}<n_{\mathrm{e}}$；而在负晶体中，$n_{\mathrm{o}}>n_{\mathrm{e}}$。

我们以负晶体为例，利用惠更斯原理分析晶体中的双折射现象。如图 13.3-15 所示，若光轴平行于晶体表面，且平行于入射面，当自然光垂直入射时，则可以如图画出 o 光和 e 光的子波面、波前及传播方向。这是光轴位于入射面内的情况，因此可以看到，o 光和 e 光的主平面是重合的（都是纸面），所以 o 光和 e 光的偏振方向分别垂直和平行于主平面，如图中的圆点和短线所示。

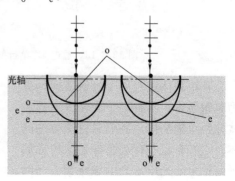

图 13.3-15　负晶体中的波面（o 光和 e 光的光线应该是重合的，图中刻意略微错开，以示区分）

从图 13.3-15 中的波面可以看出，o 光和 e 光虽然传播方向是重合的，但是在速度上已经分开了。若晶体的厚度为 d，则从晶体出射时，o 光和 e 光的相位差为

$$\Delta\varphi=\frac{2\pi}{\lambda}\delta_{\mathrm{oe}}=\frac{2\pi}{\lambda}(n_{\mathrm{o}}d-n_{\mathrm{e}}d) \tag{13.3-10}$$

也就是说，光线在经过晶体后，会由于双折射现象而产生附加相位差 $\Delta\varphi$。若

$$d=\frac{\lambda}{4(n_{\mathrm{o}}-n_{\mathrm{e}})} \tag{13.3-11}$$

则 $\Delta\varphi=\pi/2$。由于相位周期是 2π，因此 $\pi/2$ 对应于四分之一个周期，故这样的双折射晶体就称为**四分之一波片**。光线经过四分之一波片后，会产生 $\pi/2$ 的附加相位差。由图 11.1-17 可以看出，线偏振光经过四分之一波片会变为椭圆（圆）偏振光，反之，椭圆（圆）偏振光经过四分之一波片会变为线偏振光。这一特点具有十分重要的用处。在 13.3.2 节中，我们曾经通过检偏器来检验入射光的偏振状态，然而自然光和圆偏振光、部分偏振光和椭圆偏振光是无法仅仅利用检偏器来进行区分的。现在，可以利用四分之一波片将椭圆（圆）偏振光变为线偏振光，此时再经过检偏器则会出现消光现象。而自然光通过四分之一波片后仍然是自然光，再经过检偏器，光强不变；部分偏振光由于含有自然光的成分，因此在经过四分之一波片后仍然是部分偏振光，此时再经过检偏器，光强会发生改变，但不会消光。至此，利用四分之一波片和检偏器，就可以将五种偏振光完全区分开了。

若图 13.3-15 中双折射晶体的厚度

$$d=\frac{\lambda}{2(n_{\mathrm{o}}-n_{\mathrm{e}})} \tag{13.3-12}$$

则光线在经过晶体后，由于双折射现象而产生的附加相位差 $\Delta\varphi=\pi$，这样的晶体称为**二分之一波片**或**半波片**。由图 11.1-17 可以看出，半波片的作用是使椭圆（圆）偏振光的旋向发生反转。

在 12.3.1 节中介绍惠更斯原理时，曾经有一个结论：在各向同性介质中，波线和波面

总是相互垂直的。那么在各向异性的双折射晶体中,这一结论会被打破吗?如图 13.3-16 所示,若光轴与晶体表面斜交,自然光垂直入射,则可以如图画出 o 光和 e 光的子波面、波前、传播方向及偏振方向。显然,此时 e 光的波面与其波线不再是相互垂直的了。

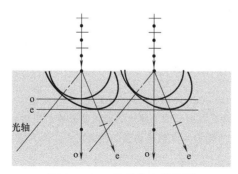

图 13.3-16　负晶体中的波面

小节概念回顾: 在各向异性晶体中的非光轴方向上会发生双折射现象,利用惠更斯原理可以对双折射现象进行分析。

课 后 作 业

光的干涉

13-1　在某次杨氏双缝干涉实验中,双缝间距为 0.200mm,双缝到接收屏的距离为 2.00m,测得第 2 级明条纹到轴线的距离为 10.0mm,求入射光的波长。

13-2　利用上题所述的杨氏双缝装置,以下列两种激光器为光源进行干涉实验:(1)氩离子激光器,发出波长为 488nm 的蓝光;(2)氦氖激光器,发出波长为 633nm 的红光,求干涉条纹间距。

13-3　增反膜可以使在该薄膜上下表面的反射光干涉相长,从而增强光学仪器对特定波长光的反射能力。在玻璃(折射率为 1.50)的表面镀上一层折射率为 1.45 的 SiO_2 薄膜,对于波长为 580nm 的黄光来说,膜厚为何值时,该薄膜可以起到增反效果?

13-4　海岸边有一 5G 天线,其发射端位于海面以上 27.0m 处,发射出波长为 10.8mm 的电磁波。有一邮轮自远处沿直线驶向岸边,邮轮上的接收天线同样位于海面以上 27.0m 处。若将海面看作水平反射面,(1)求邮轮接收到的信号第一次达到极大值时,两天线之间的距离;(2)问邮轮继续向前行驶多远,将再次接收到信号极大值?

光的衍射

13-5　在单缝衍射实验中,已知入射波长为 600nm。若单缝处的波面在衍射角为 30° 的方向上可分为 5 个半波带,那么单缝的宽度是多少?

13-6　我国 2016 年在贵州新落成的射电望远镜"天眼"是目前世界上最大的射电望远镜。请自行查阅相关资料,通过有效通光孔径和工作波长计算"天眼"的分辨本领。

13-7　晴朗的夜晚,你乘坐的汽车行驶在平直的公路上,这时你看到远处有一个红色的车尾灯,并由此判断这是一辆摩托车。但是当你与这辆车的距离越来越近时,你却猛然发现车尾灯由一个变为了两个,原来那并非摩托车,而是一辆小汽车。(1)为什么之前会"看错"呢?(2)假设车尾灯的光波长为 640nm,两个尾灯之间的距离为 1.22m,夜间你的瞳孔直径为 4.00mm,那么你与前方车辆的距离为多远时,你方能看清这是两个车尾灯而不是一个?

13-8　已知日地平均距离(称为一个天文单位)约为 1.50×10^8 km,若要分辨太阳表面相距 20.0km 的两点,所用望远镜的口径至少要有多大?假设望远镜的工作波长为 550nm。

13-9 已知一个光栅的光栅常数为 $6.00\mu m$，透光部分的宽度为 $2.00\mu m$，用波长为 600nm 的平行单色光垂直入射该光栅，并利用焦距为 50.0cm 的透镜将衍射结果清晰地呈现在接收屏上。（1）接收屏上相邻干涉主极大之间的距离是多少？（2）屏幕上可以出现哪些级次的干涉主极大？（3）若该光栅可以在第 2 级主极大上分辨出波长为 600nm 与 601nm 的两条光谱线，那么光栅的缝数至少是多少？

光的偏振

13-10 一束部分偏振光垂直入射一个检偏器，测得出射光的最大光强为 I_{max}，最小光强为 I_{min}。证明：式（13.3-1）给出的偏振度也可用下式表达：

$$P=\frac{I_{max}-I_{min}}{I_{max}+I_{min}}$$

13-11 光强为 I_0 的自然光垂直入射到两个叠放的理想偏振片后出射。（1）出射光的最大光强和最小光强分别是多少？（2）若出射光的光强为入射光光强的四分之一，那么这两个偏振片的透振方向之间的夹角是多少？

13-12 空气的折射率可近似看作 1.00。若某种透明介质对于空气的全反射临界角为 45°，那么光从空气射向该介质时的布儒斯特角是多少？从该介质射向空气的布儒斯特角又是多少？

自主探究研究项目——光芒

项目简述： 在晴朗的夜晚仰望星空，我们在星空中看到的不仅仅是漫天的繁星，还可以看到每颗星星发出的"光芒"，在观察灯光、太阳光时也有类似的现象。

研究内容： 设计实验方案，研究这种"光芒"现象产生的机理。

第14章 几 何 光 学

在人们认识光的本质的漫长历史进程中，牛顿对于几何光学的发展做出了非常重要的贡献。**几何光学**，是指用光线的概念和语言来描述的光学，它关注光在介质中的传播以及光在入射到不同介质之间的界面时的行为。在分析过程中，几何学起到了关键作用，这也是"几何光学"这一名称的由来。在本章当中，我们将对几何光学中的一些基本概念进行简单的介绍，对常见的几何光学现象进行简要的分析。

14.1 光的传播规律

表示光的传播方向的线条称为**光线**。在各向同性介质中，点光源发出的光线是沿径向向外的球对称辐射状射线，线光源发出的光线是在垂直于光源的平面内的一组中心对称的辐射状射线，面光源发出的光线则是一组垂直于光源的平行射线。

当我们迎着光的传播方向看过去时，可以用眼睛接收到光，却无法看到"光线"——只有在光线的侧面，才有可能"看到"光线的存在。当空气中有灰尘等小颗粒存在时，光在传播路径上会被灰尘散射到光线侧面的各个方向上，这时我们就可以看到光线沿途的灰尘颗粒散射的光，由这些光看到散射它们的那些灰尘颗粒，而这些灰尘颗粒则显示出光传播的路径。例如，在演出中经常会利用光柱来加强舞台效果，如图14.1-1所示，这正是利用了空气中大量的微粒将光线散射到我们的眼中。与此相反，在超净工作间里，空气中的灰尘等能够散射光线的颗粒很少，即使有激光器在发出激光（即在空间中存在着"光线"），但由于我们很难通过灰尘的散射"看到光线"，只有在光线直射入

图 14.1-1 通过散射才能被看到的光线

眼睛时，才会接收到光的存在。激光的光强很大，容易对眼睛造成伤害。因此，在超净工作间里，更要格外注意做好相关防护。

光在均匀介质中沿直线传播，因此，均匀介质中的光线总是直线。据史书记载，我国战国时期的思想家墨翟（墨子）曾经做过"小孔成像"的实验，这是人类历史上最早的证明光沿直线传播的实验。此外，中国古代用来报时的日晷、非物质文化遗产皮影戏等，都利用了物体和影子之间的关系。影子的形成是光沿直线传播的重要结果。古希腊地理学家埃拉托色

尼（Eratosthenes，前275—前193）利用尖塔在阳光下的影子长度和一些其他的辅助条件计算出了地球的周长，这个实验也被评为物理学中最美的实验之一。

光线除了表示光的传播方向，同时也是光的能量的通路。晴朗的夏天，背阴的地方比阳光照射的地方凉快，正是因为"阴影"形成的同时，光的能量也被阻断了。

光在传播时遵循独立传播的原则，两束光线在空间相遇时会彼此穿插而过（例如我们看到舞台上交相闪耀的灯柱），虽然我们可以用两条相交的光线来描绘这种现象，但是这一现象的物理根源却是光的波动性（波传播的独立性），而无法用微粒说来解释。

几何光学中最重要的原理是**费马原理**：在给定的 A、B 两点间，光总是沿着光程 L 为极值的路径传播。这个极值包括极大值、极小值和恒定值三种情况。

$$L = \int_A^B n\,\mathrm{d}l = 极值 \tag{14.1-1}$$

式中，n 为介质的折射率。利用费马原理可以推导出光的直线传播定律、反射定律、折射律以及光路可逆原理（如果光沿某一路径传播，则当光倒逆方向时，必将沿同一路径传播）。

14.2 反射的基本原理

光从一种介质入射到另一种介质时，在分界面上会发生反射和折射，本节仅讨论反射现象，下一节将对折射现象进行分析。

14.2.1 平面上的反射

"以铜为鉴，可以正衣冠"（出自《新唐书·魏征传》），这里描述的就是平面镜的反射及成像。**反射定律**的具体内容如下（见图14.2-1）：①入射线和界面法线确定的平面称为入射面；②反射线位于入射面内；③反射角等于入射角。

物体上各点发出的光线经平面镜反射后进入人眼，当人眼接收到这些反射光线时，会在大脑中按照"直线传播"的思想将反射光线进行反向延长，认为这些光线是从平面镜后方的某处发出的，如图14.2-2所示，于是就在脑海中形成了一个感觉，仿佛在平面镜的后方存在着一个发光的"物体"，这事实上是一种错觉。我们将这种由光线反向延长所得到的像称为**虚像**，虚像不是由真实的光线会聚而成的。在"猴子捞月"的故事中，猴子如果学习过平面镜成像的知识，就不会花费气力去做无用功了。

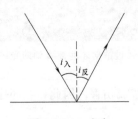

图14.2-1 光在平面上的反射

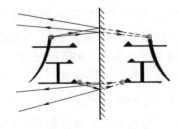

图14.2-2 平面镜成像

应用14.2-1 高速跟拍

你可能在电视里看过这样的画面，一颗炮弹从炮管中发射出来，画面可以一直跟踪这颗炮弹飞远，如应用14.2-1图所示。这是怎么拍摄出来的呢？顾名思义，这个高速运动的物体一定是用高速摄像机拍摄出来的。但是，只有高速摄像机是不能完成这样的跟拍的，拍摄中实际应用了一个反光镜，反光镜安装在一个可以旋转的底座上，底座的旋转角度由计算机精确控制。这样可以使炮弹一直在高速摄像机的拍摄视角内。

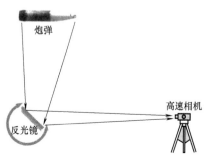

应用14.2-1图

应用14.2-2 聚光太阳能热发电

聚光太阳能热发电又称作聚焦型太阳能热发电，是一种集热式的太阳能发电厂的发电系统，如应用14.2-2图所示是我国首个百兆瓦级熔盐塔式光热电站，我国是世界上少数几个掌握此项技术的国家之一。它使用反射镜将大面积的阳光汇聚到一个集光区中，令太阳能集中，在发电机上的集光区受太阳光照射而温度上升，由光热转换原理，太阳能被转换为热能，热能通过蒸汽涡轮发动机做功驱动发电机，从而产生了电力。

应用14.2-2图

14.2.2 球面上的反射

所谓球面反射镜（简称球面镜），是指反射面为球面的一部分，如图14.2-3所示。

我们可以利用厨房里一只光可鉴人的汤匙来观察凹面镜和凸面镜的成像特点。在汤匙内侧会看到一个放大的正立像，而在汤匙背面会看到一个缩小的正立像。
下面我们半定量地来分析球面镜的成像。

图 14.2-4 中的凹面镜的半径为 r，球心 C 与镜面顶点的连线所
在的直线称为**光轴**，球面上每一点的法线都沿着过该点的半径方向。
沿着光轴入射的光线将按原路返回，平行于光轴的光线在经过凹面
镜反射后将经过光轴上的 F 点，F 点称为**焦点**。焦点与透镜顶点之
间的距离称为**焦距**。过焦点垂直于光轴的平面称为**焦平面**。凹面镜
可将平行于光轴入射的光束会聚至其焦点处；若入射的平行光束不
平行于光轴，则将会聚在焦平面上某一点。

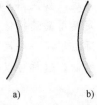

图 14.2-3　球面镜
a）凹面镜 b）凸面镜

由反射定律和图 14.2-4 中的几何关系可以推出，
在傍轴近似下，

$$\alpha = 2\theta \approx \frac{l}{f} \qquad (14.2\text{-}1)$$

其中

$$\theta = \frac{l}{r} \qquad (14.2\text{-}2)$$

联立解得

$$f = \frac{r}{2} \qquad (14.2\text{-}3)$$

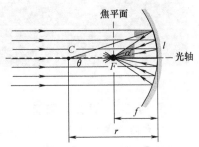

图 14.2-4　凹面镜焦距与
球面半径的关系

可见，凹面镜的焦距等于镜面半径的二分之一。

在物体发出的所有光线中，有三条比较特殊的**主光
线**：①平行于光轴的入射光，经过反射后，将会聚在凹面镜的焦点上；②经过焦点的入射
光，根据光路可逆原理，这条光线经反射后将平行于光轴出射；③经过球心的入射光，会
沿着原路返回。下面我们借助这三条主光线以及其他一些光线来分析物体在凹面镜中的
成像。

在图 14.2-5a 中，在焦点 F 和球心 C 的外侧的光轴上有一点状物，物与凹面镜顶点的
距离 s 称为**物距**。从物发出的沿光轴的光线经过球心，在凹面镜上反射后原路返回；另外再
画出一条与光轴夹角为 α 的光线，经凹面镜反射后与光轴交于一点，显然这一点即为**像点**，
像与凹面镜顶点的距离 s' 称为**像距**。这个像是由真实光线会聚而成的，因而是**实像**。

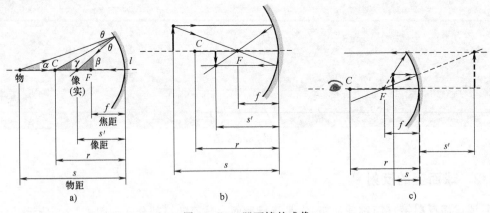

图 14.2-5　凹面镜的成像

a）物在光轴上　b）焦点外侧正立的物生成倒立的实像　c）焦点内侧正立的物生成正立的虚像

由反射定律和图中的几何关系可得，在傍轴近似下，

$$\beta = \gamma + \theta \approx \frac{l}{s'} \tag{14.2-4}$$

$$\gamma = \alpha + \theta = \frac{l}{r} \tag{14.2-5}$$

$$\alpha \approx \frac{l}{s} \tag{14.2-6}$$

联立式（14.2-3）～式（14.2-6），可得

$$\frac{1}{s} + \frac{1}{s'} = \frac{1}{f} \tag{14.2-7}$$

这个关系称为**球面镜公式**。

当物位于焦点外侧时，$s > f$，由球面镜公式（14.2-7）可推出 $s' > 0$；图 14.2-5b 给出了这种情况的光路图，焦点外侧的物（由正立箭头表示）发出的光经凹面镜反射后，在凹面镜前方生成了一个倒立的实像。而当物位于焦点内侧时，$s < f$，则有 $s' < 0$；图 14.2-5c 即为这种情况，焦点内侧的物发出的光经凹面镜反射后，其反向延长线相交在凹面镜后方，形成了正立的虚像。综合这两种情况可以得到像距的符号特点：当像位于镜前时，像距取正，当像位于镜后时，像距取负。

为了定量描述图 14.2-5c 中的放大虚像，我们引入**像的横向放大率**这一概念，即像高与物高的比值。由图 14.2-5c 中的几何关系，结合式（14.2-3）和式（14.2-7）不难得到这个虚像的横向放大率

$$m = \frac{r + |s'|}{r - s} = \frac{2f - s'}{2f - s} = \frac{-s'}{s} = \frac{|s'|}{s} > 1 \tag{14.2-8}$$

图 14.2-5c 所示的成像情况常被用于女士的化妆镜。化妆镜的曲率半径很大，相应地，其焦距也很大，因此在照镜子时，人脸必然位于焦点以内，于是生成正立放大的虚像，便于仔细查看面部细节。

凹面镜的另一个重要用途是聚光取火。我国古代的阳燧，就是古人取火的装置。《本草纲目》中有这样的记载："阳燧，火镜也。以铜铸成，其面凹，摩热向日，以艾承之，则得火。"这反映的其实就是图 14.2-4 所示的情况。2004 年雅典奥运会的取火仪式在奥林匹亚山上举行，当时的奥运火种就是用凹面镜收集太阳光而点燃的。

完全类似地，我们来分析凸面镜的成像。如图 14.2-6 所示，平行于光轴的光线入射到凸面镜表面并反射，将反射光反向延长后交于光轴上的 F 点，反射光仿佛是从 F 发出的。由于光线并没有真正经过 F，因此 F 称为**虚焦点**。可以证明，对于凸面镜而言，球面镜公式（14.2-7）仍然成立，式中各量的符号规定依然为：镜前为正，镜后为负。因此，凸面镜的球面半径和焦距均为负，且由几何关系易得

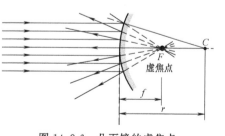

图 14.2-6 凸面镜的虚焦点

$$f = \frac{r}{2} \tag{14.2-9}$$

图 14.2-7 给出了凸面镜前的物在凸面镜后方形成缩小的正立虚像的光路图。显然，凸

面镜成像的横向放大率 $m < 1$。路口的广角镜就是利用了这一点，通过形成缩小的虚像来呈现出比平面镜更大的取景范围。

例 14.2-1 假设一个路口的广角镜的半径 $R =$ 80cm（实际上大多数路口的广角镜的半径就是这个范围），一个观察者站在广角镜前通过广角镜看到另一个路口有一辆高度为 150cm 的汽车的像大约有 10cm 高。求这辆车与这个广角镜（即距离这个路口）的距离是多少？

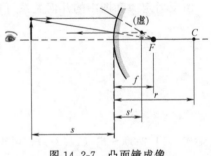

图 14.2-7 凸面镜成像

解：因为广角镜的半径 $R = 80$cm，因此焦距 $f = -R/2 = -40$cm。设物距为 s，像距为 s'。物高 $h = 150$cm，像高 $h' = 10$cm。

$$m = \frac{|-s'|}{s} = \frac{h'}{h} = \frac{10\text{cm}}{150\text{cm}} = \frac{1}{15}$$

由 $\frac{1}{f} = \frac{1}{s} + \frac{1}{-s'}$ 得 $\frac{1}{-40} = \frac{1}{s} + \frac{15}{-s}$，解得 $s = 560$cm $= 5.6$m

评价：凸面镜总是会形成正立的、缩小的虚像，常被用于地下车库、狭窄的路口、汽车后视镜等对盲区的观察。这类广角镜让物体看上去比较小，但是实际上距离已经很近了。

14.3 折射的基本原理

光从一种介质入射到另一种介质时，在分界面上除了发生反射之外，同时还发生折射现象，本节先简单讨论平面和球面上的折射，然后介绍薄透镜的成像特点。

14.3.1 平面上的折射

首先定义介质的折射率。所谓**折射率**，是指电磁波在真空中的波速与介质中的波速之比，显然，真空的折射率为 1，而其他介质的折射率均大于 1，干燥空气的折射率为 1.0003，通常可认为近似等于 1。

当光入射到两种介质的分界面上时，**遵守折射定律**，具体内容如下（见图 14.3-1）：①入射线和界面法线确定的平面称为入射面；②折射线位于入射面内；③入射角正弦值和折射角正弦值之比等于入射方介质和折射方介质中的光速之比，即折射方介质与入射方介质的折射率之比，这个比值也叫作折射方介质与入射方介质的**相对折射率**。

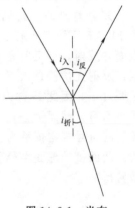

$$\frac{\sin i_\text{入}}{\sin i_\text{折}} = \frac{u_\text{入}}{u_\text{折}} = \frac{n_\text{折}}{n_\text{入}} = n_{\text{折入}} \tag{14.3-1}$$

材料的折射率随光的频率而变。对于可见光来说，频率较高的紫光在棱镜中折射得较为厉害，频率较低的红光则折射得较为轻微，因此白光在经过了棱镜之后，被分解为各种颜色的光，如图 14.3-2 所示，这一实验被称为棱镜分光实验，最早是由牛顿完成的。这个实验推翻了此前人们对于光的颜色的错误认识。在此之前，人们认为，白光是最纯净的光，白光经过红色玻璃之后变红

图 14.3-1 光在平面上的折射

了，是因为被玻璃"染色"了。但是棱镜分光实验清晰地表明，白光是由多种颜色的光复合而成的。之所以在经过红色玻璃之后会变红，是由于玻璃吸收了其他频率的光，只让红色的光透过而已。牛顿的棱镜分光实验也被评为物理学中最美的实验之一。

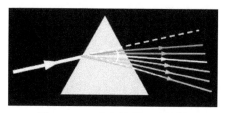

图 14.3-2　光在棱镜上的折射

14.3.2　球面上的折射

虹和霓是十分有趣的自然现象，它们是通过光的反射与折射形成的。如图 14.3-3 所示，当空气中存在大量小水滴时（例如雨后或者瀑布周围），日光照射到水滴上，在水滴表面发生折射，进入到水滴内部，在水滴内表面反射后再次从水滴中折射进入空气，随后进入人眼。人的大脑自动根据光的直线传播原理将光线反向延长后，就看到了虹和霓。虹与霓的区别在于，光线在水滴内表面反射一次则形成虹，反射两次则形成霓。因此，虹的光谱分布是紫色在内而红色在外，霓则恰好相反。虹的仰角大约是 40°左右，而霓在虹的外围，仰角约为 52°。

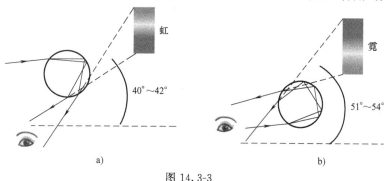

图 14.3-3

a）虹的形成　b）霓的形成

我们利用图 14.3-4 来详细分析光线在球面上的折射。如图 14.3-4 所示，在折射率为 n 的介质中有一根由折射率为 n' 的材料制成的棒，其左端加工成半径为 r 的球面，球心 C 与球面顶点的连线称为光轴。物点位于球面顶点左侧的光轴上，物距为 s，从物点发出的光与光轴的夹角为 α，以入射角 θ 入射到球面上，光线在球面上的入射点和球心的连线与光轴的夹角为 γ。光线经过球面折射进入棒内，折射角为 θ'，折射光线与光轴交于一点，即为像点，像距为 s'，折射光线与光轴的夹角为 β。在此图中，光线是从物点发出并实际到达像点的，因此是实物和实像。如果物或像是由光线的延长线或反向延长线确定的，则称为虚物和虚像。

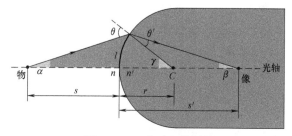

图 14.3-4　球面上的折射

由折射定律和图中的几何关系可知，在傍轴近似下，

$$\theta = \alpha + \gamma \qquad (14.3\text{-}2)$$

$$\gamma = \frac{l}{r} = \theta' + \beta \qquad (14.3\text{-}3)$$

$$\beta \approx \frac{l}{s'} \qquad (14.3\text{-}4)$$

$$\alpha \approx \frac{l}{s} \qquad (14.3\text{-}5)$$

$$\frac{\theta}{\theta'} \approx \frac{\sin\theta}{\sin\theta'} = \frac{n'}{n} \qquad (14.3\text{-}6)$$

联立式（14.3-2）～式（14.3-6），可以推出

$$\frac{n}{s} + \frac{n'}{s'} = \frac{n'-n}{r} \qquad (14.3\text{-}7)$$

这个关系称为**球面折射公式**。上式中各量的符号规定如下：对于物距和像距，实物像取正，虚物像取负；对于球面半径，若凸向入射光，则记为正，反之则记为负。

例 14.3-1 如图 14.3-5 所示，将眼睛简化为一个折射球面的模型，假设眼球的直径为 25mm，眼球角膜的曲率半径为 7mm，正常的眼睛是可以看清无穷远处的物体，假设眼睛内部各个部分的折射率相似，计算眼球的平均折射率。

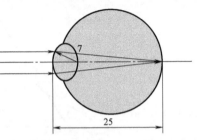

图 14.3-5 例 14.3-1 图

解：根据题干中的参数我们把眼球当作一个介质球面模型，因为眼睛可以看清无穷远处的物体，所以可以假设一束平行光照射进入眼球，光线应正好汇聚在眼球的后部视网膜处。其中物距 s 为正无穷，像距 s' 为 25mm，折射面的曲率半径 r 为 7mm，眼球外为空气，因此 $n=1$。

根据式（14.3-7）可得

$$\frac{n}{s} + \frac{n'}{s'} = \frac{n'-n}{r} \Rightarrow \frac{1}{\infty} + \frac{n'}{25\text{mm}} = \frac{n'-1}{7\text{mm}} \Rightarrow n' = 1.39$$

评价：眼睛的具体结构我们将在 14.4.1 节中详细介绍。根据 14.4.1 节中的描述可以知道本题中我们对眼睛的这些假设是合理的。实际上人眼的像方焦距大约也是 25mm，当然人眼的焦距是可以调节的，这里的像方焦距是在眼睛放松时，要看无穷远处的情况。

应用 14.3-1 高速公路上的反光标识

如果你夜晚在高速公路上开车，你可能会看到路上的交通标识会异常的明亮显眼。实际上这些交通标识本身并不能发光，而是反射汽车前照灯所发出的亮光。这些标识所用的反光膜材料是一种玻璃微珠材料。这种玻璃微珠采用折射率较高的光学玻璃，其直径大约 $10\mu m$。这种玻璃微珠能够将光源发射过来的光线逆向反射到光源处，这样我们看到的交通标识就很明亮了。

14.3.3 薄透镜

薄透镜是由两个曲率半径很大的球面（或一个球面和一个平面）构成的光学元件，其厚度远小于曲率半径，通常由玻璃或树脂制成。最常见的薄透镜是眼镜片，近视眼镜是凹透镜，老花眼镜是凸透镜。图 14.3-6 给出了常见的薄透镜形式及其表示符号。

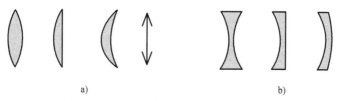

图 14.3-6 常见的薄透镜及其在光路中的表示符号 a) 凸透镜 b) 凹透镜

当我们需要光线从无穷远处入射或者出射到无穷远处时，在实验室中是通过凸透镜来实现的。如图 14.3-7 所示，凸透镜两个表面的球心分别为 C_1 和 C_2，二者连线为光轴。从物方焦点发出的光经过凸透镜后将变为平行光，平行于光轴的光线经过凸透镜后将汇聚在像方焦点。过焦点而与光轴垂直的平面是焦平面。设透镜的介质折射率为 n_L，物方介质的折射率为 n，像方介质的折射率为 n'，则可以证明，物方焦距 f 和像方焦距 f' 分别为

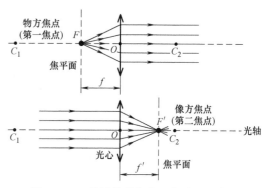

图 14.3-7 凸透镜的焦点、焦平面和焦距

$$f=\frac{n}{\dfrac{n_L-n}{r_1}+\dfrac{n_L-n'}{r_2}}, \quad f'=\frac{n'}{\dfrac{n_L-n}{r_1}+\dfrac{n_L-n'}{r_2}} \tag{14.3-8}$$

式中，r_1 和 r_2 代表透镜两个球面的半径，从透镜向外看，凸出面的半径为正，凹进面的半径为负。通常在实验室中，物方介质和像方介质是一样的，即

$$n=n' \tag{14.3-9}$$

则有

$$f=f' \tag{14.3-10}$$

由式 (14.3-8) 得

$$\frac{n}{f}=(n_L-n)\left(\frac{1}{r_1}+\frac{1}{r_2}\right) \tag{14.3-11}$$

这一结果称为**磨镜者公式**。式中，n 表示周围介质的折射率；n_L 表示透镜的折射率；f 为焦距。

与镜面反射类似，我们定义三条主光线：①经过物方焦点的入射光，在经过透镜后将变为平行于光轴的平行光；②平行于光轴的入射光，在经过透镜折射后将经过像方焦点；③经过光心的入射光，将沿原方向前进。通过这三条主光线即可确定透镜的成像。

图 14.3-8a 给出了一个典型的凸透镜成像的光路图。若这个透镜放置在空气中（可将空气的折射率近似看作1），可以证明

$$\frac{1}{s}+\frac{1}{s'}=\frac{1}{f} \tag{14.3-12}$$

这个结果称为**薄透镜公式**，在形式上与镜面成像公式相同。式中 s 代表物距，s' 表示像距，f 是透镜的焦距。值得注意的是，当 $s<f$ 时，$s'<0$，意味着这是一个虚像，相应的光路如图 14.3-8b 所示。

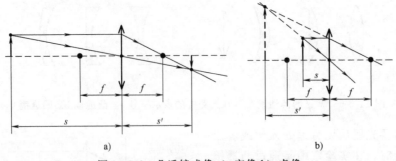

图 14.3-8　凸透镜成像 a) 实像 b) 虚像

图 14.3-9 给出凹透镜的焦点和焦距，此处的像方焦点和物方焦点都是由光线的反向延长线或者延长线会聚得到的，因此两个焦点都是虚焦点，焦距均为负值。可以证明，对于凹透镜，薄透镜公式（14.3-12）仍然成立。

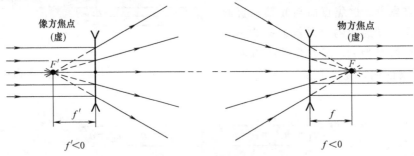

图 14.3-9　凹透镜的焦点和焦距

14.3.4　理想光学系统的组合

一个光学系统通常由一个或几个光学部件组成，而每个部件可以使一个透镜，也可以是几个透镜，这些光学部件称为光组。在实际的工作中，有很多是将两个或两个以上的薄透镜（光组）组成光学系统来使用的，而对于这个光学系统整体来说，它又相当于一个怎样的等效系统呢？我们以最简单的两个薄透镜组成的光学系统为例来讨论。

我们将这个光学系统当成一个整体，如图 14.3-10 所示，一束平行于主光轴的平行光经透镜组折射后，会聚在主光轴上的点称为系统的像方焦点（或第二焦点），记为 F'，而在主光轴上总可以找到一点，由它发出的同心光束经光学系统后成为平行于主

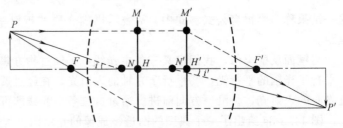

图 14.3-10　光学系统中的基点和基面

光轴的平行光，此点称为系统的物方焦点（或第一焦点），记为 F，F 和 F' 的位置完全由系统的结构决定，它既可以在系统内，也可以在系统外。过 F' 垂直于主光轴的平面称为像方焦平面（或第二主焦平面），过 F 垂直于主光轴的平面称为物方焦平面（或第一主焦平面）。

平行于系统主光轴的入射光线经过系统后，其出射光线（或其反向延长线）与入射光线

（或其反向延长线）相交于一点 M'，过 M' 点且垂直于主光轴的平面称为系统的像方主平面（或第二主平面），像方主平面与主光轴的交点，称为系统的像方主点，用 H' 表示。经过系统像方焦点 F' 的光线（或其反向延长线）与其共轭的出射光线（或其反向延长线）相交于一点 M，过 M 点且垂直于主光轴的平面称为系统的物方主平面（或第一主平面），物方主平面与主光轴的交点，称为系统的像方主点，用 H 表示。物方主点是一对横向放大率等于1的共轭点。主平面是一对横向放大率等于1的共轭平面。像方主点 H' 到像方焦点 F' 的距离称为系统的像方焦距 f'，物方主点 H 到物方焦点 F 的距离称为系统的物方焦距 f。

当入射光线（或其延长线）与出射光线平行时，入射光线（或其延长线）与主光轴的交点称为物方节点（或第一节点），用 N 表示，出射光线与主光轴的交点称为像方节点（或第二节点），用 N' 表示。通过 N 和 N' 并垂直于主光轴的平面分别称为系统的物方节平面（或第一节平面）和像方节平面（或第二节平面），节点是角放大率等于1的一对共轭点。也就是说，如果光学系统绕第二节点 N' 转动，且 N' 点不动，如图14.3.11所示，则平行光经透镜组后的会聚点 F'' 在焦平面上的位置将不会横向移动。节点的这个性质常在实验上用于确定光学系统的节点位置。

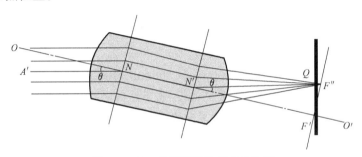

图 14.3-11 光学系统的节点的性质

应用 14.3-2 周视照相机

在拍摄大型团体照片时经常使用周视照相机，如应用14.3-2图所示，这种相机是利用节点性质工作的，拍摄的人站在 $\overset{\frown}{AB}$ 圆弧上，而相机的拍摄视场张角只有 $\overset{\frown}{A_1B_1}$，只有旋转相机才能将 $\overset{\frown}{AB}$ 圆弧上所有的人拍摄进底片。如果相机物镜绕一个随意点旋转，旋转时底片上 A_1 点的像 A_1' 将在底片上发生横向移动，使照片变得模糊；相反，如果相机物镜绕像方节点转动时，根据节点性质，当物镜转动时底片上 A_1 点的像 A_1' 在底片上不会移动，这样就可以得到清晰的照片。

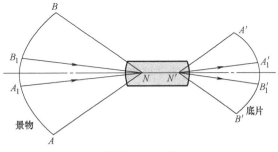

应用 14.3-2 图

若物方和像方介质相同，则两主点分别与两节点重合。两主点的位置将随各组合透镜或折射面的焦距和系统的空间特性而异。薄透镜是个理想的光学概念，实际上是两主点与透镜的光心重合的光学系统。

对于由薄透镜组合成的光学系统，其物和像的位置关系可由透镜组的高斯公式来确定：

$$\frac{1}{f'} = \frac{1}{s'} - \frac{1}{s} \tag{14.3-13}$$

式中，f'为系统的像方焦距；s'为像距（从第二主平面量到像的距离）；s为物距（从第一主平面量到物的距离）。各量的符号从各测量起点沿光线进行方向测量为正，反向为负。

如果一个光学系统是以两个薄透镜的组成的，这两个薄透镜的像方焦距分别为f_1和f_2，两透镜之间的距离为D，则透镜组的焦距可表达为

$$f' = \frac{f_1 f_2}{(f_1 + f_2) - D}, \quad f = -f' \tag{14.3-14}$$

式中，f'为系统的像方焦距；f为系统的物方焦距。而该系统的两节点位置可表达为

$$l' = \frac{-f_2 D}{(f_1 + f_2) - D} \tag{14.3-15}$$

$$l = \frac{f_1 D}{(f_1 + f_2) - D} \tag{14.3-16}$$

式中，l'为系统的像方节点位置；l为系统的物方节点位置。即l'是第二透镜光心到像方节点的距离，l是第一透镜光心到物方节点的距离。

例 14.3-2 将两个焦距分别为 150mm 和 200mm 的凸透镜组成一个光学系统（透镜组），两个透镜之间的间距为 40mm。设 150mm 焦距的凸透镜朝向物体，计算这样一个光学系统的物方焦距、像方焦距、物方节点位置和像方节点位置。

解： 根据题意可知，$f_1 = 150\text{mm}$，$f_2 = 200\text{mm}$，透镜间距$D = 40\text{mm}$。

像方焦距为 $f' = \dfrac{f_1 f_2}{f_1 + f_2 - D} = \dfrac{150\text{mm} \times 200\text{mm}}{150\text{mm} + 200\text{mm} - 40\text{mm}} = 96.8\text{mm}$

物方焦距为 $f = -f' = -96.8\text{mm}$

像方节点位置为 $l' = \dfrac{-f_2 D}{f_1 + f_2 - D} = \dfrac{-200\text{mm} \times 40\text{mm}}{150\text{mm} + 200\text{mm} - 40\text{mm}} = -25.8\text{mm}$

物方节点位置为 $l = \dfrac{f_1 D}{f_1 + f_2 - D} = \dfrac{150\text{mm} \times 40\text{mm}}{150\text{mm} + 200\text{mm} - 40\text{mm}} = 19.4\text{mm}$

评价： 这种由两个透镜组成的光学系统的焦距是可以通过调节透镜间的间距来调节焦距的。各个基点基面的位置如图 14.3-12 所示。

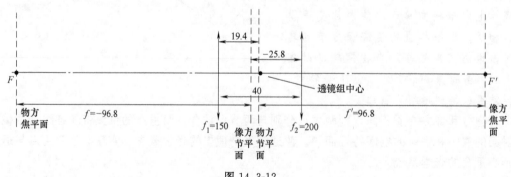

图 14.3-12

14.4　光学仪器的基本原理

最早出现的光学仪器大概就是约在 17 世纪发明的望远镜和显微镜了。这些仪器极大地扩展了人们的视野，历史上其在天文学、生物学等方面都做出了巨大的贡献。随着科学技术的进步，光学仪器的种类也丰富起来。本节中我们将对人的眼睛、显微镜、望远镜以及照相机的原理给予阐述。

14.4.1　眼睛

人类的眼睛近似于一个球形，直径大约是 25mm，其本身就相当于一个摄像系统，可以感知光线，并将其转换为神经中电化学的脉冲。眼睛的内部结构如图 14.4-1 所示。

眼睛的最外层由坚韧且透明的角膜覆盖着，其厚度大约为 0.55mm，折射率为 1.38。角膜的后方包裹着一个充满了称之为眼房水的液体的空间，这个空间一般称之为前房，其液体的折射率为 1.336。前房的后方是中心带有圆孔的虹膜，该圆孔称之为瞳孔。我们可以通过调节瞳孔直径的大小来改变进入眼睛内部的光线能量的大小。虹膜的后方是一个由多层薄膜组成的呈双凸透镜形的晶状体，晶状体的折射率是不均匀的，其平

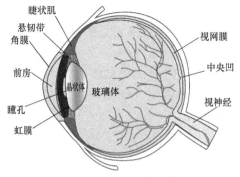

图 14.4-1　眼睛的结构

均折射率为 1.437。晶状体的表面曲率可以通过韧带和睫状肌的作用而发生变化，这样可以改变晶状体的焦距，以使不同距离的物体都可以在视网膜上呈现清晰的像。晶状体的后面空间充满了称之为玻璃体的透明的液体，其折射率为 1.336。在玻璃体的后面有一层网膜，称为视网膜，是眼睛的感光部分，其上分布着两种光敏细胞，分别为视杆细胞和视锥细胞。视杆细胞对光强更为敏感，而视锥细胞则负责分辨不同的颜色。视网膜的中央有一个凹进去的部分，其直径大约为 0.25mm，这一区域称为中央凹，是视觉最为敏感的区域。

眼睛分辨两个靠近点的能力称为眼睛的分辨率，而刚刚好能够分辨开的两个点对眼睛的物方节点所张的角度（即视角）称为极限分辨角。极限分辨角可以表示为

$$\theta_0 = \frac{1.22\lambda}{D} \tag{14.4-1}$$

对于眼睛而言，在式（14.4-1）中，λ 为物体所反射到眼睛里的光的波长，D 为眼睛的瞳孔直径。大量的生物学研究表明，对于波长为 550nm 的光线照明良好的情况下，人眼的极限分辨角为 $1'$。

如果想清晰地看清远处的物体，该物体的像必须刚好落在视网膜上。眼睛可以通过调节晶状体的曲率来调节其焦距来达到这样的效果。眼睛的这种改变焦距来看清不同距离物体的过程称为眼睛的视觉调节。人眼在松弛状态下能看清的最远点称为远点，正常眼睛的远点在无限远处。眼睛的睫状肌在最紧张并使晶状体的曲率变为最大时，眼睛能够看清的最近点称

为近点。由于晶状体在人的一生中都在生长，睫状肌使一个更大的晶状体的曲率发生变化就变得更为困难。因此，对于一个正常人来说，随着年龄的增长，眼睛的近点会增大。表 14.4-1 给出了一个正常人在不同年龄段的近点。

表 14.4-1 一个正常人在不同年龄段的近点

年龄/岁	近点/cm	年龄/岁	近点/cm
10	7	40	22
20	10	50	40
30	14	60	200

一般用视度来表示人眼的调节能力，视度可以定义为与视网膜共轭的物面到眼睛物方主点的距离的倒数，其单位为折光度 D。正常的眼睛在正常照明下最为轻松的阅读距离称为明视距离，如图 14.4-2a 所示，一般规定明视距离为 25cm。如果一个人的眼睛在完全放松的情况下无法看清无穷远处的物体，即无穷远处的物体发出的光线通过眼睛汇聚在了视网膜前（近视），如图 14.4-2b 所示，或视网膜后（远视），如图 14.4-2c，则我们称为视力不正常。在医学上通常把 1 视度称为 100 度，因此，对于远点距离为 -0.2m 的眼睛，其视度为 -5D，称为近视 500 度；反之，对于远点距离为 0.2m 的眼睛，其视度为 5D，称为远视 500 度。

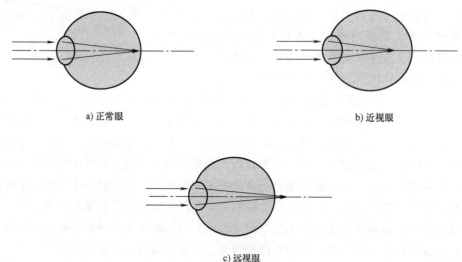

a) 正常眼　　　　　　　　　　　　b) 近视眼

c) 远视眼

图 14.4-2 正常眼与非正常眼

应用 14.4-1 游隼的眼睛

自然界中鸟类的视力一般比较好，其中游隼的视力是鸽子的 4 倍，它可以在猎物（比如鸽子）发现它之前就看到并锁定猎物。游隼的眼睛很大，约占其头体积的 50%（人类的眼睛约占头的体积的 5%）。光线通过游隼眼睛的晶状体折射到其视网膜上产生视觉，而且与人类的眼睛相似的是，游隼眼睛的中央凹是其视觉最敏锐的部位，而不同的是，游隼的眼睛中有两个中央凹，分别称为第一中央凹和第二中央凹。第一中央凹可以帮助游隼看清较近的物体（距离一般小于 8m），此时游隼使用双眼视觉观察物体；第二中央凹则可以帮助游隼看清远处的物体（距离一般大于 8m），此时游隼会将头侧过来使用单眼视觉观察物体，应用 14.4-1 图 a 中的游隼就在用单眼视觉观察远处正在拍摄它的摄影师。

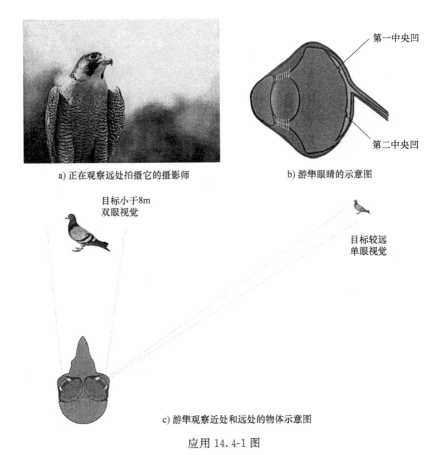

a) 正在观察远处拍摄它的摄影师

b) 游隼眼睛的示意图

目标小于8m
双眼视觉

目标较远
单眼视觉

c) 游隼观察近处和远处的物体示意图

应用 14.4-1 图

14.4.2　放大镜

眼睛的极限分辨角有限，如果想仔细观察一个很小的物体，你需要将其移近你的眼睛，使你所观察的两点到眼睛的物方节点所张的角度变大，以便于观察，而这个张角我们称之为视角。但是，眼睛不能看清比近点更近的物体，因此对于观察者来说，当物体放在近点时，视角达到最大值。为了讨论方便，我们假设观察者的近点为明视距离，即25cm处。

如果一个物体的视角小于眼睛的极限分辨角，最简单的方法就是用一个会聚透镜（凸透镜）。图 14.4-3 是放大镜的原理光路图，展示了放大镜的成像原理，通过放大镜看到的物体的像实际上是一个虚像。为了使这个虚像看起来更舒服，我们一般把物体放在略小于物方焦距的位置，这样得到的虚像近似在无穷远处，此时睫状肌最为松弛，看起来也就最为放松。

如果一个物体位于明视距离（25cm）处对眼睛的张角为 θ，而一个放大镜位于眼睛的前方，其无穷远处的像对放大镜的张角为 θ'。

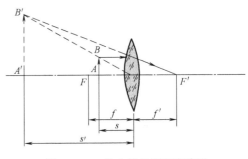

图 14.4-3　放大镜的原理光路图

我们可用角放大率 M 来表示该放大镜扩大视角的能力，角放大率定义为

$$M = \frac{\theta'}{\theta} \tag{14.4-2}$$

我们假设这些张角都很小，每个角的弧度都可以近似等于其正切值。假设物体 AB 的大小为 y，经过放大镜放大后呈现一个大小为 y' 的虚像 $A'B'$。因此其无穷远处的像对放大镜的张角为 θ' 为

$$\theta' = \frac{y'}{x'} = \frac{y}{f} \tag{14.4-3}$$

而当眼睛直接观察物体时，一个物体位于明视距离（25cm）处对眼睛的张角 θ 为

$$\theta = \frac{y}{25\text{cm}} \tag{14.4-4}$$

联立式（14.4-2）～式（14.4-4）可得

$$M = \frac{25\text{cm}}{f} \tag{14.4-5}$$

由式（14.4-5）可知，放大镜的角放大率由焦距决定，减小焦距可以得到更大的放大率。但是，由于像差的存在，简单的双凸透镜的角放大率 M 的极限大约为 3～4 倍，一般表示为 3× 或 4×（"×"号表示倍率）。如果使用组合透镜减小像差，则角放大率可以达到 20×。

14.4.3　显微镜

通过上一小节的阐述我们知道，放大镜的角放大率是有限的，如果需要观察更小的物体就需要使用显微镜来实现了。如果我们用两个凸透镜将物体放在第一个透镜的 1 倍和 2 倍焦距之间的位置，这样在这个透镜后物体会成一个倒立的放大的实像，这个实像如果在第二个透镜的焦平面上，我们就可以看到这个实像再放大所成的虚像了。这样通过两级的放大就可以获得更大的角放大率，观察更为细小的物体了。显微镜就是利用这个原理制造的，如图 14.4-4a 所示，显微镜原理的光路图如图 14.4-4b 所示，两个透镜中靠近物体的为主透镜，称为物镜，另一个透镜称为目镜。

为了简单起见，我们将图 14.4-4 所示的显微镜中的物镜 L_1 和目镜 L_2 用简单的薄透镜代替。人眼在目镜上方一定的位置上，物体 AB 在物镜下方距离物镜大于 1 倍焦距小于 2 倍焦距的位置。来自物体 AB 的光经过物镜 L_1 后在其后方大于 2 倍焦距的位置形成一个放大的倒立的实像 $A'B'$，使 $A'B'$ 恰好位于目镜的物方焦点 F_2 处，该实像 $A'B'$ 经过目镜放大为虚像 $A''B''$，并被眼睛观察到。经过两次放大后，显微镜的角放大率 M 可以表示为物镜

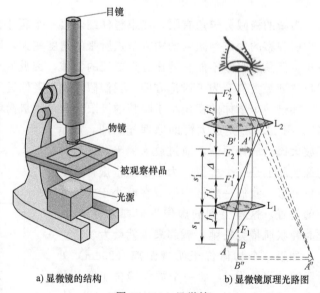

a) 显微镜的结构　　b) 显微镜原理光路图

图 14.4-4　显微镜

的横向放大率 m_1 和目镜的角放大率 M_2 的乘积。

对于物镜 L_1 来说，其横向放大率可以表示 m_1 为

$$m_1 = -\frac{s_1'}{s_1} \tag{14.4-6}$$

式中，s_1' 为物镜 L_1 的像距；s_1 为物镜 L_1 的物距。同时，根据式（14.3-12）薄透镜公式可知：

$$\frac{1}{s_1} + \frac{1}{s_1'} = \frac{1}{f_1} \tag{14.4-7}$$

式中，f_1 为物镜 L_1 的焦距。将式（14.4-6）代入式（14.4-7）中可得

$$-\frac{m_1}{s_1'} + \frac{1}{s_1'} = \frac{1}{f_1} \tag{14.4-8}$$

将式（14.4-8）化简可得

$$m_1 = \frac{s_1' - f_1}{f_1} \tag{14.4-9}$$

另 $\Delta = s_1' - f_1$，由于物镜 L_1 所成的实像在目镜 L_2 的焦点上，因此这里的 Δ 实际上是物镜 L_1 的像方焦点 F_1 和目镜 L_2 的物方焦点 F_2 的间距，称为物镜和目镜的光学间距，在显微镜中称为光学筒长，故式（14.4-9）可以改写为

$$m_1 = -\frac{\Delta}{f_1} \tag{14.4-10}$$

而对于目镜 L_2 来说，其角放大率可以由式（14.4-5）表示，因此，将式（14.4-5）和式（14.4-10）联立可以得到显微镜的角放大率 M，即

$$M = m_1 M_2 = -\frac{\Delta}{f_1} \frac{25\text{cm}}{f_2} \tag{14.4-11}$$

式中，负号表示通过该显微镜观察到的物体的像相对于物体而言成倒像；Δ、f_1 和 f_2 均以厘米为单位，而这三个物理量的和，即 $\Delta + f_1 + f_2$，则为镜筒的机械长度，称为机械筒长。一般情况下机械筒长是固定的，各国机械筒长的标准不一，从 160mm 到 190mm 都有，我国的标准为 160mm。显微镜厂商通常不会给出目镜和物镜的焦距，而是标明所用的目镜和物镜的角放大率和横向放大率，如图 14.4-5 所示。

a) 倍率为16×的目镜　　b) 倍率为40×的物镜

图 14.4-5　目镜和物镜

从图 14.4-5b 中我们还可以注意到，物镜上的参数除了倍率外还包括一些其他的数值，其中 160 表示该物镜必须在机械镜筒长度为 160mm 的显微镜上才能使用；0.17 表示表明该物镜要求盖玻片的厚度为 0.17mm。国际上一般规定盖玻片的标准厚度为（0.17±0.01）mm，若盖玻片的厚度大于 0.18mm 或小于 0.16mm，都会因产生相差而影响观察效果；0.65 表示物镜的数值孔径 NA，它表示物镜的前透镜收集来自样品光线的能力。数值孔径 NA 可以表示为显微镜的物镜的孔径半角和

介质折射率的乘积，即

$$NA = n\sin\alpha \tag{14.4-12}$$

式中，n 为介质的折射率，一般物镜在空气中工作，$n=1$，而当物镜为油镜时，n 取油的折射率，约为 1.5 左右；α 为物镜的孔径半角，如图 14.4-6 所示，物镜的孔径半角越大，进入物镜的光线就越多。

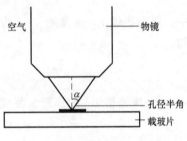

图 14.4-6　物镜的孔径半角

数值孔径 NA 是表征显微镜光学特性的重要参数，与显微镜的分辨率息息相关。我们将显微镜所能分辨的两点间的最小距离定义为显微镜的分辨率。由于光的衍射现象的存在，即使是理想的光学系统在对一个几何点成像时，也只能得到一个具有一定能量分布的衍射图形。根据瑞利判据，当一个点的衍射像中心正好与另一个点的衍射像的第 1 暗环重合时，就是这一光学系统刚好能分辨开这两点的最小极限。因此，两个发光两点的分辨率 σ_1 可以表示为

$$\sigma_1 = \frac{0.61\lambda}{NA} \tag{14.4-13}$$

式中，λ 为发光点发出的光的波长。对于不能自发光的两点，根据照明情况的不同，分辨率也有所不同，其分辨率可用以下公式表示：

$$\sigma_1 = \frac{\lambda}{NA} \tag{14.4-14}$$

式（14.4-14）表明，对于在一定波长的光线照明情况下，且像差校正良好时，显微镜的分辨率由物镜的数值孔径决定，数值孔径越大，显微镜的分辨率越高。需要指出的是，对于一台显微镜而言，放大率高的显微镜并不意味着分辨率也高，显微镜的放大率取决于物镜和目镜的放大率的乘积，而显微镜的分辨率则取决于照明光的波长与物镜的数值孔径。

14.4.4　望远镜

望远镜与显微镜类似，也是由物镜和目镜组成的，远处的物体所发出的光通过物镜后呈一实像，而眼睛通过目镜看到该实像的像。不同的是，显微镜是用来观察近处的微小物体的，物镜和目镜之间的距离（机械筒长）是固定的，通过调节物镜与被观察物体之间的距离（物距）来看清物体。而望远镜则是用于观察远处的大物体，在观察物体时，望远镜的物镜与远处物体之间的距离不便于改变，而是通过调节物镜与目镜之间的间距来看清物体。实际上，如果用望远镜观察无限远处的物体（可以认为物体所发出的光为平行光），平行光射入望远镜光学系统后，通过目镜出射的光线仍为平行光，所以望远镜是一个无焦系统。在观察无穷远处物体时，望远镜的镜筒长度也是固定的，即为物镜和目镜焦距之和。

图 14.4-7 给出两种常见的望远系统，分别是物镜和目镜都是凸透镜的开普勒望远镜（见图 14.4-7a）和物镜为凸透镜、目镜为凹透镜的伽利略望远镜，如图 14.4-7b 所示。我们以开普勒望远镜为例，讨论一下望远镜的一些特性。

望远镜的角放大率 M 定义为最终人眼通过望远镜看到的物体的像对人眼的张角 θ' 与裸眼直接观察物体时的张角 θ 之比。开普勒望远镜的光路示意图如图 14.4-8 所示。由于图中

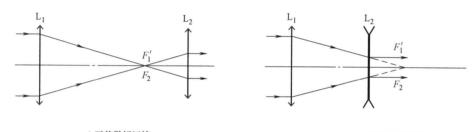

a) 开普勒望远镜　　　　　　　　　　　　b) 伽利略望远镜

图 14.4-7　两种常见的望远系统

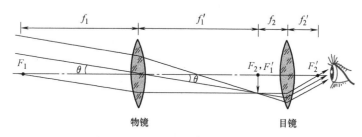

图 14.4-8　开普勒望远镜的光路示意图

被观察的物体处于无穷远处，因此并未画出，而物镜的像方焦点 F_1' 与目镜的物方焦点 F_2 重合。物体对物镜的张角与物体对裸眼的张角 θ 相同，因此从图中的几何关系可得到张角 θ 为

$$\theta = -\frac{y'}{f_1} \tag{14.4-15}$$

而从式（14.4-3）可知，到人眼通过望远镜看到的物体的像对人眼的张角 θ' 为

$$\theta' = \frac{y'}{f_2} \tag{14.4-16}$$

因此，开普勒望远镜的角放大率 M 为

$$M = \frac{\theta'}{\theta} = -\frac{f_1}{f_2} \tag{14.4-17}$$

即开普勒望远镜的角放大率 M 等于物镜与目镜焦距之比，式中的负号表示观察到的像是倒立的。从式（14.4-17）可以看出，望远镜如果想得到一个更大的角放大率，需要有一个焦距长度长的物镜，而显微镜则刚好相反，应该选择焦距长度短的物镜。同时，望远镜的目镜焦距不应选择过短（一般不小于 6mm），因为如果目镜的焦距过短，人眼在观察时就需要更为靠近目镜，甚至碰到目镜而影响观察。在望远镜的规格中通常使用中间有"×"号的两组数字组成，如 8×32，这并不表示该望远镜的角放大率为 8×32＝256 倍。这其中"×"号前的数字表示该望远镜的角放大率，而"×"后的数字表示该望远镜物镜的直径（单位为 mm）。直径更大的物镜有助于望远镜采集光线，决定了观察到的像的亮度，同时直径越大，望远镜的极限分辨角越小。

　　用开普勒望远镜观察物体时在物镜和目镜之间会形成实像，如果在实像处放置一块分划板（分划板是在一块平板玻璃上刻画出瞄准十字或刻度标尺），则观察者就可以通过目镜同时看清远处的物体和分划板上的刻线，如图 14.4-9 所示。这种望远镜经常被用于瞄准、定位、实验观察等设备中，图 14.4-9 所示的分划板就是实验中常用的分光仪中望远镜的分划板。相反，伽利略式望远镜由于其物镜与目镜之间不形成实像，也就无法放置分划板，因此应用较少。

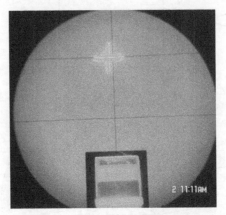

图 14.4-9　分光仪的望远镜的分划板

应用 14.4-2　反射式望远镜

反射式望远镜使用凹面镜代替折射式望远镜中的物镜，采用曲面和平面的面镜组合来反射光线，并形成影像的光学望远镜。由于没有使用光密介质作为物镜，避免了透镜对于不同波长的光线具有不同的折射率而产生的色差。此外，反射式望远镜更容易做到大口径，因此天文望远镜中主要使用反射式望远镜。如应用 14.4-2 图所示，就是著名的哈勃空间望远镜，图片来自网络。哈勃空间望远镜于

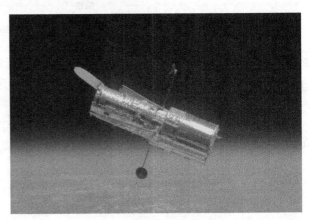

应用 14.4-2 图

1990 年 4 月 24 日发射，总质量为 11000kg，口径为 2.4m，物镜焦距为 57.6m，在 559km 的低地球轨道运行。

14.4.5　照相机

在现代生活中，数码相机几乎是我们最常用的光学设备之一了，尤其是我们每天都使用的智能手机，其所包含的相机功能已经成为它的重要卖点之一。一个照相机的最基本的部件包括暗箱、镜头、快门以及胶片或光敏记录介质，如图 14.4-10 所示。老式的胶片相机中，光敏记录介质采用的是涂抹有卤化银的聚乙酸酯照相底片，一般使用 36mm×24mm 的规格，即 135 底片；数码相机中，记录介质更换为图像传感器——电荷耦合元件（Charge coupled Device，CCD）或 CMOS 感光元件（有源像素感测器）。实际上数码相机的图像传感器的尺寸直接影响了数码相机的性能，全画幅单反相机的图像传感器的尺寸与胶片相机相同，也采用 36mm×24mm 的规格，传感器尺寸越大，成像质量越高。

一般情况下，我们将焦距小于 24mm 的镜头称为超广角镜头，焦距在 24～38mm 的镜

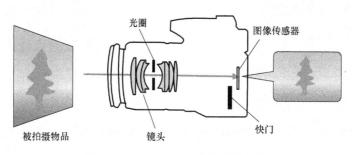

图 14.4-10 数码相机中的关键部件

头称为广角镜头，焦距在 $38\sim60\text{mm}$ 的镜头称为标准镜头，焦距在 $60\sim135\text{mm}$ 的镜头称为中焦镜头，焦距在 $135\sim300\text{mm}$ 的镜头称为摄远镜头，焦距大于 300mm 的镜头称为超摄远镜头。相机镜头的焦距选择与传感器的尺寸以及所要求的视场张角有关。图 14.4-11 给出了使用同一台数码相机、在同一位置上、使用不同焦距的相机镜头拍摄的三幅照片。从图中可以看到焦距越短，拍照时的视场张角就越大；反之，焦距越长，拍照时的视场张角越小。当焦距一定时，最大的视场张角 θ_{max} 可以由下式确定：

$$\theta_{max}=\frac{y'_{max}}{2f'} \tag{14.4-18}$$

式中，y'_{max} 为底片或图像传感器的对角线长度；f' 为相机镜头的像方焦距。一般情况下，我们将全画幅相机的镜头焦距称为标准焦距，而其他大小传感器的相机，其镜头除了实际焦距外，还会给出一个等效焦距，已得到在相同焦距值下与全画幅相机具有相同的视场张角。例如，对于 4/3in 传感器的相机（图像传感器的大小为 $18\text{mm}\times13.5\text{mm}$），如果使用 50mm 焦距的镜头，那么由式（14.4-18）可以知道，其等效焦距约为 100mm。

a) $f'=14\text{mm}$

b) $f'=65\text{mm}$

c) $f'=140\text{mm}$

图 14.4-11 3 张不同焦距镜头拍摄的照片（相机图像传感器的大小为 $18\text{mm}\times13.5\text{mm}$）

底片或图像传感器的感光能力有限，如果光线很暗，则拍出的照片就会显得很黑，如果光线过亮，则又有可能使照片"过曝"。因此，我们引入"曝光量"的概念，将到达底片或图像传感器上单位面积的总光能定义为曝光量。在实际操作中，我们可以使用快门（控制曝光时间）和镜头光圈对曝光量进行调节。很明显，曝光时间与曝光量成正比，曝光时间越长曝光量也就越大。一般相机的曝光时间（相机参数中常称为快门速度，虽然这个物理量与"速度"的量纲并不一致）可以从 1s、1/2s、1/4s、1/8s、1/15s、1/30s、1/60s、1/125s、

1/250s、1/500s 调节到 1/1000s 不等的范围，当然很多相机的曝光时间调节范围会更宽。

进入相机的曝光量还可以通过镜头光圈来进行调节，图 14.4-12a、b 给出了海鸥-610 镜头不同大小光圈值的照片，光圈实际上就是镜头内部一个直径 D 可变的光阑，镜头上标注的光圈值实际上是焦距与光圈直径的比值，即

$$光圈值 = \frac{f'}{D} \tag{14.4-19}$$

如果一个镜头的焦距 $f' = 50\text{mm}$，光圈直径 $D = 12.5\text{mm}$，那么其光圈值为 4，或者说该镜头具有"$f/4$ 光圈"。而照射到底片或者图像传感器上的光强反比与光圈值的平方。由于光圈直径增至 $\sqrt{2}$ 倍会使光圈值减小至原来的 $1/\sqrt{2}$，所以底片或者图像传感器上的光强曾至原来的 2 倍。因此镜头上标注的光圈值往往依次标由相差 $\sqrt{2}$ 倍的一系列数字刻度组成，如图 14.4-12c 所示。

a) 光圈值为4　　　　　　　　b) 光圈值为8　　　　　　　　c) 镜头标注的光圈值

图 14.4-12　海鸥-610 镜头

课 后 作 业

14-1　哈勃空间望远镜的物镜焦距为 57.6m，直径为 2.4m，计算该物镜的曲率半径 R。

14-2　月球的直径约为 3476km，其近地点（离地球最近时的距离）为 $3.633 \times 10^5\text{km}$，用一个反射式天文望远镜观察，该望远镜的物镜曲率为 10.00m。计算月球在望远镜中所成实像的大小。

14-3　一个游泳池的水深度为 2.50m，水的折射率 $n = 1.33$。当你竖直向下观察它时，游泳池看上去的深度是多少？

14-4　一个由光学玻璃制成的顶角为 A 的三棱镜，一束平行单色光从折射率为 n_1 的介质入射到折射率为 n_2 的三棱镜的 AB 面，经折射后由另一面 AC 面射出，如题 14-4 图所示，光的行进方向发生了变化，入射光和出射光行进方向间的夹角 δ 称为偏向角。证明，当光线的入射角与出射角相等时，即 $\theta_{i1} = \theta_{t2}$ 时，偏向角为最小值，并给出最小偏向角的表达式。

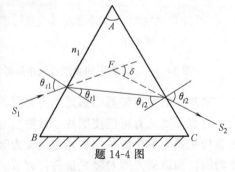

题 14-4 图

14-5　在题 14-4 中的三棱镜是一个常用的分光原件，假设其顶角 A 为 $60°0'$，如果实验中测得最小偏向角为 $48°2'$，计算这个三棱镜的折射率。

14-6　眼睛的晶状体可以看作一个折射率 $n = 1.44$ 的双凸透镜，在空气中的焦距为 8.0mm，假设其两面的曲率半径大小相同，那么眼睛晶状体的曲率半径是多少？

14-7 一根直径为 2.0cm 玻璃棒，其折射率 $n=1.60$，玻璃棒的一端磨成一个曲率半径 $R=1.0$cm 的半球型光滑表面，一个物体放置在玻璃棒轴向正前端 10.0cm 处，计算：（1）球形表面反射的光线所成的像的像距及其横向放大率；（2）折射进玻璃棒的光线所成像的像距及其横向放大率。

14-8 将 14-7 题的玻璃棒放入水中，水的折射率 $n=1.33$。计算在玻璃棒轴向正前方 10.0cm 处的物体折射进玻璃棒的光线所成像的像距。

14-9 测量凸透镜焦距的方法很多，其中比较常用的贝塞尔法是一种通过两次成像测量凸透镜焦距的方法。如题 14-9 图所示，测得物体和像屏的间距为 l（$l>4f$），凸透镜位于 O_1 和 O_2 两个位置上时可以在像屏上呈现放大的或缩小的倒立实像，已知 O_1 和 O_2 的间距为 d，用 l 和 d 表示该凸透镜的焦距 f。

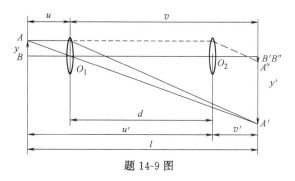

题 14-9 图

14-10 一个由双凸透镜制成的放大镜，其曲率半径均为 12.0cm，折射率 $n=1.60$，计算该放大镜的视角放大率。

14-11 一个显微镜的物镜为 $10\times$，目镜为 $10\times$，该显微镜的机械简长为 160mm，计算物镜与被观察的物体之间的距离。

14-12 用两个焦距分别为 30.0mm 和 6.0mm 的凸透镜组成一个望远镜，计算用该望远镜观察无穷处的物体时的镜筒长度和角放大率。

自主探索研究项目——水透镜

项目简述： 日常生活中，我们经常可以观察到水的折射现象，比如在水中游动的鱼看起来比它实际上更接近水面。当水装进透明的瓶子中就有了特定的形状，它的成像有什么特别之处吗？

研究内容： 设计实验方案，研究一瓶装满水的透明矿泉水瓶的成像行为。

近代物理

第15章　相对论初步

19 世纪末，在光的电磁理论的发展过程中，麦克斯韦于 1865 年在《哲学报告》（155 卷）上发表"电磁场的动力学理论"一文，随后出版了《电磁学》一书，之后便形成以他名字命名的麦克斯书方程组。麦克斯韦写道："……我们有充分理由得出结论说，光本身（包括辐射热和其他辐射）是一种电磁干扰，它是波的形式，并按照电磁定律通过电磁场传播。"认为电磁效应以有限速度传播，并预言了电磁波的存在，而赫兹（Hertz）做了实验证实。当时，人们认为宇宙间充满一种叫作"以太"（ether）的介质，光是靠以太来传播的。麦克斯韦在上述文章中也谈道："从光和热的现象来看，我们有理由相信，有一种以太介质可以填塞空间和渗入体，它能运动，并将该运动从一部分传到另一部分。"由于光和热已和预言中的电磁波统一了起来，通过实验检验以太是否存在成为实验物理学家十分感兴趣的课题。

若一研究对象经某种操作（例如坐标变换等）后保持不变，则称该研究对象对该操作具有不变性或对称性。著名的例子是加速度和牛顿运动定律对于伽利略变换的不变性和对称性。后者被称作力学或伽利略的相对性原理。我们试问麦克斯韦方程组在伽利略变换之下是否也不变呢？结论是该方程组不具备对伽利略变换的不变性。到底发生了什么？究竟是麦克斯韦方程组不满足相对性原理，还是应当对麦克斯韦方程引入另一种变换？

物理学对于这些根本问题的解答，经历了从牛顿力学到相对论的发展。本章介绍相对论的基础知识，先说明牛顿力学是怎样理解这些问题的，然后再着重介绍狭义相对论的基本内容。

15.1　牛顿相对性原理

运动总是相对于某个参考系而言的，为了定量描述物体的运动，就必须建立参考系。我们常常会遇到这样的情况：容易描述运动的参考系却不是我们想要的参考系。这样就需要在参考系之间进行变换。

考虑以速度 $\vec{u}$ 相对平动的两个惯性参考系 S（O，x，y，z）和 S'（O'，x'，y'，z'），两者的 y、z 轴和 y'、z' 轴分别相互平行，而且 x 轴和 x' 轴重合在一起。当 $t = t' = 0$ 时，S 系和 S' 系的原点重合。选择 x 则是一种约定。如图 15.1-1 所示，在此后的任意时刻 t，质点 P 在两个参考系中的位置矢量之间的关系是

$$\vec{r}' = \vec{r} - \vec{r}_{oo'}$$

对时间求导可以得到速度之间的关系，有

$$\vec{v}\,' = \vec{v} - \vec{u}$$

这一变换叫作**伽利略变换**（Galilean transformation）。对速度求导可以得到加速度之间的关系，于是有 $\vec{a}\,' = \vec{a}$。这样在 S 系测得一质点 P 的运动，其质量为 m，加速度为 $\vec{a}$，则所受合力为 $\sum \vec{F}_i = m\vec{a}$。又从 S'系观测该质点 P 的运动，测得质点质量为 m'，加速度为 $\vec{a}\,'$ 和所受合力 $\sum \vec{F}_i' = m\vec{a}\,'$。对于经典力学，在不同惯性系中测出的质量相同，即 $m' = m$。于是有 $\sum \vec{F}_i' = \sum \vec{F}_i$。因在 S 系和 S'系中测得的力相同，所以若在 S 系中有

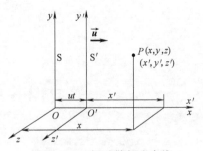

图 15.1-1　相对做匀速直线运动的两个参考系 S 和 S'

$\vec{F}_{12} = -\vec{F}_{21}$，则在 S'系中亦有 $\vec{F}_{12} = -\vec{F}_{21}$。

可见，与牛顿第一定律一样，对于任何惯性系，牛顿第二、第三定律都成立，即任何惯性参考系在牛顿动力学规律面前都是平等的或平权的。因此，在任何惯性系中观察，同一力学现象将按同样的形式发生和演变。这个结论叫**牛顿相对性原理或力学相对性原理**，也叫作伽利略不变性。这个思想首先是伽利略表述的。

伽利略坐标变换的核心思想是经典力学中的绝对时空观。牛顿说："绝对空间，就其本性来说，与外界任何事物无关，而永远是相同的和不动的〔原文：Absolute space, in its own nature, without relation to anything external, remains always similar and immovable〕""绝对的、真实的及数学的时间本身，从其本性来说，均匀地与任何外界对象无关地流逝着〔原文：Absolute, true and mathematical time of itself and from its own nature, flows equally without relation to anything external, ...〕。"

设想两个相对做匀速直线运动的参考系 S（O，x，y，z）和 S'（O'，x'，y'，z'），如图 15.1-1 所示，通常说：在 S 系中，在时刻 t，一个质点到达或位于（x，y，z）处，在 S'系中，则是在 t'时刻，质点到达或位于（x'，y'，z'）处。现在我们说：在 S 系中有一事件（event）发生于（x，y，z，t），同一事件在 S'系中可以用（x'，y'，z'，t'）来描述。事件（x，y，z，t）或（x'，y'，z'，t'）分别由 S 系或 S'系中观察者记录。这里所谓的观察者，指的是静止于某一个参考系中无数同步运行的记录钟，其位置和相应的一个时钟读数可以构成一个事件记录。按照上述约定，伽利略变换就是

$$\begin{cases} x' = x - ut \\ y' = y \\ z' = z \\ t' = t \end{cases} \qquad (15.1\text{-}1)$$

伽利略变换的主要结果是什么呢？两个事件 A 和 B 之间的时间间隔是

$$t_A' - t_B' = t_A - t_B \qquad (15.1\text{-}2)$$

即在 S'系中 $t_A' = t_B'$ 将导致 S 系中 $t_A = t_B$，也就是说，在一个惯性系中同时发生的事件，在所有惯性系中都是同时的。两点之间的空间间隔是

$$x_A' - x_B' = (x_A - ut_A) - (x_B - ut_B) = x_A - x_B - u(t_A - t_B) \qquad (15.1\text{-}3)$$

若在同一时刻测量，则有

$$x'_A - x'_B = x_A - x_B \tag{15.1-4}$$

即在不同惯性系中做长度测量将得到同样的结果。

伽利略变换在根本上依赖于时间和空间的观念。所谓绝对空间是指长度的量度与参考系无关，绝对时间是指时间的量度和参考系无关。这也就是说，同样两点间的距离或同样的前后两个事件之间的时间，无论在哪个惯性系中测量都是一样的。在牛顿那里，时间和空间的量度是**相互独立**的。

小节概念回顾：什么是伽利略变换？什么是牛顿相对性原理？绝对时空观的本质是什么？

15.2 狭义相对论的基本原理 洛伦兹变换

牛顿相对性原理认为，对于力学来说所有的惯性系都是等价的，没有哪一个更特殊；在所有惯性系中力学定律都是相同的；或者说，力学定律在伽利略变换之下是不变的。这里的定律指牛顿运动定律，包括能量守恒定律和动量守恒定律。

我们要问电磁学定律在伽利略变换之下是否也不变呢？

在图 15.2-1 的 S 系中，两静止电荷间只有静电力，在 S′ 系来看，此二电荷在以速度 $\vec{u}$ 运动，则两运动电荷间还有磁力，且磁力与速度有关。看来伽利略变换不适合电磁学。

按照电磁学的麦克斯韦理论，电磁场遵循方程

$$\nabla^2 E - \frac{1}{c^2}\frac{\partial^2}{\partial t^2}E = 0, \quad \nabla^2 B - \frac{1}{c^2}\frac{\partial^2}{\partial t^2}B = 0 \tag{15.2-1}$$

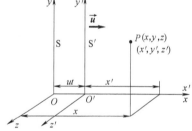

图 15.2-1 相对做匀速直线运动的两个参考系 S 和 S′

式中，$c = \sqrt{\mu\varepsilon}$ 是光速。如果伽俐略变换适用，那么一个一维方程

$$\frac{\partial^2}{\partial x^2}\varphi - \frac{1}{c^2}\frac{\partial^2}{\partial t^2}\varphi = 0 \tag{15.2-2}$$

将变成

$$\frac{\partial^2}{\partial x'^2}\varphi - \frac{1}{c^2}\frac{\partial^2}{\partial t'^2}\varphi + \frac{2u}{c^2}\frac{\partial^2}{\partial x'\partial t'}\varphi - \frac{u^2}{c^2}\frac{\partial^2}{\partial x'^2}\varphi = 0 \tag{15.2-3}$$

因此在不同的惯性系中，波动方程呈现不同的形式。

机械波需要介质传播，例如空气、水、弹性物质都是传播机械波的介质。光的传播是否也需要介质呢？人们曾设想光需要一种特殊的介质即以太（ether）来传播，而且把这种"以太"选作绝对静止的参考系，相对于这个绝对参考系的运动叫作绝对运动，以区别于对其他参考系的相对运动。经典电磁学理论只有在相对于以太为静止的惯性系中才成立。根据这个观点，迈克耳孙-莫雷实验（1881—1887）是设计来寻找以太参考系的，该实验的主要仪器是干涉仪。他们设想，如果存在以太，光相对于以太的传播和以太的速度两者符合伽利略的速度合成公式。假定先令迈克耳孙干涉仪的一支光臂沿地球公转运动的方向放置，然后把整个仪器转动 $90°$，使其另一支光臂沿地球运动方向，因地球绝对运动的速度和光速在方

向上的不同，会引起干涉条纹的移动。然而，实验结果出乎意料：在预言中应观察到 0.4 个条纹的移动，但观察到的不超过 0.01。实际上意味着条纹无移动，否定了以太相对于太阳静止而光的传播满足伽利略速度合成公式的基本假设。这类实验就是所谓示零实验或零结果实验（null experiment，厄缶实验是这类实验的另一个例子）。

庞加莱于 1903 至 1904 年间曾经指出："以任何动力学或电磁学的观点去检查绝对的匀速运动是不可能的。"这实际上肯定了电磁学规律应满足相对性原理。况且，从伽利略变换和以太假设出发所设计的各种实验，其结果又相互矛盾，所有这些导致了当时的物理学家进一步思索以寻求伽利略变换以外的新的变换，使得麦克斯韦方程对它具有不变性。

1905 年，爱因斯坦扬弃了以太假说和绝对参考系的想法，在前人各种实验的基础上另辟蹊径，提出狭义相对论（special relativity）的两条基本原理。爱因斯坦之所以能完成这新的突破，就在于他重新看待伽利略变换所蕴含的绝对时空观，并建立了崭新的相对论的时空观。

15.2.1　狭义相对论的基本原理

爱因斯坦的**狭义相对论**（special relativity）有两条基本原理：

1. 光速不变原理

光速不变原理（principle of constancy of light velocity）：**在彼此相对做匀速直线运动的任一惯性参考系中，所测得的光在真空中的传播速度都是相等的。** 换句话说，真空中的光速 c 是个恒量，它和惯性参考系的运动状态没有关系。从 1964 年到 1966 年，欧洲核子中心（CERN）在质子同步加速器中做了有关光速的精密实验测量，他们使在同步加速器中产生的 π^0 介子以 $0.99975c$ 的高速飞行，其在飞行中发生衰变，辐射出能量为 $6 \times 10^9 \, \text{eV}$ 的光子，测得光子的实验室速度值仍是 c。

2. 相对性原理

相对性原理（relativity principle）：**对于描述一切物理过程（包括物体位置变动、电磁以及原子过程）的规律，所有惯性参考系都是等价的。** 这里的物理过程包括光现象在内。不难看出，狭义相对论的相对性原理不同于伽利略相对性原理，它是伽利略相对性原理的推广。伽利略相对性原理说明了一切惯性系对力学规律的等价性，而狭义相对论的相对性原理却把这种等价性推广到包括力学定律和电磁学定律在内的一切自然规律上去。于是，"以太"假说就是不必要的了。

15.2.2　洛伦兹变换

在狭义相对论中，爱因斯坦根据狭义相对论的两条基本原理建立了新的坐标变换公式，即所谓**洛伦兹**（H. A. Lorentz）**坐标变换**（Lorentz transformation），它最初是由洛伦兹为弥合经典理论中所暴露的缺陷而建立起来的。洛伦兹是一位非常受人尊敬的理论物理学家，是经典电子论的创始人。当时，他并不具有相对论的思想，对时空的理解并不正确，而爱因斯坦则是给予正确解释的第一人。

作为一条公设，我们认为时间和空间都是均匀的，因此时空坐标间的变换必须是线性的。

对于任意事件 P 在 S 系中的时空坐标 (x, y, z, t) 和 S′ 系中的对应坐标 (x', y', z', t')，如图 15.2-2 所示，因 S′ 相对于 S 以平行于 x 轴的速度 u 做匀速运动，显然有

$y'=y$，$z'=z$。在 S 系中观察 S 系的原点，$x=0$；但在 S'系中观察该点，$x'=-ut'$，即 $x'+ut'=0$。因此 $x=x'+ut'$。在任意的一个空间点上，可以假设：$x=k(x'+ut')$，k 是比例常数。

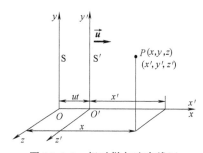

图 15.2-2 相对做匀速直线运动的两个参考系 S 和 S'

同样地可得到：$x'=k'(x-ut)=k'[x+(-u)t]$。

根据相对性原理，惯性系 S 系和 S'系等价，上面两个等式的形式就应该相同（除正、负号），所以 $k=k'$。由光速不变原理可求出常数 k。

设光信号在 S 系和 S'系的原点重合的瞬时从重合点沿 x 轴前进，如图 15.2-3 所示，那么在任一瞬时 t（或 t'），光信号到达点在 S 系和 S'系中的坐标分别是：$x=ct$，$x'=ct'$，则

$$xx'=c^2tt'=k^2(x-ut)(x'+ut')=k^2(ct-ut)(ct'+ut')=k^2tt'(c^2-u^2)$$

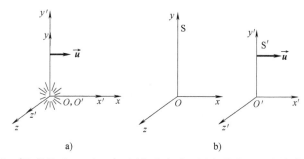

a)   b)

图 15.2-3 S 和 S'为惯性系 a) 在 $O'O$ 原点重合时，原点处出现一光脉冲 b) 在任一瞬时

由此得到

$$k=\frac{c}{\sqrt{c^2-u^2}}=\frac{1}{\sqrt{1-(u/c)^2}}$$

这样，就得到

$$x'=\frac{x-ut}{\sqrt{1-(u/c)^2}}, x=\frac{x'+ut'}{\sqrt{1-(u/c)^2}}$$

由上面二式消去 x' 得到

$$t'=\frac{t-ux/c^2}{\sqrt{1-(u/c)^2}}$$

同理得到

$$t=\frac{t'+ux'/c^2}{\sqrt{1-(u/c)^2}}$$

这样，表示同一事件的时空坐标 $(x，y，z，t)$ 和 $(x'，y'，z'，t')$ 之间所遵从的洛伦兹变换关系就是

$$\begin{cases} x' = \dfrac{x - ut}{\sqrt{1 - \left(\dfrac{u}{c}\right)^2}} \\[4mm] y' = y \\[2mm] z' = z \\[4mm] t' = \dfrac{t - \dfrac{ux}{c^2}}{\sqrt{1 - \left(\dfrac{u}{c}\right)^2}} \end{cases} \qquad \begin{cases} x = \dfrac{x' + ut'}{\sqrt{1 - \left(\dfrac{u}{c}\right)^2}} \\[4mm] y = y' \\[2mm] z = z' \\[4mm] t = \dfrac{t' + \dfrac{ux'}{c^2}}{\sqrt{1 - \left(\dfrac{u}{c}\right)^2}} \end{cases} \qquad (15.2\text{-}4)$$

式（15.2-4）分别为洛伦兹正变换和逆变换。在洛伦兹变换中，不仅 x' 是 x、t 的函数，而且 t' 也是 x、t 的函数，并且还都与两个惯性系之间的相对速度 u 有关。这样，洛伦兹变换就集中地反映了相对论关于时间、空间和物质运动三者紧密联系的新观念。可以证明，在洛伦兹变换下，麦克斯韦方程组是不变的，而牛顿力学定律则要改变。故麦克斯韦方程组能够用来描述高速运动的电磁现象，而牛顿力学不适用描述高速现象。在牛顿力学中，时间、空间和物质运动三者都是相互独立、彼此无关的。当 $u \ll c$ 时，即比值 $\beta = \dfrac{u}{c} \ll 1$ 时，洛伦兹变换就转化为伽利略变换，这正说明洛伦兹变换是对高速运动与低速运动都成立的变换，它包括了伽利略变换。因此，相对论并没有把经典力学"推翻"，而只是揭示了它的局限性。

小节概念回顾：什么是洛伦兹变换？狭义相对论的两条基本原理是什么？

15.3 狭义相对论的时空观

狭义相对论为人们提出了一种不同于经典力学的新的时空观，洛伦兹变换所导致的一些结果也许我们从未想象过。

15.3.1 "同时"的相对性

爱因斯坦认为：凡是与时间有关的一切判断，总是和"同时"这个概念相联系的。比如我们说"某列火车 7 点钟到达这里"，其意思指的是"我的表的短针指在'7'上和火车到达是同时的事件"。如果从相对论基本假设出发，可以证明在某个惯性系中同时发生的两个事件，在另一相对它运动的惯性系中，并不一定同时发生。这一结论叫作**同时的相对性**（relativity of simultaneity）。

为了测量时间，设想在 S 和 S′ 系中各处各有自己的钟，所有的钟结构完全相同，而且同一参考系中的所有钟都是校准好且同步的，它们分别指示时刻 t 和 t'。为了对比两个参考系中所测的时间，我们假定两个参考系中的钟都以原点 O' 和 O 重合的时刻作为计算时间的零点。

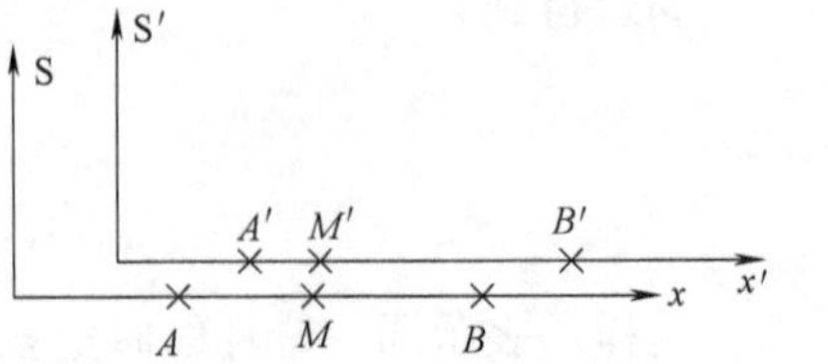

现在，让我们考察图 15.3-1 中的一个假想实验。S系中有两事件同时在 A、B 两地发生，事件发生时发出的光信号以后将在中点 M 相遇。在一匀速前进的光子火箭 S′ 系看来，光信号相遇的 M' 点不是 $A'B'$ 的中点。为什么会如此？既然光速 c 是常量，唯一的解释是 A'

图 15.3-1 同时性

发生于较早的时刻，A'、B' 不是同时发生的。这就是说，这两个发生在不同地点的事件，在 S 系的观察者（M 点）看来是同时发生的，而在 S' 系观察者（M' 点）看来不是同时发生的。之所以结论不同，是由于各自所处的参考系不同。由此可知，发生在不同地点的两个事件的同时性不是绝对的，只是个相对的概念。这个问题用洛伦兹变换很容易证明。

假定在 S 系中测量，观察者测得这 A、B 两个事件同时发生的地点和时刻分别是 $(x_1，y_1，z_1，t)$ 和 $(x_2，y_2，z_2，t)$，由洛伦兹变换公式（15.2-4）即可求出 S' 系中的观察者测得 A'、B' 这两个事件的发生时刻如下：

$$t_1' = \frac{t - \dfrac{ux_1}{c^2}}{\sqrt{1-\beta^2}}, t_2' = \frac{t - \dfrac{ux_2}{c^2}}{\sqrt{1-\beta^2}}$$

在上两式中，因 x_1 不同于 x_2，所以 t_1' 也不同于 t_2'，它们的差是

$$t_2' - t_1' = \frac{\dfrac{u}{c^2}(x_1 - x_2)}{\sqrt{1-\beta^2}}$$

这就是说，在 S' 系中的观察者测得这两个事件是先后发生的，其时间间隔为

$$\frac{\dfrac{u}{c^2}(x_1 - x_2)}{\sqrt{1-\beta^2}}$$

不难看出，在 S' 系中的观察者将发现这两个事件并不同时发生。仅当两个事件在 S 系中同时且同地发生时，才可能使 S' 系中的观察者测得这两个事件同时发生，在洛伦兹变换下，同时是相对的。

15.3.2 时间延缓

既然在不同惯性系中，同时是一个相对的概念，那么，两个事件的时间间隔或一个过程的持续时间也会与参考系有关。现在比较在 S 系中测得的相继两事件发生的时间间隔与在 S' 系中测得的结果。

假定在 S 系中的某点 x 处相继发生两事件，这同一位置两事件发生的时刻分别为 t_1 和 t_2，例如一个火炬燃烧的时间 $\Delta t = t_2 - t_1$。这种在某一惯性系中同一地点先后发生的两个事件之间的时间间隔为**固有时**（proper time），它是由静止于此参考系中的一只钟测出的，或者说：**在相对钟静止的参考系中测出的时间称为固有时**，我们用 t_0 表示。这样，$\Delta t = t_2 - t_1$ 就是固有时 t_0。当从 S' 系中进行观测时，认为这两事件先后发生的时间间隔是 $\Delta t' = t_2' - t_1'$。根据洛伦兹变换式（15.2-4），可求得

$$\Delta t' = t_2' - t_1' = \frac{t_2 - \dfrac{u}{c^2}x}{\sqrt{1-\beta^2}} - \frac{t_1 - \dfrac{u}{c^2}x}{\sqrt{1-\beta^2}} = \frac{t_2 - t_1}{\sqrt{1-\beta^2}} = \frac{t_0}{\sqrt{1-\beta^2}}$$

亦即

$$t_0 = \Delta t' \sqrt{1-\beta^2} \tag{15.3-1}$$

这一结果意味着**固有时最短**，或者说在 S' 系中观测，先后发生两事件的时间间隔变大了，

反之亦然。这个效应叫作**时间延缓**（time dilation），又称**时间膨胀**或**时钟变慢**。

最后要强调的是，时间延缓或时钟变慢是相对运动的效应，并不是事物内部机制或钟的内部结构有什么变化，它不过是时间量度具有相对性的客观反映。当 $u \ll c$ 时，式（15.3-1）变为 $t_0 = \Delta t'$，这就回到了经典力学的绝对时间观。

例 15.3-1 在相对于 π 介子为静止的惯性系中 π 介子的平均寿命为 2.5×10^{-8} s，过后即衰变为一个 μ 介子和一个中微子。据报道，在一组高能物理实验中，人们观测高速飞行的 π 介子经过的直线路径，在实验室测得它的速率为 $u = 0.99c$，并测得它在衰变前通过的平均距离为 52m，试说明这个实验的结果。

解： 根据洛伦兹变换，观察者测得高速运动的 π 介子的寿命应比它的固有寿命长，其间的关系是

$$\Delta t = \frac{\Delta t'}{\sqrt{1 - \frac{u^2}{c^2}}} = \frac{2.5 \times 10^{-8}}{\sqrt{1 - 0.99^2}} \text{s} = 1.8 \times 10^{-7} \text{s}$$

在实验室测得它通过的平均距离为

$$L = u \Delta t = 0.99 \times 3 \times 10^8 \times 1.8 \times 10^{-7} \text{m} = 53 \text{m}$$

这结果与实验符合得很好

评价： 这是符合相对论的一个高能粒子的实验，现代物理实验为相对论的时间延缓提供了有力的证据。实际上，近代高能粒子实验每天都在考验着相对论，而相对论每次也都经受住了这种考验。时空的联系和洛伦兹变换是相对论时空观的核心。

15.3.3 长度收缩

根据洛伦兹变换，不仅能说明时间的量度和参考系有关，还能说明长度的量度和参考系也有关。

假定一根细棒 AB 静止于 S′ 系中，并沿着 Ox 轴放置，如图 15.3-2 所示。设在 S′ 系中棒 AB 两端点的坐标为 x_1'、x_2'，则在 S′ 系中测得该棒的长度为 $l_0 = x_2' - x_1'$，棒静止时测得的长度称为棒的**固有长度**，l_0 即为棒的固有长度。在 S 系中测量棒 AB 的长度，需**同时测量**棒 AB 两端点的坐标为 x_1、x_2，根据洛伦兹变换式（15.2-4），可得

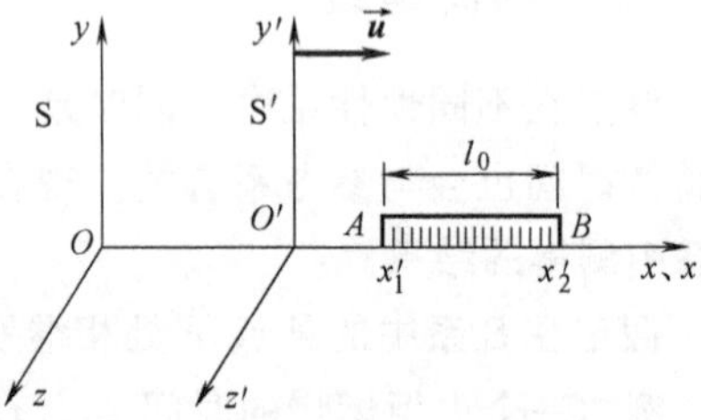

图 15.3-2 长度收缩效应

$$x_1' = \frac{x_1 - ut_1}{\sqrt{1 - \frac{u^2}{c^2}}}, \quad x_2' = \frac{x_2 - ut_2}{\sqrt{1 - \frac{u^2}{c^2}}}$$

注意到 $t_1 = t_2$，得

$$l = x_2 - x_1 = l_0 \sqrt{1 - \frac{u^2}{c^2}} \tag{15.3-2}$$

这表明，在 S 系中的观察者看来，运动的物体在运动方向上的长度缩短了，因此，我们的结论是，从对于物体有相对速度 $\vec{u}$ 的坐标系测得的沿速度方向的物体长度 l，总比与物体

相对静止的坐标系中测得的固有长度 l' 更短，这个效应叫作**长度收缩**（length contraction）。至于和相对速度 $\vec{u}$ 方向相垂直的长度却是不变的，因为洛伦兹变换中 $y=y'$，$z=z'$。

长度收缩效应纯粹是一种相对论效应，当物体运动速度大到可以和光速比拟时，这个效应是显著的。如果物体的速度 $u\ll c$，式（15.3-2）变成 $l=l_0$，这就回到了经典力学的绝对空间观。

在相对论时空观中，测量效应和眼睛看到的效应是不同的。人们用肉眼看物体时，看到的是由物体上各点发出的同时到达视网膜的那些光信号所形成的图像。当物体高速运动时，由于光速有限，同时到达视网膜的光信号是由物体上各点在不同时刻发出的，物体上远端发出光信号的时刻比近端发出光信号的时刻要早一些。由于物体处于高速运动状态，物体上各部分发出光信号时，曾处在不同的位置上，因此，人们用肉眼看到的物体形状一般是产生了光学畸变的图像。

综上所述，狭义相对论指出了时间和空间的量度与参考系的选择有关。时间与空间是相互联系的，并与物质有着不可分割的联系。不存在孤立的时间，也不存在孤立的空间。时间、空间与运动三者之间的紧密联系，深刻反映了时空的性质。

小节概念回顾：什么是固有长度？什么是固有时间？狭义相对论的时空观是什么？

例 15.3-2 一短跑选手在地球上以 10s 时间跑完 100m，若在沿同方向飞行，速度为 $0.98c$ 的飞船上量度，1）地球上秒表所记录的 10s 时间应为多少？2）地球上长为 100m 的跑道应有多长距离？3）选手由起点到终点相对于飞船的时间和位移各为多少？

解：以地球为 S 系，以飞船为 S′ 系，S′ 系相对于 S 系以 $0.98c$ 沿 x 正方向运动

1）地球上秒表所记录的 10s 为 S 系中同一地点所记录的时间间隔，对 S 系而言，静止时即为原时，对 S′ 系而言是运动时，因而是一个简单的时间膨胀问题。

$$\Delta t' = \frac{\Delta t}{\sqrt{1-\dfrac{u^2}{c^2}}} = \frac{10\text{s}}{\sqrt{1-\left(\dfrac{0.98c}{c}\right)^2}} = 50.25\text{s}$$

2）地球上跑道长对 S 系而言为静止长，即原长，对 S′ 系而言该长度为运动长度，因而是一个简单的长度收缩问题。

$$\Delta l' = \Delta l \sqrt{1-\frac{u^2}{c^2}} = 100 \times \sqrt{1-\left(\frac{0.98c}{c}\right)^2}\text{m} = 19.9\text{m}$$

3）对 S 系，短跑选手的起跑和到达终点是发生在不同时不同地的两个事件，可分别标记为 $(x_1,\ t_1)$ 和 $(x_2,\ t_2)$，其中 $x_1=0$，$t_1=0$；$x_2=100\text{m}$，$t_2=10\text{s}$；S′ 系对这两个事件的观察结果应该用时空变换，即 $(x_1,\ t_1) \rightarrow (x_1',\ t_1')$，$(x_2,\ t_2) \rightarrow (x_2',\ t_2')$，

$$x_2' - x_1' = \frac{(x_2-x_1)-u(t_2-t_1)}{\sqrt{1-\dfrac{u^2}{c^2}}} = \frac{100\text{m}-0.98c \times 10\text{s}}{\sqrt{1-\left(\dfrac{0.98c}{c}\right)^2}} = -1.48 \times 10^{10}\text{m}$$

$$t_2' - t_1' = \frac{(t_2-t_1)-\dfrac{u}{c^2}(x_2-x_1)}{\sqrt{1-\dfrac{u^2}{c^2}}} = \frac{10\text{s}-\dfrac{0.98c}{c^2} \times 100\text{m}}{\sqrt{1-\left(\dfrac{0.98c}{c}\right)^2}} 0 = 50.25\text{s}$$

评价： 相对论时空观的核心是任何一个物理事件的发生，或任何一种物质的存在都是在一个时空结合点上的。狭义相对论中的洛伦兹变换具体给出了两个彼此做匀速运动的观察者对同一个物理事件所发生的时空坐标间的数学关系。掌握固有时和固有长度这两个概念是十分重要的。

应用 15.3-1 相对论与GPS

尽管狭义相对论描述的是高速运动，但是它也并没有脱离我们的生活，实际上我们平时常用的 GPS 就用到了相对论的知识，如应用 15.3-1 图所示。我们知道，当 GPS 定位仪同时收到多个卫星的信号时，就可以计算出自己的位置和时间，然而由于狭义相对论时钟变慢效应的存在，从地面上看到的卫星时间要比地面上的时间慢一些，这样就会造成授时的误差。利用狭义相对论的知识就可以计算出这一误差，并加以修正。当然，除了时钟变慢效应，卫星时间的偏差还和地球的引力有关，根据广义相对论的描述，处于弱引力下的卫星其时间会比强引力的地面上走得更快一些。因此，GPS 卫星的时间偏差需要同时使用狭义相对论和广义相对论的内容进行修正，从而可以为我们更加精准地定位和授时。

应用 15.3-1 图

应用 15.3-2 尺缩效应与火车过隧道

狭义相对论告诉我们，运动的物体其长度会在运动方向上发生收缩，如果我们在日常生活中能观察到这一效应，那将会有很多有趣的现象。如应用 15.3-2 图所示，有一列火车正在高速行驶，前面有一个隧道，火车和隧道的固有长度相同，那么在火车上和隧道里的人会看到什么现象呢？很容易想到，隧道的人看到高速行驶的火车，认为火车比隧道短；而火车上的人看到的是高速运动的隧道，认为隧道更短一些。

应用 15.3-2 图

隧道里的人为了证明自己的正确，做了一个实验：在隧道出入口的门上方各放一个激光器，激光方向竖直向下，在看到火车完全进入隧道后，同时开启两个激光器，发现都没有照到火车，因此证明了火车更短。火车上的人也做了一个实验，他在车头和车尾各放了一个向上的激光器，当火车头穿出隧道瞬间，同时开启头尾两个激光器，发现都没有照到隧道，说明车尾尚未进入隧道，因此证明了隧道更短。那么这两个实验谁会成功呢？

实际上，两个实验都会成功，这是因为同时是相对的，一个参考系中同时发生的两个事件在另一个相对运动的观察者看来，总是相对运动后方的事件先发生。不妨来考虑一下两个实验中对方的视角：当隧道里的人同时开启激光器时，火车上的人看到的激光器并不是同时开启的，而是在车头穿出隧道前，出口的激光器先打开，车尾进入隧道后，入口的激光器才打开，因此两个激光器都没有照到火车；火车上的人同时开启激光器时，隧道里看到的也并不是同时，而是车尾尚未进入隧道时尾部激光器先打开，车头穿出隧道后车头的激光器才打开，因此两个激光器也都没有照到隧道。因此，只要能够正确理解同时的相对性，就能清楚地解释这两个实验了。

15.4 相对论速度变换

现在根据洛伦兹坐标变换导出**相对论速度变换公式**。用 (x,y,z,t) 和 (x',y',z',t') 分别表示同一质点在 S 系和 S′系中的时空坐标，用 (v_x,v_y,v_z) 和 (v'_x,v'_y,v'_z) 分别表示该质点在 S 系和 S′系中的速度，根据速度定义，在 S 系中的速度表达式为

$$v_x=\frac{\mathrm{d}x}{\mathrm{d}t} \quad v_y=\frac{\mathrm{d}y}{\mathrm{d}t} \quad v_z=\frac{\mathrm{d}z}{\mathrm{d}t}$$

在 S′系中的速度表达式为

$$v_x=\frac{\mathrm{d}x'}{\mathrm{d}t} \quad v_y=\frac{\mathrm{d}y'}{\mathrm{d}t} \quad v_z=\frac{\mathrm{d}z'}{\mathrm{d}t}$$

从洛伦兹变换公式（15.3-4）可得

$$\mathrm{d}x'=\frac{\mathrm{d}x-u\,\mathrm{d}t}{\sqrt{1-\frac{u^2}{c^2}}} \quad \mathrm{d}t'=\frac{\mathrm{d}t-\frac{u}{c^2}\mathrm{d}x}{\sqrt{1-\frac{u^2}{c^2}}}$$

因此

$$v'_x=\frac{\mathrm{d}x'}{\mathrm{d}t'}=\frac{\mathrm{d}x-u\,\mathrm{d}t}{\mathrm{d}t-\frac{u}{c^2}\mathrm{d}x}=\frac{v_x-u}{1-\frac{u}{c^2}v_x}$$

同样可导出

$$v'_y=\frac{v_y}{1-\frac{uv_x}{c^2}}\sqrt{1-u^2/c^2} \quad v'_z=\frac{v_z}{1-\frac{uv_x}{c^2}}\sqrt{1-u^2/c^2}$$

所以有

$$\begin{cases} v'_x=\dfrac{v_x-u}{1-\dfrac{uv_x}{c^2}} \\[4mm] v'_y=\dfrac{v_y}{1-\dfrac{uv_x}{c^2}}\sqrt{1-u^2/c^2} \\[4mm] v'_z=\dfrac{v_z}{1-\dfrac{uv_x}{c^2}}\sqrt{1-u^2/c^2} \end{cases} \tag{15.4-1}$$

这就是相对论速度变换式，其逆变换式为

$$
\begin{cases}
v_x = \dfrac{v_x' + u}{1 + \dfrac{u v_x'}{c^2}} \\[4mm]
v_y = \dfrac{v_y' \sqrt{1 - u^2/c^2}}{1 + \dfrac{u v_x'}{c^2}} \\[4mm]
v_z = \dfrac{v_z' \sqrt{1 - u^2/c^2}}{1 + \dfrac{u v_x'}{c^2}}
\end{cases}
\tag{15.4-2}
$$

可以明显地看出，当 u 和 v 都比 c 小很多时，相对论速度变换就约化为伽利略速度变化公式 $\vec{v}' = \vec{v} - \vec{u}$。

例 15.4-1 在地面上测到有两个飞船分别以 $+0.9c$ 和 $-0.9c$ 的速度沿相反方向飞行，如图 15.4-1 所示，求一飞船相对于另一飞船的速度。

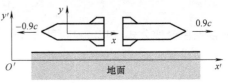

图 15.4-1 例 15.4-1 用图

解： 设 S 系被固定在 $-0.9c$ 的飞船上，则 $-0.9c$ 的飞船在其中为静止，而地面对 S 系以 $u = 0.9c$ 的速度运动。以地面为参考系 S′，则另一飞船相对于 S′ 系的速度为 $v_x' = 0.9c$。由相对论速度变换式（15.4-1）可求得

$$
v_x = \frac{v_x' + u}{1 + u v_x'/c^2} = \frac{0.9c + 0.9c}{1 + 0.9 \times 0.9} = \frac{1.80}{1.18}c = 0.994c
$$

如用伽利略速度变换进行计算，结果为

$$
v_x = v_x' + u = 1.8c > c
$$

两者大相径庭。相对论给出 $v_x < c$。一般来说，按相对论速度变换，在 u 和 v' 都小于 c 的情况下，v 不可能大于 c。

评价： 相对于地面来说，上述两飞船的"相对速度"，确实等于 $1.8c$。这就是说，由地面上的观察者测量，两飞船之间的距离是按照 $2 \times 0.9c$ 的速率增加的。但是，就一个物体来讲，它对任何其他物体或参考系，其速度的大小是不可能大于 c，而这一速度正是速度这一概念的真正含义。

例 15.4-2 光子和中微子以 c 相向运动。已知其中之一作为 S 系的速度为 $v_x = c$，另一个作为 S′ 系以 $-u$ 运动，是否有 $v_x' = c + c$？

解： 利用相对论速度变换式（15.4-1），有

$$
v_x' = \frac{c + u}{1 + \dfrac{cu}{c^2}} = c
$$

评价： 可见光信号对 S 系和 S′ 系的速度都是 c。由于 u 是任意的，因而在任一惯性系中光速都是 c，即使 $u = c$ 的极端情况光速仍为 c。这就说明相对论速度变换遵从光速不变原理。正应该这样，光速不变原理是相对论的一个基本出发点。

15.5 狭义相对论的动力学基础

经典力学中的物理定律在洛伦兹变换下不再保持不变，因此，一系列的物理学概念，如动量、质量、能量等必须在相对论中重新定义，使相对论力学中的力学定律具有对洛伦兹变换的不变性，同时当物体运动的速度远小于光速时，它们必须能还原为经典力学的形式。

15.5.1 动量、质量与速度的关系

在相对论中定义一个质点的动量 $\vec{p}$ 为

$$\vec{p} = m\vec{u}$$

其中速度为 $\vec{u}$；质点质量为 m。不过动量在数量上不一定与 $\vec{u}$ 成线性的正比关系，因为 m 不再是常数，可以假定 m 是速度 $\vec{u}$ 的函数。由于空间各向同性，m 只与速度 $\vec{u}$ 的大小有关，而与方向无关，即

$$m = m(u)$$

下面考察两个全同粒子的完全非弹性碰撞过程。如图 15.5-1 所示，A、B 两个全同粒子正碰撞后结合成为一个复合粒子。从 S 和 S′ 两个惯性系来讨论：在 S 系中粒子 B 静止，粒子 A 的速度为 $\vec{u}$，它们的质量分别为 $m_B = m_0$，这里 m_0 是静止质量，$m_A = m(u)$，$m(u)$ 称为运动质量。在 S′ 系中粒子 A 静止，粒子 B 的速度为 $-\vec{u}$，它们的质量分别为

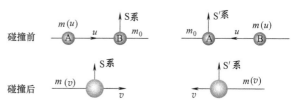

图 15.5-1 两个全同粒子的完全非弹性碰撞

$m_A = m_0$，$m_B = m(u)$，显然，S′ 系相对于 S 系的速率为 u。设碰撞后复合粒子在 S 系的速率为 v，质量为 $m(v)$；在 S′ 系的速率为 v'，由对称性可知 $v' = -v$，故复合粒子的质量仍为 $m(v)$。根据守恒定律，有

质量守恒 $\qquad\qquad\qquad m(u) + m_0 = m(v)$

动量守恒 $\qquad\qquad\qquad m(u)u = m(v)v$

由此两式消去 $m(v)$，解得 $\qquad 1 + \dfrac{m_0}{m(u)} = \dfrac{u}{v}$ $\qquad\qquad\qquad$ (15.5-1)

另一方面，由速度变换式有 $v' = -v = \dfrac{v-u}{1 - \dfrac{uv}{c^2}}$

所以 $\qquad\qquad \dfrac{u}{v} - 1 = 1 - \dfrac{uv}{c^2} \quad \left(\dfrac{u}{v}\right)^2 - 2\left(\dfrac{u}{v}\right) + \left(\dfrac{u}{c}\right)^2 = 0$

解得 $\qquad\qquad\qquad \dfrac{u}{v} = 1 \pm \sqrt{1 - \dfrac{u^2}{c^2}}$

因为 $\qquad\qquad v < u \quad \dfrac{u}{v} = 1 + \sqrt{1 - \dfrac{u^2}{c^2}}$

代入式（15.5-1），则有

$$m(u) = \frac{m_0}{\sqrt{1 - \dfrac{u^2}{c^2}}} \qquad (15.5\text{-}2)$$

即在狭义相对论中，质量 m 是与质点的速率 u 有关的，称为**相对论质量**（relativistic mass），而 m_0 则是质点相对惯性系静止时的质量，称为**静止质量**（rest mass）。式（15.5-2）称为**相对论质量-速度关系**。

由此，动量的表达式为

$$p = \frac{m_0 u}{\sqrt{1 - \dfrac{u^2}{c^2}}} \qquad (15.5\text{-}3)$$

从式（15.5-2）与式（15.5-3）可知，当质点的速度远小于光速，即 $u \ll c$ 时，相对论动量 $\vec{p} \approx m_0 \vec{u}$ 与牛顿力学动量表达式相同，相对论质量 $m \approx m_0$，可以认为质点的质量为一常量。这表明在 $u \ll c$ 的情况下，牛顿力学仍然是适用的。

小节概念回顾：什么是静止质量？什么是相对论质量？什么是相对论动量？

15.5.2 质量与能量的关系

在相对论中把力定义为动量对时间的变化率，即

$$\vec{F} = \frac{\mathrm{d}\vec{p}}{\mathrm{d}t} \qquad (15.5\text{-}4)$$

这里 $\vec{p}$ 是式（15.5-3）相对论动量。式（15.5-4）所表示的力学规律，对不同的惯性系，在洛伦兹变换下是不变的，但要说明的是，质量和速度 $\vec{u}$ 在不同惯性系中是不同的，所以相对论中力 $\vec{F}$ 在不同惯性系中也是不同的，它们都不是恒量，不同惯性系之间有其相应的变换关系，这一点与经典力学不同。

在相对论中，功能关系仍具有牛顿力学中的形式。设静止质量为 m_0 的质点，初始静止，在外力作用下位移 $\mathrm{d}s$，获得速度 $\vec{u}$，质点动能的增量等于外力所做的功，即

$$\mathrm{d}E_\mathrm{k} = \vec{F} \cdot \vec{\mathrm{d}s} = \vec{F} \cdot \vec{u}\,\mathrm{d}t$$

将式（15.5-4）代入上式得

$$\mathrm{d}E_\mathrm{k} = \mathrm{d}(m\vec{u}) \cdot \vec{u} = (\mathrm{d}m)\vec{u} \cdot \vec{u} + m(\mathrm{d}\vec{u}) \cdot \vec{u} = u^2 \mathrm{d}m + mu\,\mathrm{d}u$$

又有

$$m(u) = \frac{m_0}{\sqrt{1 - \dfrac{u^2}{c^2}}}$$

微分得

$$\mathrm{d}m = \frac{m_0 u\,\mathrm{d}u}{c^2 \left(1 - \dfrac{u^2}{c^2}\right)^{3/2}}$$

则可以得到

$$\mathrm{d}u = \frac{c^2 \left(1 - \dfrac{u^2}{c^2}\right)^{3/2} \mathrm{d}m}{m_0 u}$$

将 m，$\mathrm{d}u$ 的关系式代入 $\mathrm{d}E_\mathrm{k}$ 式，并化简得到 $\mathrm{d}E_\mathrm{k} = c^2 \mathrm{d}m$

当 $u=0$ 时，$m=m_0$，动能 $E_k=0$。对上式积分得

$$\int_0^{E_k} dE_k = \int_{m_0}^m c^2 dm$$

即

$$E_k = mc^2 - m_0 c^2 \tag{15.5-5}$$

式 (15.5-5) 是狭义相对论中的**动能表达式**，爱因斯坦在这里引入了经典力学中从未有过的独特见解。式中爱因斯坦将 $m_0 c^2$ 叫作物体的**静能** (rest energy)，而 mc^2 是物体运动时具有的动能和静能之和，称为**总能量**，E_k 是物体的动能。我们分别用 E 和 E_0 表示总能量和静能：

$$E = mc^2, \quad E_0 = m_0 c^2 \tag{15.5-6}$$

式 (15.5-6) 叫作物体的**质能关系式** (mass-energy relation)。质量和能量都是物质的重要属性，质量可以通过物体的惯性和万有引力显示出来，能量则通过物质系统状态变化时对外做功、传递热量等形式显示出来。质能关系式揭示了质量和能量是不可分割的，这个公式表明，质量是物质所含有的能量的量度。

这显然与经典力学中动能的表达式不同，但是当 $u \ll c$ 时，有

$$E_k = mc^2 - m_0 c^2 = \frac{m_0 c^2}{\sqrt{1 - \dfrac{u^2}{c^2}}} - m_0 c^2$$

$$\approx m_0 c^2 \left(1 + \frac{1}{2}\frac{u^2}{c^2}\right) - m_0 c^2 = \frac{1}{2} m_0 u^2$$

这里忽略高价小量，回到了经典力学中质点的动能表达式。

按照相对论的概念，几个粒子在相互作用（如碰撞）过程中，最一般的能量守恒应表示为

$$\sum E_i = \sum (m_i c^2) = 常数（若有光子参与，需计入光子的能量 E = h\nu 以及质量 m = h\nu/c^2）$$

由此公式可以得出，在相互作用过程中，$\sum m_i = 常数$，这表示质量守恒。在历史上能量守恒和质量守恒是分别发现的两条相互独立的自然规律，在相对论中二者完全统一起来了。

在核反应中，以 m_{01} 和 m_{02} 分别表示反应粒子和生成粒子的总静止质量，以 E_{k1} 和 E_{k2} 分别表示反应前后它们的总动能。利用能量守恒式 (15.5-5)，有

$$m_{01} c^2 + E_{k1} = m_{02} c^2 + E_{k2}$$

由此可得

$$E_{k2} - E_{k1} = (m_{01} - m_{02}) c^2 \tag{15.5-7}$$

$E_{k2} - E_{k1}$ 表示核反应后与前相比，粒子总动能的增加，也就是核反应所释放的能量，通常以 ΔE 表示。$m_{01} - m_{02}$ 表示经过反应后粒子的总的静止质量的减少，称为质量亏损，以 Δm_0 表示。这样，式 (15.5-7) 就可以表示成

$$\Delta E = \Delta m c^2 \tag{15.5-8}$$

这是质能关系的另一种表达方式。它表明，物体吸收或放出能量时，必然伴随着质量的增加或减少。这一关系式是原子核物理以及原子能利用方面的理论基础。

小节概念回顾：爱因斯坦的质能关系是什么？什么是质量亏损？

例 15.5-1 在一种热核反应中，

$$_{1}^{2}H + _{1}^{3}H \rightarrow _{2}^{4}He + _{0}^{1}n$$

各种粒子的静质量如下：

$$氘核(_{1}^{2}H) \quad m_D = 3.3437 \times 10^{-27} kg$$

$$氚核(_{1}^{3}H) \quad m_T = 5.0449 \times 10^{-27} kg$$

$$氦核(_{2}^{4}He) \quad m_{He} = 6.6425 \times 10^{-27} kg$$

$$中子(_{0}^{1}n) \quad m_n = 1.6750 \times 10^{-27} kg$$

求反应释放的能量。

解： 反应质量亏损为

$$\Delta m_0 = (m_D + m_T) - (m_{He} + m_n)$$

$$= [(3.3437 + 5.0049) - (6.6425 + 1.6750)] \times 10^{-27} kg$$

$$= 0.0311 \times 10^{-27} kg$$

相应释放的能量为

$$\Delta E = \Delta mc^2 = 0.0311 \times 10^{-27} \times 9 \times 10^{16} J = 2.799 \times 10^{-12} J$$

1kg 这种核燃料所释放的能量为

$$\frac{\Delta E}{m_D + m_T} = \frac{2.799 \times 10^{-12} J}{6.3486 \times 10^{-27} kg} = 3.35 \times 10^{14} J/kg$$

这一数值是 1kg 优质煤燃烧所释放热量（约 $7 \times 10^6 cal/kg = 2.93 \times 10^7 J/kg$）的 1.15×10^7 倍，即 1 千多万倍！即使这样，这一反应的"释能效率"，即所释放的能量占燃料的相对论静能之比，也不过是

$$\frac{\Delta E}{(m_D + m_T)c^2} = \frac{2.799 \times 10^{-12} J}{6.3486 \times 10^{-27} kg \times (3 \times 10^8 m/s)^2} = 0.37\%$$

评价： 根据质能关系式得到结论：物质的质量与能量之间有一定的关系，当系统质量改变 Δm 时，一定有相应的能量改变。如有些重原子能分裂成两个较轻的核，该过程有质量亏损，同时释放出能量，则这一过程称为**核裂变**。其中典型的是铀原子核 $_{92}^{235}U$ 的裂变。$_{92}^{235}U$ 中有 235 个核子，在热中子的轰击下，$_{92}^{235}U$ 裂变为 2 个新的原子核和 2 个中子，同时释放出能量 Q。再如**轻核聚变**，由轻核结合在一起形成较大的核，该过程有质量亏损，同时释放出能量。本例题是一个典型的轻核聚变。值得指出的是，对于所举的两个例子，就单位质量而言，后者释放的能量比前者要大得多。

15.5.3 动量与能量的关系

将相对论动量的定义式 $\vec{p} = m\vec{u}$ 两边平方，得

$$p^2 = m^2 u^2$$

再取质能关系式 $E = mc^2$ 两边平方，并运算，得

$$E^2 = (mc^2)^2 = (mc^2)^2 - (muc)^2 + (muc)^2$$

$$= m^2 c^4 \left(1 - \frac{u^2}{c^2}\right) + (pc)^2 = m_0^2 c^4 + c^2 p^2$$

即
$$E^2 = E_0^2 + c^2 p^2 \tag{15.5-9}$$

这就是**相对论动量与能量的关系式**（energy-momentum relation），它对洛伦兹变换保

持不变。可以用一个直角三角形的勾股弦形象地表示这一关系，如图 15.5-2 所示。

关系式（15.5-9）有极重要的意义。进一步的分析表明，它不仅揭示了能量与动量间的关系，而且实际上它还反映了能量与动量的不可分割性与统一性，就像时间与空间的不可分割性与统一性那样。把它用到光子上去，因光子的静止质量 $m_0 = 0$，可得光子的动量等于光子能量除以光速 c 的结果：$p = E/c$

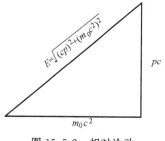

图 15.5-2　相对论动能能量三角关系

小节概念回顾：如何理解相对论动量和能量的关系？

例 15.5-2　在参考系 S 中，有两个静止质量都是 m_0 的粒子 A、B，均以速度 v 相向运动，两个粒子碰撞后合在一起，成为一个静止质量为 m_0' 的粒子，求 m_0'。

解：A、B 两粒子静止质量相同，运动速度相同，因此其运动质量相同，即 $m_A = m_B$。由动量守恒定律

$$m_A v - m_B v = m' v'$$

可得 $m' v' = 0$，故 $v' = 0$，所以 $m' = m_0'$，即碰撞后成为一静止粒子，故此时其质量就是静止质量 m_0'。由总能量守恒得

$$\frac{m_0 c^2}{\sqrt{1 - \left(\frac{v}{c}\right)^2}} + \frac{m_0 c^2}{\sqrt{1 - \left(\frac{v}{c}\right)^2}} = m_0' c^2$$

所以有

$$m_0' = \frac{2 m_0}{\sqrt{1 - \left(\frac{v}{c}\right)^2}}$$

评价：本题中首先用动量守恒定律证明了碰撞后的质量是静止质量 m_0'，然后用相对论能量守恒求出了 m_0' 的大小。在相对论力学中可以证明只有相对论能量守恒时动量才能守恒，动量守恒和能量守恒的不变性是相互联系在一起的。

课 后 作 业

狭义相对论的时空观

15-1　一宇宙飞船相对地球以 $0.8c$（c 为真空中的光速）的速度飞行。一光脉冲从船尾传到船头，飞船上的观察者测得船长为 90m，问地球上的观察者测得光脉冲从船尾发出和到达船头两个事件的空间间隔为多少？

15-2　S 系与 S′系是坐标轴相互平行的两个惯性系，S′系相对于 S 系沿 Ox 轴正方向匀速运动。一根刚性尺静止在 S′系中，与 $O'x'$ 轴成 30°角，今在 S 系观测到该尺与 Ox 轴成 45°角，则 S′系相对于 S 系的速度是多少？

15-3　如题 15-3 图所示，在 S 系中，有一个静止的正方形，其面积为 81cm²，S′系相对于 S 系沿正方形的对角线运动，速度为 $0.8c$，求 S′中观测者测得的该图形的面积。

15-4 在惯性系 S 中有一个静止的等边三角形薄片 p，现令 p 相对于 S 系以 $\vec{v}$ 做匀速运动，且 v 在 p 所确定的平面上，若因相对论效应而使在 S 系中测量 p 恰为等腰直角三角形薄片，求 $\vec{v}$ 的大小和方向。

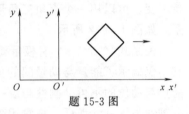

题 15-3 图

15-5 在 S 系中观察到在同一地点发生两个事件，第二事件发生在第一事件之后 2s。在 S′系中观察到第二事件在第一事件后 3s 发生。求在 S′系中这两个事件的空间距离。

15-6 在惯性系 S 中观察到两事件同时发生，空间距离相隔 1m。惯性系 S′沿两事件连线的方向相对于 S 系运动，在 S′系中观察到两事件之间的距离为 3m。求 S′系相对于 S 系的速度和在其中测得两事件之间的时间间隔。

15-7 从地球上测得地球到最近的恒星半人马座 α 星的距离是 4.3×10^{16} m，设一宇宙飞船以速率 $0.999c$ 从地球飞向该星。（1）飞船中的观察者测得地球和该星间的距离为多少？（2）按地球上的钟计算，飞船往返一次需要多少时间？如以飞船上的钟计算，往返一次的时间又为多少？

15-8 μ 子是一种基本粒子，在相对于 μ 子静止的坐标系中测得其寿命为 $\tau_0 = 2 \times 10^{-6}$ s，如果 μ 子相对于地球的速度为 $v = 0.988c$（c 为真空中的光速），那么在地球坐标系中测出 μ 子的寿命是多少？

15-9 π^+ 介子是不稳定的，它在衰变之前存活的平均寿命（相对于它所在的参考系）约为 2.6×10^{-8} s，（1）如果 π^+ 介子相对于实验室参考系的运动速度为 $0.8c$，那么，在实验室中测得它的平均寿命是多少？（2）衰变之前在实验室中测得它飞行的距离是多少？（3）如果不考虑相对论效应，结果又是多少？

15-10 观察者甲以 $\frac{4}{5}c$ 的速度（c 为真空中的光速）相对于观察者乙运动，若观察者甲携带一长度为 l、截面面积为 S，质量为 m 的棒，这根棒安放在运动方向上，则观察者甲和观察者乙测得此棒的密度分别为多少？

15-11 宇宙飞船上的人从飞船的后面向前面的靶子发射一颗高速子弹。此人测得飞船长 60m，子弹的速度是 $0.8c$，求当飞船对地球以 $0.6c$ 的速度运动时，地球上的观察者测得子弹飞行的时间是多少？

15-12 在 S 系中的 x 轴上相隔为 Δx 处有两只同步的钟 A 和 B，读数相同，在 S′系的 x' 轴上也有一只同样的钟 A′，若 S′系相对于 S 系的运动速度为 v，沿 x 轴方向，且当钟 A′与 A 相遇时，刚好两钟的读数均为零，那么当钟 A′与钟 B 相遇时，在 S 系中的钟 B 的读数为多少？此时在 S′系中的钟 A′的读数为多少？

15-13 在实验室中，有一个以速度 $0.5c$ 飞行的原子核，此核沿着它的运动方向以相对于核为 $0.8c$ 速度射出一电子，同时还向反方向发射一光子。问实验室中的观察者测得电子和光子的速度为多少？

狭义相对论动力学基础

15-14 设快速运动的介子的能量为 $E = 3000$ MeV，而这种介子在静止时的能量为 $E_0 = 100$ MeV。若这种介子的固有寿命 $\tau_0 = 2 \times 10^{-6}$ s，求它运动的距离（真空中的光速 $c = 2.9979 \times 10^8$ m/s）。

15-15 根据相对论力学，动能为 0.25 MeV 的电子，其运动速度约等于多少？（c 表示真空中的光速，电子的静能 $m_0 c^2 = 0.51$ MeV）

15-16 在参考系 S 中，有两个静止质量都是 m_0 的粒子 A 和 B，分别以速度 v 沿同一直线相向运动，相碰后合在一起成为一个粒子，则其静止质量 m'_0 的值是多少？

15-17 观察者甲以 $0.8c$ 的速度（c 为真空中光速）相对于静止的观察者乙运动，若甲携带一质量为 1kg 的物体，则甲和乙测得此物体的总能量分别为多少？

15-18 一电子以 $0.99c$ 的速率飞行（电子静止质量为 9.11×10^{-31} kg），则电子的总能量是多少？电子的经典力学动能与相对论动能之比是多少？

15-19 设电子静止质量为 m_e，将一个电子从静止加速到速率为 $0.6c$（c 为真空中的光速），需做功多少？

15-20 均质细棒静止时的质量为 m_0，长度为 l_0，当它沿棒长方向做高速匀速直线运动时，测得它的长为 l，那么该棒的运动速度 v 是多少？该棒所具有的动能 E_k 为多少？

第16章 原子位形

"原子"一词来自希腊文，意思是"不可分割的"。在公元前 4 世纪，古希腊哲学家德漠克利特（Democritus）提出这一概念，并把它看作物质的最小单元。至 19 世纪，人们对原子已有了相当的了解。

由气体动理论知 1mol 原子物质含有的原子数是 $N_A = 6.022 \times 10^{23} \text{mol}^{-1}$，因此可由原子的相对质量求出原子的质量。如最轻的氢原子质量约为 $1.67 \times 10^{-27} \text{kg}$；原子的大小也可估计出来，其半径是 0.1nm（10^{-10}m）量级。这些是其外部特征，深层的问题是：原子为何会有这些性质？原子的内部结构是怎样的？本章我们从电子的发现开始来讨论原子的位形。

16.1 电子的发现

1833 年，法拉第提出电解定律并由之推得：1mol 任何原子的单价离子永远带有相同的电荷量（法拉第常数 F），其值是法拉第在实验中首次确定的。由此可联想到电荷存在最小的单位。1874 年，斯通尼指出，电离后的原子所带的电荷为一基本电荷的整数倍，并推算出这一基本电荷的近似值。1879 年，克鲁克斯以实验说明阴极射线是带电粒子，为电子的发现奠定了基础。1881 年，**斯通尼**提出用"电子"来命名这些电荷的最小单位。不过，真正从实验上确认电子的存在，是由汤姆孙（J. J. Thomson）做出的。汤姆孙在研究低压气体放电产生阴极射线的本性时，测出阴极射线携带的电荷的荷质比以及其放在电场或磁场的偏转情况，引入先辈斯坦尼曾用过的"电子"这一术语，于 1897 年 4 月向世人宣告，电子已被发现。随后在掌握大量实验事实的基础上，果断地做出决断：不论是阴极射线、β 射线还是光电效应，产生的光电流都是由电子组成的，证明了电子存在的普遍性。电子的发现打破了原子是不可再分割的最小单位的传统观点，拉开了人类探讨微观世界的序幕。人们也称汤姆孙是"一位最先打开通向基本粒子物理学大门的伟人"。他也因发现电子于 1906 年获得诺贝尔物理学奖。

图 16.1-1 是汤姆孙使用的放电管示意图，取自汤姆孙的原著。阴极射线从阴极 C 发出后经狭缝 A、B 约束后成一狭窄的射线，窄束射线再穿过两片平行的金属板 D、E 之间的电场，最后到达右端带有标尺的荧光屏 $P_1 P_2$，同时放电管周围又可加磁场。加电场 $\vec{E}$ 后，射线由 P_1 点偏到 P_2 点，由此可知阴极射线带有负电，再加上一个方向与纸面垂直的磁场 H，使束点再从 P_2 点回到 P_1 点，可知磁力（Hev）和电力大小相等、方向相反，即可以算出阴极射线的速度 $v = \dfrac{E}{H}$。去掉电场，由于磁场方向与射线运动方向垂直，射线轨迹则构

成一半径为 r 的圆形，因此射线内的粒子（质量为 m）受到的离心力为 $\dfrac{mv^2}{r}$，它与磁力 Hev 相平衡，从而算得电子的荷质比 $\dfrac{e}{m}$。

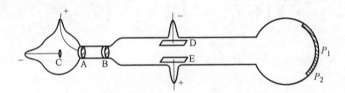

图 16.1-1　汤姆孙使用的放电管示意图

　　精确测定电子电荷的实验是 1910 年由密立根（R. A. Millikan）做出的，这就是著名的"油滴实验"。密立根得出了电子电荷的值 $e \approx 1.6 \times 10^{-19}$ C，再由 $\dfrac{e}{m}$ 之值求得电子质量 $m_e \approx 9.11 \times 10^{-31}$ kg。特别重要的是：密立根发现电荷是量子化的，即任何电荷都只能是电子电荷量 e 的整数倍（电荷为何呈量子化分布的机制是物理学至今仍未解决的一个难题）。

16.2　卢瑟福模型

16.2.1　卢瑟福模型的提出

　　在汤姆孙发现电子之后，为解释原子中正负电荷分布的问题，曾先后有多种模型。汤姆孙本人提出一种模型（也称西瓜模型或葡萄干面包模型。1898 年提出，至 1907 年得到进一步完善）。汤姆孙认为，原子中带正电荷部分均匀分布在整个原子球体内，电子均匀地嵌在其中。电子分布在一些同心环上。此模型虽不正确，但其"同心环"的概念及环上只能安置有限个电子的概念是可贵的。1904 年长冈半太郎提出行星模型，认为原子内正电荷集中于中心，电子绕中心运动，但他未深入下去。直到 1909 年，卢瑟福的助手盖革和学生马斯顿在用 α 粒子轰击原子的实验中，发现 α 粒子轰击原子时，大约每八千个 α 粒子中有一个被反射回来。对于这样的实验事实，汤姆孙模型无法解释。

　　α 粒子即氦核，是从放射性物体中发射出来的快速粒子，其质量为电子质量的 7300 倍。卢瑟福的 α 粒子散射实验就是用 α 粒子轰击金属箔，实验装置如图 16.2-1 所示。α 粒子源发射的 α 粒子经一细的通道后，形成一束射线，打在铂的薄膜上。有一放大镜，带着一片荧光屏，可以转到不同的方向对散射的 α 粒子进行观察。荧光屏是在玻璃片上涂荧光物硫化锌制成的，测量时，把有硫化锌的一面向着散射物，当被散射的 α 粒子打在荧光屏上时，就会发生微弱的闪光。通

图 16.2-1　α 粒子散射装置示意图

过放大镜观察闪光就可记下某一时间内在某一方向散射的 α 粒子数。实验结果是，绝大部分粒子散射角很小（2°～3°），但有 1/8000 的粒子偏转角大于 90°，甚至被反射回去。

　　大角度散射不可能解释为是偶然的小角度散射的累积，它只可能是一次碰撞的结果。这

不可能在汤姆孙模型那样的原子中发生，所以卢瑟福根据 α 粒子散射实验中的大角度散射结果，于 1911 年提出了原子的"核式结构模型"，也被称为"卢瑟福行星模型"，他设想原子中心有一个极小的原子核，它集中了全部正电荷和几乎所有的质量，所有电子都分布在它的周围。

16.2.2 卢瑟福散射公式

在有核模型下，卢瑟福导出了一个实验上可验证的散射公式，经实验定量验证，该散射公式是正确的，从而说明了散射公式所建立的基础——原子有核模型结构也是正确的。

1. α 粒子散射理论

为了简化问题，对散射过程做如下的假设：设有一个动能为 E（质量为 m，速度为 v）的 α 粒子射到一个静止的原子核 Ze 附近，在核的质量远大于 α 粒子质量时，可认为核不会被推动，则 α 粒子受库仑力作用而改变了方向。如图 16.2-2 所示，b 为瞄准距离（也称碰撞参数），由力学原理可以证明 α 粒子的路径是双曲线，偏转角 θ 与瞄准距离 b 的关系称为**库仑散射公式**，为 $b = \dfrac{a}{2} \cot \dfrac{\theta}{2}$，式中**库仑散射因子** $a = \dfrac{2Ze^2}{4\pi\varepsilon_0 E} = \dfrac{1}{4\pi\varepsilon_0} \dfrac{4Ze^2}{mv^2}$。

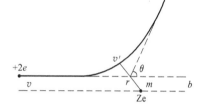

图 16.2-2　α 粒子散射装置示意图

在入射能量 E 固定的情况下（库仑散射因子 a 固定），对某一 b，有一定的 θ 与之对应。瞄准距离 b 减小，则散射角 θ 增大，当 b 足够小时，θ 可以大于 $90°$，甚至接近 $180°$。但要想通过实验验证，却存在困难，因为瞄准距离 b 仍然无法准确测量，所以还需要使微观量与宏观可观测量联系起来。

假设金属薄箔面积为 A，厚度为 t（甚薄，以致金属薄箔中的原子对射来的 α 粒子无遮蔽）。瞄准距离在 b 和 $b - db$ 之间的 α 粒子，散射后，必定向着 θ 和 $\theta + d\theta$ 之间的角度射出，如图 16.2-3 所示。凡通过图中所示以 b 为外半径、$b - db$ 为内半径那个环形面积的 α 粒子，必定散射到角度在 $\theta - \theta + d\theta$ 之间的一个空心圆锥体之中，环形面积 $d\sigma = 2\pi b \left| db \right|$。

从空间几何知，$\left[\text{面元的立体角为 } d\Omega = \dfrac{ds}{r^2} \text{，立体角的单位为球面度（sr）} \right]$，空心圆锥体

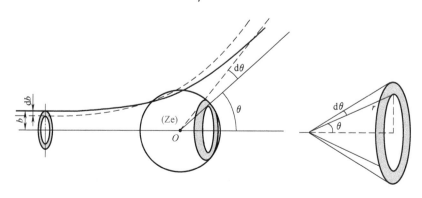

图 16.2-3　带电粒子的库仑散射示意图

的立体角为 $d\Omega = \dfrac{ds}{r^2} = \dfrac{2\pi r \sin\theta \cdot r d\theta}{r^2} = 2\pi \sin\theta d\theta = 4\pi \sin\dfrac{\theta}{2}\cos\dfrac{\theta}{2}d\theta$。α 粒子散射到 $\theta - \theta + d\theta$ 之间立体角 $d\Omega$ 内每个原子的有效散射截面为 $d\sigma$。

$$d\sigma = 2\pi b \left| db \right| = 2\pi \cdot \frac{a}{2}\cot\frac{\theta}{2} \cdot \frac{a}{4} \cdot \frac{d\theta}{\sin^2\dfrac{\theta}{2}} = \frac{\pi a^2}{4} \cdot \frac{\cos\dfrac{\theta}{2}}{\sin^3\dfrac{\theta}{2}}d\theta = \frac{\pi a^2}{8} \cdot \frac{\sin\theta d\theta}{\sin^4\dfrac{\theta}{2}}$$

可用空心圆锥体的立体角表达以代替 $d\theta$，则 α 粒子打在这个环上的概率是

$$\frac{d\sigma}{A} = \frac{\pi a^2}{8A} \cdot \frac{\sin\theta d\theta}{\sin^4\dfrac{\theta}{2}}$$

所以有

$$\frac{d\sigma}{A} = \frac{a^2}{16A} \cdot \frac{d\Omega}{\sin^4\dfrac{\theta}{2}}$$

对于金属薄箔而言，对应于一个原子核就有一个这样的环，如果单位体积内的原子核数为 n，则在体积为 At 内共有 nAt 个环，故一个 α 粒子打在金属薄箔上被散射到 $\theta - \theta + d\theta$（即 $d\Omega$ 方向）范围内的概率为

$$dp(\theta) = \frac{d\sigma}{A}nAt = d\sigma \cdot nt$$

如果总共有 N 个 α 粒子打在金属薄箔上，则在 $d\Omega$ 方向上能够测量到 α 粒子数为

$$dN' = Ndp(\theta) = Nd\sigma \cdot nt = Nnt\left(\frac{a}{4}\right)^2 \frac{d\Omega}{\sin^4\dfrac{\theta}{2}} \tag{16.2-1}$$

定义微分截面：$\sigma_c(\theta) = \dfrac{d\sigma(\theta)}{d\Omega} = \dfrac{dN'}{Nnt d\Omega}$。$\sigma_c$ 的物理意义：表示 α 粒子被箔片中一个靶核散射时，散射到散射角为 θ 的单位立体角中的概率。σ_c 反映了入射粒子与靶核相互作用的可能性的大小，由式（16.2-1）可得

$$\sigma_c(\theta) = \left(\frac{Ze^2}{4\pi\varepsilon_0 2E}\right)^2 \frac{1}{\sin^4\dfrac{\theta}{2}} \tag{16.2-2}$$

这就是著名的**卢瑟福散射公式**。$\sigma_c(\theta)$ 具有面积的量纲，单位：$\mathrm{m^2/sr}$。（sr：球面度，为立体角的单位。）通常以靶恩（b，简称靶；$1\mathrm{b} = 10^{-28}\ \mathrm{m^2}$）为截面面积单位，则相应的微分散射截面 $\sigma_c(\theta)$ 的单位为 b/sr。$\sigma_c \propto dN'/N$，$\sigma_c \propto dN'/N$，但本身不是概率。真正概率是：$\dfrac{dN'}{N} = nt\sigma_c d\Omega = nt d\sigma$。

由式（16.2-2）可知：

$$\frac{dN'}{d\Omega}\sin^4\frac{\theta}{2} = \left(\frac{Ze^2}{4\pi\varepsilon_0 mv^2}\right)^2 Nnt \tag{16.2-3}$$

对同一 α 粒子源和同一散射物来说，式中的右边等于常数。在这种情况下，左边的数值应不随 θ 而改变。在实际测量时，不取 θ 与 $\theta + d\theta$ 之间的全部立体角，也就是不采用图 16.2-3

中环形带所张的全部立体角。测量的荧光屏只在不同方向张了一个小立体角 $d\Omega'$，实际测得的粒子数是在 $d\Omega'$ 中的 dN'。但很容易理解，θ 相同时，$dN'/d\Omega'=dN/d\Omega$，所以式（16.2-3）与实验核对时，用 $dN'/d\Omega'$ 代替 $dN/d\Omega$。

2. 卢瑟福公式的实验验证

上述理论是建立在这样一个原子模型的基础上的，就是原子的带正电部分集中在很小的体积中，但它占有原子绝大部分的质量，α粒子在它外边运动，受原子全部正电荷 Ze 的库仑力的作用。如果实际确是如此，那么实验的结果应该与理论公式（16.2-3）相符合。从式（16.2-3）可以看到下列四种关系：①在同一α粒子源和同一散射体的情况下，$dN'\sin^4\dfrac{\theta}{2}=$ 常数；②用同一α粒子源和同一种材料的散射体，在同一散射角，dN' 与散射体的厚度 t 成正比；③用同一散射物，在同一散射角，dN' 与 E^2 成反比，即 $dN'E^2=$ 常数；④用同一α粒子源，在同一散射角，对同一 nt 值，dN' 与 Z^2 成正比。1913 年，盖革和马斯顿又仔细地进行了α粒子散射的实验，所得结果完全证实了上述前三项的关系，关于第四项当时未能准确测定。查德威克（J. Chadwick）改进了装置，首次用所测数据代入卢瑟福公式，较准确地测定了几种元素的正电荷量 Ze。他测得铜、银、铂的 Z 值，与这些元素的原子序数符合，由此证明了原子的电荷数 Z 等于该元素的原子序数。这个结论符合从其他角度对于原子结构的考虑，这就进一步证明了卢瑟福核式模型的正确性。

卢瑟福公式据经典理论导出而在量子理论中仍成立，这是很少见的。

小节概念回顾：库仑散射公式是什么？什么是微分截面？卢瑟福散射公式是什么？

16.2.3 行星模型的意义及困难

卢瑟福核式结构模型的建立，确认了原子是由原子核和绕核旋转的电子所组成，使人们对物质结构的认识前进了一大步。

1. 意义

1）行星核式模型提出以核为中心的概念，从而将原子分为核外与核内两个部分，承认了高密度核的存在。

2）卢瑟福散射不仅对原子物理起了很大的作用，而且这种以散射为手段研究物质结构的方法，对近代物理一直起着巨大的影响。

3）卢瑟福散射为材料分析提供了一种手段。1967 年，美国发送了一个飞行器到月球上，飞行器内装有一只α源，利用α粒子对月球表面的卢瑟福散射，分析了月球表面的成分，把结果发回地球。这一结果与 1969 年从月球取回样品所做分析结果基本符合。

原子的核式结构模型虽然取得了成功，但这个模型与经典电磁理论存在着尖锐的矛盾。

2. 困难

1）无法解释原子的**稳定性**。由经典理论知，电子绕核的加速圆周运动必发射电磁波而放出能量，电子能量将逐渐减少（形成绕核的螺旋运动），最后电子落入核内，并在非常短的时间内（10^{-9} s 的数量级）掉到核内去，从而使正负电荷中和，原子全部崩溃（原子坍缩）。但实际并非如此，几百年前的金到今天还是金，这就证明原子是相当稳定的，但行星模型却无法解释这一事实。

2）无法解释原子的**同一性**。宇宙中同种原子结构相同称为同一性。来自美国的、英国的铁，甚至在月球上的铁，同中国的铁在原子结构上并没有丝毫差异，这种原子的同一性按经典的行星模型是无法理解的。

3）无法解释原子的**再生性**。原子在外来影响撤除后，立即恢复原来的状态称为再生性。原子的这种再生性，又是卢瑟福模型所无法说明的。

课 后 作 业

卢瑟福模型

16-1　若卢瑟福散射用的 α 粒子是放射性物质镭 C′ 放射的，其动能为 $7.68 \times 10^6 \, eV$，散射物质是原子序数 $Z=79$ 的金箔，试问散射角 $\theta=150°$ 所对应的瞄准距离 b 多大？

16-2　若用动能为 1MeV 的质子射向金箔。问质子与金箔原子核可能达到的最小距离多大？又问如果用同样能量的氘核（氘核带一个 $+e$ 电荷而质量是质子的两倍，是氢的一种同位素的原子核）代替质子，那么其与金箔原子核的最小距离多大？

16-3　速度为 v 的非相对论的 α 粒子与一静止的自由电子相碰撞，试证明：α 粒子的最大偏离角约为 $10^{-4} \, rad$。

16-4　α 粒子散射实验的数据在散射角很小（$\theta \leqslant 15°$）时与理论值差得较远，这是什么原因？

16-5　试问：45MeV 的 α 粒子与金（Au）核对心碰撞时的最小距离是多少？若把金核改为锂（Li）核，其结果如何？

16-6　(1) 假定金核半径为 7.0fm，试问：入射质子需要多少能量，才能在对头碰撞时刚好到达金核的表面？(2) 若将金核改为铝核，使质子在对头碰撞时刚好到达铝核的表面，那么入射质子的能量应为多少？设铝核半径为 4.0fm。

16-7　已知 α 粒子质量比电子质量大 7300 倍。试利用中性粒子碰撞来证明：α 粒子散射"受电子的影响是微不足道的"。

16-8　设想铅（$Z=82$）原子的正电荷不是集中在很小的核上，而是均匀分布在半径约为 $10^{-10} \, m$ 的球形原子内，如果有能量为 $10^6 \, eV$ 的 α 粒子射向这样一个"原子"，试通过计算论证这样的 α 粒子不可能被具有上述设想结构的原子产生散射角大于 90° 的散射。这个结论与卢瑟福实验结果差得很远，这说明原子的汤姆孙模型是不能成立的（原子中电子的影响可以忽略）。

16-9　(1) 当动能为 5.00MeV 的 α 粒子被金核以 90° 散射时，它的瞄准距离（碰撞参数）为多大？(2) 如果金箔厚 1.0μm，那么入射 α 粒子束以大于 90° 散射（称为背散射）的粒子数是全部入射粒子的百分之几？

16-10　动能为 1.0MeV 的窄质子束垂直地射在质量厚度为 $1.5 mg/cm^2$ 的金箔上，计数器记录以 60° 角散射的质子。计数器圆形输入孔的面积为 $1.5 cm^2$，离金箔散射区的距离为 10cm，输入孔对着且垂直于射到它上面的质子，试问：散射到计数器输入孔的质子数与入射到金箔的质子数之比为多少？（质量厚度定义为 $\rho_m = \rho t$，其中 ρ 为质量密度，t 为靶厚）

第17章　量子力学初步

量子理论首先是从黑体辐射问题上突破的。1900 年，普朗克针对经典物理学解释黑体辐射规律的困难，引入了能量子的概念，为量子理论奠定了基础。随后，爱因斯坦（A. Einstein）在 1905 年解释光电效应时提出光子假设，并在固体比热容问题上成功地应用了能量子的概念，为量子理论的进一步发展打开了局面。1913 年，玻尔（N. Bohr）把普朗克-爱因斯坦的量子化概念用到卢瑟福的原子有核模型上，提出量子态的概念并解释了氢原子光谱的规律性。1923 年康普顿通过实验进一步证实了光具有粒子性，所有这些实验都表明光具有量子性。光的波动学说遇到了前所未有的困难。

在普朗克和爱因斯坦的光量子理论以及玻尔的原子理论的启发下，德布罗意提出了微观粒子具有波粒二象性的假设。

本章先介绍这些实验事实，再说明如何从这些事实揭示波粒二象性的本质。

17.1　黑体辐射

17.1.1　热辐射现象

任何固体或液体，在任何温度下都在发射各种波长的电磁波，如铁块的加热，开始时看不出它发光，随着温度的不断升高，它变得暗红、赤红、橙色而最后成为黄白色。像这种由于物体中的分子、原子受到热激发而发射电磁波的现象称为热辐射（heat radiation）。物体向四周所发射的能量称为辐射能（radiant energy）。事实上，在任何温度下，物体都向外发射各种频率的电磁波。实验表明，热辐射具有连续的辐射能谱，波长自远红外区延伸到紫外区，并且辐射能按波长的分布主要决定于物体的温度。在一般温度下，物体的热辐射主要在红外区。同一物体在一定温度下所辐射的能量，在不同光谱区域的分布是均匀的，温度越高，光谱中与能量最大的辐射所对应的波长也越短，同时随着温度的升高，辐射的总能量也增加。

17.1.2　基尔霍夫辐射定律

为了定量描写热辐射的规律，引入几个有关辐射的物理量。

1. 单色辐出度

在单位时间内，从物体表面单位面积上所发射的波长在 λ 到 $\lambda + \mathrm{d}\lambda$ 范围内的辐射能 $\mathrm{d}E_\lambda$，与波长间隔成正比，$\mathrm{d}E_\lambda$ 与 $\mathrm{d}\lambda$ 的比值称为单色辐出度（monochromatic radiant exitrance），用 M_λ 表示，即

$$M_\lambda = \frac{\mathrm{d}E_\lambda}{\mathrm{d}\lambda} \tag{17.1-1}$$

单色辐出度反映了物体在不同温度下辐射能按波长分布的情况，M_λ 的单位为 $\mathrm{W/m^3}$。

2. 辐出度

单位时间内从物体表面单位面积上所发射的各种波长的总辐射能，称为物体的辐出度 （radiant exitrance）。显然，对于给定的一个物体，辐出度只是其温度的函数，常用 $M(T)$ 表示，单位为 $\mathrm{W/m^2}$。在一定温度 T 时，物体的辐出度与单色辐出度的关系为

$$M(T) = \int_0^\infty M_\lambda(T)\mathrm{d}\lambda \tag{17.1-2}$$

实验指出，在相同温度下，各种不同的物体，特别是在表面的情况（如粗糙程度等）不同时，$M_\lambda(T)$ 的量值是不同的，相应地 $M(T)$ 的量值也是不同的。

3. 单色吸收比和单色反射比

任一物体向周围发射辐射能的同时，也吸收周围物体发射的辐射能。当辐射入射到不透明的物体表面上时，一部分能量被吸收，另一部分从表面反射，被物体吸收的能量与入射能量之比称为该物体的吸收比（absorptance）。反射的能量与入射能量之比称为该物体的反射比（reflectance）。物体的吸收比和反射比也与温度和波长有关，在波长 λ 到 $\lambda + \mathrm{d}\lambda$ 范围内的吸收比称为单色吸收比，用 $a_\lambda(T)$ 表示；在波长 λ 到 $\lambda + \mathrm{d}\lambda$ 范围内的反射比称为单色反射比，用 $r_\lambda(T)$ 表示，对于不透明的物体，单色吸收比和单色反射比的总和等于 1，即

$$a_\lambda(T) + r_\lambda(T) = 1 \tag{17.1-3}$$

若物体在任何温度下，对任何波长的辐射能的吸收比都等于 1，即 $a_\lambda(T) = 1$，则称该物体为**黑体**（black body）。

1860 年，基尔霍夫（G. R. Kirchhoff）从理论上提出：在同样的温度下，各种不同物体对相同波长的单色辐出度与单色吸收比之比值都相等，并等于该温度下黑体对同一波长的单色辐出度，用数学式表示时就是

$$\frac{M_{\lambda_1}(T)}{a_{\lambda_1}(T)} = \frac{M_{\lambda_2}(T)}{a_{\lambda_2}(T)} = \cdots = M_{\lambda_0}(T) \tag{17.1-4}$$

这就是基尔霍夫定律，式 $M_{\lambda_0}(T)$ 表示黑体的单色辐出度，这一定律通俗地说就是**好的吸收体也是好的辐射体**，黑体是完全的吸收体，因此也是理想的辐射体。

小节概念回顾：什么是单色辐出度？什么是单色吸收比和单色反射比？基尔霍夫定律的物理含义是什么？

17.1.3 黑体辐射实验定律

从基尔霍夫定律不难看出，只要知道黑体的辐出度以及物体的吸收比，就能了解一般物体的热辐射性质，因此，从实验和理论上确定黑体的单色辐出度就是研究热辐射问题的中心任务。

在自然界中，并不存在吸收比等于 1 的黑体，例如吸收比最大的煤烟和黑色珐琅质，对太阳光的吸收比也不超过 99%，所以黑体就像质点、刚体、理想气体等模型一样，也是一

种理想化的模型。不管用什么材料制成一个空腔，如果在空腔上开一个小洞，如图 17.1-1a 所示，则进入空腔内的射线在空腔内进行多次反射，每反射一次，空腔的内壁将吸收一部分辐射能，这样，经过很多次的相继反射，进入小孔的辐射几乎完全被腔壁吸收。由于小孔的面积远比腔壁面积小，由小孔穿出的辐射能可以略去不计，所以任何空腔的小孔相当于一个黑体的模型。例如白天从远处看建筑物的窗口，窗口显得特别黑暗，这也是由于从窗口射入的光，经墙壁多次反射而吸收，很少从窗口射出的缘故。这样的窗口就相当于一个黑体。又如，在金属冶炼技术中，常在冶炼炉上开一小孔，以测定炉内温度，该炉上的小孔也近似黑体。实验室中用的黑体如图 17.1-2b 所示。

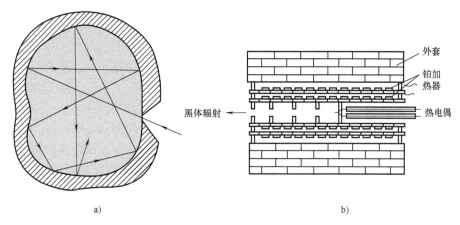

a)   b)

图 17.1-1 黑体的模型

利用黑体模型，可用实验方法测定黑体的单色辐出度 $M_{\lambda 0}(T)$ 随 λ 而变化的实验曲线，如图 17.1-2 所示。

根据实验曲线，得出下述有关黑体热辐射的两条普遍定律。

1. 斯特藩 (J. Stefan)-玻耳兹曼 (L. Boltzmann) 定律

由图 17.1-2 可知，黑体辐射的每一条曲线下的面积等于黑体在一定温度下的总辐出度，即

$$M_0(T) = \int_0^\infty M_{\lambda 0}(T)\mathrm{d}\lambda = \sigma T^4 \quad (17.1\text{-}5)$$

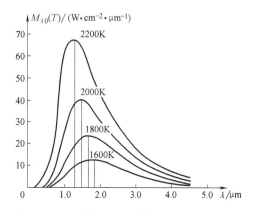

图 17.1-2 黑体的辐出度按波长分布曲线

$M_0(T)$ 随温度的升高而迅速增加，实验测得 $\sigma = 5.670 \times 10^{-8}\,\mathrm{W}/(\mathrm{m}^2 \cdot \mathrm{K}^4)$，这一结果称为斯特藩-玻耳兹曼定律，只适用于黑体，σ 称为斯特藩-玻耳兹曼常量。

2. 维恩 (W. Wien) 位移定律

从图 17.1-2 也可以看出，在黑体辐射曲线中，$M_{\lambda 0}(T)$ 有一最大值（峰值），即最大的单色辐出度。相应于这最大值的波长叫作峰值波长 λ_m。当温度升高时，λ_m 向短波方向移动，两者间的关系经实验确定为

$$T\lambda_m = b \tag{17.1-6}$$

实验测得 $b = 2.897 \times 10^{-3}\,\mathrm{m \cdot K}$。

这一结果称为维恩位移定律（Wien displacement law），b 称为维恩常量。

热辐射的规律在现代科学技术上的应用很广泛，它是测高温、遥感、红外追踪等技术的物理基础。如地面的温度约为 300K，可算得 λ_m 约为 $10\mu m$，这说明地面的热辐射主要处在 $10\mu m$ 附近的波段，而大气对这一波段的电磁波吸收极少，几乎透明，故通常称这一波段为电磁波的窗口。因此，地球卫星可利用红外遥感技术测定地面的热辐射，从而进行资源、地质等各类探查。

小节概念回顾：什么是斯特藩-玻耳兹曼定律？什么是维恩位移定律？

例 17.1-1 实验测得太阳辐射波谱的 $\lambda_m = 465\,\mathrm{nm}$，若把太阳视为黑体，试计算太阳表面的温度和单位面积辐射的功率。

解：根据维恩位移定律 $\lambda_m T = b$ 得太阳的温度

$$T = \frac{b}{\lambda_m} = 6.232 \times 10^3\,\mathrm{K}$$

根据斯特藩-玻耳兹曼定律，太阳单位面积辐射的功率为

$$M_0(T) = \sigma T^4 = 5.670 \times 10^{-8} \times 6232^4\,\mathrm{W \cdot m^{-2}} = 8.552 \times 10^7\,\mathrm{W \cdot m^{-2}}$$

评价：本题是太阳的表面温度测定的方法。根据维恩位移定律，如果实验测出黑体单色辐出度的最大值所对应的波长 λ_m，就可以算出这一黑体的温度。根据斯特藩-玻耳兹曼定律算出太阳单位面积辐射的功率。

17.1.4 普朗克的能量子假设

图 17.1-2 的曲线反映了黑体的单色辐出度与 λ、T 的关系，这些曲线都是实验的结果。为了从理论上找出符合实验曲线的黑体辐出度与热力学温度及辐射波长的关系式，19 世纪末许多物理学家在经典物理学的基础上做了相当大的努力，但是他们都遭到了失败。理论公式和实验结果不相符合，其中最典型的黑体辐射经典理论公式是维恩公式和瑞利-金斯公式。

在经典物理学中，把组成黑体空腔壁的分子或原子看作带电的线性谐振子，振动的固有频率可从（$0 \to \infty$）连续分布，谐振子通过发射与吸收电磁波，与腔中辐射场不断交换能量。维恩在 1893 年假设黑体辐射能谱分布与麦克斯韦分子速率分布类似，得出的理论公式为

$$M_{\lambda 0}(T) = C_1 \lambda^{-5} \mathrm{e}^{\frac{-C_2}{\lambda T}} \tag{17.1-7}$$

式中，C_1 和 C_2 是两个常量，上式称为维恩公式。此公式在高频部分与实验相符，但在低频部分与实验有显著偏差，如图 17.1-3 所示。

1900 年至 1905 年间，瑞利（Lord Rayleigh）和金斯（J. H. Jeans）根据经典电动力学和统计物理学导出如下理论公式：

$$M_{\lambda 0}(T) = C_3 \lambda^{-4} T \tag{17.1-8}$$

式中，C_3 为常量，式（17.1-8）称为瑞利-金斯公式。此公式在低频部分与实验相符，但在高频部分与实验的偏差很大。当频率 $\nu \to \infty$ 时，$E_\nu \to \infty$，即在高频时是发散的，这就是当时有名的"紫外灾难"。

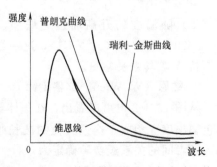

图 17.1-3 黑体辐射经验公式与实验比较

1904 年开尔文在总结物理学几百年成果时谈到"物理学晴朗天空的远处有两朵令人不安的乌云"：黑体辐射引发的"紫外灾难"和迈克耳孙-莫雷实验（1887 年）的"零结果"。

为了解决上述困难，1900 年基尔霍夫的学生普朗克提出量子假设，他认为：黑体腔壁可认为是由大量做谐振动的线性谐振子组成，这些线性谐振子可以发射和吸收辐射能量。这些谐振子只能处于某些分立的状态，在这些状态下，谐振子的能量不能取任意值，只能是某一最小能量 $\varepsilon = h\nu$ 的整数倍。

普朗克利用内插法将适用于短波的维恩公式和适用于长波的瑞利-金斯公式衔接起来，提出了一个新的公式：

$$M_{\lambda 0}(T) = 2\pi hc^2 \lambda^{-5} \frac{1}{e^{\frac{hc}{k\lambda T}} - 1} \tag{17.1-9a}$$

式中，c 是光速；k 是玻耳兹曼常数；h 是一个新引入的常量，后来称为普朗克常量（Planck constant）：

$$h = 6.626 \times 10^{-34} \text{J} \cdot \text{s}$$

这一公式称为普朗克公式，它与实验结果符合得很好（见图 17.1-3）。普朗克公式也可用频率来表示

$$M_{\nu 0}(T) = \frac{2\pi h\nu^3}{c^2} \frac{1}{e^{\frac{h\nu}{kT}} - 1} \tag{17.1-9b}$$

由普朗克公式不难得到维恩公式和瑞利-金斯公式。当波长很短或温度较低时，$\frac{hc}{\lambda kT} \gg 1$，普朗克公式可近似地写成

$$M_{\lambda 0}(T) = 2\pi hc^2 \lambda^{-5} e^{\frac{-hc}{\lambda kT}} \tag{17.1-10}$$

这就是维恩公式，其中 $C_1 = 2\pi hc^2$，$C_2 = hc/k$。当波长很长或温度很高时，$\frac{hc}{\lambda kT} \ll 1$，则 $e^{\frac{hc}{\lambda kT}} \approx 1 + \frac{hc}{\lambda kT} + \cdots$ 忽略高次项而只取前两项，代入普朗克公式即得

$$M_{\lambda 0}(T) = 2\pi kc\lambda^{-4} T \tag{17.1-11}$$

这就是瑞利-金斯公式，其中 $C_3 = 2\pi kc$。

从普朗克公式还可以推出由实验得到的斯特藩-玻耳兹曼定律和维恩位移定律，参看下面的例 17.1-2。

普朗克公式很完美地解释了黑体辐射问题。但由于此公式中涉及能量交换呈量子化（$\varepsilon = h\nu$），这与经典物理严重背离，故公式提出后的 5 年内无人理会，普朗克本人也"后悔"，试图将其纳入经典物理范畴。直至 1905 年爱因斯坦提出光量子假说，并成功地解释了光电效应，这种局面才开始改观。

普朗克当时得到的 h 和同时导出的 k 较准确值略小，但已相当精确。由当时的 h、k 求出的 N_A 及电子电荷量 e 也很精确，在约 20 年后才由实验独立地测得 h、e 的精确值。

中国物理学家叶企孙在 1921 年与合作者用 X 射线精确测定 h 值，所得结果被国际物理学界沿用达 16 年。

例 17.1-2　试从普朗克公式推导斯特藩-玻耳兹曼定律及维恩位移定律。

解： 在普朗克公式中，为简便起见，引入

$$C_1 = 2\pi hc^2, \quad x = \frac{hc}{k\lambda T}$$

则

$$\mathrm{d}x = -\frac{hc}{k\lambda^2 T}\mathrm{d}\lambda = -\frac{k}{hc}Tx^2\mathrm{d}\lambda$$

而普朗克公式为

$$M_0(x,T) = \frac{C_1 k^5 T^5}{h^5 c^5}\frac{x^5}{\mathrm{e}^x - 1} \tag{1}$$

所以黑体在一定温度下的总辐出度

$$M_0(T) = \int_0^\infty M_{\lambda 0}(T)\mathrm{d}\lambda = \frac{C_1 k^4 T^4}{h^4 c^4}\int_0^\infty \frac{x^3}{\mathrm{e}^x - 1}\mathrm{d}x$$

由积分表得

$$\int_0^\infty \frac{x^3}{\mathrm{e}^x - 1}\mathrm{d}x = \frac{\pi^4}{15} \approx 6.494$$

由此得

$$M_0(T) = 6.494\frac{C_1 k^4 T^4}{h^4 c^4} = \sigma T^4$$

这就是斯特藩-玻耳兹曼定律，由上式算得

$$\sigma = \frac{2\pi k^4}{h^3 c^2} \times 6.494 = 5.6693 \times 10^{-8}\,\mathrm{W/(m^2 \cdot K^4)}$$

与实验数值相符。

为了推导维恩位移定律，需要求出式（1）中的极大值的位置，于是取

$$\frac{\mathrm{d}M_0(x,T)}{\mathrm{d}x} = \frac{C_1 k^5 T^5}{h^5 c^5}\cdot\frac{(\mathrm{e}^x - 1)5x^4 - x^5\mathrm{e}^x}{(\mathrm{e}^x - 1)^2} = 0$$

由此得
$$5\mathrm{e}^x - x\mathrm{e}^x - 5 = 0$$

或
$$x = 5 - 5\mathrm{e}^{-x}$$

上式可用迭代法解出。取 $x \approx 5$ 代入右边，可得 $x = 4.966$，再代入右边，即得 $x = 4.965$，以此类推，解得 $x_m = 4.965$。

因此

$$x_m = \frac{hc}{k\lambda_m T} = 4.9651$$

或
$$\lambda_m T = \frac{hc}{4.9651k} = b$$

这就是维恩位移定律，由上式算得

$$b = \frac{hc}{4.9651k} = 2.8978 \times 10^{-3}\,\mathrm{m \cdot K}$$

也与实验数值相符。

评价： 本题由普朗克公式推得从实验上得到的斯特藩-玻耳兹曼定律和维恩位移定律，验证了普朗克量子假设的正确性。

17.2　光电效应

17.2.1　光电效应的实验规律

　　1887 年赫兹在莱顿瓶放电实验中发现了电磁波，从而验证了麦克斯韦的电磁理论。赫兹注意到，当紫外光照在火花隙的负极上时容易发生放电，这种现象被称为**光电效应**（photoelectric effect）。此后，他的同事勒纳德（P. Lenard）测量了受到光照射的金属表面所释放的粒子的比荷（即荷质比），确认释放的粒子是电子。但光电效应的实验规律不能用波动说解释，直至 1905 年爱因斯坦提出光量子假说才得到完美的解释。1916 年密立根通过实验，测量了光的频率和逸出电子能量之间的关系，验证了爱因斯坦的光量子公式，并精确测定了普朗克常量。

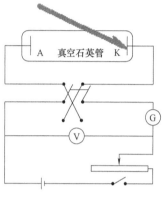

　　研究光电效应的实验装置如图 17.2-1 所示。在一抽成高真空度的容器内，装有阴极 K 和阳极 A，阴极 K 为金属板。当单色光通过石英窗口照射到金属板 K 上时，金属板便释放出电子，这种电子称为**光电子**（photoelectron）。逸出的光电子在外加电场作用下被加速而向阳极 A 运动，形成光电流。实验结果可归纳如下：

图 17.2-1　光电效应实验示意图

1. 饱和电流

　　以一定光强的单色光照射电极 K 时，加速电势差 $U=V_A-V_K$ 越大，光电流也越大。当加速电势差增加到一定量值时，光电流达最大值 I_m（饱和电流），如图 17.2-2 所示。I_s 的存在反映了在一定光强的光照射下，阴极 K 在单位时间内激发的光电子数有一最大值。如果增加光强，在相同的加速电势差下，光电流的量值也较大，相应的 I_s 也增大，说明从阴极 K 逸出的电子数增加了。因此得出结论：单位时间内，受光照金属板释放出来的电子数和入射光的光强成正比。

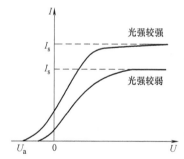

图 17.2-2　光电效应的伏安特性曲线

2. 遏止电势差

　　由图 17.2-2 可知，$U=0$ 时光电流不为 0，如果使负的电势差足够大，从而使由金属板 K 表面释出时具有最大速度 v_m 的电子也不能到达 A 极，光电流便降为零。光电流为零时，外加电势差的绝对值 U_a 叫作**遏止电势差**（stopping potential）。遏止电势差的存在表明，光电子从金属表面逸出时的初速度有最大值 v_m，也就是光电子的初动能具有一定的限度，它等于

$$\frac{1}{2}mv_m^2=eU_a \tag{17.2-1}$$

式中，e 和 m 为电子的电荷量和质量。实验表明 $\frac{1}{2}mv_m^2$ 与光强无关。得到结论：光电子从

金属表面逸出时具有一定的动能，最大初动能等于电子的电荷量和遏止电势差的乘积，与入射光的光强无关。

3. 截止频率（红限）

假如改变入射光的频率，那么实验结果指出：遏止电势差 U_a 和入射光的频率之间具有线性关系，如图 17.2-3 所示，即

$$U_a = k\nu - U_0$$

其中 U_0 由阴极材料决定，k 是与材料无关的普适常数。由此有

$$\frac{1}{2}mv_m^2 = e|U_a| = ek\nu - eU_0 \quad (17.2\text{-}2)$$

由于光电子初动能 $\frac{1}{2}mv_m^2 \geqslant 0$，故入射光的频率必须满足的条件为：$\nu \geqslant \dfrac{U_0}{k}$，因而**产生光电效应的最小频率**为 $\nu_0 = \dfrac{U_0}{k}$。

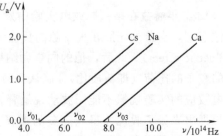

图 17.2-3　遏止电势差与频率的关系
（钠：$\nu_0 = 4.39 \times 10^{14}$ Hz）

ν_0 称为光电效应的截止频率（cutoff frequency），又称红限。不同的金属具有不同的红限。当入射光的频率 $\nu < \nu_0$ 时，无论入射光多强均不会产生光电效应；当入射光的频率 $\nu > \nu_0$，无论入射光多弱均会产生光电效应。

4. 弛豫时间

实验证明，无论光多微弱，从入射光开始照射到金属释放出电子，几乎是瞬时的，弛豫时间不超过 10^{-9} s。

小节概念回顾：什么是饱和电流？什么是截止频率（红限）？光电效应实验验证了什么？

例 17.2-1　钠的逸出功为 2.29eV，铂的逸出功为 6.35eV，试求它们的截止波长和截止频率。

解：截止频率（即红限）为 $\nu_0 = \dfrac{W}{h}$，截止波长为 $\lambda_0 = \dfrac{ch}{W}$，分别将已知条件代入可得：

对钠　$\lambda_0 = 543$nm　$\nu_0 = 5.52 \times 10^{14}$ Hz

对铂　$\lambda_0 = 195$nm　$\nu_0 = 1.54 \times 10^{14}$ Hz

评价：可见，使钠发生光电效应的光应在黄绿可见光范围，而对于铂则是在紫外光范围。此例说明在利用光电效应时（例如用光电倍增管作弱光讯号检测）必须根据所用光的光谱范围选择适当的光阴极材料。

17.2.2　光的波动说的缺陷

上述光电效应的实验事实和光的经典电磁理论有着深刻的矛盾。电子从金属表面逸出时克服表面原子的引力需要一定的能量，即外界必须做功，其最小的功称为逸出功或称功函数（work function）。按照光的经典电磁理论，光照射金属后，金属中的电子受到电磁波中电场的作用而做受迫振动，吸收光的能量，从而逸出金属表面。逸出时的初动能应决定于光振动的振幅，即决定于光强。但实验结果是：光电子的初动能与入射光的光强无关，却与入射光

的频率成线性关系。

根据经典电磁理论，无论入射光的频率多么低，只要光照时间足够长，电子就能从入射光中获得足够的能量而脱离金属表面，那么光电效应对各种频率的光都会发生。但是实验事实是每种金属都存在一个截止频率，对于小于截止频率的入射光，不管入射光的光强多大，都不能发生光电效应。

光电效应的时间问题则更能显示出光的经典电磁理论的缺陷。显然入射光越弱，能量积累的时间（即从开始照射到释出电子的时间）就越长，但实验结果却是瞬间的。当物体受到光的照射时，一般地说，不论光怎样弱，只要频率大于截止频率，光电子几乎是立刻发射出来的，因此光电效应的实验规律是波动光学无法解释的。

17.2.3 爱因斯坦的光子理论

1905 年，为了对光电效应做出合理的解释，爱因斯坦在普朗克的能量子假设的基础上提出了光子假设，他认为普朗克的理论只考虑了辐射物体上谐振子能量的量子化，即谐振子所发射或吸收的能量是量子化的，他假定空腔内的辐射能本身也是量子化的，就是说光在空间传播时，也具有粒子性，想象一束光是一束以光速 c 运动的粒子流，这些粒子称为光量子（light quanturn），简称为光子（photon）。每一光子的能量也就是 $\varepsilon = h\nu$，不同频率的光子具有不同的能量。

按照光子理论，光电效应可解释如下：光照射到金属表面时，能量为 $h\nu$ 的光子被电子吸收，电子将 $h\nu$ 的一部分用于克服金属表面的束缚，另一部分就是电子离开金属表面后的动能。令电子在金属中的结合能（逸出功）为 A，则有

$$\frac{1}{2}mv_{\mathrm{m}}^2 = h\nu - A \tag{17.2-3}$$

式中 $\frac{1}{2}mv_{\mathrm{m}}^2$ 是光电子的最大初动能，上式称为爱因斯坦光电效应方程。爱因斯坦光电效应方程表明了光电子的初动能与入射光频率之间的线性关系，从而解释了式（17.2-2）。这样，经典理论所不能解释的光电效应就得到了说明。

小节概念回顾：什么是逸出功？爱因斯坦光电效应方程是什么？如何理解光的波粒二象性？

17.3 康普顿散射与光子理论的解释

17.3.1 康普顿散射

1923 年康普顿（A. H. Compton）研究了 X 射线经物质散射的实验，证明了 X 射线的粒子性。

康普顿发现，散射谱线中除了有波长与原波长 λ_0 相同的成分外，还有波长较长的成分。这种散射现象称为康普顿散射或康普顿效应（Compton effect）。康普顿因发现此效应而获得 1927 年的诺贝尔物理学奖。1926 年，我国物理学家吴有训对不同的散射物质进行了研究。

实验结果指出：①如图 17.3-1 所示，波长 λ 与原波长 λ_0 的偏移 $\Delta\lambda = \lambda - \lambda_0$ 随散射角 φ（散射线与入射线之间的夹角）的增大而随之增加，而且随着散射角的增大，原波长的谱线强度减小，而新波长的谱线强度增大。②如图 17.3-2 所示，在同一散射角下，对于所有散射物质，波长的偏移 $\Delta\lambda$ 都相同，但原波长的谱线强度随散射物质原子序数的增大而增加，新波长的谱线强度随之减小。

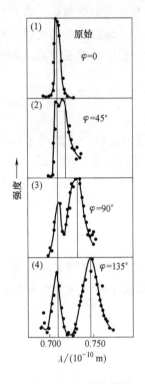

图 17.3-1 康普顿散射与散射角度的关系

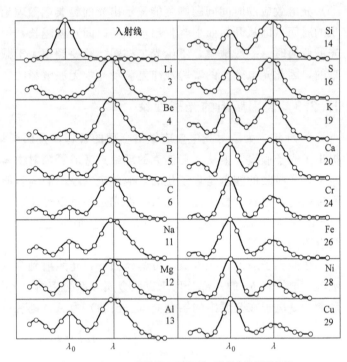

$\lambda_0 = 5.6267\text{nm}$(银谱线)(元素符号下的数字为原子序数)

图 17.3-2 康普顿散射与原子序数的关系

17.3.2 光子理论的解释

按照光子理论，单个光子和实物粒子一样，能与电子等粒子发生弹性碰撞。在康普顿散射实验中，因原子的质量要比光子大很多，按照碰撞理论，散射光子的能量不会显著地减小，因而散射光的频率也不会显著地改变，所以观察到散射线里也有与入射线波长相同的射线。散射波中还有波长较长的部分，这种散射可用单个光子和电子的碰撞来分析计算。

图 17.3-3 假定电子开始时处于静止状态，而且它是自由的。这时频率为 ν_0 的电磁波沿 x 轴前进。设具有能量 $h\nu_0$ 和动量 $\dfrac{h\nu_0}{c}\vec{e}_0$ 的一个入射光子与该电子发生弹性碰撞后被散射，散射光子与原来的入射光子方向成 φ 角。这时，散射光子的能量变为 $h\nu$，动量变为 $\dfrac{h\nu}{c}\vec{e}$，$\vec{e}_0$、$\vec{e}$ 分别表示光子在运动方向上的单位矢量。碰撞前，能量为 $m_0 c^2$、动量为零的电子则沿着某一角度 θ 的方向飞出，设弹性碰撞后电子的能量变为 mc^2，动量变为 mv，$m=$

$$\frac{m_0}{\sqrt{1-v^2/c^2}}$$（碰撞后反冲电子的速度很大）。

根据能量守恒定律和动量守恒定律，分别有

$$\begin{cases} h\nu_0 + m_0 c^2 = h\nu + mc^2 \\ m\boldsymbol{v} = \dfrac{h\nu_0}{c}\boldsymbol{e}_0 - \dfrac{h\nu}{c}\boldsymbol{e} \end{cases} \qquad (17.3\text{-}1)$$

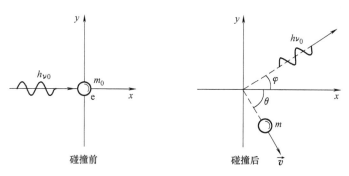

碰撞前　　　　　　　碰撞后

图 17.3-3　光子与电子的碰撞

由式 (17.3-1) 可得

$$\Delta\lambda = \lambda - \lambda_0 = \frac{2h}{m_0 c}\sin^2\frac{\varphi}{2} = 2\lambda_C \sin^2\frac{\varphi}{2} \qquad (17.3\text{-}2)$$

式中，$\lambda_C = \dfrac{h}{m_0 c} = 2.426310238\ (16)\times 10^{-12}\,\text{m}$ 叫作康普顿波长（Compton wave-length）。

式 (17.3-2) 说明了波长的偏移 $\lambda - \lambda_0$ 与散射物质以及入射光的波长无关，仅决定于散射方向。由式 (17.3-2) 计算的理论值与实验结果符合得很好。

例 17.3-1 在康普顿散射中，一个静止电子与能量为 $4.0\times 10^3\,\text{eV}$ 的光子碰撞后，它能获得的最大动能是多少？

解： 由 $E_k = h\nu_0 - h\nu$，最大动能发生在 ν 最小或散射光波长 λ 最大时。

由 $\lambda - \lambda_0 = \dfrac{2h}{m_0 c}\sin^2\dfrac{\phi}{2}$ 可知，当散射角 $\phi = 180°$ 时散射光波长最大。

入射光子能量　$E_0 = h\nu_0 = \dfrac{hc}{\lambda_0}$

$$\lambda_0 = \frac{hc}{E_0} = \frac{6.63\times 10^{-34}\times 3\times 10^8}{4.0\times 10^3\times 1.6\times 10^{-19}}\,\text{m} = 3.1\times 10^{-10}\,\text{m}$$

故　$\lambda = \lambda_0 + \dfrac{2h}{m_0 c} = \lambda_0 + 2\lambda_C$

$$= 3.1\times 10^{-10}\,\text{m} + 2\times 2.43\times 10^{-12}\,\text{m} = 3.15\times 10^{-12}\,\text{m}$$

其中，$\lambda_C = \dfrac{h}{m_0 c} = 2.43\times 10^{-12}\,\text{m}$ 称为电子的康普顿波长。

由此，散射光子的能量为

$$E = h\nu = \frac{hc}{\lambda} = \frac{6.63\times 10^{-34}\times 3\times 10^8}{3.15\times 10^{-12}}\,\text{J}$$

$$= 6.31 \times 10^{-16} \mathrm{J}$$
$$= 3.94 \times 10^{3} \mathrm{eV}$$

所以电子获得的最大动能为

$$E_k = h\nu_0 - h\nu = (4.0 \times 10^3 - 3.94 \times 10^3) \mathrm{eV} = 60 \mathrm{eV}$$

评价：散射角为 180° 的散射称为背散射。你能解释为什么在 180° 的散射角时反冲电子获得的动能最大？

17.4 玻尔的氢原子理论及其缺陷

17.4.1 氢原子光谱的规律

光谱是研究原子结构的重要途径之一，用光栅光谱仪观察低压氢气放电管发出的光，可以获得氢原子的很有规律的线状谱。如图 17.4-1 所示，是氢原子的光谱图，谱线的间隔和强度都向着短波方向递减，图中 H_α，H_β，H_γ，H_δ 为可见光范围内的 4 条谱线。

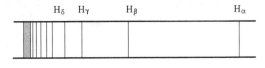

图 17.4-1 氢原子光谱巴耳末系的谱线

1885 年，瑞士一位中学教师巴耳末 (J. J. Balmer) 首先将氢原子光谱线的波长用一个简单的公式表示了出来：

$$\lambda = B \frac{n^2}{n^2 - 4} \tag{17.4-1}$$

式中，$B = 3645.6 \text{Å}$，若用频率 ν 或波数（波长的倒数）$\tilde{\sigma} = \frac{1}{\lambda}$ 来表征，则巴耳末公式可以写为

$$\nu = \frac{4c}{B}\left(\frac{1}{2^2} - \frac{1}{n^2}\right), \quad \tilde{\sigma} = \frac{1}{\lambda} = \frac{4}{B}\left(\frac{1}{2^2} - \frac{1}{n^2}\right) \tag{17.4-2}$$

1889 年，里德伯 (J. R Rydberg) 提出了一个普遍的方程，即把式 (17.4-2) 中的 2^2 换成其他整数的平方，就可以得出氢原子光谱的其他线系，这个方程是

$$\tilde{\sigma} = R\left(\frac{1}{k^2} - \frac{1}{n^2}\right) \quad \begin{matrix} k = 1, 2, 3, \cdots \\ n = k+1, k+2, k+3 \cdots \end{matrix} \tag{17.4-3}$$

式中，$R = \frac{4}{B} = 1.096776 \times 10^7 \mathrm{m}^{-1}$，称为里德伯常量。氢原子光谱系的名称分别为

$k = 1$，$n = 2, 3, \cdots$ 莱曼 (T. Lyman) 系，(1914 年)，紫外区

$k = 2$，$n = 3, 4, \cdots$ 巴耳末系 (J. J. Balmer)，(1885 年)，可见光

$k = 3$，$n = 4, 5, \cdots$ 帕邢 (F. Paschen) 系，(1908 年)，红外区

$k = 4$，$n = 5, 6, \cdots$ 布拉开 (F. Brackett) 系，(1922 年)，红外区

$k = 5$，$n = 6, 7, \cdots$ 普丰德 (H. A Pfund) 系，(1924 年)，红外区

原子光谱线系可用这样简单的公式来表示，且其结果又非常准确，这说明它深刻地反映了原子内在的规律。

小节概念回顾： 什么是巴耳末公式？氢原子光谱系的规律是什么？

17.4.2　玻尔的氢原子理论

为了解释氢原子光谱的规律性，1913 年玻尔（N. Bohr）在卢瑟福的核型结构的基础上，把量子化概念应用到原子系统，提出了三个基本假设作为他的氢原子理论的出发点。

玻尔理论的基本假设是：

1. 定态假设

原子系统只能处在一系列分立的能量状态，在这些状态中，虽然电子绕核做加速运动，但并不辐射也不吸收电磁波，这些状态称为原子系统的稳定状态（简称定态），相应的能量分别为 E_1，E_2，E_3，$\cdots$（$E_1 < E_2 < E_3 < \cdots$）。

2. 辐射的频率法则

当原子从一个能量为 E_n 的定态跃迁到另一能量为 E_k 的定态时，就要发射或吸收一个频率为 ν_{kn} 的光子

$$\nu_{kn} = \frac{|E_n - E_k|}{h} \tag{17.4-4}$$

式中，h 为普朗克常量，当 $E_n > E_k$ 时发射光子，当 $E_n < E_k$ 时吸收光子。

3. 量子化条件

在电子绕核做圆周运动中，其稳定状态必须满足电子的角动量 L 等于 $\dfrac{h}{2\pi}$ 的整数倍的条件，即

$$L = n\frac{h}{2\pi} \quad (n = 1, 2, 3, \cdots) \tag{17.4-5}$$

式中，n 为正整数，称为量子数。式（17.4-5）称为角动量量子化条件，此式也可简写成

$$L = n\hbar \tag{17.4-6}$$

式中，$\hbar = \dfrac{h}{2\pi}$ 称为约化普朗克常量（reduced Planck constant），其值等于

$$1.05457168 \times 10^{-34} \, \text{J} \cdot \text{s}。$$

小节概念回顾： 玻尔的三个假设是什么？如何理解玻尔理论？

17.4.3　氢原子轨道半径和能量的计算

玻尔根据上述假设计算了氢原子在稳定态中的轨道半径和能量，他认为原子核不动，当质量为 m、速度为 v 的电子以核为中心做半径为 r 的圆周运动时，其向心力就是氢原子核正电荷对轨道电子的库仑引力，应用库仑定律和牛顿运动定律得

$$\frac{e^2}{4\pi\varepsilon_0 r^2} = m\frac{v^2}{r} \tag{17.4-7}$$

又根据角动量量子化条件

$$L = mvr = n\frac{h}{2\pi} \quad (n = 1, 2, 3, \cdots) \tag{17.4-8}$$

消去两式中的 v，并以 r_n 代替 r，得

$$r_n = n^2 \left(\frac{\varepsilon_0 h^2}{\pi m e^2} \right) \quad (n = 1, 2, 3, \cdots)$$

(17.4-9)

当 $n=1$ 时，得 $r_1 = 0.529 \times 10^{-10}$ m，称为玻尔半径（Bohr radius），常用 a_0 表示，这个数值和用其他方法得到的数值符合得很好，图 17.4-2 表示氢原子处于各定态时的电子轨道。

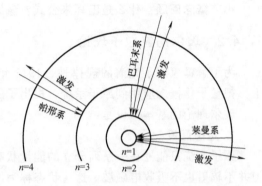

图 17.4-2　氢原子各定态电子轨道及跃迁图

原子系统的能量 E 等于原子核与轨道电子这一带电系统的静电势能和电子的动能之和。如将电子在无穷远处的静电势能视为零，则得

$$E_n = \frac{1}{2} m v_n^2 - \frac{e^2}{4\pi\varepsilon_0 r_n} = -\frac{e^2}{8\pi\varepsilon_0 r_n} = -\frac{1}{n^2}\left(\frac{m e^4}{8\varepsilon_0^2 h^2} \right) \quad (n = 1, 2, 3, \cdots) \quad (17.4\text{-}10)$$

可见能量是量子化的，这些分立的能量称为能级（energy level）。称 $n=1$ 为基态，$n>1$ 为激发态，$n=2$ 时为第一激发态或共振态。一个 n 值对应着一个定态和一个轨道，也对应着一个确定的能量。

氢原子的基态（$n=1$）能量： $E_1 = -\frac{1}{2} m \ (\alpha c)^2 = -13.6 \text{eV}$

根据玻尔的跃迁假设，则

$$\nu = \frac{E_n - E_k}{h} = \frac{m e^4}{8\varepsilon_0^2 h^3}\left(\frac{1}{k^2} - \frac{1}{n^2} \right)$$

(17.4-11)

用波数表示，则

$$\tilde{\sigma} = \frac{1}{\lambda} = \frac{\nu}{c} = R\left(\frac{1}{n_1^2} - \frac{1}{n_2^2} \right)$$

(17.4-12)

显然式（17.4-12）与氢原子光谱经验公式是一致的，又可得里德伯常量的理论值

$$R_{理论} = \frac{m e^4}{8\varepsilon_0^2 h^3 c} = 1.0973731 \times 10^7 \text{m}^{-1}$$

(17.4-13)

理论值与实验值符合得很好，图 17.4-2 也示出了氢原子能态跃迁所产生的各谱线系。至此，玻尔模型成功地解释了氢光谱，解开了近 30 年的"巴耳末公式之谜"。

17.4.4　玻尔理论的缺陷

玻尔理论对氢原子光谱的解释获得了很大的成功，但玻尔理论也存在着严重不足。首先，这个理论仍是以经典理论为基础的，它在经典理论的框架内引进了与经典理论相抵触的电子定态不发出辐射的假设，其次，量子化条件的引进也没有适当的理论解释。

玻尔理论的缺陷在于处理问题没有一个完整的理论体系。例如，一方面把微观粒子（电子、原子等）看作经典力学的质点，仍采用了坐标、轨道和速度的概念，并且还应用牛顿定律来计算电子轨道等；另一方面又加上量子条件来限定稳定运动状态的轨道，因此玻尔理论是经典理论加上量子条件的混合物，正如当时布拉格（W. H, Bragg）对这种理论进行评论时所说的那样："好像应当在星期一、三、五引用经典规律，星期二、四、六引用量子规律"。实际上，对像原子、电子这样的微观粒子，由于它们和光子一样具有波粒二象性，它

们的运动不能用经典的概念来描述，不存在什么确定的电子运动轨道，位置和动量是不能同时精确测量的，这就是量子力学的基本原理，这些量遵从的是不确定关系，这一切都反映出早期量子论的局限性。

例 17.4-1　在气体放电管中，当动能为 12.5eV 的电子通过碰撞使基态氢原子激发时，最高激发到哪一个能级？当原子向低能级跃迁时，能发射哪些波长的光谱线？

解：设氢原子全部吸收电子的能量后最高能激发到第 n 个能级，此能级的能量为 $-\dfrac{13.6}{n^2}\text{eV}$，所以

$$E_n - E_1 = \left(13.6 - \frac{13.6}{n^2}\right)\text{eV}$$

把 $E_n - E_1 = 12.5\text{eV}$ 代入上式得

$$n^2 = \frac{13.6}{13.6 - 12.5} = 12.36$$

所以 $n = 3.5$。

n 只能取整数，这表明氢原子最高能激发到 $n = 3$ 的激发态。在向基态跃迁时能产生 3 条谱线。

从 $n = 3 \rightarrow n = 1$ $\qquad\qquad \tilde{\sigma}_1 = R\left(\dfrac{1}{1^2} - \dfrac{1}{3^2}\right) = \dfrac{8}{9}R$

$$\lambda_1 = \frac{9}{8R} = \frac{9}{8 \times 1.096776 \times 10^7}\text{m} = 102.6\text{nm}$$

从 $n = 3 \rightarrow n = 2$ $\qquad\qquad \tilde{\sigma}_2 = R\left(\dfrac{1}{2^2} - \dfrac{1}{3^2}\right) = \dfrac{5}{36}R$

$$\lambda_2 = \frac{36}{5R} = \frac{36}{5 \times 1.096776 \times 10^7}\text{m} = 656.5\text{nm}$$

从 $n = 2 \rightarrow n = 1$ $\qquad\qquad \tilde{\sigma} = R\left(\dfrac{1}{1^2} - \dfrac{1}{2^2}\right) = \dfrac{3}{4}R$

$$\lambda_3 = \frac{4}{3R} = \frac{4}{3 \times 1.096776 \times 10^7}\text{m} = 121.6\text{nm}$$

评价：本题是应用玻尔的跃迁假设计算不同光谱线系的波长，原子光谱线系的波数实际是两能量之间的差值。

17.5　波粒二象性

17.5.1　德布罗意波

1924 年，德布罗意在光的波粒二象性的启发下，从自然界的对称性出发，提出了与光的波粒二象性完全对称的设想，即实物粒子（如电子质子等）也具有波粒二象性的假设。

德布罗意认为，质量为 m 的粒子、以速度 v 匀速运动时，具有能量 E 和动量 p；从波动性方面来看，它具有波长 λ 和频率 ν，而这些量之间的关系也和光波的波长、频率与光子

的能量、动量之间的关系一样，应遵从下述公式：

$$E = mc^2 = h\nu \tag{17.5-1}$$

$$p = mv = \frac{h}{\lambda} \tag{17.5-2}$$

因此，一静质量 m_0 的粒子，当以速度 v 运动，则该粒子所表现的平面单色波的波长是

$$\lambda = \frac{h}{p} = \frac{h}{mv} = \frac{h}{m_0 v}\sqrt{1 - \frac{v^2}{c^2}} \tag{17.5-3}$$

式 (17.5-3) 称为**德布罗意公式**，人们通常把这种物质所表现的波称为**德布罗意波**（de Broglie wave）或**物质波**。

如果 $v \ll c$，那么

$$\lambda = \frac{h}{m_0 v}$$

德布罗意关系式通过普朗克常量把粒子性和波动性联系起来。实际上，在任何表达式中，只要有 h 出现，就意味其具有量子力学特征。

小节概念回顾：什么是物质波？如何理解德布罗意的波粒二象性？

例 17.5-1 证明玻尔氢原子理论的圆轨道长度，恰等于整数个电子的德布罗意波长。

证：根据玻尔氢原子理论的轨道量子化条件，有

$$m_e v r = nh \quad (n = 1, 2, \cdots)$$

其中 m_e 为电子质量；r 为圆周轨道半径；v 为圆周运动速率。

因此，电子圆轨道运动的周长为

$$2\pi r = \frac{nh}{m_e v} = n \cdot \frac{h}{p} = n\lambda$$

评价：本题利用量子化条件将原子中的定态，即持续地在圆轨道上传播而不辐射能量的驻波联系起来。

德布罗意的物质波概念成功地解释了玻尔氢原子假设中令人困惑的轨道量子化条件，他认为电子的物质波绕圆轨道传播，当满足驻波条件时，物质波才能在圆轨道上持续地传播，这才是稳定的轨道如图 17.5-1 所示。设 r 为电子稳定轨道的半径，则有

$$2\pi r = n\lambda \quad (n = 1, 2, 3, \cdots)$$

将物质波波长 $\lambda = \dfrac{h}{mv}$ 代入，即得

$$mvr = n\frac{h}{2\pi} \quad (n = 1, 2, 3, \cdots)$$

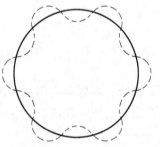

图 17.5-1 电子驻波

这正是玻尔假设中有关电子轨道角动量量子化的条件。

17.5.2 戴维孙-革末实验和波粒二象性

德布罗意提出物质波的概念以后，很快就在实验上得到证实。1927 年戴维孙（C. J. Davisson）和革末（L. H. Germer）进行了电子衍射实验，表明电子确实具有波动性，

而且也检验了德布罗意波长公式的正确性。电子的波动性获得了实验证实以后，在其他的一些实验中也观察到中性粒子，如原子、分子和中子等微观粒子也具有波动性，且德布罗意公式也同样正确。许多实验事实证明：一切微观粒子都具有波粒二象性。德布罗意公式就是描述微观粒子波粒二象性的统一性的基本公式。这意味着经典的有关"粒子"与"波"的概念失去了完全描述量子范围内的物理行为的能力。爱因斯坦这样描述这一现象："好像有时我们必须用一套理论，有时候又必须用另一套理论来描述（这些粒子的行为），有时候又必须两者都用。我们遇到了一类新的困难，这类困难迫使我们要借助两种互相矛盾的观点来描述现实，两种观点单独是无法完全解释光的现象的，但是合在一起便可以。"波粒二象性是微观粒子的基本属性之一。2015 年瑞士洛桑联邦理工学院科学家成功拍摄到光同时表现波粒二象性的照片。当紫外光照在金属表面时，会造成一种电子发射。爱因斯坦将此解释为入射光的"光电"效应，被认为光既是一种波，也是一束粒子流。瑞士洛桑联邦理工学院一个由法布里奥·卡彭领导的研究小组进行了一次"聪明的"反向实验：用电子来给光拍照，终于捕获了有史以来第一张光既像波，同时又像粒子流的照片，如图 17.5-2 所示。

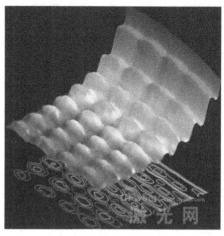

图 17.5-2 光既像波，同时又像粒子流

如前所述，从 20 世纪 20 年代开始，人们认识到微观粒子（光子、电子、质子、中子等）不仅具有粒子性，而且还具有波动性，即所谓波粒二象性（wave particle）。但是，微观粒子在某些条件下表现出粒子性，在另一些条件下表现出波动性，而两种性质虽属于同一客体中，却不能同时表现出来。不仅如此，"波动"和"粒子"都是经典物理学中从宏观世界得到的概念，我们很容易直观地了解它们。然而对于微观粒子具有波粒二象性，就显得很难理解。但可以断言，微观粒子不同于经典意义上的粒子，也不同于经典意义上的波，如何解释微观粒子的波动性和粒子性的关系问题，就是要解释物质波的波函数的物理意义。这个问题困惑了人们很长时期，直到玻恩（M. Bom）提出物质波波函数的统计诠释，才得以揭示其本质。波粒二象性颠覆了以往人们对经典波动理论的理解，开创了量子力学的时代。

例 17.5-2 一质量 $m=0.05\text{kg}$ 的子弹，以速率 $v=300\text{m/s}$ 运动着，其德布罗意波长是多少？

解：由德布罗意公式得

$$\lambda=\frac{h}{mv}=\frac{6.63\times10^{-34}\text{J}\cdot\text{s}}{0.05\text{kg}\times300\text{m}\cdot\text{s}^{-1}}=4.4\times10^{-35}\text{m}$$

评价：由此可见，对于一般的宏观物体，其物质波波长是非常非常小的，很难显示波动性。

17.6 不确定关系

由于微观粒子具有波粒二象性，所以它具有和经典力学中的质点不一样的性质。在经典力学的概念中，质点的运动都沿着一定的轨道，在轨道上任意时刻质点都有确定的位置和动量，一个粒子的位置和动量是可以同时精确测定的。在量子理论发展以后，揭示出，要同时测出微观物体的位置和动量的准确度是有一定限制的，这个限制来源于物质的二象性。1927年海森堡推得，测量一个微观粒子的位置时，在某一方向，例如 x 方向上，粒子的位置不确定范围是 Δx，那么同时在该方向上的动量也有一个不确定范围 Δp_x，二者之间的乘积总是大于一定的数值，即

$$\Delta x \Delta p_x \geqslant h$$

这一关系叫作不确定［性］关系（也曾叫作测不准关系）。下面我们可通过电子单缝衍射实验来推导这一关系。

如图 17.6-1 所示，一束动量为 p 的电子沿 y 轴方向垂直射入宽为 Δx 的单缝后发生衍射而在屏上形成衍射条纹。考虑一个电子通过缝时的位置和动量。对单个电子来说，我们不能确定它是从缝中哪一点通过的，而只知道它是从宽为 Δx 的缝中通过的，因此它在 x 方向上的位置不确定量就是 Δx。它沿 x 方向的动量 p 在缝前为零（$p_x = 0$），在通过狭缝后，p_x 就不再是零了，否则电子只沿原方向前进时就不会发生衍射现象了。屏上电子落点沿 x 方向展开，说明电子通过缝时已有了不为零的 p_x 值。作为近似，先假定电子落在中央亮条纹内，因而电子在通过缝时，运动方向可以有大到 θ_1 角的偏转。根据动量矢量的合成可知，一个电子在通过缝时在 x 方向动量的分量 p_x 的大小为下列不等式所限：

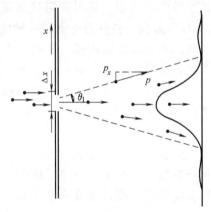

图 17.6-1　电子单缝衍射说明

$$0 \leqslant p_x \leqslant p \sin\theta_1$$

则 p_x 的动量不确定量为

$$\Delta p_x = p \sin\theta_1$$

考虑到衍射条纹的次级极大，可得

$$\Delta p_x \geqslant p \sin\theta_1 \tag{17.6-1}$$

由单缝衍射公式，第 1 级暗条纹中心的角位置 θ_1 由下式决定：

$$\Delta x \sin\theta_1 = \lambda$$

根据德布罗意公式

$$\lambda = \frac{h}{p}$$

有

$$\sin\theta_1 = \frac{h}{p\Delta x}$$

将此式代入式（17.6-1）可得

$$\Delta p_x \geqslant \frac{h}{\Delta x}$$

即

$$\Delta x \Delta p_x \geqslant h \tag{17.6-2}$$

用量子力学可以严格地证明

$$\Delta x \Delta p_x \geqslant \frac{\hbar}{2}$$

其中 $\hbar = \dfrac{h}{2\pi} = 1.0545887 \times 10^{-34}$ J·s 称为约化普朗克常量。同理,其他两个分量可得类似关系式:

$$\Delta x \Delta p_x \geqslant \frac{\hbar}{2} \tag{17.6-3}$$

$$\Delta y \Delta p_y \geqslant \frac{\hbar}{2}$$

$$\Delta z \Delta p_z \geqslant \frac{\hbar}{2}$$

这三个公式称为位置和动量的**不确定关系**(uncertainty relation)。它表明粒子的位置不确定量越小,则同方向上的动量不确定量越大。同样,某方向上动量不确定量越小,则此方向上粒子位置的不确定量越大。这表明在测量粒子的位置和动量时,它们的精度存在着一个终极的不可逾越的限制。

除了位置和动量的不确定关系外,对粒子的行为还常用到能量和时间的不确定关系。考虑一个粒子在一段时间 Δt 内的动量为 p,能量为 E,根据相对论,有

$$p^2 c^2 = E^2 - m_0^2 c^4$$

而其动量的不确定量为

$$\Delta p = \Delta\left(\frac{1}{c}\sqrt{E^2 - m_0^2 c^4}\right) = \frac{E}{c^2 p}\Delta E$$

在 Δt 时间内,粒子可能发生的位移为 $v\Delta t = \dfrac{p}{m}\Delta t$。该位移也就是在这段时间内粒子位置的不确定量,即

$$\Delta x = \frac{p}{m}\Delta t$$

将 Δx 与 Δp 相乘,得

$$\Delta x \Delta p = \frac{E}{mc^2}\Delta E \Delta t$$

由于 $E = mc^2$,再根据不确定关系式(17.6-3),可得

$$\Delta E \Delta t \geqslant \frac{\hbar}{2} \tag{17.6-4}$$

这就是关于能量和时间的不确定关系。

小节概念回顾:如何理解位置和动量的不确定关系?什么是能量和时间的不确定关系?

例 17.6-1 质量为 1g 的物体,当测量其重心位置时,若在 x 方向上的不确定量为 $\Delta x = 10^{-6}$ m,试用不确定性关系计算其速度的不确定量。

解:由式(17.6-3)知

$$\Delta x \cdot m\Delta v_x \geqslant \hbar/2$$

计算可得速度的不确定量为

$$\Delta v_x = \frac{\hbar}{2m\Delta x} = \frac{1.05 \times 10^{-34}}{2 \times 10^{-3} \times 10^{-6}} \text{m/s} = 5.25 \times 10^{-26} \text{m/s}$$

评价:由物体的波粒二象性引起的速度的不确定量可以认为是零,对于这种宏观粒子,

它的波动性不会对它的"经典式"运动带来任何实际的影响。由此可知，对宏观运动，不确定关系实际上不起作用，因而用经典力学方法来处理宏观物体的运动问题是足够准确的。

例 17.6-2 设电子在原子中运动的速度为 10^6m/s，原子的线度为 10^{-10}m，求原子中电子速度的不确定量。

解： 电子的位置不确定量为 $\Delta x = 10^{-10} \text{m}$，由不确定关系可得速度的不确定量为

$$\Delta v_x = \frac{\hbar}{m \Delta x} = \frac{1.05 \times 10^{-34}}{9.11 \times 10^{-31} \times 10^{-10}} \text{m/s} = 1.2 \times 10^6 \text{m/s}$$

评价： 速度不确定量与速度有相同的数量级，显然不能认为原子中的电子有确定的速度了。可见对原子范围内的电子，谈论其速度是没有什么实际意义的。这时电子的波动性十分显著，描述它的运动时必须抛弃轨道概念而代之以说明电子在空间的概率分布的电子云图像。因此原子中电子的运动就不能用经典力学来处理，必须应用量子理论。

例 17.6-3 钠光灯所发出黄光的波长为 $\lambda = 589.3 \text{nm}$，谱线宽度 $\Delta \lambda = 0.6 \text{nm}$，问当这种光子沿 x 方向传播时，它的 x 坐标的不确定量多大？

解： 光子具有波粒二象性，因此也应满足不确定关系。由于 $p_x = h / \lambda$，所以数值上

$$\Delta p_x = \frac{h}{\lambda^2} \Delta \lambda$$

故由不确定度关系，有

$$\Delta x = \frac{\hbar}{2 \Delta p} = \frac{\lambda^2}{4 \pi \Delta \lambda} \approx \frac{\lambda^2}{\Delta \lambda} = \frac{(589.3)^2}{0.6} \text{nm} \approx 5.8 \times 10^5 \text{nm} \approx 0.58 \text{mm}$$

评价： $\lambda^2 / \Delta \lambda$ 等于相干长度，也就是波列长度，说明光子位置的不确定量即为光子可能存在的空间范围，这就是光源的波列长度，即相干长度。普通光源波列长度为 mm 量级，激光光源波列长度可达 km 量级。

例 17.6-4 如果一个电子处于原子能级的时间（寿命）为 10^{-8}s，那么这个原子在这个能态的能量最小不确定量是多少？设电子从上述能态跃迁到基态，对应的能量差为 3.39eV。

解： 由跃迁理论，与能级差 3.39eV 对应的辐射波长应为

$$\lambda = \frac{c}{\nu} = \frac{hc}{E_2 - E_1} = \frac{6.63 \times 10^{-34} \times 3 \times 10^8}{3.39 \times 1.6 \times 10^{-19}} \text{nm} = 366.7 \text{nm}$$

由能量时间不确定关系，3.39eV 能级的能量不准确度为

$$\Delta E_2 = \frac{\hbar}{\Delta t} = 6.59 \times 10^{-8} \text{eV}$$

评价： 由该能级跃迁至基态时，势必引起波长的不准确，这就是谱线自然宽度的起因，所以辐射光子波长的最小不确定量为

$$\Delta \lambda = \Delta \left(\frac{c}{\nu} \right) = \Delta \left(\frac{hc}{E_2 - E_1} \right) = \frac{hc \cdot \Delta E_2}{(E_2 - E_1)^2} = \frac{hc}{(E_2 - E_1)^2} \frac{\hbar}{\Delta t} = 7.13 \times 10^{-6} \text{nm}$$

17.7 物质波波函数及其统计诠释

在经典力学中，要确定一个宏观物体的运动状态，可以同时指出它在某一时刻的位置和

速度（或动量）。这就是经典物理学中的"严格的因果律"或"决定论"。"决定论"在宏观低速的领域取得巨大成功，但"决定论"在微观领域碰到不可克服的困难，如对微粒的位置和动量，我们不能同时确定，只能预言其可能行为，所得结果不能比不确定关系允许的更准确。

在介绍电子的单缝衍射实验中，已清楚地看出，电子的位置和动量至少有一个是不确定的，无法精确地预知电子落在衍射屏的何处。但在不确定性中又有完全的确定性，如电子落入中区的概率是完全确定的，为 75%。又如处于能级宽度为 ΔE 的微粒的寿命为 $\Delta \tau$，在 $\Delta \tau$ 时间内粒子何时衰变或跃迁至低能级是完全不确定的，不过它的衰变概率却是完全确定的。

波粒二象性必然导致统计解释，统计性将波和粒子这两个不同的经典概念联系起来。爱因斯坦于 1917 年引入统计性用于光辐射，而对于物质波，则是玻恩在 1927 年提出德布罗意波的概率解释。

前面曾指出，具有能量 E 和动量 $\vec{p}$ 的自由运动的一个微观粒子，必然同时表现波动性，因此，我们不能像经典物理那样，确定这个自由粒子在某一时刻的位置，而是需要用波函数描述它的状态，用波函数来确切地描述粒子的运动状态，给波函数赋于一定的物理意义后，就能把粒子性和粒子的波动性这两种对立的属性统一起来。

现在考虑一自由粒子的波，由于自由粒子不受力，动量不变，与其相联系的波长也不变，是单色波，所以自由粒子的物质波的频率为 ν、波长为 λ，它沿 Ox 轴方向传播的平面单色波表示为

$$y(x,t)=y_0\cos2\pi\left(\nu t-\frac{x}{\lambda}\right) \tag{17.7-1}$$

或用复数形式表示

$$y(x,t)=y_0\mathrm{e}^{-\mathrm{i}2\pi\left(\nu t-\frac{x}{\lambda}\right)} \tag{17.7-2}$$

将德波罗意关系式 $E=h\nu$ 和 $\lambda=\dfrac{h}{p}$ 代入式（17.7-2），便得到自由粒子平面波的波函数，或者说，描写自由粒子波动性的平面物质波的波函数 ψ 为

$$\psi(x,t)=\psi_0\mathrm{e}^{-\mathrm{i}\frac{2\pi}{h}(Et-px)} \tag{17.7-3}$$

为了和一般波动区别开来，在式（17.7-3）中用 Ψ 代表 y。式（17.7-1）便是描述能量为 E、动量为 $\vec{p}$、沿 x 方向运动的自由粒子的德布罗意波，并称 Ψ 为物质波的波函数。

自由粒子的波函数表示波在时间和空间上是无限展延的，那么波函数 ψ 究竟代表什么呢？现在，我们用光波与物质波对比的方法来阐明波函数的物理意义。**从波动的观点来看**，光的行射图样亮处光强大，暗处光强小，而光强与光振动振幅的平方成正比，所以图样亮处光振动的振幅平方大，暗处光振动的振幅平方小。**从微粒统计的观点来看**，这就相当于光子到达亮处的概率要远大于光子到达暗处的概率，结论是光子在某处附近出现的概率与该处的光强成正比，也就是与该处光振动振幅的平方成正比。

电子的衍射图样和光的行射图样相类似，对电子及其他微观粒子来说，在微粒性与波动性之间也应有类似的结论，即物质波的强度也应与波函数的平方成正比，物质波强度较大的地方，也就是粒子分布较多的地方。**因此，得到结论：如有大量的粒子，在某一时刻，在空间某一地点，粒子出现的概率正比于该时刻、该地点的波函数的平方，这是玻恩**

(M. Baom) **提出的波函数的统计解释**。因此，德布罗意波（或物质波）是一种体现微观粒子运动的概率波（probability wave）。由波函数的统计解释可以看出，对微观粒子讨论运动的轨道是没有意义的，因为反映出来的只是微观粒子运动的统计规律。

在一般情况下，物质波的波函数是复数，而概率却必须是正实数，所以在某处发现一个实物粒子的概率与德布罗意波的波函数平方 ψ^2 成正比。若波函数用复数表示，则表示为 $|\psi|^2=\psi\psi^*$，ψ^* 是 ψ 的共扼复数。我们把在体积元 dV 内发现一个粒子的概率表达为

$$|\psi|^2 dV = \psi\psi^* dV \tag{17.7-4}$$

式中，$|\psi|^2=\psi\psi^*$ 表示在某一时刻在某点处单位体积内发现一个粒子的概率，称为概率密度（probability density），这就是德布罗意波函数的物理意义。

波函数 Ψ 要具有这样的物理意义，必须满足一些条件，就是它必须是连续的、单值的、有限的。因概率不会在某处突变，所以波函数必须处处连续。因在空间任意处只能有一个概率，所以波函数必须单值。因概率不能无限大，所以波函数必须有限。另外，由于粒子必定要在空间中的某一点出现，所以粒子在空间各点出现的概率总和等于1，将式（17.7-2）对整个空间积分后，应有

$$\iiint |\psi|^2 dV = 1 \tag{17.7-5}$$

式（17.7-5）称为归一化条件（normalizing condition）。

从波函数的上述条件之一对玻尔轨道做一个简单说明，一粒电子在玻尔轨道中运动同该电子的德布罗意波沿轨道传播相联系，对一个可能的轨道，波函数必须单值，这就要求轨道的一周等于波长的整数倍，即 $2\pi r=n\lambda$，考虑到 $\lambda=\dfrac{h}{m v}$，即得玻尔提出的可能轨道的量子化条件：$m v r=n\hbar$。同样可证明，可能的椭圆轨道的一周也等于德布罗意波长的整数倍。

波函数的统计诠释是玻恩在1929年提出来的，为此，他获得了1954年的诺贝尔物理学奖。

应用 17.7-1　态叠加原理与量子计算机

量子计算机是量子力学的一个热点应用，不同于传统计算机，它的工作原理是利用量子态配合上特定的量子算法来进行计算，量子计算机能够解决许多经典计算机难以解决的问题。

我们知道，传统计算机依靠基本单元——晶体管来处理数据，晶体管是否导通可以看做数字0和1，大量的0和1就组成了数据（每一位称为一个"比特"）。显然，比特的位数越多，能表示的数据也就越大。随着电子技术的发展，晶体管越来越小（甚至只有几纳米），电路的集成密度越来越高，传统计算机的性能也就得到了不断提升。然而，这种提升是有极限的，当元件大小、电路间距都逼近原子级别时，量子效应会非常显著，因而此时电子的运动必须用量子力学来描述，传统计算机的工作原理也将不再适用。

相比之下，量子计算机使用微观粒子的不同量子态来表示0和1，例如电子的自旋方向（向上或向下）、光子的偏振方向等，我们称作"量子比特"。量子比特的最大特点是它可以同时处于两个态的叠加态，即同时表示0和1，这是和传统晶体管的最大区别。例如，同样是两个比特，传统晶体管一次只能表示00、01、10、11这四个态的其中之一，而量子比特却可以同时处在这四个态的叠加状态。因此，如果有 N 个量子比特，量子计算机可以同时

处于 2^N 种不同的态的叠加。配合上特定的量子算法后，基于量子态来进行计算的量子计算机可以解决许多对于经典计算机非常困难的问题。例如量子计算机可以用 Shor 算法非常快速地破解已为广泛使用的 RSA 加密算法，这对于经典计算机来说异常困难。

目前来看，量子计算机还有很多理论和技术问题尚需探索和解决，其大规模的应用仍需要很长时间。但是近年来，科研人员在这一领域也取得了一些重要的突破，量子计算机的发展依然是值得我们期待的。

课 后 作 业

黑体辐射

17-1 估测星球表面温度的方法之一是：将星球看成黑体，测量它的辐射峰值波长 λ_m，利用维恩位移定律便可估计其表面温度，如果测得北极星和天狼星的 λ_m 分别为 $0.35\mu m$ 和 $0.29\mu m$，试计算它们的表面温度。

17-2 假设太阳表面温度为 5800K，太阳半径为 $6.96\times10^8 m$。如果认为太阳的辐射是稳定的，问太阳在 1 年内由于辐射，它的质量减小了多少？

光电效应

17-3 铝的逸出功为 4.2eV 今用波长为 200nm 的紫外光照射到铝表面上，发射的电子的最大初动能为多少？遏止电势差为多大？铝的红限波长为多大？

17-4 当波长为 3000Å 的光照射在某金属表面时，光电子的能量在 0 到 4.0×10^{-19}J 范围。求做此光电效应实验时遏止电势差值 $|U_a|$ 和此金属的红限频率 ν_0。

17-5 如题 17-5 图所示，某金属 M 的红限波长 $\lambda_0=260nm$（$1nm=10^{-9}m=10Å$），今用单色紫外线照射该金属，发现有光电子放出，其中速度最大的光电子可以匀速直线地穿过互相垂直的均匀电场（电场强度 $E=5\times10^3 V/m$）和均匀磁场（磁感应强度 $B=0.005T$）区域，求：（1）光电子的最大速度 v；（2）单色紫外线的波长 λ。（电子质量 $m_e=9.11\times10^{-31}kg$，普朗克常量 $h=6.63\times10^{-34}J\cdot s$）

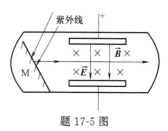
题 17-5 图

康普顿散射

17-6 波长为 $3\times10^{-3}nm$ 的光子与静止的电子发生碰撞，碰撞后反冲电子的速率为 $0.6c$。将电子的康普顿波长记为 $\lambda_c=\dfrac{h}{m_0c}=2.43\times10^{-3}nm$，那么散射光子的波长为多少？

17-7 光子能量为 0.5MeV 的 X 射线，入射到某种物质上而发生康普顿散射，若反冲电子的能量为 0.1MeV，那么散射光波长的改变量 $\Delta\lambda$ 与入射光波长之比值为多少？

17-8 用动量守恒定律和能量守恒定律证明：一个自由电子不能一次完全吸收一个光子。

玻尔的氢原子理论

17-9 在基态氢原子被外来单色光激发后发出的巴耳末系中，仅观察到三条谱线，试求：（1）外来光的波长；（2）这三条谱线的波长。

17-10 已知用光照射的办法将氢原子基态的电子电离，可用的最长波长的光是 91.3nm 的紫外光，那么氢原子从各受激态跃迁至基态的莱曼系光谱的波长为多少？

17-11 假定氢原子原是静止的，那么氢原子从 $n=3$ 的激发态直接通过辐射跃迁到基态时的反冲速度大约是多少？（氢原子的质量 $m=1.67\times10^{-27}kg$）

17-12 动能为 20eV 的电子与处于基态的氢原子相碰，使氢原子激发。当氢原子回到基态时，辐射出波长为 121.6nm 的光谱，试求碰撞后电子的速度。

17-13 氢原子的玻尔模型认为电子在一定的轨道上做圆周运动。如果电子在 $n=4$ 的轨道上运动，轨道半径等于多少？电子的速率、角动量、动能和势能等于多少？

17-14 根据玻尔理论，当氢原子处于第二激发态时，它可能发射出的光子的能量分别是多少？

波粒二象性

17-15 若 α 粒子（电荷量为 $2e$）在磁感应强度大小为 B 的均匀磁场中沿半径为 R 的圆形轨道运动，求 α 粒子的德布罗意波长。

17-16 证明玻尔氢原子理论的圆轨道长度恰等于整数个电子的德布罗意波长。

17-17 一光子的波长与一电子的德布罗意波长皆为 0.50nm，求此光子的动量 p_0 与电子的动量 p_e 之比以及动能 E_0 与电子的动能 E_e 之比。

不确定关系

17-18 如题 17-18 图所示，一束动量为 p 的电子，通过缝宽为 a 的狭缝，在距离狭缝为 R 处放置一荧光屏，求屏上衍射图样中央最大的宽度 d。

17-19 做一维运动的电子，其动量不确定量是 $\Delta p_x=10^{-25}\mathrm{kg\cdot m/s}$，能将这个电子约束在内的最小容器的大概尺寸是多少？

17-20 如果电子被限制在边界 x 与 $x+\Delta x$ 之间，$\Delta x=0.5\text{Å}$，那么电子动量 x 分量的不确定量近似地为多少？（不确定关系式 $\Delta x\cdot\Delta p_x\geqslant h$，普朗克常量 $h=6.63\times10^{-34}\mathrm{J\cdot s}$）

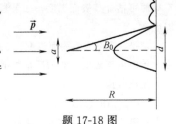

题 17-18 图

第18章 薛定谔方程及其应用

在"物质粒子的波粒二象性"思想的基础上，薛定谔进一步推广了德布罗意波的概念，于 1926 年提出了波动力学，后与海森伯、玻恩的矩阵力学统一为量子力学。量子力学的建立和发展为人们对物质世界的认识带来了革命性的变化。

18.1 薛定谔方程

18.1.1 薛定谔方程的建立

薛定谔（E. Schrödinger）方程是量子力学中最基本的方程，它的地位与经典力学中的牛顿运动方程、电磁场中的麦克斯韦方程相当，它是不能由其他基本原理推导出来的。下面介绍的是建立薛定谔方程的主要思路，并不是方程的理论推导。

设一个沿着 Ox 轴运动、具有质量为 m、动量为 p 的自由粒子，它的平面波函数是

$$\Psi(x,t) = \Psi_0 e^{-\frac{i}{\hbar}(Et-px)}$$

将上式分别求 x 的二阶偏导数及 t 的一阶导数，得

$$\frac{\partial^2 \Psi}{\partial x^2} = -\frac{p^2}{\hbar^2}\Psi, \quad \frac{\partial \Psi}{\partial t} = -\frac{i}{\hbar}E\Psi$$

考虑限于低速的情形，利用自由粒子的动量和动能的非相对论关系 $E = p^2/2m$，由以上两式得

$$-\frac{\hbar^2}{2m}\frac{\partial^2 \Psi}{\partial x^2} = i\hbar\frac{\partial \Psi}{\partial t} \tag{18.1-1}$$

这就是一维运动自由粒子的波函数所遵循的规律，称为一维运动自由粒子含时的薛定谔方程。

如果粒子不是自由的，而是处于外力场中，波函数所适合的方程可用类似方法建立起来。粒子的总能量 E 应是势能 $U(x,t)$ 和动能 E_k 之和，即

$$E = \frac{p^2}{2m} + U(x,t)$$

则

$$\frac{\partial \Psi}{\partial t} = -\frac{i}{\hbar}\left[\frac{p^2}{2m} + U(x,t)\right]\Psi$$

于是得

$$-\frac{\hbar^2}{2m}\frac{\partial^2\Psi}{\partial x^2}+U(x,t)\Psi=\mathrm{i}\hbar\frac{\partial\Psi}{\partial t} \tag{18.1-2}$$

这就是一维非自由粒子的含时薛定谔方程。不难看出，自由粒子波函数所遵循的方程式（18.1-1）只是当 $U(x)=0$ 时的特殊情况，如果粒子在三维空间中运动，则上式可推广为

$$-\frac{\hbar^2}{2m}\nabla^2\Psi+U(x,y,z,t)\Psi=\mathrm{i}\hbar\frac{\partial\Psi}{\partial t} \tag{18.1-3}$$

这是一般的含时薛定谔方程，式中 $\nabla^2\equiv\frac{\partial^2}{\partial x^2}+\frac{\partial^2}{\partial y^2}+\frac{\partial^2}{\partial z^2}$ 称为拉普拉斯算符。

一般来说，只要知道粒子的质量和它在势场中的势能函数 U 的具体形式，就可以写出其薛定谔方程，再根据初始和边界条件求解波函数，从而得出粒子在不同时刻不同位置处出现的概率密度。

小节概念回顾：如何理解平面波函数？什么是含时薛定谔方程？

18.1.2　定态薛定谔方程

当势能 U 不显含时间而只是坐标的函数时，可把波函数 $\Psi(x, y, z, t)$ 分离变量，写成空间坐标函数 $\psi(x, y, z)$ 和时间函数 $f(t)$ 的乘积，即

$$\Psi(x,y,z,t)=\psi(x,y,z)f(t)$$

代入式（18.1-3）后整理可得

$$\left[-\frac{\hbar^2}{2m}\nabla^2\psi(x,y,z)+U(x,y,z)\psi(x,y,z)\right]\frac{1}{\psi(x,y,z)}=\mathrm{i}\hbar\frac{\partial f(t)}{\partial t}\frac{1}{f(t)}$$

因为上式的左边只是坐标 (x, y, z) 的函数，而右边只是时间 t 的函数，所以只有两边都等于同一个常数，等式才成立，以 E 表示这一常数，于是有

$$\mathrm{i}\hbar\frac{\partial f(t)}{\partial t}\frac{1}{f(t)}=E \tag{18.1-4}$$

$$\frac{1}{\psi(x,y,z)}\left[-\frac{\hbar^2}{2m}\nabla^2\psi(x,y,z)+U(x,y,z)\psi(x,y,z)\right]=E \tag{18.1-5}$$

式中，E 是与 r、t 无关的分离常数，具有能量的量纲。式（18.1-4）积分后可得波函数的时间部分：

$$f(t)=\mathrm{e}^{-\frac{\mathrm{i}}{\hbar}Et}$$

由于指数只能是量纲为 1 的纯数，可见 E 必定具有能量的量纲。这样波函数的空间部分式（18.1-5）可以写成

$$-\frac{\hbar^2}{2m}\nabla^2\psi+U\psi=E\psi$$

这就是定态薛定谔方程，由于波函数 Ψ 含有 t 的因子是 $\mathrm{e}^{-\frac{\mathrm{i}}{\hbar}Et}$，所以概率密度为

$$|\Psi|^2=\Psi\Psi^*=|\psi|^2\mathrm{e}^{-\frac{\mathrm{i}}{\hbar}Et}\cdot\mathrm{e}^{\frac{\mathrm{i}}{\hbar}Et}=|\psi|^2$$

上式与时间无关，表明在空间中任一点发现粒子的概率是定值，这种用波函数描述的粒子的稳定态称为定态（stationary state）。相应的波函数称为定态波函数。

小节概念回顾：什么是定态薛定谔方程？什么是概率密度？如何理解定态波函数？

18.2 一维定态薛定谔方程的应用

从本节开始，我们将定态薛定谔方程应用到几个具体问题上，通过这些例子的求解，可以对量子力学的应用有一个初步的理解。

18.2.1 一维无限深势阱

由上面的讨论可知，已知势能函数的具体形式，原则上就可以利用薛定谔方程求解出波函数。但实际上，当势能形式较为复杂时，薛定谔方程求解十分困难，因此，经常需要通过物理模型将势函数的形式简化。

在许多情况中，如金属中的电子、原子中的电子、原子核中的质子和中子等粒子的运动有一个共同点，即粒子的运动都被限制在有限的空间范围内，或者说，粒子处于束缚态。从势能的角度可以将其抽象为以下物理模型：在金属内部，势能为零，而在表面处势能突然增至电子无法逾越的无限大，其一维的势能图如图 18.2-1 所示，其形状与陷阱相似，故称为势阱（potential well）。一维无限深势阱的势能函数为

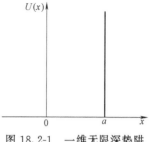

图 18.2-1　一维无限深势阱

$$U(x)=\begin{cases}0 & 0<x<a \\ \infty & x\leqslant 0, x\geqslant a\end{cases}$$

式中，a 称为势阱宽度。

由于势能不显含时间，所以需由定态薛定谔方程求解 $\psi(x)$，考虑到势能是分段的，列方程求解也需分势阱外、势阱内两个区间进行。

对于一维无限深势阱中运动的粒子，位于势阱外的概率为 0，即

$$\psi(x)=0 \qquad (x\leqslant 0 \text{ 或 } x\geqslant a)$$

在阱内，设波函数为 ψ_i，以 $U=0$ 代入一维定态薛定谔方程，得

$$-\frac{\hbar^2}{2m}\frac{\mathrm{d}^2\psi}{\mathrm{d}x^2}=E\psi \quad 0<x<a \tag{18.2-1}$$

令

$$k^2=\frac{2mE}{\hbar^2} \tag{18.2-2}$$

于是式（18.2-1）可改写为

$$\frac{\mathrm{d}^2\psi}{\mathrm{d}x^2}+k^2\psi=0 \quad (0<x<a)$$

其通解为

$$\psi(x)=A\sin(kx+\delta) \tag{18.2-3}$$

式中，A、δ 为两个待定常数，单从数学上看，E 为任何值方程（18.2-1）都有解，然而，根据波函数连续性要求，在势阱边界上，有

$$\psi(0)=0 \tag{18.2-4}$$

$$\psi(a)=0 \tag{18.2-5}$$

由式（18.2-3）和式（18.2-4）得：　　　　　$A \sin\delta = 0$

令波函数不能恒为零，而 A 不能为零，所以必须 $\delta = 0$ ，于是

$$\psi(x) = A \sin kx \tag{18.2-6}$$

再根据式（18.2-5）得

$$\psi(a) = A \sin ka = 0$$

所以 ka 必须满足：

$$ka = n\pi \quad (n = 1, 2, 3, \cdots)$$

n 取负数给不出新的波函数。这就告诉我们 k 只能取下列值：

$$k = \frac{n\pi}{a} \quad (n = 1, 2, 3, \cdots) \tag{18.2-7}$$

由式（18.2-2）可知，粒子的能量只能取下列值：

$$E_n = \frac{n^2 \pi^2 \hbar^2}{2ma^2} \quad (n = 1, 2, 3, \cdots) \tag{18.2-8}$$

这就是说，并非任何 E 值对应的波函数都满足问题所要求的边界条件式（18.2-4）、式（18.2-5），而只有当能量值取式（18.2-8）所给出那些 E_n 值时，对应的波函数才能满足边界条件，这样我们就能很自然地得到被束缚在阱中的粒子的能量只能取一系列离散的数值，即能量是量子化的。每一个能量值对应于一个能级，这些能量值称为能量本征值，n 称为量子数。

将式（18.2-7）代入到式（18.2-6）中，并把势阱外的波函数也包括在内，我们就得到能量为 E_n 的波函数。

$$\psi_n(x) = \begin{cases} 0 & x \leq 0, x \geq a \\ A \sin \dfrac{n\pi}{a} x & 0 < x < a \end{cases} \tag{18.2-9}$$

$$n = 1, 2, 3, \cdots$$
$$n \neq 0, \; n = 0, \; \psi \equiv 0, \text{波函数无意义}$$

式（18.2-9）中 A 可由归一化条件确定，由

$$\int_{-\infty}^{\infty} |\psi_n(x)|^2 \mathrm{d}x = \int_0^a |\psi(x)|^2 \mathrm{d}x = A^2 \int_0^a \sin^2 \frac{n\pi}{a} x \, \mathrm{d}x = 1$$

可知：$A = \sqrt{\dfrac{2}{a}}$。

最后得到能量为 E_n 的归一化波函数为

$$\psi_n(x) = \begin{cases} 0 & x \leq 0, x \geq a \\ \sqrt{\dfrac{2}{a}} \sin \dfrac{n\pi}{a} x & 0 < x < a \end{cases}$$

$$n = 1, 2, 3, \cdots$$

这些波函数称为能量本征函数，由每个本征波函数描述的粒子的状态称为能量本征态，其中能量最低的态称为基态，其上的能量较大的态称为激发态。

图 18.2-2 给出了 $n = 1, 2, 3, 4$ 时波函数 $\Psi(x)$、概率密度 $|\Psi(x)|^2$ 和能级的关系曲线。实线表示 $\Psi\text{-}x$ 关系，虚线表示 $|\Psi|^2\text{-}x$ 关系，由图 18.2-2 可知，尽管在阱内粒子是自

由的，但在阱中不同位置粒子出现的概率并不相同，每一能量本征波函数描述的能量本征态对应于德布罗意波的一个特定波长的驻波，在阱壁处只能为波节。

例 18.2-1 设想一电子在无限深势阱中运动，如果势阱宽度分别为 1.0×10^{-2} m 和 1.0×10^{-10} m，试分别计算这两种情况下相邻能级的能量差。

解: 根据势阱中的能量公式

$$E = \frac{\pi^2 \hbar^2}{2ma^2} n^2 = \frac{h^2}{8ma^2} n^2$$

得到两相邻能级的能量差为

$$\Delta E = E_{n+1} - E_n = (2n+1) \frac{h^2}{8ma^2}$$

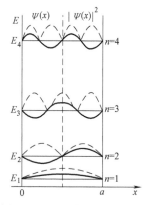

图 18.2-2 一维无限深势阱中的波函数、概率密度和能级

可见两相邻能级间的距离随着量子数的增加而增加，而且与粒子的质量 m 和势阱的宽度 a 有关。

当 $a = 1.0 \times 10^{-2}$ m 时

$$E = 6.04 \times 10^{-34} \times n^2 \text{ J} = 3.77 \times 10^{-15} \times n^2 \text{ eV}$$

$$\Delta E = (2n+1) \times 3.77 \times 10^{-15} \text{ eV}$$

在这种情况下，相邻能级之间的距离是非常小的，我们可以把电子的能量看作是连续的。

当 $a = 1.0 \times 10^{-10}$ m 时，

$$E = 37.7 \times n^2 \text{ eV}$$

$$\Delta E = (2n+1) \times 37.7 \text{ eV}$$

在这种情况下，相邻能级之间的距离是非常大的，这时电子能量的量子化就明显地表现出来了。由此可知，电子在小到原子尺度范围内运动时，能量的量子化特别显著，在普通尺度范围内运动时，能量的量子化就不显著，此时可以把粒子的能量看作是连续变化的。

评价: 当 $n \geqslant 1$ 时，能级的相对间隔近似为 $\dfrac{\Delta E_n}{E_n} \approx \dfrac{2n \dfrac{h^2}{8ma^2}}{n^2 \dfrac{h^2}{8ma^2}} = \dfrac{2}{n}$，可见能级相对间隔 $\dfrac{\Delta E_n}{E_n}$

随着 n 的增加成反比地减小。当 $n \to \infty$ 时，ΔE_n 较之 E_n 要小得多，这时，能量的量子化效应就不显著了，可认为能量是连续的，经典图样和量子图样趋于一致。因此，经典物理可以看作是量子物理中量子数 $n \to \infty$ 时的极限情况。

例 18.2-2 试求在一维无限深势阱中粒子概率密度最大值的位置。

解: 一维无限深势阱中粒子的概率密度为

$$|\psi_n(x)|^2 = \frac{2}{a} \sin^2 \frac{n\pi}{a} x \quad (n = 1, 2, 3, \cdots)$$

将上式对 x 求导一次，并令它等于零

$$\frac{d|\psi_n(x)|^2}{dx}\bigg|_{x=0} = \frac{4n\pi}{a^2} \sin \frac{n\pi}{a} x \cos \frac{n\pi}{a} x = 0$$

因为在阱内，即 $0 < x < a$，$\sin \dfrac{n\pi}{a} x \neq 0$，只有

$$\cos\frac{n\pi}{a}x=0$$

于是

$$\frac{n\pi}{a}x=(2N+1)\frac{\pi}{2} \quad (N=0,1,2,\cdots,n-1)$$

由此解得最大值的位置为

$$x=(2N+1)\frac{a}{2n}$$

例如：$n=1$，$N=0$ 最大值位置 $x=\frac{1}{2}a$

    $n=2$，$N=0$，1，   最大值位置 $x=\frac{a}{4}$，$\frac{3}{4}a$

    $n=3$，$N=0$，1，2，   最大值位置 $x=\frac{1}{6}a$，$\frac{3}{6}a$，$\frac{5}{6}a$

评价： 由本题可知：概率密度最大值的数目和量子数 n 相等。相邻两个最大值间的距离 $\Delta x=\frac{a}{n}$。如果阱宽 a 不变，则 n 越大出现的峰值就越多，粒子的位置就越难确定。当 $n\to\infty$ 时，$\Delta x\to0$，粒子的位置完全不能确定。这时最大值连成一片，峰状结构消失，概率分布成为均匀，与经典理论的结论趋于一致。

例 18.2-3 已知一个粒子在一维无限深势阱中运动，其波函数为 $\Psi(x)=A\cos\frac{3\pi x}{2a}$ ($-a\leqslant x\leqslant a$) 试求粒子出现在 $0\sim a$ 处区域的概率。

解： 由归一化条件

$$\int_{-a}^{a}\Psi(x)\cdot\Psi^*(x)\mathrm{d}x=1$$

可得

$$\int_{-a}^{a}A^2\cos^2\frac{3\pi x}{2a}\mathrm{d}x=1$$

可得

$$A=\frac{1}{\sqrt{a}}$$

该粒子出现在 $0\sim a$ 区域的概率 $P=\int_0^a|\Psi(x)|^2\mathrm{d}x=\int_0^a\frac{1}{a}\cos^2\frac{3\pi x}{2a}\mathrm{d}x=\frac{1}{2}$。

评价： 本题考察概率分布。在阱中不同位置粒子出现的概率并不相同。

18.2.2 一维势垒 隧道效应

若有一粒子在图 18.2-3 中所示的力场中沿 x 方向运动，其势能分布如下：

$$U(x)=\begin{cases}U_0,0<x<a\\0,x<0,x>a\end{cases}$$

这种势能分布称为一维方势垒（potential barrier），其中 a 称为势垒宽度，U_0 为势垒高度，虽然方势垒是一种简化的模型，但确是计算一维运动粒子被任意势场散射的基础。

设粒子的质量为 m，以一定的能量 E 由区域Ⅰ向区域Ⅱ运动，因势能 $U(x)$ 不显含时间，所以也是个定态问题，根据势能函数，列出下面三个区域内的定态薛定谔方程。

Ⅰ区：

$$-\frac{\hbar^2}{2m}\frac{\mathrm{d}^2\psi_1}{\mathrm{d}x^2}=E\psi_1$$

Ⅱ区：

$$-\frac{\hbar^2}{2m}\frac{\mathrm{d}^2\psi_2}{\mathrm{d}x^2}+U_0\psi_2=E\psi_2$$

Ⅲ区：

$$-\frac{\hbar^2}{2m}\frac{\mathrm{d}^2\psi_3}{\mathrm{d}x^2}=E\psi_3$$

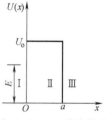

图 18.2-3 一维方势垒

考虑 $E<U_0$ 的情况，令 $k_1^2=\frac{2mE}{\hbar^2}$，$k_2^2=\frac{2m(U_0-E)}{\hbar^2}$，这样，$k_2$ 为实数，将 k_1 和 k_2 代入方程得

$$\begin{cases} \dfrac{\mathrm{d}^2\psi_1}{\mathrm{d}x^2}+k_1^2\psi_1=0 \\[2mm] \dfrac{\mathrm{d}^2\psi_2}{\mathrm{d}x^2}-k_2^2\psi_2=0 \\[2mm] \dfrac{\mathrm{d}^2\psi_3}{\mathrm{d}x^2}+k_3^2\psi_3=0 \end{cases}$$

其通解为

$$\begin{cases} \psi_1(x)=A\mathrm{e}^{\mathrm{i}k_1x}+A'\mathrm{e}^{-\mathrm{i}k_1x} \\[1mm] \psi_2(x)=B\mathrm{e}^{\mathrm{i}k_2x}+B'\mathrm{e}^{-\mathrm{i}k_2x} \\[1mm] \psi_3(x)=C\mathrm{e}^{\mathrm{i}k_1x}+C'\mathrm{e}^{-\mathrm{i}k_1x} \end{cases}$$

当我们用时间因子乘以上面三个式子时，立即可以得出 ψ_1、ψ_2、ψ_3 中的第一项表示向右传播的平面波，第二项为向左传播的平面波。在 $x>a$ 的区域，当粒子从左向右透过方势垒，不会再反射，因而Ⅲ中应当没有向左传播的波，也就是说 $C'=0$。值得注意的是 $C\neq0$，即 $\psi_3\neq0$，表明粒子有一定的概率穿过势垒，这一点与经典力学有显著的区别。

对微观粒子和宏观粒子经势垒散射的讨论：

1）若 $E>U_0$，则宏观粒子完全穿透势垒，无反射，而微观粒子既有穿透的可能，又有反射的可能。

2）若 $E<U_0$，则宏观粒子完全被反射，不能穿透势垒，而微观粒子既有反射的可能，又有透射的可能。这种粒子在能量小于势垒高度时，仍能贯穿势垒的现象称为隧道效应，如图 18.2-4 所示。

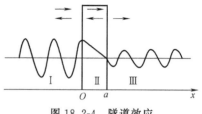

图 18.2-4 隧道效应

应用 18.2-1 量子信息与量子纠缠

量子纠缠（quantum entanglement），是一种量子力学现象，是指一个系统中各个粒子的量子态相互纠缠在一起，相互关联的现象。具体表现为一个系统的量子态无法被分解成若干个子系统

的量子态的直积的形式。例如两个自旋的系统如果量子态为

$$|\psi\rangle = \frac{1}{\sqrt{2}}(|\uparrow\rangle|\downarrow\rangle + |\downarrow\rangle|\uparrow\rangle),$$ 则我们说两个自旋处在量子纠缠的状态，这是因为上述量

子态无法分解成两个自旋各自独立的量子态的乘积，而如果仅仅对其中一个自旋做测量，该自旋会塌缩到自己的自旋向上的态或者自旋向下的态，由于上述量子态的特征，另一个自旋的状态也会随之确定下来，因此我们称两个自旋的态是纠缠的，因为对一个自旋做测量会确定另一个自旋的状态。因此理论上讲，虽然两个自旋离得非常远，但是只要他们处在纠缠的状态，它们之间只要有一个自旋的状态被确定，另一个状态就会随着确定下来。爱因斯坦曾将这种现象称为"幽灵般的超距作用"（spooky action at a distance）。2019 年7 月英国格拉斯哥大学的科学家捕获到第一张量子纠缠图像，如应用 18.2-1 图所示。

应用 18.2-1 图

量子纠缠这种看似"幽灵"一般的超距相互作用这些年来在理论和实验上得到了广泛的研究。在量子信息领域，利用量子态进行通信的技术叫作量子通信，其中基于纠缠态的量子通信就利用到了量子纠缠原理。量子通信是一种被称为绝对安全的通信技术，它的绝对安全来源于量子信息中的量子态不可克隆定理，从物理原理上保证了通信的安全性，这一安全性主要体现在，窃听者无法在不被发现的情况下，在量子通信的线路中窃听通信信息。

目前我国在量子通信领域的研究处在世界前沿，并且量子通信也正在逐渐走向实际应用。与此同时，量子通信的研究也让我们对于量子纠缠、量子态的操控等各种量子现象的理解不断加深，对量子世界的了解也越发的深入。

课 后 作 业

一维无限深势阱

18-1 已知粒子在一维无限深势阱中运动，其波函数为 $\psi(x) = \sqrt{\dfrac{2}{a}} \sin \dfrac{n\pi}{a}x \, (0 \leqslant x \leqslant a)$，求发现粒子概率最大的位置，并讨论结果与 n 的关系。

18-2 已知粒子在一维矩形无限深势阱中运动，其波函数为 $\psi(x) = \dfrac{1}{\sqrt{a}} \cdot \cos \dfrac{3\pi x}{2a} \, (-a \leqslant x \leqslant a)$，求粒子在 $x = \dfrac{5a}{6}$ 处出现的概率密度。

18-3 一维无限深势阱中粒子的定态波函数为 $\psi(x) = \sqrt{\dfrac{2}{a}} \sin \dfrac{n\pi x}{a}$，试求：(1) 粒子处于基态时；(2) 粒子处于 $n = 2$ 的状态时，在 $x = 0$ 到 $x = \dfrac{a}{3}$ 之间找到粒子的概率。

18-4 一维运动的粒子处于如下波函数所描述的状态：

$$\psi(x) = \begin{cases} Ax\mathrm{e}^{-\lambda x} & (x \leqslant 0) \\ 0 & (x < 0) \end{cases}$$

式中，$\lambda > 0$。(1) 求波函数 $\psi(x)$ 的归一化常数 A；(2) 求粒子的概率分布函数；(3) 在何处发现粒子的概率最大？

18-5 一维无限深方势阱中的粒子的波函数在边界处为零。这种定态物质波相当于两端固定的弦中的驻波，因而势阱宽度必须等于德布罗意波的半波长的整数倍，试由此求出粒子的能量。

18-6 一个细胞的线度为 10^{-5} m，其中一粒子质量为 10^{-14} g，按一维无限深方势阱计算，这个粒子的 $n_1 = 100$ 和 $n_2 = 101$ 的能级和它们的差。

18-7 一个氧分子被封闭在一个盒子内。按一维无限深方势阱计算（设势阱宽度为 10cm），问：

（1）该氧分子的基态能量是多大？（2）设该分子的能量等于 $T = 300$K 时的平均热运动能量 $\frac{3}{2}kT$，相应的量子数 n 的值是多少？这第 n 激发态和第 $n+1$ 激发态的能量差是多少？

18-8 粒子在一维无限深方势阱中运动而处于基态。从阱宽的一端到离此端 1/4 阱宽的距离内它出现的概率多大？

18-9 一维无限深势阱中的粒子的波函数在边界处为零，这种定态物质波相当于两端固定的弦中的驻波，因而势阱宽度 a 必须等于德布罗意半波长的整数倍。试利用这一条件导出能量量子化公式

$$E_n = \frac{h^2}{8ma^2}n^2$$

18-10 一个粒子沿 x 方向运动，可以用如下的波函数描述：$\psi(x) = c\dfrac{1}{1+\mathrm{i}x}$，其中 c 为归一化常数。

（1）试由归一化条件定出归一化常数 c；（2）何处粒子出现的概率最大？（3）给出从 0 到 x 粒子出现的概率的计算表达式。

18-11 粒子位于一维对称势场中，势场形式为 $V(x) = \begin{cases} 0, & 0 < x < d \\ V_0, & x < 0,\ x > d \end{cases}$

（1）试推导粒子在 $E < V_0$ 情况下其总能量 E 满足的关系式。

（2）试利用上述关系式以图解法证明，粒子的能量只能是一些不连续的值。

第19章 原子和分子光谱

19.1 氢原子

前面指出，玻尔氢原子理论只是半经典、半量子化的理论，对氢原子光谱的解释并不完美，现在介绍量子力学中是如何处理氢原子问题的。由于求解氢原子的薛定谔方程的数学计算比较复杂，这里只简略地说明其求解的方法以及讨论有关的结论。

19.1.1 氢原子的薛定谔方程

在氢原子中，电子在原子核的库仑场中运动，电子的势能函数为

$$U = -\frac{e^2}{4\pi\varepsilon_0 r} \tag{19.1-1}$$

式中，r 为电子到核的距离。由于势能不显含时间，所以氢原子问题仍是一个定态问题，将 U 代入定态薛定谔方程得

$$\frac{\partial^2 \psi}{\partial x^2} + \frac{\partial^2 \psi}{\partial y^2} + \frac{\partial^2 \psi}{\partial z^2} + \frac{2m}{\hbar^2}\left(E + \frac{e^2}{4\pi\varepsilon_0 r}\right)\psi = 0$$

对有心力场中的运动，采用球极坐标 $(r,\ \theta,\ \varphi)$ 代替直角坐标系 $(x,\ y,\ z)$ 更为方便。由 $x = r\sin\theta\cos\varphi$，$y = r\sin\theta\sin\varphi$，$z = r\cos\theta$，将上式化成

$$\frac{1}{r^2}\frac{\partial}{\partial r}\left(r^2\frac{\partial\psi}{\partial r}\right) + \frac{1}{r^2\sin\theta}\frac{\partial}{\partial\theta}\left(\sin\theta\frac{\partial\psi}{\partial\theta}\right) + \frac{1}{r^2\sin^2\theta}\frac{\partial^2\psi}{\partial\varphi^2} + \frac{2m}{\hbar}\left(E + \frac{e^2}{4\pi\varepsilon_0 r}\right)\psi = 0 \tag{19.1-2}$$

在一般情况下，波函数 ψ 即是 r 的函数，又是 θ、φ 的函数，通常采用分离变量法求解，即设

$$\psi(r,\theta,\varphi) = R(r)\Theta(\theta)\Phi(\varphi)$$

其中 $R(r)$、$\Theta(\theta)$、$\Phi(\varphi)$ 分别只是 r、θ、φ 的函数。这样可以把式（19.1-2）分成三个独立函数 $R(r)$、$\Theta(\theta)$、$\Phi(\varphi)$ 所满足的三个常微分方程

$$\frac{d^2\Phi}{d\varphi^2} + m_1^2\Phi = 0 \tag{19.1-3}$$

$$\frac{1}{\sin\theta}\frac{d}{d\theta}\left(\sin\theta\frac{d\Theta}{d\theta}\right) + \left(\lambda - \frac{m_1^2}{\sin^2\theta}\right)\Theta = 0 \tag{19.1-4}$$

$$\frac{1}{r^2}\frac{d}{dr}\left(r^2\frac{dR}{dr}\right) + \left[\frac{2m}{\hbar^2}\left(E + \frac{e^2}{4\pi\varepsilon_0 r}\right) - \frac{\lambda}{r^2}\right]R = 0 \tag{19.1-5}$$

式（19.1-5）是中心力场的径向方程。式中，m_1 和 λ 为分离常数。解此三个方程，并考虑到波函数应满足的标准条件，即可得到波函数 $\psi(r, \theta, \varphi)$。

小节概念回顾：什么是中心力场的普适方程？

19.1.2　量子化条件和量子数

在求解上述三个方程时，很自然地得到氢原子的一些量子化特性。

能量量子化和主量子数 n

在求解径向方程时，能量 E 必须等于某些值，R 才会有限，也就是说，只有这些状态能在物理上实现。这样算得，在 $E<0$ 的范围，E 只能等于下式的数值（量子化条件）：

$$E_n = -\frac{me^4}{32\pi^2\varepsilon_0^2\hbar^2}\frac{1}{n^2} = -\frac{me^4}{8\varepsilon_0^2 h^2}\frac{1}{n^2} \tag{19.1-6}$$

式中，$n=1$，2，3，…称为主量子数（principal quantum number）。这同玻尔所得到的氢原子能级公式是一致的，但玻尔是人为地加上量子化的假设，量子力学则是在求解薛定谔方程中自然地得出量子化结果的。

在 $E>0$ 范围，E 取任何值都能使 R 有限，所以正值的能量是连续分布的。

"轨道"角动量量子化和角量子数 l

在求解中心力场的普适方程（对 φ、θ 方程求解）时，要使方程有确定的解，电子绕核运动的角动量必须满足量子化条件

$$L = \sqrt{l(l+1)}\hbar \tag{19.1-7}$$

式中，$l=0$，1，2，…（$n-1$）称为角量子数（angular quantum number）。将式（19.1-6）与玻尔理论比较，可见两者并非完全相同，虽然两者都说明角动量的大小是量子化的。按量子力学的结果，角动量的最小值为零，L 的取值也并不等于 $\hbar$ 的整数倍，而玻尔理论的最小值为 $\hbar$。实验证明，量子力学的结果更为准确。

"轨道"角动量空间量子化和磁量子数 m

求解薛定谔方程还表明，电子绕核运动的角动量 L 的方向在空间的取向不能连续地改变，而只能取一些特定的方向。角动量 L 在外磁场 z 方向的投影必须满足量子化条件

$$L_z = m_l\hbar \tag{19.1-8}$$

式中，$m_l=0$，±1，±2，…，$\pm l$ 称为磁量子数（magnetic quantum number）。L_z 是 z 轴方向的角动量，所以 L_z 是总角动量 L 在 z 轴方向的分量。这样可知，L 和 L_z 都是量子化的，l 和 m_1 是联系着总角动量及其在 z 轴上的分量的两个量子数。对于一定的角量子数 l，m_1 可取 $2l+1$ 个值，这表明角动量在空间的取向只有 $2l+1$ 种可能，图 19.1-1 画出了 $l=1$，2，3 的电子轨道角动量空间取向量子化的示意图。这种角动量的空间取向量子化的现象称为空间量子化。由式（19.1-8）可以看出，电子的轨道角动量是不可能完全与磁场平行的。

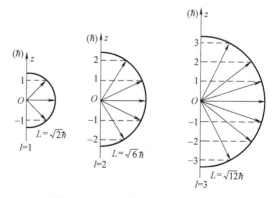

图 19.1-1　角动量空间取向量子化

电子的波函数也与三个量子数 n、l、m_l 有关。不同的 n、l 值对应不同的径向函数 $R_{nl}(r)$，而不同的 l、m_1 值则对应不同的球谐函数 $Y_{lm_l}(\theta, \varphi)$，因此，电子波函数可写为

$$\psi_{nlm_l}(r,\theta,\varphi) = R_{nl}(r)Y_{lm_l}(\theta, \varphi)$$

其中，$Y_{lm_l}(\theta, \varphi) = \Theta_{lm_l}(\theta)\Phi_m(\varphi)$。可见，氢原子中电子的稳定状态是用一组量子数 n、l、m_l 来描述的，这三个量子数不仅决定了电子的能量、角动量的大小及空间取向，而且还决定了电子波函数，因此氢原子的状态完全可以用这三个量子数来描述。

小节概念回顾：怎样理解量子化条件？描述波函数的三个量子数分别是什么？

19.1.3 氢原子中电子的概率分布

在量子力学中，没有轨道的概念，取而代之的是空间概率分布的概念。在氢原子中，求解薛定谔方程得到了电子波函数 $\psi(r, \theta, \varphi)$，对应每一组量子数（n，l，m_l），这一确定的波函数就描述一个确定的状态。电子波函数写为 $\psi_{nlm_l}(r, \theta, \varphi) = R_{nl}(r)Y_{lm_l}(\theta, \varphi)$。对于基态的氢原子，描述其运动状态的三个量子数分别为 $n=1$，$l=0$，$m_l=0$，波函数为

$$\psi_{100}(r,\theta,\varphi) = R_{10}(r)Y_{00}(\theta,\varphi) = R_{10}(r)\Theta_{00}(\theta)\Phi_0(\varphi)$$

为了对氢原子复杂的定态波函数有初步了解，表 19.1-1 中列出了波函数在低量子数时的具体表达式。

表 19.1-1 低量子数的径向波函数和球谐函数

n	l	m	$R_{nl}(r)$	$Y_{lm}(\theta,\varphi)$
1	0	0	$\dfrac{2}{a_0^{3/2}}e^{-r/a_0}$	$\dfrac{1}{\sqrt{4\pi}}$
2	0	0	$\dfrac{1}{\sqrt{2}a_0^{3/2}}\left(1-\dfrac{r}{2a_0}\right)e^{-r/2a_0}$	$\dfrac{1}{\sqrt{4\pi}}$
2	1	0	$\dfrac{1}{2\sqrt{6}a_0^{3/2}}\dfrac{r}{a_0}e^{-r/2a_0}$	$\sqrt{\dfrac{3}{4\pi}}\cos\theta$
2	1	± 1	$\dfrac{1}{2\sqrt{6}a_0^{3/2}}\dfrac{r}{a_0}e^{-r/2a_0}$	$\sqrt{\dfrac{3}{8\pi}}\sin\theta e^{\pm i\varphi}$
3	0	0	$\dfrac{2}{3\sqrt{3}a_0^{3/2}}\left[1-\dfrac{2r}{3a_0}+\dfrac{2}{27}\left(\dfrac{r}{a_0}\right)^2\right]e^{-r/3a_0}$	$\dfrac{1}{\sqrt{4\pi}}$
3	1	± 1	$\dfrac{8}{27\sqrt{6}a_0^{3/2}}\dfrac{r}{a_0}\left(1-\dfrac{r}{6a_0}\right)e^{-r/3a_0}$	$\sqrt{\dfrac{3}{8\pi}}\sin\theta e^{\pm i\varphi}$
3	2	0	$\dfrac{4}{81\sqrt{30}a_0^{3/2}}\left(\dfrac{r}{a_0}\right)^2 e^{-r/3a_0}$	$\sqrt{\dfrac{5}{16\pi}}(3\cos^2\theta-1)$
3	2	± 1	$\dfrac{4}{81\sqrt{30}a_0^{3/2}}\left(\dfrac{r}{a_0}\right)^2 e^{-r/3a_0}$	$\sqrt{\dfrac{15}{8\pi}}\cos\theta\sin\theta e^{\pm i\varphi}$
3	2	± 2	$\dfrac{4}{81\sqrt{30}a_0^{3/2}}\left(\dfrac{r}{a_0}\right)^2 e^{-r/3a_0}$	$\sqrt{\dfrac{15}{32\pi}}\sin^2\theta e^{\pm 2i\varphi}$

按波函数的统计解释，$|\psi|^2$ 是电子在空间分布的概率密度，电子在三个坐标的概率密度是独立的，可分不同坐标来观察。氢原子中电子出现在空间体积元 $dV = r^2\sin\theta dr d\theta d\varphi$ 内的概率可写为

$$|\psi|^2 dV = |R|^2|\Theta|^2|\Phi|^2 r^2\sin\theta dr d\theta d\varphi$$

其中，$|R|^2 r^2 dr$ 表示电子在半径为 r 和 $r+dr$ 薄球壳内的概率，它与坐标 θ、φ 无关，因此 $|R|^2 r^2 = w_{nl}(r)$ 为径向概率密度。$|\Phi|^2 d\varphi$ 表示电子出现在 φ 和 $\varphi+d\varphi$ 之间的概率，由

式（19.1-3）解得 $\Phi(\varphi)$ 为常数，因而电子的概率分布与 Φ 无关。$|\Theta|^2\sin\theta\mathrm{d}\theta$ 表示电子在 θ 和 $\theta+\mathrm{d}\theta$ 之间的概率，它与 Φ 无关，只与 θ 有关，因此角向概率分布对于 z 轴具有旋转对称性，且与磁量子数 m 无关。其中 $|\Theta|^2|\Phi|^2=w_{lm_l}(\theta,\varphi)$ 为角向概率密度，即单位立体角（$\mathrm{d}\Omega=\sin\theta\mathrm{d}\theta\mathrm{d}\varphi$）内电子出现的概率。

在量子力学中，因电子原则上可以出现在概率不为零的任何位置，而不是仅被限定在几条轨道上，所以常常形象地把电子的这种概率密度分布称为"电子云"（electron cloud）。图 19.1-2 表示氢原子中电子径向相对概率密度分布。由图可见，当氢原子处于基态时（$n=1$，$l=0$），电子出现在玻尔半径 a_0 附近的概率最大，这与玻尔理论是一致的。对于 $n=2$ 的状态，$l=0$ 态（2s）有两个峰值，而 $l=1$ 态（2p）的峰值恰好位于玻尔的第二圆形轨道半径处，等等。图 19.1-3 表示角向概率分布的几个例子，因与 φ 无关，只与 θ 有关，所以角

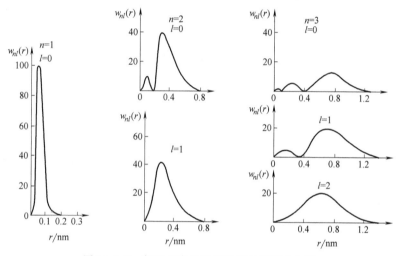

图 19.1-2　氢原子中电子径向相对概率分布图

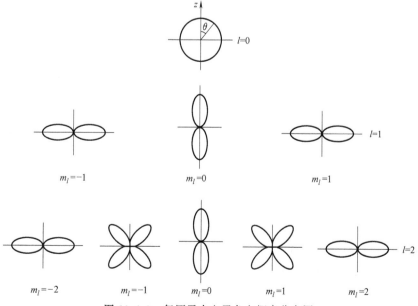

图 19.1-3　氢原子中电子角向概率分布图

向概率分布图即为 $w_{lm_l}(\theta)$ 对 θ 的函数关系。如果从原点出发，引出与 z 轴成 θ 角的射线，图中曲线的长度就代表 $w_{lm_l}(\theta)$ 的大小，由于 $w_{lm_l}(\theta)$ 与 φ 无关，所以这些图形实际是绕 z 轴旋转对称的立体图形。

小节概念回顾：什么是径向概率密度？什么是角向概率密度？什么是电子云？

19.2 原子的电子壳层结构

19.2.1 施特恩-盖拉赫实验

1921 年，施特恩（O. Stern）和盖拉赫（W. Gerlach）为验证电子角动量的空间量子化进行了实验。该实验是对原子在外磁场中取向量子化的首次直接观察，是原子物理学中最重要的实验之一。实验思想是：如果原子磁矩在空间的取向是连续的，那么原子束经过不均匀磁场发生偏转，将在照相底板上得到连成一片的原子沉积；如果原子磁矩在空间取向是分立的，那么原子束经过不均匀偏转后，在底板上得到分立的原子沉积。实验装置如图 19.2-1 所示，当时被测的是银原子。在电炉 O 内使银原子蒸发，银原子通过狭缝 B 后，形成细束，经过一个不均匀的磁场区域，最后打在照相底片 P 上，银原子经过的区域是抽成真空的。

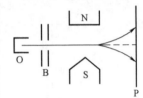

图 19.2-1 施特恩-盖拉赫实验装置示意图

实验发现，在不加磁场时，底板 P 上沉积一条正对狭缝的痕迹，加上磁场后呈现上下对称的两条黑斑，如图 19.2-2 所示，说明银原子束经过不均匀磁场后分为两束，这一现象证实了原子具有磁矩，且磁矩在外磁场中只有两种取向，即空间取向是量子化的。顺便说明一下，底片的两条黑斑是略有宽度的，不是很细的线条，这是由于银原子从炉子中发出，具有一个速度的分布。

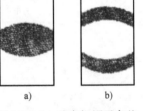

图 19.2-2 基态银原子条纹
a) 经典理论预测结果
b) 本实验结果

尽管施特恩-盖拉赫实验证实了原子在磁场中的空间量子化，但实验给出的银原子在磁场中只有两个取向的事实，是空间量子化的理论所不能解释的。按照空间量子化理论，一个确定的角量子数 l 对应着 $2l+1$ 个磁量子数，由于 L 是整数，$2l+1$ 就一定为奇数。而实验结果却为偶数。由于绝大多数银原子在温度较低时处于基态 $n=1$，l 及 m 只能等于 0，银原子束在非均匀磁场中不应发生偏转，只在中心位置出现一条条纹，然而实验结果却是偶分裂现象。

19.2.2 电子的自旋

为了解释施特恩-盖拉赫银原子偶数分裂的实验结果，1925 年，两位荷兰学者乌伦贝克（G. E. Uhlenbeck）和古兹密特（S. A. Goudsmit）提出了电子自旋的假设。因为电子是带电的，电子的自旋使电子具有自旋磁矩 μ_s 和自旋角动量 S，电子的自旋磁矩与自旋角动量成正比，而方向相反。施特恩-盖拉赫实验中银原子的磁矩就是电子的自旋磁矩。1927 年，费普斯（Phipps）和泰勒（Taylor）用氢原子也做同一类型的实验，氢原子也分裂为两束，这表明氢原子具有磁矩。氢原子只有一个电子，并且在实验中氢原子的电子也处于基态 s 态。它没有轨道角动量和轨道磁矩，氢原子的磁矩只能是电子的自旋磁矩，因此，这个实验证实电子具有自旋磁矩。

上述实验表明：自旋磁矩在外磁场中也是空间量子化的，在磁场方向上的分量只能有两个量值，同时表明，自旋角动量也是空间量子化的，在磁场方向分量 S_z 也只有两个可能的量值。

与电子"轨道"角动量以及角动量在磁场方向上的分量相似，可设电子的自旋角动量为

$$S = \sqrt{s(s+1)}\,\hbar$$

其中，s 称为自旋量子数（spin quantum number）

它在外磁场方向的投影为

$$S_x = m_s \hbar$$

式中，m 称为自旋磁量子数。因为 m_s 所有能取的量值和 m_l 相似，共有 $2s+1$ 个值，但是施特恩-格拉赫实验指出，银原子在外磁场 z 方向只有两个量值，这样令 $2s+1=2$，即得自旋量子数 $s = \dfrac{1}{2}$，从而自旋磁量子数为 $m_s = \pm\dfrac{1}{2}$，即自旋角动量在 z 方向的分量只能取 $\pm\dfrac{1}{2}\hbar$。

小节概念回顾：什么是自旋磁矩？什么是自旋量子数？什么是自旋磁量子数？

19.2.3 原子的电子壳层结构泡利不相容原理和能量最小原理

总结前面的讨论，原子中电子的状态应由四个量子数（n，l，m_l，m_s）来确定。

1）主量子数 n（$n=1$，2，3，…）：大体上决定原子中电子的能量

2）角量子数 l〔（$l=0$，1，2，…，$(n-1)$〕：决定电子轨道角动量的大小，处于同一主量子数 n 而不同角量子数 l 的状态中的电子，其能量稍有不同。

3）磁量子数 m_l（$m_l=0$，±1，±2，…，$\pm l$）：决定轨道角动量在外磁场方向上的分量。

4）自旋磁量子数 $m_s \left(m_s = \pm\dfrac{1}{2} \right)$：决定电子自旋角动量在外磁场方向上的分量。

1916 年，柯塞耳（W. Kossel）提出原子核外电子壳层分布模型，主量子数 n 相同的电子属于同一壳层。n 相同，不同的 l，组成了分壳层，对应于 $n=1$，2，3，…的壳层分别用 K，L，M，N，O，P，…来表示。对应于 $l=0$，1，2，3，4，5，6，…分别用 s，p，d，f，g，h，i，…来表示。下面将根据四个量子数（n，l，m_l，m_s）对原子中电子运动状态的限制来确定原子核外电子的分布情况。

电子在原子中的分布遵从下面两个原理。

1. 泡利不相容原理

泡利（W，Pauli）指出：**在一个原子中不可能有两个或两个以上的电子具有完全相同的四个量子数**（n.l.m_l.m_s），**即原子中的每一个状态只能容纳一个电子**。这称为泡利不相容原理（Pauli exclusion principle），当 n 给定时，l 的可能值为 0，1，…，$n-1$ 共 n 个。当 l 给定时，m_l 的可能值为 $-l$，$-l+1$，…，0，$l-1$，1，共 $2l+1$ 个。当 n，l，m_l 都

给定时，m_s 取 $\frac{1}{2}$ 和 $-\frac{1}{2}$ 两个可能值。因此，根据泡利不相容原理可以算出，原子中具有相同主量子数 n 的电子数目最多为

$$Z_n = \sum_{l=0}^{n-1} 2(2l+1) = \frac{2+2(2n-1)}{2} \times n = 2n^2$$

即在原子中主量子数为 n 的壳层中，最多能容纳 $2n^2$ 个电子。表 19.2-1 列出原子内主量子数 n 的壳层上最多可能容纳的电子数和具有相同 l 的分层上最多可能有的电子数。

表 19.2-1　原子中各主壳层和分壳层上最多可能容纳的电子数

n	l						$N_n = 2n^2$
	0	1	2	3	4	5	
	s	p	d	f	g	h	
1 K	2						2
2 L	2	6					8
3 M	2	6	10				18
4 N	2	6	10	14			32
5 O	2	6	10	14	18		50
6 P	2	6	10	14	18	22	72

2. 能量最小原理

当原子系统处于正常状态时，每个电子趋向占有最低的能级。能级主要由主量子数 n 决定，n 越小，能级也越低。因此，离核最近的壳层，一般首先被电子填满，但能级也和角量子数 l 有关。因而在某些情况下，n 较小的壳层尚未填满而 n 较大的壳层上却开始有电子填入了。

电子壳层的填充：按泡利原理从能量最低的状态开始填充，填满最低能态后才依次填充更高的能态。一般说来，n 越小或 n 一定时 l 越小，则能量越低。

某一特定壳层的电子能量不仅取决于 n，还与 l 有关。实际判断原子能级高低的经验规则为

1）$(n+l)$ 的值相同，则 n 小的能级低。

2）$(n+l)$ 的值不同，若 n 相同，则 l 小的能级低；若 n 不同，则 n 小的能级低。

具体次序为：1s，2s，2p，3s，3p，4s，3d，4p，5s，4d，5p，6s，4f，5d，6p，7s，5f，6d，7p，…

小节概念回顾：什么是泡利不相容原理？什么是能量最小原理？

19.3 分子光谱

分子是由两个或两个以上的原子组成的。分子内部的运动有电子的运动、原子核的振动及转动。当光和其他物质相互作用时，物质分子对光产生了吸收、发射或散射，将物质吸收、发射或散射光的光强对频率作图所形成的演变关系，称为分子光谱。分子之所以能够吸收或发射光谱，是因为分子中的电子在不同的状态中运动，同时分子自身由原子核组成的框架也在不停地振动和转动着。按照量子力学，分子的所有这些运动状态都是量子化的。分子在不同能级之间的跃迁以光吸收或光辐射的形式表现出来，就形成了分子光谱。分子光谱包

括紫外可见光谱、红外光谱、荧光光谱和拉曼光谱等。分子光谱的特征是带光谱，如图 19.3-1 所示。

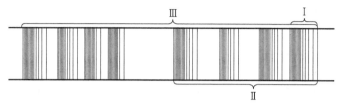

图 19.3-1 分子光谱示意图（Ⅰ：带光谱 Ⅱ：光谱带组 Ⅲ：分子光谱）

分子体系的总能量可以写成

$$E = E_e + E_r + E_v + E_t + E_N + E_i$$

式中，E_e 为电子能量；E_r 为分子的转动能量；E_v 为分子的振动能量；E_t 为分子质心在空间的平动动能；E_N 为分子的核内能；E_i 为分子集团间的内旋转能。由于平动动能和内旋转能是连续的（$10\sim18\mathrm{eV}$），而核的能级（核自旋和电子自旋）要在磁场中才分裂，所以分子光谱主要取决于**电子能量**、分子的**振动能量**和**转动能量**的变化。作为粗略模型，可以把分子想象为用弹簧联系在一起的许多小球，这些小球就是一个个原子核（或原子实），而弹簧就是电子，这些电子的存在和运动就产生了分子中原子之间的相互作用力。当每个原子的电子状态一定时，"弹簧"的劲度系数有一定的值。这时分子的能量除了由电子的状态决定的能量外，还有分子转动和分子内原子的振动所决定的能量。分子的能量可近似表示为这三种运动能量之和。

分子光谱的整体选律：只有伴随电偶极矩变化的运动才有相应的光谱出现。关于光谱选律，在这里不做深入探究，可以参考结构化学或者光谱学教材。此处给一个例子来讨论选律产生的原因：因为光是电磁波，如果分子的两个能级之间的跃迁不能和光的电磁场耦合，光吸收是不可能发生的。具体来说，分子跃迁过程的激发电偶极矩不能等于零，激发电偶极矩的方向和光波的电场方向必须满足一定的关系。具体如下：

1）同核双原子分子的电偶极矩为 0，分子在转动和振动时的电偶极矩为 0，没有转动和振动光谱。但电子跃迁时会改变电荷分布，产生电偶极矩，故有电子光谱，并伴随着转动和振动产生光谱。

2）极性双原子分子有转动光谱、振动光谱和电子光谱。

3）转动过程保持非极性的多原子分子，如 CH_4、CO_2 等，没有转动光谱，但有振动光谱和电子光谱。

转动光谱：同一振动态内不同转动能级之间跃迁所产生的光谱。转动能级的能量差在 $10^{-3}\sim10^{-6}\mathrm{eV}$ 的范围内，故转动频率在远红外到微波区，特征是线光谱。

振动光谱：同一电子态内不同振动能级之间跃迁所产生的光谱。振动能级的能量差在 $10^{-2}\sim1\mathrm{eV}$ 的范围内，光谱在近红外到中红外区。由于振动跃迁的同时会带动转动跃迁，所以振动光谱呈现出谱带特征。

电子光谱：分子的价电子在吸收辐射并跃迁到高能级后所产生的光谱，反映了分子在不同电子态之间的跃迁。电子能级的能量差在 $1\sim20\mathrm{eV}$ 的范围内，使得电子光谱的波长落在紫外区和可见区。在发生电子能级跃迁的同时，一般会同时伴随有振动和转动能级的跃迁，因此电子光谱呈现谱带系特征。由于不同形式的运动之间有耦合作用，所以分子的电子运动、振动和转动是无法严格分离的。

小节概念回顾：什么是分子光谱？什么是转动光谱？什么是振动光谱？什么是电子光谱？

应用 19.3-1　拉曼光谱

拉曼光谱（Raman spectra）是一种散射光谱，是印度物理学家拉曼（Raman）于1928年发现了光散射的拉曼效应，1930年获得了诺贝尔物理奖。拉曼光谱又称为联合散射光谱。拉曼光谱与吸收光谱不同，研究的是散射光。当入射光子与样品发生碰撞时，光子改变运动方向，产生散射光。大部分散射光频率不变，即为弹性散射。有少部分光子与分子碰撞时产生能量传递，散射光能量发生变化，称为非弹性散射。拉曼光谱主要用于红外光谱的补充，相当于把分子的振动从红外区搬到紫外区进行研究。常用的拉曼光谱技术主要有：显微共焦拉曼光谱技术、傅里叶变换拉曼光谱技术、共振增强拉曼光谱技术和表面增强拉曼光谱技术。拉曼光谱在考古研究中应用对古代青铜器的腐蚀产物进行分析研究，有利于我们认识古代各国的合金技术及处理工艺，研究其腐蚀机理，从而探讨古青铜器的保护方案。拉曼光谱可用于分析检测食品中糖类、蛋白质、脂肪、维生素和色素等成分，还可应用于食品工业快速检测、质量控制、无损检测等方面。如奶粉中三聚氰胺的快速检测，水果蔬菜表面农药残余量检测，酒制品的乙醇、含糖量检测，产地及真假鉴别，食用油、地沟油、酱油、果汁等产品的品质、真假鉴定，肉制品中的蛋白质、脂肪、水分等含量分析以及新鲜及冷冻程度、产品种类鉴别，加工过程中对结构变化敏感的各个独立组分的检测等。

应用 19.3-2　激光冷却与捕陷原子

获得超低温原子是长期以来科学家所刻意追求的高新技术。利用超低温原子能精确测量各种原子参数，用于高分辨率激光光谱和超高精度的量子频标（原子钟），而且还是实现原子玻色-爱因斯坦凝聚的关键实验方法。以往低温多在固体或液体系统中实现，这些系统都包含有较强的相互作用的大量粒子。20世纪80年代，借助激光技术获得了中性气体分子的极低温（例如，10^{-10}K）状态，这种获得低温的方法就叫激光冷却。

激光冷却中性原子的方法是汉斯（T. W. Hänsch）和肖洛（A. L. Schawlow）于1975年提出的，20世纪80年代初就实现了中性原子的有效减速冷却。这种激光冷却的基本思想是：运动着的原子在共振吸收迎面射来的光子后，从基态过渡到激发态，其动量就减小，速度也就减小了。处于激发态的原子会自发辐射出光子而回到初态，由于反冲会得到动量，自发辐射出的光子的方向是随机的，多次自发辐射平均下来并不增加原子的动量。这样，经过多次吸收和自发辐射之后，原子的速度就会明显地减小，而温度也就降低了。由于这种减速实现时必须考虑入射光子对运动原子的多普勒效应，所以这种减速就叫作多普勒冷却。1995年达诺基小组把铯原子冷却到2.8nK的低温，朱棣文等利用钠原子喷泉方法曾捕集到温度仅为24pK的一群钠原子。在朱棣文的三维激光冷却实验装置中，在三束激光交汇处，由于原子不断吸收和随机发射光子，这样发射的光子又可能被邻近的其他原子吸收，原子和光子互相交换动量而形成了一种原子光子相互纠缠在一起的实体，低速的原子在其中无规则移动而无法逃脱。朱棣文把这种实体称作"光学黏团"，这是一种捕获原子使之集聚的方法。更有效的方法是利用"原子阱"，这是利用电磁场形成的一种"势能坑"，原子可以被收集在坑内存起来。一种原子阱叫"磁阱"，如应用19.3-2图所示，它利用两个平行但电流方向相反的线圈构成。这种阱中心的磁场为零，向四周磁场不断增强。除了磁阱外，还有利用对射激光束形成的"光阱"和把磁阱、光阱结合起来的磁-光阱。

激光冷却和原子捕陷的研究在科学上有很重要的意义。例如，由于原子的热运动几乎已消除，所以得到宽度近乎极限的光谱线，从而大大提高了光谱分析的精度，也可以大大提高原子钟的精度。最使物理学家感兴趣的是它使人们观察到了"真正的"玻色-爱因斯坦凝聚。这种凝聚是玻色和爱因斯坦分别于 1924 年预言的，但长期未被观察到。这是一种宏观量子现象，指的是宏观数目的粒子（玻色子）处于同一个量子基态。1995 年果真观察到了 2000 个铷原子在 170nK 温度下和 5×10^5 个钠原子在 $2\mu K$ 温度下的玻色-爱因斯坦凝聚。朱棣文（S. Chu）、达诺基（C. C. Tannoudji）和菲利浦斯（W. D. Phillips）因在激光冷却和捕陷原子研究中的出色贡献而获得了 1997 年诺贝尔物理奖。朱棣文是第五位获得诺贝尔奖的华人科学家。

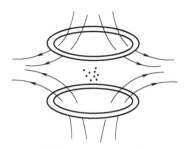

应用 19.3-2 图　磁阱

课 后 作 业

量子化条件和量子数

19-1　根据量子力学原理，当氢原子中电子的角动量 $L = \sqrt{6}\hbar$ 时，L 在外磁场方向上的投影 L_z 可取的值是什么？

19-2　在氢原子的 L 壳层中，电子可能具有的量子数 (n, l, m_l, m_s) 是什么？

19-3　求出能够占据一个 d 分壳层的最大电子数，并写出这些电子的 m_l 和 m_s 值。

19-4　如果电子处于 4f 态，计算它的轨道角动量的大小。

19-5　一价金属钠原子的核外共有 11 个电子。当钠原子处于基态时，根据泡利不相容原理，写出其价电子可能的量子态。

19-6　根据量子力学理论，氢原子电子的动量距在外磁场方向上的投影为 $L_z = m_l \hbar$，当角量子数 $l = 2$ 时，计算 L_z 的可能取值和磁量子数 m_l 的可能取值。

施特恩-盖拉赫实验

19-7　当氢原子中电子处于 $n = 3$，$l = 2$，$m = -2$，$m_s = -1/2$ 的状态时，试求角动量、角动量分量和自旋角动量的大小。

19-8　求出能够占据一个 d 分壳层的最大电子数，并写出这些电子的 m_l 和 m_s 值。

19-9　当主量子数 $n = 4$ 时，求：（1）氢原子的能量值；（2）电子可能具有的角动量值；（3）电子可能具有的角动量分量；（4）电子的可能状态数。

19-10　具有磁矩的原子在横向均匀磁场和横向非均匀磁场中运动时有什么不同？

19-11　在施特恩-盖拉赫实验中，处于基态的窄银原子束通过不均匀横向磁场，磁场的梯度为 $\frac{\partial B}{\partial Z} = 10^3 T/m$，磁极纵向范围 $L_1 = 0.04m$（见图 19.2-1），从磁极到屏距离 $L_2 = 0.10m$，原子的速度 $v = 5 \times 10^2 m/s$。在屏上两束分开的距离 $d = 0.002m$。试确定原子磁矩在磁场方向上投影 μ 的大小（设磁场边缘的影响可忽略不计）。

附　录

附录A　国际单位制　(SI)

国际单位制的基本单位，如表 A-1 所示。国际单位制的一些辅助单位和导出单位，如表 A-2 所示。

表 A-1　国际单位制的基本单位

物理量	单位名称	单位符号	定　义
长度	米	m	光在真空中在 1/299792458s 内行进的距离
质量	千克	kg	由精确的普朗克常量 $h = 6.62607015 \times 10^{-34} J \cdot s (J = kg \cdot m^2 \cdot s^{-2})$、米和秒所定义
时间	秒	s	铯-133 原子在基态下的两个超精细能级之间跃迁所对应的辐射的 9192631770 个周期的持续时间
电流	安[培]	A	由新的元电荷 $e = 1.602176634 \times 10^{-19} C(C = A \cdot s)$ 和秒所定义
热力学温度	开[尔文]	K	由新的玻耳兹曼常数 $1.380649 \times 10^{-23} J \cdot K^{-1}(J = kg \cdot m^2 \cdot s^{-2})$、千克、米和秒所定义
物质的量	摩[尔]	mol	1mol 包含 $6.02214076 \times 10^{23}$ 个基本单元数，这一数字是新的阿伏伽德罗常数
发光强度	坎[德拉]	cd	频率为 $5.4 \times 10^{14} Hz$ 的单色光源在特定方向上的辐射强度为 1/683W/sr 时的发光强度

表 A-2　国际单位制的一些辅助单位和导出单位

物理量	单位名称	单位符号	以基本单位表达
平面角	弧度	rad	
立体角	球面度	sr	
面积	平方米	m^2	
体积	立方米	m^3	
频率	赫[兹]	Hz	s^{-1}
速度	米每秒	m/s	
加速度	米每二次方秒	m/s^2	
角速度	弧度每秒	rad/s	

（续）

物理量	单位名称	单位符号	以基本单位表达
角加速度	弧度每二次方秒	rad/s^2	
力	牛[顿]	N	$kg \cdot m \cdot s^{-2}$
压力(压强)	帕[斯卡]	Pa	$kg \cdot m^{-1} \cdot s^{-2}$
功、能、热量	焦[耳]	J	$kg \cdot m^2 \cdot s^{-2}$
功率	瓦[特]	W	$kg \cdot m^2 \cdot s^{-3}$
电荷量	库[仑]	C	$A \cdot s$
电势差、电动势	伏[特]	V	$kg \cdot m^2 \cdot s^{-3} \cdot A^{-1}$
电场强度	伏[特]每米	V/m	$kg \cdot m \cdot s^{-3} \cdot A^{-1}$
电阻	欧[姆]	Ω	$kg \cdot m^2 \cdot s^{-3} \cdot A^{-2}$
电导	西[门子]	S	$kg^{-1} \cdot m^{-2} \cdot s^3 \cdot A^2$
电容	法[拉]	F	$kg^{-1} \cdot m^{-2} \cdot s^4 \cdot A^2$
磁通量	韦[伯]	Wb	$kg \cdot m^2 \cdot s^{-2} \cdot A^{-1}$
电感	亨[利]	H	$kg \cdot m^2 \cdot s^{-2} \cdot A^{-2}$
磁感应强度	特[斯拉]	T	$kg \cdot s^{-2} \cdot A^{-1}$
磁场强度	安[培]每米	A/m	$m^{-1} \cdot A$
熵	焦[耳]每开[尔文]	J/K	$kg \cdot m^2 \cdot s^{-2} \cdot K^{-1}$
比热容	焦[耳]每千克开[尔文]	$J/(kg \cdot K)$	$m^2 \cdot s^{-2} \cdot K^{-1}$
摩尔热容	焦[耳]每摩尔开[尔文]	$J/(mol \cdot K)$	$kg \cdot m^2 \cdot s^{-2} \cdot K^{-1} \cdot mol^{-1}$
热导率	瓦[特]每米开[尔文]	$W/(m \cdot K)$	$kg \cdot m \cdot s^{-3} \cdot K^{-1}$
辐射强度	瓦[特]每球面度	W/sr	$kg \cdot m^2 \cdot s^{-3} \cdot sr^{-1}$

附录 B　物理常量

基本物理常量

名称	符号	值
真空中的光速	c	2.99792458×10^8 m/s
普朗克常量	h	$6.62607015 \times 10^{-34}$ J $\cdot$ s
玻耳兹曼常数	k	1.380649×10^{-23} J/K
真空磁导率	μ_0	$4\pi \times 10^{-7}$ N/A^2 = $1.25663706212(19) \times 10^{-6}$ N/A^2
真空介电常数	ε_0	$1/(\mu_0 c^2) = 8.8541878128(13) \times 10^{-12}$ C^2/(N $\cdot$ m^2)
引力常数	G	$6.67430(15) \times 10^{-11}$ N $\cdot$ m^2/kg^2
阿伏伽德罗常数	N_A	$6.02214076 \times 10^{23}$ mol^{-1}
元电荷	e	$1.602176634 \times 10^{-19}$ C
电子静质量	m_e	$9.1093837015(28) \times 10^{-31}$ kg
质子静质量	m_p	$1.67262192369(51) \times 10^{-27}$ kg
中子静质量	m_n	$1.67492749804(95) \times 10^{-27}$ kg

（续）

名称	符号	值
摩尔气体常数	R	8.314462618…J/(mol·K)
1[标准]大气压	atm	1atm＝1.01325×10⁵Pa
1 电子伏	eV	1eV＝1.602176634×10⁻¹⁹J
1 原子质量单位	u	1u＝1.66053906660(50)×10⁻²⁷kg
热功当量		4.186J/cal
绝对零度	0K	−273.15℃
电子静能量	$m_e c^2$	0.51099895000(15)MeV
理想气体体积(标准大气压)		22.41396954…×10⁻³m³/mol
重力加速度(标准)	g	9.80665m/s²

注：所列值摘自"2018 CODATA INTERNATIONALLY RECOMMENDED VALUES OF THE FUNDAMENTAL PHYSICAL CONSTANTS"括号中的数值表示物理量的不确定值，例如，6.67430（15）表示 6.67430±0.00015。没有不确定度的数值表示物理量的精确值。

参 考 文 献

[1] 李椿，章立源，钱尚武. 热学 [M]. 2版. 北京：高等教育出版社，2008.

[2] 秦允豪. 热学 [M]. 2版. 北京：高等教育出版社，2004.

[3] 杨，弗里德曼，福特. 西尔斯当代大学物理（翻译版　原书第13版）：上卷 [M]. 吴平，刘丽华，译. 北京：机械工业出版社，2019.

[4] 张克. 温度计量漫谈 [J]. 中国计量. 2011 (4)：52-55.

[5] 张三慧. 大学物理学：热学、光学、量子物理　B版 [M]. 3版. 北京：清华大学出版社，2009.

[6] 吕金钟. 大学物理辅导 [M]. 2版. 北京：清华大学出版社，2009.

[7] 高崇伊，朱琴. 雷德利克-邝方程 [J]. 大学物理. 2006，25 (5)：26-27.

[8] 赵汝顺，王开明. Redlich-Kwong 实际气体转换温度的研究 [J]. 西安交通大学学报，2007，41 (4)：504-506.

[9] 张健敏. 在拉萨估测大气压强 [J]. 物理教学，2009，31 (10)：19-20.

[10] 张愉，张雄，伍林. 克拉珀龙方程及其应用 [J]. 云南大学学报（自然科学版），2014，36 (s2)：131-138.

[11] 郝柏林. 布朗运动理论一百年 [J]. 物理，2011，40 (1)：1-7.

[12] 高天附. 三种典型布朗马达的定向输运与非平衡态热力学分析 [D]. 厦门：厦门大学，2009.

[13] 赵巍，何建敏. 分数布朗运动驱动的期权定价模型及其风险特征 [J]. 数理统计与管理，2011，30 (6)：1002-1008.

[14] 蒋长荣，王骁勇，刘树勇. 爱因斯坦与布朗运动 [J]. 首都师范大学学报（自然科学版），2005，26 (3)：28-32.

[15] 高崇伊，朱琴. 多方过程的定义及其和准静态过程的关系 [J]. 大学物理，2006，25 (2)：13-15.

[16] 周雨青. 斯特林循环的理想和实际效率的讨论 [J]. 物理通报，2015 (2)：93-96.

[17] 王维扬，张黎莉，孙明明，等. 关于可调压缩比斯特林热机的物理演示实验 [J]. 物理与工程，2015，25 (6)：41-44+48.

[18] 邵云. 论卡诺定理的热力学价值及其与热力学第二定律的关系 [J]. 首都师范大学学报（自然科学版），38 (5)：23-26.

[19] 杨欣，陆建隆，魏良淑. 情景教学在大学物理中的应用 [J]. 物理通报，2003 (10)：10-12.

[20] 马吉. 物理学原著选读 [M]. 北京：商务印书馆，1986.

[21] 吴大猷. 相对论：理论物理：第四册 [M]. 北京：科学出版社，1983.

[22] 杨家福. 原子物理学 [M]. 4版. 北京：高等教育出版社，2008.

[23] 程守洙，江之永，胡盘新，等. 普通物理学：下册 [M]. 6版. 北京：高等教育出版社，2006.

[24] 褚圣麟. 原子物理学 [M]. 北京：高等教育出版社，2002.

[25] 叶玉堂，饶建珍，肖峻，等. 光学教程 [M]. 北京：清华大学出版社，2011.